建筑抗震设计规范

GB50011－2001

统一培训教材

（修订版）

国家标准抗震规范管理组　编

中国建筑工业出版社

图书在版编目（CIP）数据

建筑抗震设计规范(GB 50011—2001)统一培训教材/国家标准抗震规范管理组编 .—修订版 .—北京：中国建筑工业出版社，2002

ISBN 7-112-05269-6

Ⅰ.建... Ⅱ.国... Ⅲ.建筑结构—抗震设计—规范—中国—教材 Ⅳ.TU352.104

中国版本图书馆 CIP 数据核字（2002）第 059590 号

本书是在《建筑抗震设计规范》（GB 50011—2001）统一培训教材第一版的基础上为帮助勘察设计人员更好地正确掌握和应用《建筑抗震设计规范》（GB 50011—2001）经局部修订而成。本书阐述了中国建设工程抗震防灾的形势和任务，提高工程抗震设防质量的重要性。系统介绍了新规范修订的背景、法律法规依据、技术政策以及修订的主要内容，包括：建筑抗震设防标准，抗震设计基本要求，场地、地基和基础抗震设计，结构地震作用和抗震验算，多层和高层钢筋混凝土房屋、多层砌体房屋和底部框架、内框架房屋、单层厂房等各类房屋的抗震设计新规定；介绍了新增加的多层和高层钢结构房屋抗震设计、建筑隔震与消能减震设计、非结构构件抗震设计的内容。特别强调新规范所包含的强制性条文的内容，以利新建工程的抗震设防管理。

本书可作为各地、各部门进行《建筑抗震设计规范》（GB 50011—2001）培训的统一教材，供勘察、设计、监理、质量监督和管理部门使用，也可供有关大专院校教学参考。

建筑抗震设计规范

GB50011—2001

统一培训教材

（修订版）

国家标准抗震规范管理组　编

*

中国建筑工业出版社 出版、发行（北京西郊百万庄）

新 华 书 店 经 销

北京市彩桥印刷厂印刷

*

开本：787×1092 毫米　1/16　印张：21½　字数：522 千字

2002 年 9 月第二版　2003 年 3 月第三次印刷

印数：12,001—14,000 册　定价：**35.00** 元

ISBN7-112-05269-6

TU·4920（10883）

本社网址：http://www.china-abp.com.cn

网上书店：http://www.china-building.com.cn

《建筑抗震设计规范》（GB 50011—2001）统一培训教材主要作者

徐正忠 中国建筑科学研究院，研究员
新规范主编，编写第二讲

王亚勇 中国建筑科学研究院，研究员
新规范副主编，编写第二、七讲

戴国莹 中国建筑科学研究院，研究员
新规范主要起草人，编写第三、十六讲

龚思礼 中国建筑科学研究院，研究员
新规范主要起草人，编写第三、四讲

周锡元 中国建筑科学研究院，科学院院士
新规范主要起草人，编写第五讲

董津城 北京勘察设计研究院，教授级高级工程师
新规范主要起草人，编写第六讲

胡庆昌 北京市建筑设计研究院，教授级高级工程师
新规范主要起草人，编写第八讲

钱稼茹 清华大学，教授
新规范主要起草人，编写第九讲

周炳章 北京市建筑设计研究院，教授级高级工程师
新规范主要起草人，编写第十、十二讲

吴明舜 同济大学，教授
新规范主要起草人，编写第十一讲

蔡益燕 中国建筑技术研究院，教授级高级工程师
新规范主要起草人，编写第十三讲

徐　建 机械工业部设计研究院，教授级高级工程师
新规范主要起草人，编写第十四讲

唐家祥 华中科技大学，教授
新规范主要起草人，编写第十五讲

主　　编 王亚勇　戴国莹
特约编辑 皮声援

前言

新的国家标准《建筑抗震设计规范》(GB 50011—2001) 已由建设部和国家质量监督检验检疫总局联合发布，自2002年1月1日施行。2001年2月2日，国家质量技术监督局发布了《中国地震动参数区划图》，于2001年8月1日实施，2001规范正好与该区划图配套施行。

自20世纪90年代以来，我国的地震活动进入第五个新的活跃期，在我国部分地区相继发生了强烈地震，造成了重大人员伤亡和经济损失。地震具有突发性强、作用时间短和破坏性大的特点，而目前的地震预报科学水平有限，尚不能做出准确的临震预报。因此，对建筑物进行有效的抗震设防仍然是当前我国防震减灾的关键性工作，我们必须继续执行"预防为主、平震结合"的方针，而施行新修订的建筑抗震设计规范就是执行这一方针、保障建筑工程抗震设防质量的重要手段。

《建筑抗震设计规范》(GBJ 11—89) 是20世纪80年代初期至中期编写的，反映了70年代末至80年代中期我国地震工程和工程抗震科研的水平和设计经验，自1989年正式颁布实施以来，按规范设计的各类建筑物在我国部分地区所发生的地震中经受了考验，证明89规范是行之有效的。但是近十多年来，我国城乡建设发展迅速，各种新型建筑材料、新结构体系、新技术和新工艺不断出现和得到应用，地震区建设中经常出现所谓"突破规范"的问题。由于"无法可依，无章可循"，设计人员感到无所适从，盲目采用一些不成熟、甚至是错误的技术进行结构抗震设计，从而留下隐患。另一方面，80年代末以来国内外所发生的大地震，如：澜沧、武定、大同、丽江、伽师、包头、台湾及美国旧金山、洛杉矶、日本神户等，造成了大量建筑物和工程设施的破坏，产生了新的震害经验；同时也有许多抗震新技术经受了地震考验，证明这些技术是行之有效、可以在我国推广应用的。从90年代开始，美国、日本、欧洲、新西兰和澳大利亚等主要地震国家相继开始了新一轮的规范修订工作。在这种背景下，认真总结震害经验和科研成果，吸收国外规范的经验，适时修订我国抗震设计规范，对保障建筑工程抗震设防质量和促进抗震新技术的发展应用具有重要意义。

《建筑抗震设计规范》(GB 50011—2001) 是在《建筑抗震设计规范》(GBJ 11—89) 规范的基础上修订而成，根据国内许多著名专家的意见和建设部主管部门的指示，修订工作遵从"依据我国国情，适当调整提高抗震设防标准"的原则，适度并有针对性地提高了中等高度房屋的地震作用、加强了钢筋混凝土和砌体结构房屋的抗震措施。为了适应我国建筑市场经济发展，同时保证地震时房屋建筑的安全使用，明确本规范所提出的抗震设防要求是基本安全要求，各有关地方标准、行业标准可根据具体情况提出不低于本规范的设防要求。本规范新编了多层和高层钢结构房屋、隔震和消能减震设计及非结构构件等三章，反映了近十多年来我国工程抗震新技术成果和设计经验。

《建筑抗震设计规范》(GB 50011—2001) 共13章、56节、11附录，计531条，其中包括52条强制性条文，是国家工程建设强制性标准，直接涉及工程抗震设防质量和安全。根据国务院《建筑工程质量管理条例》和建设部《实施工程建设强制性标准监督规定》，各级规划、勘察、设计、施工、监理、质检部门都应严格遵守。

为了帮助各有关单位和个人正确掌握和应用新的建筑抗震设计规范，邀请建设部抗震和标准规范主管部门及规范修订组各章主要负责人编写了本书，重点介绍新规范与“89规范”的主要差别、修订的技术背景、条文说明解释和应用注意事项，特别是对强制性条文的理解和执行要点。本书可作为与《建筑抗震设计规范》(GB 50011—2001) 配套的统一培训教材，供勘察、设计、监理、质量监督和管理部门使用，也可供有关大专院校师生教学参考。

国家标准抗震规范管理组

2001年12月15日

目　录

第一讲　认真执行规范，提高建筑工程抗震设防质量 ······ 1
第一部分　贯彻执行新修订的建筑抗震设计规范是完成“十五”抗震防灾工作的重要保证 ······ 1
第二部分　严格执行规范，确保工程的抗震要求 ······ 4
中华人民共和国防震减灾法 ······ 8
建设工程质量管理条例 ······ 14
建设工程勘察设计管理条例 ······ 23
实施工程建设强制性标准监督规定（81号部令） ······ 27
超限高层建筑工程抗震设防管理规定（111号部令） ······ 30
第二讲　抗震设计规范修订简介 ······ 33
第三讲　房屋建筑的抗震设防目标、依据和标准 ······ 44
第四讲　建筑结构抗震设计基本要求的新规定 ······ 54
第五讲　场地分类和设计反应谱的特征周期 ······ 67
第六讲　场地抗震性能评价和处理 ······ 74
第七讲　地震作用和抗震验算新规定 ······ 84
第八讲　多层和高层钢筋混凝土房屋抗震设计新规定 ······ 103
第九讲　钢筋混凝土抗震墙设计 ······ 138
第十讲　多层砌体房屋的抗震设计 ······ 150
第十一讲　混凝土小型空心砌块房屋抗震设计新规定 ······ 158
第十二讲　底部框架-抗震墙、内框架砌体房屋抗震设计新规定 ······ 165
第十三讲　多层和高层钢结构房屋抗震设计规定 ······ 169
第十四讲　单层厂房抗震设计新规定 ······ 183
第十五讲　建筑隔震与消能减震设计规定 ······ 198
第十六讲　非结构构件抗震设计规定 ······ 211
附录　建筑抗震设计规范（GB 50011—2001） ······ 217

第一讲　认真执行规范，提高建筑工程抗震设防质量

第一部分　贯彻执行新修订的建筑抗震设计规范是完成“十五”抗震防灾工作的重要保证

建设部抗震办公室

“十五”期间，抗震防灾的工作方针是：预防为主、平震结合，城乡并举、突出重点，依法监管、常备不懈；抗震防灾工作的指导思想是：以法律法规和工程建设强制性标准为依据，以新建工程抗震设防和现有工程抗震加固为重点，依靠科技创新和技术进步，加强工程建设、城乡建设抗震防灾的监督管理，全面提高工程建设和城乡建设的综合抗震防灾能力。执行新修订的建筑抗震设计规范是贯彻预防为主、平震结合方针的重要手段，是保证建筑工程抗震设防质量的有效措施，是进行城乡建设、工程建设抗震设防管理的主要依据，也是完成“十五”抗震防灾工作的重要保证。

一、“十五”期间地震形势仍然十分严峻，抗震防灾任务艰巨

地震是威胁人类安全的主要自然灾害之一。根据中国地震局的预测，目前我国大陆已进入了第五个地震活跃期。近几年来，一些国家和我国部分地区相继发生了强烈地震，造成很大的损失。地震具有突发性强、破坏性大和比较难预测的特点，目前地震的监测预报还是世界性的难题，很难做出准确的临震预报，而且即使做到了震前预报，如果工程设施的抗震性能薄弱，也难以避免经济损失。因此，实施有效的抗震设防仍然是当前防震减灾的关键性工作，我们必须继续执行预防为主、平震结合的方针。贯彻执行新修订的建筑抗震设计规范就是执行这一方针的重要手段。

抗震防灾工作关系到人民群众的生命财产安全，关系到经济持续发展和社会稳定。国家领导人在2000年的全国防震减灾工作会议上指出“认真做好防震减灾工作是一项功在当代、利泽千秋的大事”。抗震防灾工作责任重于泰山，我们应当以对历史负责、对子孙后代负责、对社会稳定负责的态度，切实提高对抗震防灾重要性的认识，增强责任感和紧迫感，搞好抗震防灾工作。

二、贯彻执行新修订的建筑抗震设计规范是保证建筑工程抗震设防质量的重要措施

实践告诉我们，每次破坏性地震的损失主要来自于工程震害及次生灾害，如何最大限度地减轻地震灾害损失愈来愈成为各国政府和工程技术界十分关心并致力解决的问题。

国内外的地震经验教训反复表明，严格执行工程建设强制性标准，搞好新建工程的抗震设防，对原有未经抗震设防工程进行抗震加固等，是减轻地震灾害的最直接、最有效的途径和方法。这方面有很多成功的经验，在我国新疆伽师地区，严格按抗震规范设计建造的工程，经历了近几年多次地震均未发生损坏；云南丽江地区经过抗震加固的房屋，经受了 1996 年的 7.0 级地震后仍完好无损。自 20 世纪 50 年代以来，美国、日本等经济发达国家，一直把提高工程结构的抗震能力作为最大限度地减轻地震灾害的基本手段。2001 年 3 月 1 日美国西雅图发生 7.0 级强烈地震，由于建（构）筑物和市政设施等具有很强的抗震能力，未发生任何房屋倒塌和人员伤亡，堪称奇迹。这些事实充分表明，虽然人类目前尚无法避免地震的发生，但切实可行的抗震措施使人类可以有效地避免或减轻地震造成的灾害。新修订的建筑抗震设计规范就是将一系列的抗震技术措施以技术标准的形式确定下来，并通过强制性条文使之法制化，从而作为建筑工程抗震设计和抗震设防管理的依据。

三、新修订的建筑抗震设计规范是抗震新技术的综合体现

新修订的《建筑抗震设计规范》是抗震技术标准体系中重要的基础性标准。修订期间，充分发挥了高等院校、科研设计单位的人才、技术优势，总结最新科研成果、震害经验，采用了大量的抗震新技术，适度提高了建设工程抗震设防的结构安全度，体现了国家的经济、技术政策，是建筑工程设计的重要依据。各勘察、设计、施工、监理单位要认真学习，贯彻落实，各地、各部门要加强监督管理。

抗震防灾事业的发展离不开科技进步，提高建筑工程抗震设防水平是一项技术含量高、难度大的工作，从目前的抗震措施来看，主要是保证工程结构的抗震性能，达到“小震不坏，中震可修，大震不倒”这一防御目标。我们必须加强科技创新，用新技术来提高和改善工程的抗震性能，才能达到这一目标。抗震防灾的技术标准是进行抗震管理的科学依据，随着现代科学技术的发展，工程建设领域的新技术、新材料、新方法层出不穷。“十五”期间，我们要继续加强生命线工程的抗震减灾技术研究，进一步规范隔震、消能减震产品的研制和使用，加强抗震新技术应用的管理工作，未经抗震性能鉴定的新技术、新材料、新结构体系不得应用于抗震设防区的建设工程。同时要进一步加强国际间的抗震科研合作和交流，吸收、引进国外的抗震新技术、新材料，为适应经济、社会发展和工程建设的需要，要不断修订和完善抗震防灾的相关技术标准，提高我国工程抗震技术的整体水平。

四、以工程建设强制性标准为依据，强化新建工程抗震设防管理

新建工程抗震设防管理不仅是抗震防灾工作的一个重要环节，更是保证工程质量的重

要措施和手段。从近年来土耳其和我国台湾省地震的震害分析来看，建筑物的破坏绝大多数是由于勘察选址不正确、工程结构设计不合理、施工质量低劣和材料、设备不合格等因素所造成的。究其原因，并不是台湾、土耳其没有抗震方面的法律法规和技术标准，而是抗震设防的监督管理力度不够，特别是对勘察、设计、施工质量缺乏有效的监督管理手段，法规和标准形同虚设，结果在大地震中遭受了惨重的损失，教训是相当深刻的。

国家领导人在2000年的全国防震减灾工作会议上强调指出："各项建设工程都要按抗震设防要求和抗震设计规范进行设计和施工"。抗震工作要贯穿于工程建设全过程，在规划、勘察、设计、施工、监理、质量监督各阶段都要对抗震设防严格把关。国务院颁布的《建设工程质量管理条例》和《建设工程勘察设计管理条例》都已经明确地把施工图设计文件审查制度纳入基本建设程序，规定凡是未经审查批准的设计文件不得交付使用。回顾起来，从1997年以来在全国各地对超限高层建筑工程抗震设防审查工作的突破和开展，为我国全面建立建设工程施工图设计文件审查制度起到了推动和促进作用。今后，各地仍然要因地制宜，把抗震设防审查与施工图审查制度有机结合起来，对超限高层建筑必须进行抗震设防专项审查，对重大工程、生命线工程和易产生严重次生灾害工程的初步设计文件要增加抗震篇，扩初设计阶段要有抗震管理部门的审查意见。对其他工程，则可纳入施工图设计文件统一受理审查。一定要树立严格的质量意识，坚持设计审查一票否决，绝不能让建筑结构设计的抗震安全等方面存在隐患。

五、执行新规范，深入开展村镇抗震防灾工作

小城镇建设作为带动农村经济与社会发展的大战略，近年来有很大发展，建设工程的数量增加，投资规模增大，社会资产总量增长较快，保护农村生产力发展和农民生命财产安全的任务更加艰巨。因此，小城镇建设和村镇建设必须高度重视抗震设防工作。

村镇建设中的基础设施、公共建筑、中小学校、乡镇企业、三层以上的房屋工程，应作为抗震设防的重点，按照规范进行抗震设计、施工。要切实加强对农房建设的技术指导，因地制宜编制农房抗震图集，开展农村抗震防灾样板房的试点建设，使农村抗震设防的综合能力得到提高。

地震的发生从某种意义上讲是对建设工程质量管理工作，特别是抗震管理工作的一种检验。为保证抗震防灾工作在工程建设的各个阶段、各个环节都得到有效的落实，必须切实加强管理，严格执法。对管理环节出现的问题，一定要认真按照国务院《重大质量事故责任追究规定》（国务院302号令）追究其责任，对建设工程各方主体的违法违规行为所引起的问题，要按《防震减灾法》、《建设工程质量管理条例》、《建设工程勘察设计管理条例》追究责任。决不能因为地震是自然灾害就大而化之，忽视对发生问题工程有关责任人的责任追究。要建立抗震防灾工作责任制，把抗震防灾各项工作落实到人。规划、勘察、设计、施工、监理、质量监督等单位要明确责任，落实责任制，对不执行抗震防灾和工程建设有关法律法规及工程建设强制性技术标准的行为，要坚决予以查处。

总之，要以贯彻执行新修订的建筑抗震设计规范为契机，严格管理，保证"十五"抗震防灾工作的顺利完成。

第二部分　严格执行规范，确保工程的抗震要求

建设部标准定额司

1997年以来，建设部组织有关专家修订了《建筑抗震设计规范》，已于2001年7月20日批准发布，要求从2002年1月1日开始施行。这项规范是有关建筑抗震设防的重要技术法规，是指导防震减灾工作的依据，对于从事建设工程活动的人员影响很大。

一、规范颁布的背景是什么？

新中国成立以来，我国一直都很重视抗震设计规范的研究制订和修改完善工作。1959年和1964年两次起草并于1964年颁布了我国第一部抗震设计规范——《地震区建筑抗震设计规范草案》。1974年，对其进行修订，又发布《工业与民用建筑抗震设计规范（试行)》。1976年的唐山大地震后，我国建设行政主管部门和工程技术专家认真分析了震害情况后，立即对1974年版的规范进行了修订，于1978年发布了《工业与民用建筑抗震设计规范》(TJ 11—78)。改革开放以后，我们积极借鉴国外标准规范的先进经验，将结构设计类规范的理论从“容许应力设计法”转向“以可靠度理论为基础的概率设计法”，系统分析了抗震设计理论和实践，全面修订1978年版的规范，于1989年发布了《建筑抗震设计规范》(GBJ 11—89)，又于1993年进行局部修订。这次规范的修订是从1997年7月开始的，历时4年。修订组由14个勘察设计单位、4个研究单位和7所高校共39名专家组成，其中院士2名、设计大师1名、国家级专家14名、教授级21名、高工1名。

二、颁布新修订的《建筑抗震设计规范》意义何在？

工程建设标准规范是建设活动一项重要的基础性工作，是将从事建设活动的有关各方组织协调一致的约束性文件，使得建设工作达到最佳的秩序和获得最佳的经济效益。目前，我们仍然没有精确的方法可以对地震进行预测预报，也没有有效的措施可以防止地震的发生。我们只能通过工程上的措施，将房屋、公路、铁路、桥梁等建设工程建造得更加牢固，在地震发生时，尽可能避免或减少地震造成的人员伤亡和经济损失。

美国、日本等经济发达国家都拥有完整的抗震设防技术法规、技术规范或技术标准，要求所有建筑必须满足抗震设防技术的要求。由于技术措施得当，近年来，在这些经济发达国家发生地震造成的损失也就小得多。如，2001年3月在美国西雅图发生的7级地震，房屋没倒1间，人员没死1个。这不能不说明，地震是无法避免的，但完全可以通过工程上的措施来抵御，使得地震和房屋倒塌这两个概念不再连在一起。修订《建筑抗震设计规范》意义体现在：

1．利于贯彻《建设工程质量管理条例》，增强“条例”的可操作性

《建设工程质量管理条例》对执行强制性标准做出了严格的规定。不执行工程建设强制性标准就是违法，并根据违反强制性标准所造成后果的严重程度不同，规定了相应的处罚措施。这是迄今为止国家对不执行强制性标准做出的最为严格的规定。“条例”对国家强制性标准实施监督的严格规定，打破了政府单纯依靠行政手段强化监督建设工程的传统概念，走上了行政管理和技术规定并重的保证建设工程法制化的道路，为从根本上解决在社会主义市场经济条件下建设工程可能出现的各种质量和安全问题奠定了基础。不执行强制性标准，过去是要待出现事故和隐患后才追究责任，现在对不执行强制性标准，无须等到事故和隐患的出现，就可以进行处罚；重结果，同样重过程。这次规范的修订贯彻了“条例”确立的以强制性标准为监督工程事前控制的制度，将规范用于监督控制的力度加大，要求规范的编制具有可操作性，便于监督检查。

2. 有力地保障人民生命财产安全

我国幅员辽阔，地理、地质条件、自然环境复杂，地震灾害频繁。因此，制定抗震规范对保障人民的生命财产安全至关重要。制订规范是通过科学总结实践经验，既包括成功的经验也包括失败的经验，应用科学技术分析的方法，提出可以为社会所接受的合理要求，据此拟定合理的安全度水准，以保证建筑工程完成预定的功能需要，从而达到安全适度和经济合理。近年来的实践充分表明，执行不执行规范大不一样。如：天津市发电设备厂和河西区的若干民用建筑，在唐山地震前均按标准规范进行了抗震加固，震时损坏都较轻，人民生命财产安全得到了有效的保障；而天津某机械厂房震前未按标准规范进行抗震加固，地震后80%遭到破坏。又如：1996年2月在云南省丽江地区发生的7.0级强烈地震中，由于高层建筑基本上按照《建筑抗震设计规范》（GBJ 11—89）设计建造，震后结构完好或只有轻微破坏；个别不符合规范要求的，则破坏严重。

3. 推广先进技术，促进科学技术进步

标准化与科学技术密切相关，工程建设标准化就是标准化科学与各类工程科学技术相结合的产物。工程建设标准规范的制订，就是不断吸取有关科学技术的成就和科研成果；在工程建设标准化的实践中，通过其反馈作用，也对科学技术不断提出新的要求，促进科学技术的发展。因此，标准是新技术推广应用的手段。这次修订将隔震设计的新型结构体系纳入《建筑抗震设计规范》，通过设置隔震层以隔离地震能量，可满足高性能的要求，这种抗震方法应用于使用有特别要求或高烈度的剪切变形为主的结构。经过试设计表明，对隔震房屋，同样层数且无地下室的多层砖房将增加房屋造价10%，考虑隔震后砖房可增加层数，减去土地分摊费后单位造价的增加约为5%；对于框架结构，则因柱截面尺寸和配筋明显减少，房屋造价可减少3%～5%。

三、新“规范”有哪些改进?

新“规范”调整了建筑的抗震设防分类，将抗震设防目标设定为“小震不坏、中震可修、大震不倒”，采用三个概率水准和两阶段设计来体现；提出了按基本地震加速度进行抗震设计的要求，将原规范的设计近、远震改为设计地震分组；修改了建筑场地划分、液化判别、地震影响系数和扭转效应计算的规定；增补了不规则建筑结构的概念设计、结构抗震分析、楼层地震剪力控制和抗震变形验算的要求；改进了砌体结构、混凝土结构、底部框架房屋的抗震措施；增加了有关发震断裂、桩基、混凝土筒体结构、钢结构房屋、配筋砌块房屋、非结构等抗震设计的内容以及房屋隔震、消能减震设计的规定；还取消了有关单排柱内框架房屋、中型砌块房屋及烟囱、水塔等构筑物的抗震设计规定。

四、这次修订各有关方面做了哪些工作？

这次修订，是工程建设标准规范为适应社会主义市场经济体制的需要，适应我国加入WTO后有关技术贸易壁垒对技术标准和技术法规的要求，完成1997年下达的国家标准的编制任务。在4年的编制工作中，重点解决了三个大问题，一是安全度水准问题。由于人民生活水平的提高，经济实力的增强，安全度的储备应当适当增加，建设部领导对此十分重视，我们多次组织有关专家反复进行论证，通过提高地震作用和抗震构造措施达到安全度水准提高10%～15%；二是技术法规与技术标准的问题。适应《建设工程质量管理条例》对强制性标准的要求，建设部提出了对直接涉及工程质量、安全、卫生及环境保护等方面的工程建设标准强制性条文的标准化改革要求，具体到本规范如何确定强制性条文，我们采取了多次论证，多方听取意见，严格标准规范编制程序，最后在整个规范531条中确定了强制性条文52条，达10%；三是规范之间的衔接问题。这次规范的修订不单是《建筑抗震设计规范》，而是将涉及建筑工程结构设计规范的11大项重要规范和施工质量验收14项规范进行全面修订，是一项系统工程，并要求在2001年年底全面完成，2002年强档推出，全面实施，这25项规范的修订力度是我们不曾有过的，难度很大，特别是组织协调工作量很大，好在有这几百名专家的共同努力，这个目标在年底是会实现的。

这项规范的具体工作是由主编单位中国建筑科学研究院牵头的，他们会同有关的设计、勘察、研究和高校组成了修订编制小组，于1997年7月召开第一次全体成员工作会议，讨论并通过了修订大纲。修订过程中，开展了专题研究和部分试验研究，调查总结了近年来国内外大地震的经验教训，采纳了地震工程的新科研成果，考虑了我国的经济条件和工程实践，于1997年12月和1998年4月召开了两次各章负责人的工作会议，形成修订讨论稿。1998年6月，召开第二次全体成员参加的工作会议，对“修订讨论稿”进行认真的讨论和修改，经1998年7月各章负责人第三次工作会议讨论通过，于1998年9月形成“征求意见稿”，在全国范围内广泛征求了有关设计、勘察、科研、教学单位及抗震管理部门的意见，共收到千余条（次）意见。

此后，经反复讨论、修改，又在1999年1月、7月和11月各章负责人参加的三次工作会议上反复研究、充实，与有关规范的修订做了协调，对第8章（钢结构）又第二次征求意见，于1999年12月提出“试设计用稿”，进行了十个项目的试设计。

2000年4月召开了各章负责人的第七次工作会议和全体成员的第三次工作会议，根据试设计情况对条文做进一步的修改，经第八次各章负责人工作会议讨论，提出送审稿。在编制过程中，还反复与相关规范进行了协调。最后于2000年11月由建设部标准定额司会同建设部抗震办公室主持召开审查会，通过了会议纪要，专家们一致认为修订后的抗震规范“结合国情，达到结构抗震安全度适当提高的要求，总体上达到抗震规范的国际先进水平”。

五、怎样贯彻落实新“规范”?

新“规范”颁布后，要加大对“规范”的宣传力度，使得从事建设活动各方责任主体和从事建设工程监督和审查机构的技术人员，熟悉、掌握“规范”。各有关单位要采取多种形式加强“规范”的学习和培训，请“规范”的编制成员对“规范”中比较重要的条文进行讲解，使技术人员深入了解条文的编制背景和使用情况。特别是施工图设计审查机构的人员应当结合工作需要，进行强制性条文的专门培训，掌握“规范”的内容和规定，并不断接受继续教育，更新知识，进行必要的考试或考核，以满足各项监督工作的需要。按照建设部第81号部令《实施工程建设强制性标准监督规定》的要求，对于经培训、考核不符合规定的人员，应该予以调整工作岗位。对未能近期组织学习和考核的设计单位应予以批评，并应责令他们采取措施，达到熟悉掌握标准的目的；对未经学习和考核的技术人员，不得参与设计审查工作。

为了便于工程设计和施工的实施，有关单位和组织机构应当及时修订和研制适用于建筑抗震设计的指南、手册、计算机软件、标准设计图集等，为工程设计提供具体、辅助的操作方法和手段，这是贯彻落实“规范”实施的重要内容之一。

近年来，建设部实行了施工图设计审查制度，审查过程是检验设计人员执行“规范”情况的有力措施。“规范”正式实施后，各个施工图审查机构应当严格按照“规范”进行审查，对不符合“规范”的严禁施工，以确保合格工程进入社会。

加强专项的抗震审查工作，就是对现行“规范”中没有规定的或超出“规范”规定限制的，要进行专项抗震审查。如，“规范”3.4.1条中规定，建筑设计应符合抗震设计要求，不应采用严重不规则的设计方案。在具体项目中，凡超出“规范”限制范围（超高或不规则等）的房屋，在审批时不仅要进行正常设计审查，还要进行抗震专项审查。

新版“规范”包含了351条技术条文，其中52条被确定为强制性条文，意味着这52条是任何建设单位、施工单位、设计单位、监理单位必须严格执行的。如有违犯，则追究相应的法律责任。如“规范”1.0.2条中规定，在抗震设防烈度为6度以上的地区建筑，必须进行抗震设计。北京的抗震设防烈度为8度，那么在北京建造房屋时，不论采用何种结构形式都要符合抗震设计要求，这是强制性要求。按照《建设工程质量管理条例》和《实施工程建设强制性标准监督规定》部令，各地建设行政主管部门应当对强制性条文实施监督检查，执行《建筑抗震设计规范》的情况应当是监督检查的重要内容之一，必要时，建设部还会组织专项检查，以促进“规范”的贯彻实施。

中华人民共和国防震减灾法

（1997年12月29日第八届全国人民代表大会常务委员会第二十九次会议通过）

目　录

第一章　总则
第二章　地震监测预报
第三章　地震灾害预防
第四章　地震应急
第五章　震后救灾与重建
第六章　法律责任
第七章　附则

第一章　总　　则

第一条　为了防御与减轻地震灾害，保护人民生命的财产安全，保障社会主义建设顺利进行，制定本法。

第二条　在中华人民共和国境内从事地震监测预报、地震灾害预防、地震应急、震后救灾与重建等（以下简称防震减灾）活动，适用本法。

第三条　防震减灾工作，实行预防为主、防御与救助相结合的方针。

第四条　防震减灾工作，应当纳入国民经济和社会发展计划。

第五条　国家鼓励和支持防震减灾的科学技术研究，推广先进的科学研究成果，提高防震减灾工作水平。

第六条　各级人民政府应当加强对防震减灾工作的领导，组织有关部门采取措施，做好防震减灾工作。

第七条　在国务院的领导下，国务院地震行政主管部门、经济综合主管部门、建设行政主管部门、民政部门以及其他有关部门，按照职责分工，各负其责，密切配合，共同做好防震减灾工作。

县级以上地方人民政府负责管理地震工作的部门或者机构和其他有关部门在本级人民政府的领导下，按照职责分工，各负其责，密切配合，共同做好本行政区域内的防震减灾工作。

第八条　任何单位和个人都有依法参加防震减灾活动的义务。

中国人民解放军、中国人民武装警察部队和民兵应当执行国家赋予的防震减灾任务。

第二章 地震监测预报

第九条 国家加强地震监测预报工作，鼓励、扶持地震监测预报的科学技术研究，逐步提高地震监测预报水平。

第十条 国务院地震行政主管部门负责制定全国地震监测预报方案，并组织实施。

省、自治区、直辖市人民政府负责管理地震工作的部门，根据全国地震监测预报方案，负责制定本行政区域内的地震监测预报方案，并组织实施。

第十一条 国务院地震行政主管部门根据地震活动趋势，提出确定地震重点监视防御区的意见，报国务院批准。

地震重点监视防御区的县级以上地方人民政府负责管理地震工作的部门或者机构，应当加强地震监测工作，制定短期与临震预报方案，建立震情跟踪会商制度，提高地震监测预报能力。

第十二条 国务院地震行政主管部门和县级以上地方人民政府负责管理地震工作的部门或者机构，应当加强对地震活动与地震前兆的信息检测、传递、分析、处理和对可能发生地震的地点、时间和震级的预测。

第十三条 国家对地震监测台网的建设，实行统一规划，分级、分类管理。

全国地震监测台网，由国家地震监测基本台网、省级地震监测台网和市、县地震监测台网组成，其建设所需投资，按照事权和财权相统一的原则，由中央和地方财政承担。

为本单位服务的地震监测台网，由有关单位投资建设和管理，并接受所在地的县级以上地方人民政府负责管理地震工作的部门或者机构的指导。

第十四条 国家依法保护地震监测设施和地震观测环境，任何单位和个人不得危害地震监测设施和地震观测环境。地震观测环境应当按照地震监测设施周围不能有影响其工作效能的干扰源的要求划定保护范围。

本法所称地震监测设施，是指地震监测台网的监测设施、设备仪器和其他依照国务院地震行政主管部门的规定设立的地震监测设施、设备、仪器。

第十五条 新建、扩建、改建建设工程，应当避免对地震监测设施和地震观测环境造成危害；确实无法避免造成危害的，建设单位应当事先征得国务院地震行政主管部门或者其授权的县级以上地方人民政府负责管理地震工作的部门或者机构的同意，并按照国务院的规定采取相应的措施后，方可建设。

第十六条 国家对地震预报实行统一发布制度。

地震短期预报和临震预报，由省。自治区、直辖市人民政府按照国务院规定的程序发布。

任何单位或者从事地震工作的专业人员关于短期地震预测或者临震预测的意见，应当报国务院地震行政主管部门或者县级以上地方人民政府负责管理地震工作的部门或者机构按照前款规定处理，不得擅自向社会扩散。

第三章 地震灾害预防

第十七条 新建、扩建、改建建设工程，必须达到抗震设防要求。

本条第三款规定以外的建设工程，必须按照国家颁布的地震烈度区划图或者地震动参数区划图规定的抗震设防要求，进行抗震设防。

重大建设工程和可能发生严重次生灾害的建设工程，必须进行地震安全性评价；并根据地震安全性评价的结果，确定抗震设防要求，进行抗震设防。

本法所称重大建设工程，是指对社会有重大价值或者有重大影响的工程。

本法所称可能发生严重次生灾害的建设工程，是指受地震破坏后可能引发水灾、火灾、爆炸、剧毒或者强腐蚀性物质大量泄漏和其他严重次生灾害的建设工程，包括水库大坝、堤防和贮油、贮气、贮存易燃易爆、剧毒或者强腐蚀性物质的设施以及其他可能发生严重次生灾害的建设工程。

核电站和核设施建设工程，受地震破坏后可能引起放射性污染的严重次生灾害，必须认真进行地震安全性评价，并依法进行严格的抗震设防。

第十八条 国务院地震行政主管部门负责制定地震烈度区划图或者地震动参数区划图，并负责对地震安全性评价结果的审定工作。

国务院建设行政主管部门负责制定各类房屋建筑及其附属设施和城市市政设施的建设工程的抗震设计规范。但是，本条第三款另有规定的除外。

国务院铁路、交通、民用航空、水利和其他有关专人主管部门负责分别制定铁路、公路、港口、码头、机场、水利工程和其他专业建设工程的抗震设计规范。

第十九条 建设工程必须按照抗震设防要求和抗震设计规范进行抗震设计，并按照抗震设计进行施工。

第二十条 已经建成的下列建筑物、构筑物，未采取抗震设防措施的，应当按照国家有关规定进行抗震性能鉴定，并采取必要的抗震加固措施；

（一）属于重大建设工程的建筑物、构筑物；

（二）可能发生严重次生灾害的建筑物、构筑物；

（三）有重大文物价值和纪念意义的建筑物、构筑物；

（四）地震重点监视防御区的建筑物、构筑物。

第二十一条 对地震可能引起的火灾、水灾、山体滑坡、放射性污染、疫情等次生灾害源，有关地方人民政府应当采取相应的有效防范措施。

第二十二条 根据震情和震害预测结果，国务院地震行政主管部门和县级以上地方人民政府负责管理地震工作的部门或者机构，应当会同同级有关部门编制防震减灾规划，报本级人民政府批准后实施。

修改防震减灾规划，应当报经原批准机关批准。

第二十三条 各级人民政府应当组织有关部门开展防震减灾知识的宣传教育，增强公民的防震减灾意识，提高公民在地震灾害中自救、互救的能力；加强对有关专业人员的培训，提高抢险救灾能力。

第二十四条 地震重点监视防御区的县级以上地方人民政府应当根据实际需要与可能，在本级财政预算和物资储备中安排适当的抗震救灾资金和物资。

第二十五条 国家鼓励单位和个人参加地震灾害保险。

第四章 地 震 应 急

第二十六条 国务院地震行政主管部门会同国务院有关部门制定国家破坏性地震应急

预案，报国务院批准。

国务院有关部门应当根据国家破坏性地震应急预案，制定本部门的破坏性地震应急预案，并报国务院地震行政主管部门备案。

可能发生破坏性地震地区的县级以上地方人民政府负责管理地震工作的部门或者机构，应当会同有关部门参照国家破坏性地震应急预案，制定本行政区域内的破坏性地震应急预案，报本级人民政府批准；省、自治区和人口在一百万以上的城市的破坏性地震应急预案，还应当报国务院地震行政主管部门备案。

本法所称破坏性地震，是指造成人员伤亡和财产损失的地震灾害。

第二十七条 国家鼓励、扶持地震应急、救助技术和装备的研究开发工作。

可能发生破坏性地震地区的县级以上地方人民政府应责成有关部门进行必要的地震应急、救助装备的储备和使用训练工作。

第二十八条 破坏性地震应急预案主要包括下列内容：

(一) 应急机构的组成和职责；

(二) 应急通信保障；

(三) 抢险救援人员的组织和资金、物资的准备；

(四) 应急、救助装备的准备；

(五) 灾害评估准备；

(六) 应急行动方案。

第二十九条 破坏性地震临震预报发布后，有关的省、自治区、直辖市人民政府可以宣布所预报的区域进入临震应急期；有关的地方人民政府应当按照破坏性地震应急预案，组织有关部门动员社会力量，做好抢险救灾的准备工作。

第三十条 造成特大损失的严重破坏性地震发生后，国务院应当成立抗震救灾指挥机构，组织有关部门实施破坏性地震应急预案。国务院抗震救灾指挥机构的办事机构，设在国务院地震行政主管部门。

破坏性地震发生后，有关的县级以上地方人民政府应当设立抗震救灾指挥机构，组织有关部门实施破坏性地震应急预案。

本法所称严重破坏性地震，是指造成严重的人员伤亡和财产损失，使灾区丧失或者部分丧失自我恢复能力，需要国家采取相应行动的地震灾害。

第三十一条 地震灾区的各级地方人民政府应当及时将震情、灾情及其发展趋势等信息报告上一级人民政府；地震灾区的省、自治区、直辖市人民政府按照国务院有关规定向社会公告震情和灾情。

国务院地震行政主管部门或者地震灾区的省、自治区、直辖市人民政府负责管理地震工作的部门，应当及时会同有关部门对地震灾害损失进行调查、评估；灾情调查结果，应当及时报告本级人民政府。

第三十二条 严重破坏性地震发生后，为了抢险救灾并维护社会秩序，国务院或者地震灾区的省、自治区、直辖市人民政府，可以在地震灾区实行下列紧急应急措施：

(一) 交通管制；

(二) 对食品等基本生活必需品和药品统一发放和分配；

(三) 临时征用房屋、运输工具和通信设备等；

（四）需要采取的其他紧急应急措施。

第五章　震后救灾与重建

第三十三条　破坏性地震发生后，地震灾区的各级地方人民政府应当组织各方面力量，抢救人员，并组织基层单位和人员开展自救和互救；非地震灾区的各级地方人民政府应当根据震情和灾情，组织和动员社会力量，对地震灾区提供救助。

严重破坏性地震发生后，国务院应当对地震灾区提供救助，责成经济综合主管部门综合协调救灾工作并会同国务院其他有关部门，统筹安排救灾资金和物资。

第三十四条　地震灾区的县级以上地方人民政府应当组织卫生、医药和其他有关部门和单位，做好伤员医疗救护和卫生防疫等工作。

第三十五条　地震灾区的县级以上地方人民政府应当组织民政和其他有关部门和单位，迅速设置避难场所和救济物资供应点，提供救济物品，妥善安排灾民生活，做好灾民的转移和安置工作。

第三十六条　地震灾区的县级以上地方人民政府应当组织交通、邮电、建设和其他有关部门和单位采取措施。尽快恢复被破坏的交通、通信、供水、排水、供电、供气、输油等工程，并对次生灾害源采取紧急防护措施。

第三十七条　地震灾区的县级以上地方人民政府应当组织公安机关和其他有关部门加强治安管理和安全保卫工作，预防和打击各种犯罪活动，维护社会秩序。

第三十八条　因救灾需要，临时征用的房屋、运输工具、通信设备等，事后应当及时归还；造成损坏或者无法归还的，按照国务院有关规定给予适当补偿或者作其他处理。

第三十九条　在震后救灾中，任何单位和个人都必须遵纪守法、遵守社会公德，服务指挥，自觉维护社会秩序。

第四十条　任何单位和个人不得截留、挪用地震救灾资金和物资。

各级人民政府审计机关应当加强对地震救灾资金使用情况的审计监督。

第四十一条　地震灾区的县级以上地方人民政府应当根据震害情况和抗震设防要求，统筹规划、安排地震灾区的重建工作。

第四十二条　国家依法保护典型地震遗址、遗迹。

典型地震遗址、遗迹的保护，应当列入地震灾区和重建规划。

第六章　法　律　责　任

第四十三条　违反本法规，有下列行为之一的，由国务院地震行政主管部门或者县级以上地方人民政府负责管理地震工作的部门或者机构，责令停止违法行为，恢复原状或者采取其他补救措施；情节严重的，可以处五千元以上十万元以下的罚款；造成损失的，依法承担民事责任；构成犯罪的，依法追究刑事责任：

（一）新建、扩建、改建建设工程，对地震监测设施或者地震观测环境造成危害，又未依法事先征得同意并采取相应措施的。

（二）破坏典型地震遗址、遗迹的。

第四十四条　违反本法第十七条第三款规定，有关建设单位不进行地震安全性评价的，或者不按照根据地震安全性评价结果确定的抗震设防要求进行抗震设防的，由国务院地震行政主管部门或者县级以上地方人民政府负责管理地震工作的部门或者机构，责令改正，处一万元以上十万元以下的罚款。

第四十五条 违反本法规定，有下列行为之一的，由县级以上人民政府建设行政主管部门或者其他有关专业主管部门按照职责权限责令改正，处一万元以上十万元以下的罚款：

（一）不按照抗震设计规范进行抗震设计的；

（二）不按照抗震设计进行施工的。

第四十六条 截留、挪用地震救灾资金和物资，构成犯罪的，依法追究刑事责任；尚不构成犯罪的，给予行政处分。

第四十七条 国家工作人员在防震减灾工作中滥用职权，玩忽职守，徇私舞弊，构成犯罪的，依法追究刑事责任；尚不构成犯罪的，给予行政处分。

第七章 附 则

第四十八条 本法自1998年3月1日起施行。

建设工程质量管理条例

（2000年1月10日国务院第25次常务会议通过，2000年1月30日施行）

第一章　总　　则

第一条　为了加强对建设工程质量的管理，保证建设工程质量，保护人民生命和财产安全，根据《中华人民共和国建筑法》，制定本条例。

第二条　凡在中华人民共和国境内从事建设工程的新建、扩建、改建等有关活动及实施对建设工程质量监督管理的，必须遵守本条例。

本条例所称建设工程，是指土木工程、建筑工程、线路管道和设备安装工程及装修工程。

第三条　建设单位、勘察单位、设计单位、施工单位、工程监理单位依法对建设工程质量负责。

第四条　县级以上人民政府建设行政主管部门和其他有关部门应当加强对建设工程质量的监督管理。

第五条　从事建设工程活动，必须严格执行基本建设程序，坚持先勘察、后设计、再施工的原则。

县级以上人民政府及其有关部门不得超越权限审批建设项目或者擅自简化基本建设程序。

第六条　国家鼓励采用先进的科学技术和管理方法，提高建设工程质量。

第二章　建设单位的质量责任和义务

第七条　建设单位应当将工程发包给具有相应资质等级的单位。

建设单位不得将建设工程肢解发包。

第八条　建设单位应当依法对工程建设项目的勘察、设计、施工、监理以及与工程建设有关的重要设备、材料等的采购进行招标。

第九条　建设单位必须向有关的勘察、设计、施工、工程监理等单位提供与建设工程有关的原始资料。

原始资料必须真实、准确、齐全。

第十条　建设工程发包单位，不得迫使承包方以低于成本的价格竞标，不得任意压缩合理工期。

建设单位不得明示或者暗示设计单位或者施工单位违反工程建设强制性标准，降低建设工程质量。

第十一条　建设单位应当将施工图设计文件报县级以上人民政府建设行政主管部门或者其他有关部门审查。施工图设计文件审查的具体办法，由国务院建设行政主管部门会同国务院其他有关部门制定。

施工图设计文件未经审查批准的，不得使用。

第十二条 实行监理的建设工程，建设单位应当委托具有相应资质等级的工程监理单位进行监理，也可以委托具有工程监理相应资质等级并与被监理工程的施工承包单位没有隶属关系或者其他利害关系的该工程的设计单位进行监理。

下列建设工程必须实行监理：

（一）国家重点建设工程；

（二）大中型公用事业工程；

（三）成片开发建设的住宅小区工程；

（四）利用外国政府或者国际组织贷款、援助资金的工程；

（五）国家规定必须实行监理的其他工程。

第十三条 建设单位在领取施工许可证或者开工报告前，应当按照国家有关规定办理工程质量监督手续。

第十四条 按照合同约定，由建设单位采购建筑材料、建筑构配件和设备的，建设单位应当保证建筑材料、建筑构配件和设备符合设计文件和合同要求。

建设单位不得明示或者暗示施工单位使用不合格的建筑材料、建筑构配件和设备。

第十五条 涉及建筑主体和承重结构变动的装修工程，建设单位应当在施工前委托原设计单位或者具有相应资质等级的设计单位提出设计方案；没有设计方案的，不得施工。

房屋建筑使用者在装修过程中，不得擅自变动房屋建筑主体和承重结构。

第十六条 建设单位收到建设工程竣工报告后，应当组织设计、施工、工程监理等有关单位进行竣工验收。

建设工程竣工验收应当具备下列条件：

（一）完成建设工程设计和合同约定的各项内容；

（二）有完整的技术档案和施工管理资料；

（三）有工程使用的主要建筑材料、建筑构配件和设备的进场试验报告；

（四）有勘察、设计、施工、工程监理等单位分别签署的质量合格文件；

（五）有施工单位签署的工程保修书。

建设工程经验收合格的，方可交付使用。

第十七条 建设单位应当严格按照国家有关档案管理的规定，及时收集、整理建设项目各环节的文件资料，建立、健全建设项目档案，并在建设工程竣工验收后，及时向建设行政主管部门或者其他有关部门移交建设项目档案。

第三章 勘察、设计单位的质量责任和义务

第十八条 从事建设工程勘察、设计的单位应当依法取得相应等级的资质证书，并在其资质等级许可的范围内承揽工程。

禁止勘察、设计单位超越其资质等级许可的范围或者以其他勘察、设计单位的名义承揽工程。禁止勘察、设计单位允许其他单位或者个人以本单位的名义承揽工程。

勘察、设计单位不得转包或者违法分包所承揽的工程。

第十九条 勘察、设计单位必须按照工程建设强制性标准进行勘察、设计，并对其勘

察、设计的质量负责。

注册建筑师、注册结构工程师等注册执业人员应当在设计文件上签字，对设计文件负责。

第二十条 勘察单位提供的地质、测量、水文等勘察成果必须真实、准确。

第二十一条 设计单位应当根据勘察成果文件进行建设工程设计。

设计文件应当符合国家规定的设计深度要求，注明工程合理使用年限。

第二十二条 设计单位在设计文件中选用的建筑材料、建筑构配件和设备，应当注明规格、型号、性能等技术指标，其质量要求必须符合国家规定的标准。

除有特殊要求的建筑材料、专用设备、工艺生产线等外，设计单位不得指定生产厂、供应商。

第二十三条 设计单位应当就审查合格的施工图设计文件向施工单位作出详细说明。

第二十四条 设计单位应当参与建设工程质量事故分析，并对因设计造成的质量事故，提出相应的技术处理方案。

第四章 施工单位的质量责任和义务

第二十五条 施工单位应当依法取得相应等级的资质证书，并在其资质等级许可的范围内承揽工程。

禁止施工单位超越本单位资质等级许可的业务范围或者以其他施工单位的名义承揽工程。禁止施工单位允许其他单位或者个人以本单位的名义承揽工程。

施工单位不得转包或者违法分包工程。

第二十六条 施工单位对建设工程的施工质量负责。

施工单位应当建立质量责任制，确定工程项目的项目经理、技术负责人和施工管理负责人。

建设工程实行总承包的，总承包单位应当对全部建设工程质量负责；建设工程勘察、设计、施工、设备采购的一项或者多项实行总承包的，总承包单位应当对其承包的建设工程或者采购的设备的质量负责。

第二十七条 总承包单位依法将建设工程分包给其他单位的，分包单位应当按照分包合同的约定对其分包工程的质量向总承包单位负责，总承包单位与分包单位对分包工程的质量承担连带责任。

第二十八条 施工单位必须按照工程设计图纸和施工技术标准施工，不得擅自修改工程设计，不得偷工减料。

施工单位在施工过程中发现设计文件和图纸有差错的，应当及时提出意见和建议。

第二十九条 施工单位必须按照工程设计要求、施工技术标准和合同约定，对建筑材料、建筑构配件、设备和商品混凝土进行检验，检验应当有书面记录和专人签字；未经检验或者检验不合格的，不得使用。

第三十条 施工单位必须建立、健全施工质量的检验制度，严格工序管理，做好隐蔽工程的质量检查和记录。隐蔽工程在隐蔽前，施工单位应当通知建设单位和建设工程质量监督机构。

第三十一条 施工人员对涉及结构安全的试块、试件以及有关材料，应当在建设单位或者工程监理单位监督下现场取样，并送具有相应资质等级的质量检测单位进行检测。

第三十二条 施工单位对施工中出现质量问题的建设工程或者竣工验收不合格的建设工程，应当负责返修。

第三十三条 施工单位应当建立、健全教育培训制度，加强对职工的教育培训；未经教育培训或者考核不合格的人员，不得上岗作业。

第五章 工程监理单位的质量责任和义务

第三十四条 工程监理单位应当依法取得相应等级的资质证书，并在其资质等级许可的范围内承担工程监理业务。

禁止工程监理单位超越本单位资质等级许可的范围或者以其他工程监理单位的名义承担工程监理业务。禁止工程监理单位允许其他单位或者个人以本单位的名义承担工程监理业务。

工程监理单位不得转让工程监理业务。

第三十五条 工程监理单位与被监理工程的施工承包单位以及建筑材料、建筑构配件和设备供应单位有隶属关系或者其他利害关系的，不得承担该项建设工程的监理业务。

第三十六条 工程监理单位应当依照法律、法规以及有关技术标准、设计文件和建设工程承包合同，代表建设单位对施工质量实施监理，并对施工质量承担监理责任。

第三十七条 工程监理单位应当选派具备相应资格的总监理工程师和监理工程师进驻施工现场。

未经监理工程师签字，建筑材料、建筑构配件和设备不得在工程上使用或者安装，施工单位不得进行下一道工序的施工。未经总监理工程师签字，建设单位不拨付工程款，不进行竣工验收。

第三十八条 监理工程师应当按照工程监理规范的要求，采取旁站、巡视和平行检验等形式，对建设工程实施监理。

第六章 建设工程质量保修

第三十九条 建设工程实行质量保修制度。

建设工程承包单位在向建设单位提交工程竣工验收报告时，应当向建设单位出具质量保修书。质量保修书中应当明确建设工程的保修范围、保修期限和保修责任等。

第四十条 在正常使用条件下，建设工程的最低保修期限为：

（一）基础设施工程、房屋建筑的地基基础工程和主体结构工程，为设计文件规定的该工程的合理使用年限；

（二）屋面防水工程、有防水要求的卫生间、房间和外墙面的防渗漏，为5年；

（三）供热与供冷系统，为2个采暖期、供冷期；

（四）电气管线、给排水管道、设备安装和装修工程，为2年。

其他项目的保修期限由发包方与承包方约定。

建设工程的保修期，自竣工验收合格之日起计算。

第四十一条 建设工程在保修范围和保修期限内发生质量问题的，施工单位应当履行保修义务，并对造成的损失承担赔偿责任。

第四十二条 建设工程在超过合理使用年限后需要继续使用的，产权所有人应当委托具有相应资质等级的勘察、设计单位鉴定，并根据鉴定结果采取加固、维修等措施，重新界定使用期。

第七章 监 督 管 理

第四十三条 国家实行建设工程质量监督管理制度。

国务院建设行政主管部门对全国的建设工程质量实施统一监督管理。国务院铁路、交通、水利等有关部门按照国务院规定的职责分工，负责对全国的有关专业建设工程质量的监督管理。

县级以上地方人民政府建设行政主管部门对本行政区域内的建设工程质量实施监督管理。县级以上地方人民政府交通、水利等有关部门在各自的职责范围内，负责对本行政区域内的专业建设工程质量的监督管理。

第四十四条 国务院建设行政主管部门和国务院铁路、交通、水利等有关部门应当加强对有关建设工程质量的法律、法规和强制性标准执行情况的监督检查。

第四十五条 国务院发展计划部门按照国务院规定的职责，组织稽查特派员，对国家出资的重大建设项目实施监督检查。

国务院经济贸易主管部门按照国务院规定的职责，对国家重大技术改造项目实施监督检查。

第四十六条 建设工程质量监督管理，可以由建设行政主管部门或者其他有关部门委托的建设工程质量监督机构具体实施。

从事房屋建筑工程和市政基础设施工程质量监督的机构，必须按照国家有关规定经国务院建设行政主管部门或者省、自治区、直辖市人民政府建设行政主管部门考核；从事专业建设工程质量监督的机构，必须按照国家有关规定经国务院有关部门或者省、自治区、直辖市人民政府有关部门考核。经考核合格后，方可实施质量监督。

第四十七条 县级以上地方人民政府建设行政主管部门和其他有关部门应当加强对有关建设工程质量的法律、法规和强制性标准执行情况的监督检查。

第四十八条 县级以上人民政府建设行政主管部门和其他有关部门履行监督检查职责时，有权采取下列措施：

（一）要求被检查的单位提供有关工程质量的文件和资料；

（二）进入被检查单位的施工现场进行检查；

（三）发现有影响工程质量的问题时，责令改正。

第四十九条 建设单位应当自建设工程竣工验收合格之日起15日内，将建设工程竣工验收报告和规划、公安消防、环保等部门出具的认可文件或者准许使用文件报建设行政主管部门或者其他有关部门备案。

建设行政主管部门或者其他有关部门发现建设单位在竣工验收过程中有违反国家有关建设工程质量管理规定行为的，责令停止使用，重新组织竣工验收。

第五十条 有关单位和个人对县级以上人民政府建设行政主管部门和其他有关部门进行的监督检查应当支持与配合，不得拒绝或者阻碍建设工程质量监督检查人员依法执行职务。

第五十一条 供水，供电、供气、公安消防等部门或者单位不得明示或者暗示建设单位、施工单位购买其指定的生产供应单位的建筑材料、建筑构配件和设备。

第五十二条 建设工程发生质量事故，有关单位应当在24小时内向当地建设行政主管部门和其他有关部门报告。对重大质量事故，事故发生地的建设行政主管部门和其他有关部门应当按照事故类别和等级向当地人民政府和上级建设行政主管部门和其他有关部门报告。

特别重大质量事故的调查程序按照国务院有关规定办理。

第五十三条 任何单位和个人对建设工程的质量事故、质量缺陷都有权检举、控告、投诉。

第八章 罚 则

第五十四条 违反本条例规定，建设单位将建设工程发包给不具有相应资质等级的勘察、设计、施工单位或者委托给不具有相应资质等级的工程监理单位的，责令改正，处50万元以上100万元以下的罚款。

第五十五条 违反本条例规定，建设单位将建设工程肢解发包的，责令改正，处工程合同价款0.5%以上1%以下的罚款；对全部或者部分使用国有资金的项目，并可以暂停项目执行或者暂停资金拨付。

第五十六条 违反本条例规定，建设单位有下列行为之一的，责令改正，处20万元以上50万元以下的罚款：

（一）迫使承包方以低于成本的价格竞标的；

（二）任意压缩合理工期的；

（三）明示或者暗示设计单位或者施工单位违反工程建设强制性标准，降低工程质量的；

（四）施工图设计文件未经审查或者审查不合格，擅自施工的；

（五）建设项目必须实行工程监理而未实行工程监理的；

（六）未按照国家规定办理工程质量监督手续的；

（七）明示或者暗示施工单位使用不合格的建筑材料、建筑构配件和设备的；

（八）未按照国家规定将竣工验收报告、有关认可文件或者准许使用文件报送备案的。

第五十七条 违反本条例规定，建设单位未取得施工许可证或者开工报告未经批准，擅自施工的，责令停止施工，限期改正，处工程合同价款1%以上2%以下的罚款。

第五十八条 违反本条例规定，建设单位有下列行为之一的，责令改正，处工程合同价款2%以上4%以下的罚款；造成损失的，依法承担赔偿责任：

（一）未组织竣工验收，擅自交付使用的；

（二）验收不合格，擅自交付使用的；

（三）对不合格的建设工程按照合格工程验收的。

第五十九条 违反本条例规定，建设工程竣工验收后，建设单位未向建设行政主管部门或者其他有关部门移交建设项目档案的，责令改正，处1万元以上10万元以下的罚款。

第六十条 违反本条例规定，勘察、设计、施工、工程监理单位超越本单位资质等级承揽工程的，责令停业违法行为，对勘察、设计单位或者工程监理单位处合同约定的勘察费、设计费或者监理酬金1倍以上2倍以下的罚款；对施工单位处工程合同价款2%以上4%以下的罚款，可以责令停止整顿，降低资质等级；情节严重的，吊销资质证书，有违法所得的，予以没收。

未取得资质证书承揽工程的，予以取缔，依照前款规定处以罚款；有违法所得的，予以没收。

以欺骗手段取得资质证书取揽工程的，吊销资质证书，依照本条第一款规定处以罚款，有违法所得的，予以没收。

第六十一条 违反本条例规定，勘察、设计、施工、工程监理单位允许其他单位或者个人以本单位名义承揽工程的，责令改正，没收违法所得，对勘察、设计单位和工程监理单位处合同约定的勘察费、设计费和监理酬金1倍以上2倍以下的罚款；对施工单位处工程合同价款2%以上4%以下的罚款；可以责令停业整顿，降低资质等级；情节严重的，吊销资质证书。

第六十二条 违反本条例规定，承包单位将承包的工程转包或者违法分包的，责令改正，没收违法所得，对勘察、设计单位处合同约定的勘察费、设计费25%以上50%以下的罚款；对施工单位处工程合同价款0.5%以上1%以下的罚款；可以责令停业整顿，降低资质等级；情节严重的，吊销资质证书。

工程监理单位转让工程监理业务的，责令改正，没收违法所得，处合同约定的监理酬金25%以上50%以下的罚款；可以责令停业整顿，降低资质等级；情节严重的，吊销资质证书。

第六十三条 违反本条例规定，有下列行为之一的，责令改正，处10万元以上30万元以下的罚款：

（一）勘察单位未按照工程建设强制性标准进行勘察的；

（二）设计单位未根据勘察成果文件进行工程设计的；

（三）设计单位指定建筑材料、建筑构配件的生产厂、供应商的；

（四）设计单位未按照工程建设强制性标准进行设计的。

有前款所列行为，造成工程质量事故的，责令停业整顿，降低资质等级；情节严重的，吊销资质证书；造成损失的，依法承担赔偿责任。

第六十四条 违反本条例规定，施工单位在施工中偷工减料的，使用不合格的建筑材料、建筑构配件和设备的，或者有不按照工程设计图纸或者施工技术标准施工的其他行为的，责令改正，处工程合同价款2%以上4%以下的罚款，造成建设工程质量不符合规定的质量标准的，负责返工、修理，并赔偿因此造成的损失；情节严重的，责令停业整顿，降低资质等级或者吊销资质证书。

第六十五条 违反本条例规定，施工单位未对建筑材料、建筑构配件、设备和商品混凝土进行检验，或者未对涉及结构安全的试块、试件以及有关材料取样检测的，责令改正，处10万元以上20万元以下的罚款；情节严重的，责令停业整顿，降低资质等级或者吊销资质证书；造成损失的，依法承担赔偿责任。

第六十六条 违反本条例规定，施工单位不履行保修义务或者拖延履行保修义务的，责令改正，处10万元以上20万元以下的罚款，并对在保修期内因质量缺陷造成的损失承担赔偿责任。

第六十七条 工程监理单位有下列行为之一的，责令改正，处50万元以上100万元以下的罚款，降低资质等级或者吊销资质证书；有违法所得的，予以没收；造成损失的，承担连带赔偿责任：

（一）与建设单位或者施工单位串通，弄虚作假、降低工程质量的；

（二）将不合格的建设工程、建筑材料、建筑构配件和设备按照合格签字的。

第六十八条 违反本条例规定，工程监理单位与被监理工程的施工承包单位以及建筑材料、建筑构配件和设备供应单位有隶属关系或者其他利害关系承担该项建设工程的监理业务的，责令改正，处5万元以上10万元以下的罚款，降低资质等级或者吊销资质证书；有违法所得的，予以没收。

第六十九条 违反本条例规定，涉及建筑主体或者承重结构变动的装修工程，没有设计方案擅自施工的，责令改正，处50万元以上100万元以下的罚款；房屋建筑使用者在装修过程中擅自变动房屋建筑主体和承重结构的，责令改正，处5万元以上10万元以下的罚款。

有前款所列行为，造成损失的，依法承担赔偿责任。

第七十条 发生重大工程质量事故隐瞒不报、谎报或者拖延报告期限的，对直接负责的主管人员和其他责任人员依法给予行政处分。

第七十一条 违反本条例规定，供水、供电、供气、公安消防等部门或者单位明示或者暗示建设单位或者施工单位购买其指定的生产供应单位的建筑材料、建筑构配件和设备的，责令改正。

第七十二条 违反本条例规定，注册建筑师、注册结构工程师、监理工程师等注册执业人员因过错造成质量事故的。责令停止执业1年；造成重大质量事故的，吊销执业资格证书，5年以内不予注册；情节特别恶劣的，终身不予注册。

第七十三条 依照本条例规定，给予单位罚款处罚的，对单位直接负责的主管人员和其他直接责任人员处单位罚款数额5%以上10%以下的罚款。

第七十四条 建设单位、设计单位、施工单位、工程监理单位违反国家规定，降低工程质量标准，造成重大安全事故，构成犯罪的，对直接责任人员依法追究刑事责任。

第七十五条 本条例规定的责令停业整顿，降低资质等级和吊销资质证书的行政处罚，由颁发资质证书的机关决定；其他行政处罚，由建设行政主管部门或者其他有关部门依照法定职权决定。

依照本条例规定被吊销资质证书的，由工商行政管理部门吊销其营业执照。

第七十六条 国家机关工作人员在建设工程质量监督管理工作中玩忽职守、滥用职权、徇私舞弊，构成犯罪的。依法追究刑事责任；尚不构成犯罪的，依法给予行政处分。

第七十七条 建设、勘察、设计、施工、工程监理单位的工作人员因调动工作、退休等原因离开该单位后，被发现在该单位工作期间违反国家有关建设工程质量管理规定，造成重大工程质量事故的，仍应当依法追究法律责任。

第九章 附 则

第七十八条 本条例所称肢解发包，是指建设单位将应当由一个承包单位完成的建设工程分解成若干部分发包给不同的承包单位的行为。

本条例所称违法分包，是指下列行为：

（一）总承包单位将建设工程分包给不具备相应资质条件的单位的；

（二）建设工程总承包合同中未有约定，又未经建设单位认可，承包单位将其承包的部分建设工程交由其他单位完成的；

（三）施工总承包单位将建设工程主体结构的施工分包给其他单位的；

（四）分包单位将其承包的建设工程再分包的。

本条例所称转包，是指承包单位承包建设工程后；不履行合同约定的责任和义务，将其承包的全部建设工程转给他人或者将其承包的全部建设工程肢解以后以分包的名义分别转给其他单位承包的行为。

第七十九条 本条例规定的罚款和没收的违法所得，必须全部上缴国库。

第八十条 抢险救灾及其他临时性房屋建筑和农民自建低层住宅的建设活动，不适用本条例。

第八十一条 军事建设工程的管理，按照中央军事委员会的有关规定执行。

第八十二条 本条例自发布之日起施行。

附刑法有关条款

第一百三十七条 建设单位、设计单位、施工单位、工程监理单位违反国家规定，降低工程质量标准，造成重大安全事故的，对直接责任人员处五年以下有期徒刑或者拘役，并处罚金；后果特别严重的，处五年以上十年以下有期徒刑，并处罚金。

建设工程勘察设计管理条例

（2000年9月20日国务院第31次常务会议通过，2000年9月25日施行）

第一章　总　则

第一条　为了加强对建设工程勘察、设计活动的管理，保证建设工程勘察。设计质量，保护人民生命和财产安全，制定本条例。

第二条　从事建设工程勘察、设计活动，必须遵守本条例。本条例所称建设工程勘察，是指根据建设工程的要求，查明、分析、评价建设场地的地质地理环境特征和岩土工程条件，编制建设工程勘察文件的活动。本条例所称建设工程设计，是指根据建设工程的要求，对建设工程所需的技术、经济、资源、环境等条件进行综合分析、论证，编制建设工程设计文件的活动。

第三条　建设工程勘察、设计应当与社会、经济发展水平相适应，做到经济效益、社会效益和环境效益相统一。

第四条　从事建设工程勘察、设计活动，应当坚持先勘察、后设计、再施工的原则。

第五条　县级以上人民政府建设行政主管部门和交通、水利等有关部门应当依照本条例的规定，加强对建设工程勘察、设计活动的监督管理。建设工程勘察、设计单位必须依法进行建设工程勘察、设计，严格执行工程建设强制性标准，并对建设工程勘察、设计的质量负责。

第六条　国家鼓励在建设工程勘察、设计活动中采用先进技术、先进工艺、先进设备、新型材料和现代管理方法。

第二章　资质资格管理

第七条　国家对从事建设工程勘察、设计活动的单位，实行资质管理制度。具体办法由国务院建设行政主管部门商国务院有关部门制定。

第八条　建设工程勘察、设计单位应当在其资质等级许可的范围内承揽建设工程勘察、设计业务。禁止建设工程勘察、设计单位超越其资质等级许可的范围或者以其他建设工程勘察、设计单位的名义承揽建设工程勘察、设计业务。禁止建设工程勘察、设计单位允许其他单位或者个人以本单位的名义承揽建设工程勘察、设计业务。

第九条　国家对从事建设工程勘察、设计活动的专业技术人员，实行执业资格注册管理制度。未经注册的建设工程勘察、设计人员，不得以注册执业人员的名义从事建设工程勘察、设计活动。

第十条　建设工程勘察、设计注册执业人员和其他专业技术人员只能受聘于一个建设工程勘察、设计单位；未受聘于建设工程勘察、设计单位的，不得从事建设工程的勘察、设计活动。

第十一条 建设工程勘察、设计单位资质证书和执业人员注册证书，由国务院建设行政主管部门统一制作。

第三章 建设工程勘察设计发包与承包

第十二条 建设工程勘察、设计发包依法实行招标发包或者直接发包。

第十三条 建设工程勘察、设计应当依照《中华人民共和国招标投标法》的规定，实行招标发包。

第十四条 建设工程勘察、设计方案评标，应当以投标人的业绩、信誉和勘察、设计人员的能力以及勘察、设计方案的优劣为依据，进行综合评定。

第十五条 建设工程勘察、设计的招标人应当在评标委员会推荐的候选方案中确定中标方案。但是，建设工程勘察、设计的招标人认为评标委员会推荐的候选方案不能最大限度满足招标文件规定的要求的，应当依法重新招标。

第十六条 下列建设工程的勘察、设计，经有关主管部门批准，可以直接发包：

（一）采用特定的专利或者专有技术的；

（二）建筑艺术造型有特殊要求的；

（三）国务院规定的其他建设工程的勘察、设计。

第十七条 发包方不得将建设工程勘察、设计业务发包给不具有相应勘察、设计资质等级的建设工程勘察、设计单位。

第十八条 发包方可以将整个建设工程的勘察、设计发包给一个勘察、设计单位；也可以将建设工程的勘察、设计分别发包给几个勘察、设计单位。

第十九条 除建设工程主体部分的勘察、设计外，经发包方书面同意，承包方可以将建设工程其他部分的勘察、设计再分包给其他具有相应资质等级的建设工程勘察、设计单位。

第二十条 建设工程勘察、设计单位不得将所承揽的建设工程勘察、设计转包。

第二十一条 承包方必须在建设工程勘察、设计资质证书规定的资质等级和业务范围内承揽建设工程的勘察、设计业务。

第二十二条 建设工程勘察、设计的发包方与承包方，应当执行国家规定的建设工程勘察、设计程序。

第二十三条 建设工程勘察、设计的发包方与承包方应当签订建设工程勘察、设计合同。

第二十四条 建设工程勘察、设计发包方与承包方应当执行国家有关建设工程勘察费、设计费的管理规定。

第四章 建设工程勘察设计文件的编制与实施

第二十五条 编制建设工程勘察、设计文件，应当以下列规定为依据：

（一）项目批准文件；

（二）城市规划；

（三）工程建设强制性标准；

（四）国家规定的建设工程勘察、设计深度要求。

铁路、交通、水利等专业建设工程，还应当以专业规划的要求为依据。

第二十六条　编制建设工程勘察文件，应当真实、准确，满足建设工程规划、选址、设计、岩土治理和施工的需要。编制方案设计文件，应当满足编制初步设计文件和控制概算的需要。编制初步设计文件，应当满足编制施工招标文件、主要设备材料订货和编制施工图设计文件的需要。编制施工图设计文件，应当满足设备材料采购、非标准设备制作和施工的需要，并注明建设工程合理使用年限。

第二十七条　设计文件中选用的材料、构配件、设备，应当注明其规格、型号、性能等技术指标，其质量要求必须符合国家规定的标准。除有特殊要求的建筑材料、专用设备和工艺生产线等外，设计单位不得指定生产厂、供应商。

第二十八条　建设单位、施工单位、监理单位不得修改建设工程勘察、设计文件；确需修改建设工程勘察、设计文件的，应当由原建设工程勘察、设计单位修改。经原建设工程勘察、设计单位书面同意，建设单位也可以委托其他具有相应资质的建设工程勘察、设计单位修改。修改单位对修改的勘察、设计文件承担相应责任。施工单位、监理单位发现建设工程勘察，设计文件不符合工程建设强制性标准、合同约定的质量要求的，应当报告建设单位，建设单位有权要求建设工程勘察、设计单位对建设工程勘察、设计文件进行补充、修改。建设工程勘察、设计文件内容需要做重大修改的，建设单位应当报经原审批机关批准后，方可修改。

第二十九条　建设工程勘察、设计文件中规定采用的新技术、新材料，可能影响建设工程质量和安全，又没有国家技术标准的，应当由国家认可的检测机构进行试验、论证，出具检测报告，并经国务院有关部门或者省、自治区、直辖市人民政府有关部门组织的建设工程技术专家委员会审定后，方可使用。

第三十条　建设工程勘察、设计单位应当在建设工程施工前，向施工单位和监理单位说明建设工程勘察、设计意图，解释建设工程勘察、设计文件。建设工程勘察、设计单位应当及时解决施工中出现的勘察、设计问题。

第五章　监　督　管　理

第三十一条　国务院建设行政主管部门对全国的建设工程勘察、设计活动实施统一监督管理。国务院铁路、交通、水利等有关部门按照国务院规定的职责分工，负责对全国的有关专业建设工程勘察、设计活动的监督管理。县级以上地方人民政府建设行政主管部门对本行政区域内的建设工程勘察、设计活动实施监督管理。县级以上地方人民政府交通水利等有关部门在各自的职责范围内，负责对本行政区域内的有关专业建设工程勘察、设计活动的监督管理。

第三十二条　建设工程勘察、设计单位在建设工程勘察、设计资质证书规定的业务范围内跨部门、跨地区承揽勘察、设计业务的，有关地方人民政府及其所属部门不得设置障碍，不得违反国家规定收取任何费用。

第三十三条　县级以上人民政府建设行政主管部门或者交通、水利等有关部门应当对施工图设计文件中涉及公共利益、公众安全、工程建设强制性标准的内容进行审查。施工图设计文件未经审查批准的，不得使用。

第三十四条　任何单位和个人对建设工程勘察、设计活动中的违法行为都有权检举、控告、投诉。

第六章　罚　　则

第三十五条　违反本条例第八条规定的，责令停止违法行为，处合同约定的勘察费、设计费1倍以上2倍以下的罚款，有违法所得的，予以没收；可以责令停业整顿，降低资质等级；情节严重的，吊销资质证书。未取得资质证书承揽工程的，予以取缔，依照前款规定处以罚款；有违法所得的，予以没收。以欺骗手段取得资质证书承揽工程的，吊销资质证书，依照本条第一款规定处以罚款；有违法所得的，予以没收。

第三十六条　违反本条例规定，未经注册，擅自以注册建设工程勘察、设计人员的名义从事建设工程勘察、设计活动的，责令停止违法行为，没收违法所得；处违法所得2倍以上5倍以下罚款；给他人造成损失的，依法承担赔偿责任。

第三十七条　违反本条例规定，建设工程勘察、设计注册执业人员和其他专业技术人员未受聘于一个建设工程勘察、设计单位或者同时受聘于两个以上建设工程勘察、设计单位，从事建设工程勘察、设计活动的，责令停止违法行为，没收违法所得，处违法所得2倍以上5倍以下的罚款；情节严重的，可以责令停止执行业务或者吊销资格证书；给他人造成损失的，依法承担赔偿责任。

第三十八条　违反本条例规定，发包方将建设工程勘察、设计业务发包给不具有相应资质等级的建设工程勘察、设计单位的，责令改正，处50万元以上100万元以下的罚款。

第三十九条　违反本条例规定，建设工程勘察、设计单位将所承揽的建设工程勘察。设计转包的，责令改正，没收违法所得，处合同约定的勘察费、设计费25％以上50％以下的罚款，可以责令停业整顿，降低资质等级；情节严重的，吊销资质证书。

第四十条　违反本条例规定，有下列行为之一的，依照《建设工程质量管理条例》第六十三条的规定给予处罚：

（一）勘察单位未按照工程建设强制性标准进行勘察的；

（二）设计单位未根据勘察成果文件进行工程设计的；

（三）设计单位指定建筑材料、建筑构配件的生产厂、供应商的；

（四）设计单位未按照工程建设强制性标准进行设计的。

第四十一条　本条例规定的责令停业整顿、降低资质等级和吊销资质证书、资格证书的行政处罚，由颁发资质证书、资格证书的机关决定；其他行政处罚，由建设行政主管部门或者其他有关部门依据法定职权范围决定。依照本条例规定被吊销资质证书的，由工商行政管理部门吊销其营业执照。

第四十二条　国家机关工作人员在建设工程勘察、设计活动的监督管理工作中玩忽职守、滥用职权、徇私舞弊，构成犯罪的，依法追究刑事责任；尚不构成犯罪的，依法给予行政处分。

第七章　附　　则

第四十三条　抢险救灾及其他临时性建筑和农民自建两层以下住宅的勘察、设计活动，不适用本条例。

第四十四条　军事建设工程勘察、设计的管理、按照中央军事委员会的有关规定执行。

第四十五条　本条例自公布之日（2000年9月25日）起施行。

实施工程建设强制性标准监督规定（81号部令）

（2000年8月21日建设部第27次常务会议通过，自2000年8月25起日施行）

第一条 为加强工程建设强制性标准实施的监督工作，保证建设工程质量，保障人民的生命、财产安全，维护社会公共利益，根据《中华人民共和国标准化法》、《中华人民共和国标准化法实施条例》和《建设工程质量管理条例》，制定本规定。

第二条 在中华人民共和国境内从事新建、扩建、改建等工程建设活动，必须执行工程建设强制性标准。

第三条 本规定所称工程建设强制性标准是指直接涉及工程质量、安全、卫生及环境保护等方面的工程建设标准强制性条文。

国家工程建设标准强制性条文由国务院建设行政主管部门会同国务院有关行政主管部门确定。

第四条 国务院建设行政主管部门负责全国实施工程建设强制性标准的监督管理工作。

国务院有关行政主管部门按照国务院的职能分工负责实施工程建设强制性标准的监督管理工作。

县级以上地方人民政府建设行政主管部门负责本行政区域内实施工程建设强制性标准的监督管理工作。

第五条 工程建设中拟采用的新技术、新工艺、新材料，不符合现行强制性标准规定的，应当由拟采用单位提请建设单位组织专题技术论证，报批标准的建设行政主管部门或者国务院有关主管部门审定。

工程建设中采用国际标准或者国外标准，现行强制性标准未作规定的，建设单位应当向国务院建设行政主管部门或者国务院有关行政主管部门备案。

第六条 建设项目规划审查机关应当对工程建设规划阶段执行强制性标准的情况实施监督。

施工图设计文件审查单位应当对工程建设勘察、设计阶段执行强制性标准的情况实施监督。

建筑安全监督管理机构应当对工程建设施工阶段执行施工安全强制性标准的情况实施监督。

工程质量监督机构应当对工程建设施工、监理、验收等阶段执行强制性标准的情况实施监督。

第七条 建设项目规划审查机关、施工图设计文件审查单位、建筑安全监督管理机构、工程质量监督机构的技术人员必须熟悉、掌握工程建设强制性标准。

第八条 工程建设标准批准部门应当定期对建设项目规划审查机关、施工图设计文件审查单位、建筑安全监督管理机构、工程质量监督机构实施强制性标准的监督进行检查，对监督不力的单位和个人，给予通报批评，建议有关部门处理。

第九条 工程建设标准批准部门应当对工程项目执行强制性标准情况进行监督检查。监督检查可以采取重点检查、抽查和专项检查的方式。

第十条 强制性标准监督检查的内容包括：

（一）有关工程技术人员是否熟悉、掌握强制性标准；

（二）工程项目的规划、勘察、设计、施工、验收等是否符合强制性标准的规定；

（三）工程项目采用的材料、设备是否符合强制性标准的规定；

（四）工程项目的安全、质量是否符合强制性标准的规定；

（五）工程中采用的导则、指南、手册、计算机软件的内容是否符合强制性标准的规定。

第十一条 工程建设标准批准部门应当将强制性标准监督检查结果在一定范围内公告。

第十二条 工程建设强制性标准的解释由工程建设标准批准部门负责。

有关标准具体技术内容的解释，工程建设标准批准部门可以委托该标准的编制管理单位负责。

第十三条 工程技术人员应当参加有关工程建设强制性标准的培训，并可以计入继续教育学时。

第十四条 建设行政主管部门或者有关行政主管部门在处理重大工程事故时，应当有工程建设标准方面的专家参加；工程事故报告应当包括是否符合工程建设强制性标准的意见。

第十五条 任何单位和个人对违反工程建设强制性标准的行为有权向建设行政主管部门或者有关部门检举、控告、投诉。

第十六条 建设单位有下列行为之一的，责令改正，并处以 20 万元以上 50 万元以下的罚款：

（一）明示或者暗示施工单位使用不合格的建筑材料、建筑构配件和设备的；

（二）明示或者暗示设计单位或者施工单位违反工程建设强制性标准，降低工程质量的。

第十七条 勘察、设计单位违反工程建设强制性标准进行勘察、设计的，责令改正，并处以 10 万元以上 30 万元以下的罚款。

有前款行为，造成工程质量事故的，责令停业整顿，降低资质等级；情节严重的，吊销资质证书；造成损失的，依法承担赔偿责任。

第十八条 施工单位违反工程建设强制性标准的，责令改正，处工程合同价款 2% 以上 4% 以下的罚款；造成建设工程质量不符合规定的质量标准的，负责返工、修理，并赔偿因此造成的损失；情节严重的，责令停业整顿，降低资质等级或者吊销资质证书。

第十九条 工程监理单位违反强制性标准规定，将不合格的建设工程以及建筑材料、建筑构配件和设备按照合格签字的，责令改正，处 50 万元以上 100 万元以下的罚款，降低资质等级或者吊销资质证书；有违法所得的，予以没收；造成损失的，承担连带赔偿责任。

第二十条 违反工程建设强制性标准造成工程质量、安全隐患或者工程事故的，按照《建设工程质量管理条例》有关规定，对事故责任单位和责任人进行处罚。

第二十一条 有关责令停业整顿、降低资质等级和吊销资质证书的行政处罚，由颁发资质证书的机关决定；其他行政处罚，由建设行政主管部门或者有关部门依照法定职权决定。

第二十二条 建设行政主管部门和有关行政主管部门工作人员，玩忽职守、滥用职权、徇私舞弊的，给予行政处分；构成犯罪的，依法追究刑事责任。

第二十三条 本规定由国务院建设行政主管部门负责解释。

第二十四条 本规定自发布之日起施行。

超限高层建筑工程抗震设防管理规定

中华人民共和国建设部令

第111号

《超限高层建筑工程抗震设防管理规定》已经2002年7月11日建设部第61次常务会议审议通过，现予发布，自2002年9月1日起施行。

部长　汪光焘

二〇〇二年七月二十五日

超限高层建筑工程抗震设防管理规定

第一条　为了加强超限高层建筑工程的抗震设防管理，提高超限高层建筑工程抗震设计的可靠性和安全性，保证超限高层建筑工程抗震设防的质量，根据《中华人民共和国建筑法》、《中华人民共和国防震减灾法》、《建设工程质量管理条例》、《建设工程勘察设计管理条例》等法律、法规，制定本规定。

第二条　本规定适用于抗震设防区内超限高层建筑工程的抗震设防管理。

本规定所称超限高层建筑工程，是指超出国家现行规范、规程所规定的适用高度和适用结构类型的高层建筑工程体型特别不规则的高层建筑工程，以及有关规范、规程规定应进行抗震专项审查的高层建筑工程。

第三条　国务院建设行政主管部门负责全国超限高层建筑工程抗震设防的管理工作。

省、自治区、直辖市人民政府建设行政主管部门负责本行政区内超限高层建筑工程抗震设防的管理工作。

第四条　超限高层建筑工程的抗震设防应当采取有效的抗震措施，确保超限高层建筑工程达到规范规定的抗震设防目标。

第五条　在抗震设防区内进行超限高层建筑工程的建设时，建设单位应当在初步设计阶段向工程所在地的省、自治区、直辖市人民政府建设行政主管部门提出专项报告。

第六条　超限高层建筑工程所在地的省、自治区、直辖市人民政府建设行政主管部门，负责组织省、自治区、直辖市超限高层建筑工程抗震设防专家委员会对超限高层建筑工程进行抗震设防专项审查。

审查难度大或审查意见难以统一的，工程所在地的省、自治区、直辖市人民政府建设行政主管部门可请全国超限高层建筑工程抗震设防专家委员会提出专项审查意见，并报国务院建设行政主管部门备案。

第七条 全国和省、自治区、直辖市的超限高层建筑工程抗震设防审查专家委员会委员分别由国务院建设行政主管部门和省、自治区、直辖市人民政府建设行政主管部门聘任。

超限高层建筑抗震设防专家委员会应当由长期从事并精通高层建筑工程抗震的勘察、设计、科研、教学和管理专家组成，并对抗震设防专项审查意见承担相应的审查责任。

第八条 超限高层建筑工程的抗震设防专项审查内容包括：建筑的抗震设防分类、抗震设防烈度（或者设计地震动参数）、场地抗震性能评价、抗震概念设计、主要结构布置、建筑与结构的协调、使用的计算程序、结构计算结果、地基基础和上部结构抗震性能评估等。

第九条 建设单位申报超限高层建筑工程的抗震设防专项审查时，应当提供以下材料：

（一）超限高层建筑工程抗震设防专项审查表；

（二）设计的主要内容、技术依据、可行性论证及主要抗震措施；

（三）工程勘察报告；

（四）结构设计计算的主要结果；

（五）结构抗震薄弱部位的分析和相应措施；

（六）初步设计文件；

（七）设计时参照使用的国外有关抗震设计标准、工程和震害资料及计算机程序；

（八）对要求进行模型抗震性能试验研究的，应当提供抗震试验研究报告。

第十条 建设行政主管部门应当自接到抗震设防专项审查全部申报材料之日起25日内，组织专家委员会提出书面审查意见，并将审查结果通知建设单位。

第十一条 超限高层建筑工程抗震设防专项审查费用由建设单位承担。

第十二条 超限高层建筑工程的勘察、设计、施工、监理，应当由具备甲级（一级及以上）资质的勘察、设计、施工和工程监理单位承担，其中建筑设计和结构设计应当分别由具有高层建筑设计经验的一级注册建筑师和一级注册结构工程师承担。

第十三条 建设单位、勘察单位、设计单位应当严格按照抗震设防专项审查意见进行超限高层建筑工程的勘察、设计。

第十四条 未经超限高层建筑工程抗震设防专项审查，建设行政主管部门和其他有关部门不得对超限高层建筑工程施工图设计文件进行审查。

超限高层建筑工程的施工图设计文件审查应当由经国务院建设行政主管部门认定的具有超限高层建筑工程审核资格的施工图设计文件审查机构承担。

施工图设计文件审查时应当检查设计图纸是否执行了抗震设防专项审查意见；未执行专项审查意见的，施工图设计文件审查不能通过。

第十五条 建设单位、施工单位、工程监理单位应当严格按照经抗震设防专项审查和施工图设计文件审查的勘察设计文件进行超限高层建筑工程的抗震设防和采取抗震措施。

第十六条 对国家现行规范要求设置建筑结构地震反应观测系统的超限高层建筑工程，建设单位应当按照规范要求设置地震反应观测系统。

第十七条 建设单位违反本规定，施工图设计文件未经审查或者审查不合格，擅自施工的，责令改正，处以20万元以上50万元以下的罚款。

第十八条 勘察、设计单位违反本规定，未按照抗震设防专项审查意见进行超限高层建筑工程勘察、设计的，责令改正，处以1万元以上3万元以下的罚款；造成损失的，依法承担赔偿责任。

第十九条 国家机关工作人员在超限高层建筑工程抗震设防管理工作中玩忽职守、滥用职权，徇私舞弊，构成犯罪的，依法追究刑事责任；尚不构成犯罪的，依法给予行政处分。

第二十条 省、自治区、直辖市人民政府建设行政主管部门，可结合本地区的具体情况制定实施细则，并报国务院建设行政主管部门备案。

第二十一条 本规定自2002年9月1日起施行。1997年12月23日建设部颁布的《超限高层建筑工程抗震设防管理暂行规定》（建设部令第59号）同时废止。

第二讲　抗震设计规范修订简介

一、修订过程大事记

《建筑抗震设计规范》(GBJ 11—89，以下简称 89 规范) 是 20 世纪 80 年代初期至中期编写的，反映了 70 年代末至 80 年代中期我国地震工程和工程抗震科研的水平和设计经验。自 1990 年正式颁布实施以来，随着我国城乡建设的发展，新型建筑材料、新结构体系、新技术和新工艺不断发展并得到应用，89 规范已经不能适应这种形势，各地的建设中经常出现所谓“突破规范”的问题。由于“无法可依，无章可循”，设计人员感到无所适从，盲目采用一些不成熟、甚至是错误的技术进行结构抗震设计，从而留下隐患。另一方面，80 年代末以来，国内外所发生的大地震，如：澜沧、武定、大同、丽江、包头及美国旧金山、洛杉矶、日本神户等，造成了大量建筑物和工程设施的破坏，产生了新的震害经验；也有许多采用抗震新技术的建筑物经受了地震考验，证明这些技术是行之有效的。

有鉴于此，规范管理组于 1994 年 6 月 14 日召开在京专家座谈会，到会专家 20 多人，建设部标准定额司和抗震办公室、建筑工程标准技术归口单位的领导也参加了会议。会议对 89 规范颁布以来的实施情况进行了总结，对急需补充增加的内容提出了意见，同时建议安排三批共 16 项相应的研究课题等。可以认为，本次会议对 89 规范的修订达成了共识，正式提出了建议，具有重要的指导作用。此后，规范管理组向全国 400 多个单位发出信函征求意见，得到了积极的回应。截至 1996 年 5 月，收到国内从事设计、勘察、科研、教育和管理工作的数百位专家的许多重要意见。大家一致认为，当前有必要也有可能对 89 规范进行全面修订。

1996 年 10 月 8 日由中国建筑科学研究院向建设部标准定额司提出申请，就技术储备情况、拟修订内容的技术含量、社会效益与经济效益估计、与其他相关规范的关系、组织工作和经费筹措等做了详细的汇报。

1996 年 11 月 7 日，标准定额司召开规范复审会，到会 30 多位专家一致同意对 89 规范进行修订的申请报告。

1997 年 5 月 21 日，建设部正式下达包括《建筑抗震设计规范》(GBJ 11—89) 在内的 1997 年工程建设国家标准制定、修订计划。经建设部标准定额司批准，由中国建筑科学研究院会同有关设计、勘察、研究和教学共 25 个单位，组成修订编制小组，参加人数共 39 人。

1997 年 7 月规范编制组召开第一次全体成员工作会议，讨论并通过了修订大纲，从此开始了《建筑抗震设计规范》(GBJ 11—89) 的全面修订工作。修订过程中，还开展了若干专题研究和试验研究。与此同时，中国地震局展开了对《中国地震烈度区划图》

(1990) 的修订工作，新的地震区划图将采用地震动参数取代地震烈度。为此，规范修编组与地震区划图修编组及时进行了协调沟通，在规范修订过程中充分考虑到由地震烈度向地震动参数过渡所带来的问题，以及工程界普遍认同和适应的按照地震烈度采取抗震构造措施的方法，提出在新规范中地震烈度和地震动参数并存、留有接口的办法，可以适应新一代地震动参数区划图的发布实施，也照顾了工程界沿用了多年的习惯方法。

1997 年 12 月和 1998 年 4 月召开了两次各章负责人的工作会议，形成“修编讨论稿”。

1998 年 6 月召开第二次全体成员的工作会议，讨论修改“修编讨论稿”和工作计划。

1998 年 7 月各章负责人第三次工作会议讨论通过“修编讨论稿”，于 1998 年 9 月形成“征求意见稿”，向全国发出征求意见。通过分片在新疆、福建、云南、陕西、辽宁等地召开座谈会、各单位召开讨论会形成书面意见、个人提出口头或书面意见、在有关刊物上发表的意见等四种方式，广泛收集各种意见共 1500 余条（次）。

1999 年 1 月、7 月、11 月各章负责人的三次工作会议研究；与有关规范的修订进行协调；对第 8 章（钢结构）又第二次征求意见，收到书面意见 108 条（次）。

1999 年 12 月布置开展试设计工作，分别对多层砖砌体房屋、横墙较少的多层砖砌体房屋、底层框架砖房、底部二层框架砖房、混凝土小型空心砌块房屋、多层钢筋混凝土框架房屋、高层钢筋混凝土房屋、高层钢结构房屋、隔震的多层砖砌体房屋、隔震的多层框架房屋等十项工程进行试设计。试设计分别按 89 规范和新规范（试设计用稿）进行，重点验算新增内容和修改条文的可行性、合理性以及主要经济指标。总体来看，按新规范进行设计的各类房屋结构的抗震设防水平略有提高，结构造价增加幅度约为 3%～5%。

1999 年 12 月 16、17 日建设部抗震办公室和标准定额司召开“工程标准规范研讨会”，针对当时国内学术界关于是否应大幅度提高我国建筑安全可靠度的各种观点，开展了热烈的讨论。最后，根据专家们的意见和建设部领导的指示，提出：《建筑抗震设计规范》的修订工作应遵从“依据我国国情，适当调整提高抗震设防标准”的原则，提高抗震设防标准要适度，并有针对性，不宜一概而论、普遍提高；还应明确该规范作为国家标准，所提出的抗震设防要求是基本安全要求，各有关地方标准、行业标准可根据具体情况提出不低于该标准的设防要求；对高烈度区、地震多发区、经济发达、人口稠密地区的抗震设防标准可定得细一些，以适应市场经济的发展需要。上述原则的提出十分及时和重要，为新建筑抗震设计规范的最终完稿和送审确定了基本方针。

2000 年 4 月中旬召开各章负责人第七次工作会议和第三次全体成员工作会议，对试设计结果做了分析，将征集到的近 1600 条意见进行归纳整理分类，吸收了合理的、具有普遍意义的意见，进一步讨论修改条文。

2000 年 5 月召开第八次各章负责人工作会议讨论，对各章送审稿初稿进行讨论和修改，最后提出规范送审稿。

2000 年 11 月 22～25 日受建设部标准定额司委托，由建设部抗震办公室主持，在河北蓟县召开了《建筑抗震设计规范》修订送审稿审查会议，参加会议的有审查委员 28 人，规范编制组成员 36 人。会议认为，修订后的抗震设计规范，吸取了近年来国内外大地震震害经验、工程抗震科研新成果和工程设计的经验，达到结构抗震安全度适当提高的要求。规范结合国情、技术先进，试设计也表明有较好的可操作性。采纳了国际上有关抗震规范的合理规定，总体上达到抗震规范的国际先进水平。审查委员会同意规范编制组按审查意见完成修改后上报审批。

2001 年 4 月规范修编组按照审查意见对规范送审稿进行修改，在与《钢筋混凝土结构设计规范》、《砌体结构房屋设计规范》等相关规范多次协调的基础上，形成《建筑抗震设计规范》报批稿，向建设部标准定额司正式提交报批报告。

2001 年 7 月 20 日建设部批准并与国家质量监督检验检疫总局联合发布《建筑抗震设计规范》(GB 50011—2001 以下简称 2001 规范)，自 2002 年 1 月 1 日起施行，其中 52 条为强制性条文。原《建筑抗震设计规范》(GBJ 11—89) 以及《工程建设国家标准局部修订公告》(第一号) 于 2002 年 12 月 31 日废止 (2001 年 2 月 2 日，国家质量技术监督局发布了《中国地震动参数区划图》，于 2001 年 8 月 1 日实施，2001 规范正好与该区划图配套实施)。

至此，建筑抗震设计规范的修订历经四年终告完成。其中饱含各级行政领导、修编人员和无数关心本规范的工程技术人员的大量心血与贡献，特予记载。

二、GB 50011－2001 规范对 GBJ 11－89 规范的主要改进

与 89 规范相比，2001 规范的内容增加较多：

89 规范有 11 章、39 节、7 附录共 329 条，其中包括 41 条强制性条文；2001 规范有 13 章、56 节、11 附录共 531 条，其中包括 52 条强制性条文，删去中型砌块房屋、单排柱内框架房屋、烟囱和水塔的有关内容。

1.GBJ 11—89 抗震规范的基本规定

《建筑抗震设计规范》(GBJ 11—89) 对建筑结构的抗震设计做如下基本规定：

(1) 用三个不同的概率水准和两阶段设计体现“小震不坏、中震可修、大震不倒”的基本设计原则；

(2) 以抗震设防烈度作为抗震设计的基本依据，引入“设计近震和设计远震”，以体现地震震级、震中距的影响；

(3) 不同类型的结构需采用不同的地震作用计算方法；并利用“地震作用效应调整系数”，体现某些抗震概念设计的要求；

(4) 按照建筑结构设计统一标准的原则，取消 78 规范的“结构影响系数”，通过“多遇地震”条件下的概率可靠度分析，建立了结构构件截面抗震承载力验算的多分项系数的设计表达式；

(5) 把抗震计算和抗震措施作为不可分割的组成部分，强调通过概念设计，协调各项抗震措施，实现“大震不倒”；

(6) 砌体结构需设置水平和竖向的延性构件形成墙体的约束，以防止倒塌；

(7) 钢筋混凝土结构需确定其“抗震等级”，从而采取相应的计算和构造措施；对框架结构还要求控制“薄弱层弹塑性变形”，通过第二阶段的设计防止倒塌；

(8) 装配式结构需设置完整的支撑系统，采取良好的连接构造，确保其整体性。

2.2001 规范对抗震设防依据、场地划分和地基基础设计的改进

(1) 结构抗震设防依据的改进

原《中国地震烈度区划图（1990）》规定，在50年内超越概率为10%的地震，按烈度划分为5个等级，即≤5度、6度、7度、8度和≥9度。抗震设计时，与设防烈度对应的设计地震基本加速度值，6、7、8、9度分别为重力加速度的5%、10%、20%和40%。

2001年8月1日公布实施的《中国地震动参数区划图》中，标准场地（相当Ⅱ类场地）50年超越概率为10%的地震，按峰值加速度分为7个等级，即<0.05g，0.05g，0.10g，0.15g，0.20g，0.30g和≥0.40g。考虑震级、震源机制和震中距的影响，同时考虑我国当前的经济实力和东西部地区的差距，2001规范对《中国地震动反应谱特征周期区划图》进行了适当调整，定义了三个设计地震分组，给出我国县级及县级以上城镇中心区的抗震设防烈度、设计基本地震加速度和所属的设计地震分组。基准场地阻尼比为0.05的设计加速度反应谱的设计特征周期，分别取0.35s，0.40s和0.45s三档，大致反映近、中、远震影响。

于是，当按地震动参数进行抗震设计时，抗震设防依据将有21个不同的分档，对结构所遭遇的地震作用的估计将更为细致。为此，对抗震设防烈度与设计地震加速度的对应关系要作相应调整，对设计地震影响系数最大值也要作相应的变动。

（2）建筑场地类别划分方法的局部调整

89规范首次引入场地剪切波速和场地覆盖层厚度，作为划分场地类别时所考虑的两个因素。这种划分方法的主要缺点是：

①多层土的剪切波速采用以厚度为权的平均方法，不能使多层土与匀质土层等效，平均的物理意义不够清楚。

②对于各分层土土质和剖面顺序完全相同仅覆盖层厚度不同的两个场地，在覆盖层厚度较小时，可能会出现场地条件好的反而划为较不利的类别。例如，有A、B两个场地，其第一层为淤泥，平均波速为100m/s，厚度均为8m；第二层为密实的粘土，平均波速为280m/s，A场地厚度2m，B场地厚度9m；第三层均为波速大于500m/s的碎石土。很明显，A场地条件要好于B场地，但是按89规范划分的结果：A场地为Ⅲ类，B场地反而为Ⅱ类。

③剪切波速和覆盖层厚度处于不同类场地的分界附近时，实测误差可使场地类别划分结果产生跳跃（例如当覆盖层厚度为80m、平均剪切波速为140m/s左右的特定组合时，场地分类可能从Ⅳ类跳到Ⅱ类）。

为此，在2001规范中关于场地划分方法提出下列修改（图2-1）：

①剪切波速的平均方法，改用以走时为权的平均，称为等效剪切波速，即多层土与匀质土在剪切波速的传播时间上等效；

②适当调整不同类别场地的分界；

③对波速和覆盖层厚度处于不同类场地分界附近的情况，例如，在场地分界附近相差±15%的范围内，计算结构地震作用时，允许对反应谱特征周期内插取值。

（3）岩土勘察和基础抗震设计要求的改进

89规范和2001规范在岩土勘察和基础设计方面的简要比较，见表2-1。

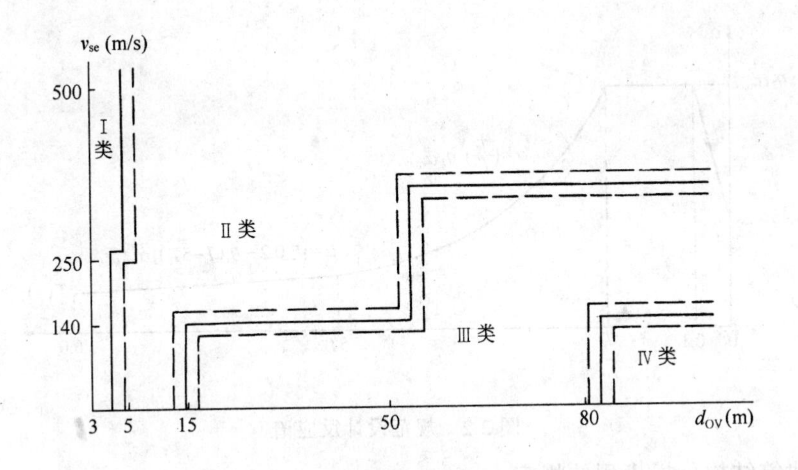

图 2-1　场地划分示意图

岩土勘察和基础设计的比较　　**表 2-1**

项　目	89 规范	2001 规范
危险地段	笼统规定避开发震断裂带	规定对主发震断裂带的避让距离
不利地段	提供岩土稳定性评价	提供岩土稳定性评价，考虑地震作用放大
液化判别	Q3 以前不液化；液化判别深度 15m	Q3 以前 7、8 度时不液化；深基础液化判别深度改为 20m
液化处理	不应将未经处理的液化土层作为天然地基的持力层；桩端入非岩石土不小于 2m	不宜将未经处理的液化土层作为天然地基的持力层；桩端入非岩石土不小于 1.5m；明确对侧扩或流滑和湿陷性黄土的处理
软土地基	综合考虑桩基、地基加固、基础和上部结构处理	同"89 规范"；增加湿陷性黄土的处理、根据软土震陷量的估计，采取相应措施
天然地基和基础	基底零应力区≤25%基底面积	基底零应力区≤15%基底面积；取消烟囱基础零应力区；规定高宽比>4 的高层建筑，基底不宜出现拉应力
桩　基	仅规定不验算的范围	规定不验算的范围；增加桩基抗震验算（非液化、液化）和构造措施；考虑液化侧扩

3.2001 规范对地震作用和抗震验算方法的改进

(1) 提出了长周期和不同阻尼比的设计反应谱

随着高层建筑高度的不断增加，以及高层钢结构、隔震消能结构的出现，89 规范的设计反应谱已经不能适应建筑结构发展的需要。而且，随着地震动参数区划中关于特征周期的规定，89 规范关于"设计近震和设计远震"的概念也需要加以发展。

修订后，设计反应谱的范围由 3s 延伸到 6s，分为直线上升段、水平段、曲线下降段和直线下降段四个区段。一般结构阻尼比为 0.05，设计反应谱在 $5T_g$ 以内与 89 规范相同，从 $5T_g$ 起改为直线下降段，斜率为 0.02，保持了规范的延续性（图 2-2）。

对阻尼比 ζ 不等于 0.05 的结构，设计反应谱在阻尼比 $\zeta = 0.05$ 的基础上调整：

①水平段的数值乘以阻尼调整系数 $\eta_2 = 1 + (0.05 - \zeta)/(0.06 + 1.7\zeta) \geqslant 0.55$；

②曲线下降段的衰减指数 γ 由 0.9 改为 $\gamma = 0.9 + (0.05 - \zeta)/(0.5 + 5\zeta)$；

③直线下降段的斜率 η_1 由 0.02 改为 $\eta_1 = 0.02 + (0.05 - \zeta)/8$。

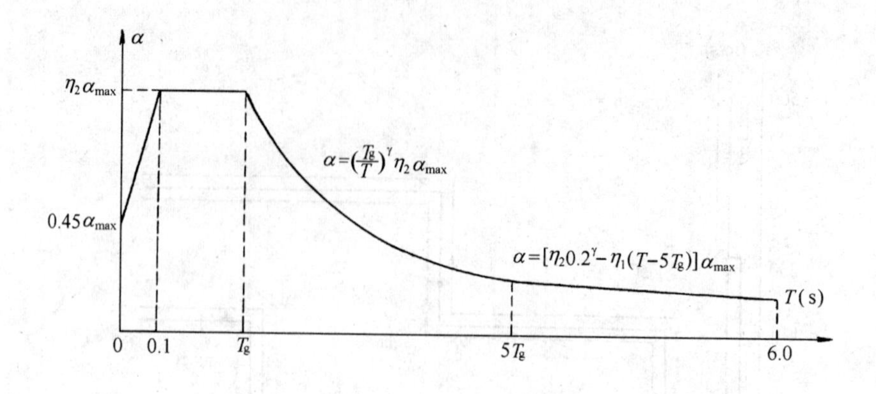

图 2-2　规范设计反应谱

（2）建筑结构分析模型的规定

2001 规范增加了对于结构分析的一些规定，主要包括：

弹性分析和弹塑性分析的要求；

当侧移附加弯矩大于水平力作用下构件弯矩的 1/10 时，应考虑重力二阶效应；

按楼盖刚度、扭转效应等的区别对待，划分平面结构和空间结构分析；

对计算软件的要求和对电算结果的分析判断。

（3）建筑结构地震作用取值的控制

本次修订，从特征周期、楼层最小水平地震剪力、扭转效应（偶然偏心、单向和双向水平地震作用）等三个方面来控制建筑结构地震作用：

Ⅰ、Ⅱ、Ⅲ类场地特征周期将比 89 规范增大 0.05s，总体上提高了中等高度房屋和单层厂房的地震作用，使量大面广的一般结构的抗震安全性有一定的提高，符合当前提高设计安全性的呼声要求。

对于长周期结构，按加速度反应谱计算的地震作用明显偏小。这是由于长周期结构对于加速度的反应较为迟钝，强地面运动速度和位移对结构的作用更为强烈。而加速度反应谱不可能反映这种作用，计算结果可能是不安全的。为此，不仅控制结构底部总地震剪力，而且控制每个楼层的水平地震剪力。当结构基本周期小于 3.5s 或扭转效应明显时，楼层剪力系数应不小于 $0.2\alpha_{max}$（基本与 89 规范相同），即：7、8、9 度时，分别为 0.016、0.032、0.064；当结构基本周期大于 5.0s 时，7、8、9 度剪力系数分别不小于 0.012、0.024 和 0.040；当结构基本周期介于 3.5s 和 5.0s 时，可插入取值。

震害经验和强震记录的分析认为：实际地震地面运动是同时具有平动、扭转和竖向分量的，对于规则结构，可简化为按两个主轴方向分别考虑地震作用而不考虑扭转耦联，但需要考虑结构偶然偏心和地震动的扭转分量作用，将边榀结构的地震内力适当增大 1.05～1.30倍（一般情况下，短边取 1.05，长边取 1.15，扭转刚度较小时取 1.30）；对于不规则结构考虑扭转耦联时，分单向水平地震作用和双向水平地震作用：单向水平地震作用下的计算同 89 规范；对于平面严重不规则的结构，必须考虑两个主轴方向同时施加地震作用，两个方向地震作用效应的组合，取一个方向 100%、另一正交方向 85%的“平方和方根组合”，如：

$$S=\sqrt{(S_x)^2+(0.85S_y)^2} \tag{2-1}$$

或

$$S = \sqrt{(S_y)^2 + (0.85S_x)^2} \tag{2-2}$$

(4) 关于时程分析法输入地震波的规定

2001 规范规定，时程分析法应选用不少于二条的实际强震记录和一条人工模拟加速度时程曲线。其平均反应谱应与振型分解法所用的设计反应谱在统计意义上相符。所谓"统计意义上相符"，指的是平均反应谱与设计反应谱的值在每个周期点上相差不大于20%。为了保证时程法分析结果的可靠合理，同时规定多条地震波输入计算的平均结构底部剪力值不应小于振型分解法计算结果的 80%，而且单条地震波输入计算的底部剪力值不应小于 65%。从而保证所选地震波的合理性。运用现有的地震数据库和选波软件，一般都能达到选波要求。

(5) 关于地基与结构相互作用

仅 8、9 度Ⅲ、Ⅳ类场地、结构基本周期为 1.2～5.0 倍特征周期、基础较好时考虑对水平地震作用的折减，折减量与上部结构刚度有关，刚度越大，折减越多；对高宽比较大的高层建筑，沿高度的折减基本按抛物线规律分布，顶部几层一般不折减。

(6) 结构弹塑性变形验算的新规定

2001 规范规定，弹性层间变形的控制值，不仅是楼层质心处的位移，而且是最大的层间位移。除了以弯曲变形为主的高层建筑外，小震下的弹性层间位移限值是（计算时不再扣除结构整体弯曲变形和扭转变形、各分项系数取 1.0）：

钢筋混凝土框架结构，1/550；钢筋混凝土框-墙、内筒-外框结构，1/800；钢筋混凝土抗震墙、筒中筒、钢筋混凝土框支层结构，1/1000；钢结构，1/300。

大震作用下，不规则结构、超高层结构、隔震和消能减震结构需进行弹塑性变形验算。其中，对排架、框架、隔震消能结构、甲类建筑和高层钢结构的要求为"应"，其余为"宜"。可采用简化计算、静力弹塑性即所谓推覆（push-over）方法和动力弹塑性计算方法。各类结构大震下弹塑性层间位移限值是：

钢筋混凝土排架结构，1/30；钢筋混凝土框架结构，1/50；钢筋混凝土框-墙、内筒-外框、底框砖房，1/100；钢筋混凝土抗震墙、筒中筒、钢筋混凝土框支层，1/120；钢结构，1/50。

4. 提出增加建筑结构延性的设计要求

(1) 不规则结构的抗震概念设计

1999 年台湾 921 大地震的经验表明，凡骑楼、底层层高加大、二层悬挑、楼板中空等不规则结构的地震破坏严重。2001 规范中增加了沿平面和沿高度布置的规则界限，并明确规定某些不规则的上限。表 2-2 和表 2-3 分别是平面不规则和竖向不规则的定义，表 2-4是不规则结构的设计要求。

平面不规则布置的定义 **表 2-2**

项　目	不　规　则　的　定　义
扭转	端部层间位移大于两端弹性层间位移平均值的 1.2 倍
凹凸角	局部凸出或凹进的尺寸大于该方向总尺寸的 30%
楼板不连续	缩进或开洞后的板宽小于该方向典型板宽的 1/2，或洞口面积大于该层楼板面积的 1/3，错层

竖向不规则布置的定义 表 2-3

项　目	不　规　则　的　定　义
刚度突变	层侧向刚度小于相邻上层 0.7，或小于其上三层平均值的 0.8
构件间断	柱、抗震墙、抗震支撑承担的地震力由转换构件向下传递
强度突变	楼层受剪承载力与相邻上层受剪承载力之比（ξ_y）<0.8

不规则布置的设计要求 表 2-4

项　目	设　计　要　求
平面不规则，竖向规则	考虑扭转、楼盖变形的空间结构分析，最大层间位移小于平均值的 1.5 倍
平面规则，竖向不规则	软弱层地震剪力放大 1.5 倍，不落地构件的地震内力放大 1.5 倍，ξ_y 比 >0.65
平面和竖向均不规则	同时满足上述要求

(2) 钢筋混凝土框架结构的内力调整和构造

①弱化了房屋高度对抗震等级划分的影响。钢筋混凝土结构的抗震等级划分中，对房屋高度的分界适当调整，使同一结构类型相同高度的房屋，在不同烈度下有不同的抗震等级；而且在高度分界附近允许对抗震等级做些调整。

②强柱弱梁、强剪弱弯的概念设计，需按构件截面实际承载力的不等式控制。89 规范从实用的角度，综合了安全、经济和合理诸方面的考虑，在截面实际配筋面积不超过计算配筋量 10% 的情况下，将实际承载力不等式转换为内力和抗震承载力的验算表达式。

考虑到实际配筋往往超过计算值的 10%，2001 规范提高了增大系数的数值，仅在 9 度和一级的框架中保留按实际配筋验算的要求，见表 2-5。

柱、梁、墙和节点核芯区弯矩或剪力设计值增大系数 表 2-5

	强柱弱梁和柱强剪	梁强剪	墙强剪	核芯区
9 度等	（按实际配筋验算）			
其他一级	1.4 (1.50)	1.3	1.6	1.35
二级	1.2 (1.25)	1.2	1.4	1.2
三级	1.1 (1.15)	1.1	1.2	1.1

注：括弧中的数字适用于框架结构底层柱下端截面组合弯矩设计值的计算。

③对框架柱轴压比控制给出了放松的条件。按 89 规范控制轴压比的有关规定，柱子的截面尺寸往往取决于轴压比，不仅因截面较大影响了使用，而且其纵向钢筋和箍筋配置实际上均由最低的构造要求控制，抗震性能并不好。为此，综合考虑结构中抗震墙数量、柱子剪跨比、箍筋构造和在整个结构中所处的部位，在 2001 规范中修订了钢筋混凝土柱的轴压比控制值：

对框架-抗震墙结构、框架-筒体结构，其框架柱的轴压比限值可增加 0.05；

当采用井字复合箍、复合螺旋箍或连续复合螺旋箍时，提高体积配箍率后，各类框架柱的轴压比限值可增加 0.05～0.10；

当在柱截面的中部另加纵向钢筋，其截面不少于柱截面面积的 0.8%，各类框架柱的轴压比限值可增加 0.05。

④柱体积配箍率改用配箍特征值控制。随着各类建筑结构的发展，混凝土和箍筋的强度等级均有较大的变化，规定直接按配箍特征值的要求设置柱加密区的箍筋。

(3) 抗震墙结构设置边缘构件的要求

底部加强部位需根据其轴向压力的大小采取不同的构造要求，并且需要控制墙的最大轴压比。底部加强部位以上，墙的轴压比不得大于底部加强部位。为了简化，墙的轴压比计算仅考虑重力荷载代表值作用下取值。

一、二级墙体的底部加强部位，墙体在重力荷载下的轴压比控制，见表 2-6。

一、二级墙体的底部加强部位在重力荷载下的轴压比控制 表 2-6

边缘构件类型	9 度	8 度一级	二级
设置约束边缘构件后的轴压比上限	0.40	0.50	0.60
设置构造边缘构件的轴压比上限	0.10	0.20	0.30

当设置构造边缘构件时，暗柱取一倍墙厚和 400mm 的较大值；抗震等级二级时，纵筋 $4\phi14$，箍筋 $\phi8$，间距 150mm。

当轴向力超过构造要求的上限时，需设置约束边缘构件，暗柱范围由计算确定，且不小于 1.5 倍墙厚和 450mm 的较大值，箍筋需按配箍特征值 0.2 控制。

(4) 砌体结构总高度和构造柱设置的改进

①砌体房屋使用范围的控制仍保持层数和总高度双控。增加坡屋面及半地下室时总高度的计算方法。

②根据试验研究成果，在严格控制侧移刚度比、提高底部混凝土墙体和过渡层砖墙延性的基础上，底部的框架-抗震墙可有两层，总高度可与普通砖房相同。

③结合实际工程的需要，进行了一批试验和有限元计算分析，发现在一个墙段内设置多个构造柱、芯柱时，如构造柱间隔小于层高，这种约束砌体的抗震性能可有较明显的提高，可适应开间较大和高度较高的砌体房屋的抗震设计要求。

④近来，混凝土小砌块的质量和工艺有很大提高，设置芯柱的要求后，房屋的层数和总高度可与普通砖房相同。

5. 新增若干类结构的抗震设计原则

(1) 配筋混凝土小砌块房屋

根据试验研究和试点工程的经验，参照国外有关规定，增加了配筋混凝土小砌块房屋抗震设计的要求。包括适用最大高度、最大高宽比、结构布置、承载力计算、墙体构造、圈梁和楼盖等设计要求。

(2) 钢筋混凝土筒体结构

框架-核心筒体系的楼盖宜采用梁板结构。对设置水平加强层应慎重处理：9 度时不宜采用；低于 9 度时，加强层的墙梁或桁架应贯通核心筒，与外框架宜弱连接，注意整体分析时刚度的合理取值，施工时尚需考虑温度和轴向变形影响。

筒中筒体系的构件选型，外框筒梁柱的线刚度宜接近，柱子的轴压比和角部的框筒梁剪压比需严格控制，内、外筒墙体的剪压比也需控制；内筒在大梁支座处需设置暗柱。

(3) 高强混凝土和预应力混凝土结构

对混凝土强度超过C55的钢筋混凝土结构，规定了梁、柱配筋要求、柱轴压比要求和抗震验算时的承载力折减系数。

对预应力结构，规定框架的预应力构件宜采用有粘结预应力。

对预应力抗侧力构件，应设置足够的非预应力筋保证必要的吸能能力。抗震设计的预应力筋宜在节点核芯区以外锚固。

(4) 高层和多层钢结构

高层钢结构适用于高度在300m以下且高宽比不大于6.5的结构。

结构布置上，需根据烈度和房屋高度的不同，选择合理的结构体系，包括内藏钢板抗震墙、有消能梁段的偏心支撑和筒体体系等；楼板宜用组合楼板。

抗震分析时，小震验算时高层钢结构的阻尼比宜取0.02，并考虑节点域变形对结构侧移的影响；注意节点域和各种连接件的验算。

按照概念设计的要求进行强柱弱梁的调整，以及支撑内力、消能梁段及其相连框架梁柱内力的调整；还需进行小震下层间弹性位移角和大震下弹塑性位移角的验算。

抗震构造上，要使各种连接能传递地震作用力；要控制梁、柱、支撑的杆件长细比和板件的宽厚比，合理选用杆件的截面形式；在杆件可能出现塑性铰的截面处，上下翼缘均需设置侧向支撑。

根据最新的震害经验，还专门规定了现场焊接的细部构造要求、柱脚的连接方式等。

对多层民用钢结构和多层钢结构厂房，2001规范也作了相应的规定。

(5) 隔震结构

设置隔震层以隔离地震能量，是一种新型的结构体系，2001规范提出下列基本设计要求：

隔震层以上结构部分的使用要求应高于非隔震建筑。

现阶段，隔震结构主要用于高烈度区以剪切变形为主、基本周期小于1.0s且场地类别为Ⅰ、Ⅱ、Ⅲ类的结构。

隔震结构应进行大震下的弹塑性变形验算。

隔震层以上结构的动力特性应根据隔震垫的动态刚度和阻尼计算；水平地震作用可根据隔震前后结构周期的比值，比非隔震结构有所降低，但竖向地震作用力不减少。对丙类建筑，构造措施也可适当降低要求。

隔震垫应保证其耐久性和地震后的复位性，在大震下不宜出现拉应力，且水平位移应控制在容许值内。

隔震层以下的基础应保证大震下不致破坏。

(6) 消能减震结构

在建筑结构中设置消能器以吸收和耗散地震能量是实现基于性能要求的抗震设计的一种技术措施。“2001规范”提出如下的原则性要求：

消能减震结构的使用要求应高于非消能结构。

消能部件可由消能器及配套的斜撑、墙板、梁柱节点等组成，应能通过局部变形提供附加阻尼来减震。消能器可采用速度相关型、位移相关型或其他类型。其有效刚度和阻尼与振动周期有关时，宜取相应于结构基本自振周期的数值。

消能减震设计的关键是根据预期的结构位移（中震下或大震下的控制位移要求）确定

所需的附加阻尼，与结构阻尼相加后进行结构的非线性变形验算。

除设置消能装置的部位外，其余的计算和构造与非消能结构基本相同。

(7) 非结构构件抗震设计

明确非结构的抗震设计应由相关专业的设计人员承担。

归纳整合了 89 规范各章对非结构构件抗震构造的有关规定，并提出非结构构件地震作用计算的原则——等效侧力法和楼面谱方法以及基本抗震措施，新增了建筑附属设备支架的设计规定。

第三讲　房屋建筑的抗震设防目标、依据和标准

破坏性地震是一种自然灾害，目前地震及结构所受到的地震作用还有许多规律未被认识。房屋建筑的抗震设计，只能以现有的科学水平和经济条件为前提，努力减轻地震造成的破坏，避免人员伤亡，减少经济损失。因此，合理地确定抗震设防目标、抗震设防依据和抗震设防标准，是由国家防震减灾的总政策所决定的。

一、抗震设防目标

建筑结构的抗震设防目标，是对于建筑结构应具有的抗震安全性的要求。即，建筑结构物遭遇到不同水准的地震影响时，结构、构件、使用功能、设备的损坏程度及人身安全的总要求。

《建筑抗震设计规范》（GB 50011—2001）对于建筑抗震设防的基本思想和原则，同GBJ 11—89规范（以下简称89规范）一样，仍以“三个水准”来表达抗震设防目标。

2001规范继续保持89规范提出的抗震设防三个水准目标，即“小震不坏，中震可修，大震不倒”的通俗提法。小震、中震和大震的定量依据，来自我国华北、西北和西南地区历史上破坏性地震（指可能造成房屋损坏的地震，一般从5度起房屋就可能有所损伤）发生概率的统计分析。50年内超越概率约为63%的地震烈度，统计上称为“众值烈度”，表示出现机会最大或发生次数比例最多的地震烈度，比地震基本烈度约低一度半，规范取为第一水准烈度；50年超越概率约10%的烈度，即《1990中国地震烈度区划图》规定的地震基本烈度值或新修订的《2001中国地震动参数区划图》附录D规定的“地震动峰值加速度分区”所对应的“地震基本烈度值”，规范取为第二水准烈度；50年超越概率2%～3%的烈度可作为罕遇地震的概率水准，规范取为第三水准烈度，当基本烈度6度时为7度强，7度时为8度强，8度时为9度弱，9度时为9度强。

与各地震烈度水准相应的抗震设防目标是：一般情况下（不是所有情况下），遭遇第一水准烈度（众值烈度）的地震影响时，要求建筑处于正常使用状态，从结构分析的角度可以视为弹性体系，其抗震计算可采用弹性反应谱进行弹性分析；遭遇第二水准烈度（基本烈度）地震影响时，结构进入非弹性工作阶段，但非弹性变形或结构体系的损坏需控制在可修复的范围（与89规范相同，仍与78规范相当）；遭遇第三水准烈度（预估的罕遇地震）时，结构有较大的非弹性变形，但应控制在规定的范围内，以免倒塌。

1. 三个水准与设防烈度的关系

各地的三个水准的地震影响，均对应于当地的“设防烈度”而言，即按当地地震发生的概率统计，以大致相同的超越概率或重现期划分。第一水准地震的重现期为50年；第二水准地震的重现期为475年；第三水准地震的重现期约2000年。因此，每个建筑物所

在地的三个水准地震烈度，随当地抗震设防烈度的不同而不同（图 3-1）。

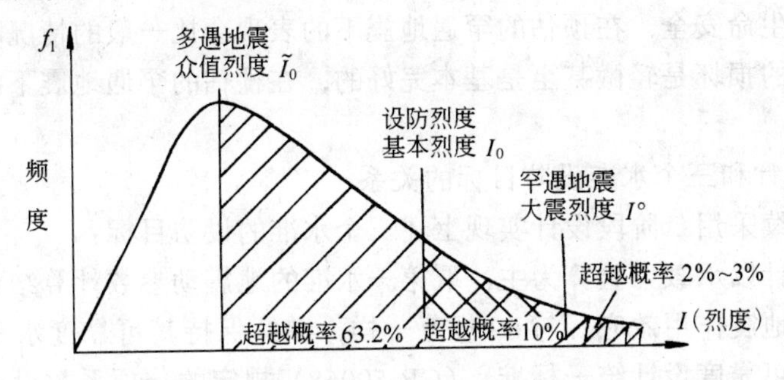

图 3-1　三水准地震烈度和设防烈度关系示意图

2．抗震设防区的建筑必须进行抗震设计

近数十年来，很多 6 度地震区发生了较大的破坏性地震，甚至特大地震。建设部已明确规定，地震烈度为 6 度及 6 度以上的地区，均属于抗震设防地区。作为"强制性条文"，2001 规范再次明确要求从 6 度地震区开始，所有建筑必须进行抗震设计。当抗震设防烈度为 6 度时，建筑按本规范采取相应的抗震措施之后，抗震能力比不设防时有实质性的提高，但其抗震能力仍是较低的，不能过高估计。

因缺乏可靠的近场地震的资料和数据，抗震设防烈度大于 9 度地区的建筑抗震设计，仍没有条件列入国家规范。因此，在没有新的专门规定前，可仍按 1989 年建设部印发（89）建抗字第 426 号《地震基本烈度 X 度区建筑抗震设防暂行规定》的通知执行。

3．建筑地震破坏等级的划分

衡量建筑遭遇破坏性地震后的损坏可修、倒塌的标准，应依据建设部（90）建抗字第 377 号文《建筑地震破坏等级划分标准》的规定执行。该规定将建筑遭受地震后的损坏程度，分为基本完好、轻微损坏、中等破坏、严重破坏和倒塌等五级，每个等级的破坏状态描述和房屋继续使用的可能性划分见表 3-1。

建筑地震破坏等级划分　　　　**表 3-1**

名　称	破坏状态描述	继续使用的可能性
基本完好（含完好）	承重构件完好；个别非承重构件轻微损坏；附属构件有不同程度破坏	一般不需修理即可继续使用
轻微损坏	个别承重构件轻微裂缝，个别非承重构件明显破坏；附属构件有不同程度破坏	不需修理或需稍加修理，仍可继续使用
中等破坏	多数承重构件轻微裂缝，部分明显裂缝；个别非承重构件严重破坏	需一般修理，采取安全措施后可适当使用
严重破坏	多数承重构件严重破坏或部分倒塌	应排险大修、局部拆除
倒　　塌	多数承重构件倒塌	需拆除

注：1．个别指 5% 以下，部分指 30% 以下，多数指超过 50%；
2．不同的结构类型，承重构件、非承重构件和附属构件的划分有所不同。

4．不同抗震设防分类的设防目标

重要性不同的建筑，按规范规定采取不同的抗震措施之后，相应的抗震设防目标在程度上有所提高或降低。例如，丁类建筑在设防烈度地震下的损坏程度可能会重些，且其倒塌不危及人们的生命安全，在预估的罕遇地震下的表现会比一般的情况要差；甲类建筑在设防烈度地震下的损坏是轻微甚至是基本完好的，在预估的罕遇地震下的表现将会比一般的情况好些。

5. 二阶段设计和三个水准设防目标的关系

本次修订继续采用二阶段设计实现上述三个水准的设防目标：

第一阶段设计以承载力验算为主，取第一水准的地震动参数计算结构的弹性地震作用标准值和相应的地震作用效应，与89规范一样，继续保持其可靠度水平同78规范相当，采用《建筑结构可靠度设计统一标准》（GB 50068）规定的分项系数设计表达式进行结构构件的截面承载力验算。这样，既满足了在第一水准下具有必要的承载力可靠度，又满足第二水准的损坏可修的目标。对大多数的结构，可只进行第一阶段设计，而通过概念设计和各种抗震构造措施来满足第三水准的设计要求。

第二阶段设计是弹塑性变形验算，对地震时易倒塌的结构、有明显薄弱层的不规则结构以及特殊要求的建筑结构，除进行第一阶段设计外，还要进行结构薄弱部位的弹塑性层间变形验算并采取相应的抗震构造措施，实现第三水准的设防要求。

二、抗震设防依据和地震影响

建筑结构的抗震设防依据，是结构抗震设计时，对建筑物所在地可能遭遇的“地震影响”强烈程度的估计，作为“强制性条文”，89规范和新规范均要求必须按有关法规的规定执行。

2001规范规定的抗震设防依据仍然采用“双轨制”：一般情况采用地震基本烈度或与设计基本地震加速度值对应的烈度；在已编制抗震设防区划的城市，可采用经批准的抗震设防烈度或设计地震动参数（如地面运动加速度峰值、反应谱值、地震影响系数曲线和地震加速度时程曲线）。

近年来地震经验表明，在宏观烈度相似的情况下，处在大震级远震中距下的柔性建筑，其震害要比中、小震级近震中距的情况重得多；理论分析也发现，震中距不同时反应谱频谱特性并不相同。抗震设计时，对同样场地条件、同样烈度的地震，按震源机制、震级大小和震中距远近区别对待是必要的。在规范抗震设防目标中提到的“建筑所遭遇的地震影响”，需要采用设计地震动的强度及设计反应谱的特征周期来表征。地震动强度可采用烈度或加速度表示，设计反应谱特征周期，即设计所用的地震影响系数特征周期（T_g），原则上根据地震震级、震源机制、震中距和场地类别确定。

1.89规范对地震影响的规定

作为一种简化，89规范对于地震影响的规定，采用了抗震设防烈度和设计近震、设计远震的概念。

抗震设防烈度是作为一个地区抗震设防依据的地震烈度，一般情况采用《1990中国地震烈度区划图》规定的50年超越概率10%的地震基本烈度。

借助于当时的《1990中国地震烈度区划图》，以烈度衰减二度的影响范围为界，引入了设计近震和设计远震，后者可能遭遇近、远两种地震影响，设防烈度为9度时只考虑近震的地震影响；在水平地震作用计算时，设计近、远震用两组地震影响系数 α 曲线表达，对Ⅱ类场地，设计近、远震的地震影响系数特征周期分别取 0.30s 和 0.40s；因此，当按远震的地震影响系数曲线设计时，就已包含两种设计地震的不利情况。

根据《1990 中国地震烈度区划图》，需要考虑设计远震的地区由下列等震线确定：

①在地震烈度 8 度区的周围，按烈度衰减规律找出 7 度影响等震线并画出 6 度影响等震线，其中的 6 度区为设计远震区域；

②在地震烈度 9 度区的周围，按烈度衰减规律找出 8 度影响等震线并画出 7 度、6 度影响等震线，其中的 6 度区和 7 度区为设计远震区域；

③在地震烈度大于 9 度区的周围，按烈度衰减规律画出 9 度影响等震线并画出 8 度、7 度、6 度影响等震线，其中的 8 度及 8 度以下地区为设计远震区域。

按上述方法，我国绝大多数地区只考虑设计近震，需要考虑设计远震的地区很少（8 度的县级城镇 15 个，7 度的县级城镇 62 个，6 度的县级城镇 75 个，累计约占县级及县级以上城镇的 5%）。

2.2001 规范对地震影响的规定

2001 规范在 3.2.1 条明确规定，地震影响应采用设计基本地震加速度和设计特征周期来表征。从而，可与新修订的中国地震动参数区划图（中国地震动峰值加速度区划图 A1（图 3-2）和中国地震动反应谱特征周期区划图 B1（图 3-3））相匹配。

(1)“设计基本地震加速度”根据建设部 1992 年 7 月 3 日颁发的建标［1992］419 号《关于统一抗震设计规范地面运动加速度设计取值的通知》确定。

通知中有如下规定：

术语名称：设计基本地震加速度值。

定义：50 年设计基准期超越概率 10% 的地震加速度的设计取值。

取值：7 度 $0.10g$，8 度 $0.20g$，9 度 $0.40g$。

一般情况，设计基本地震加速度与抗震设防烈度的对应关系见表 3-2。

设计基本地震加速度与抗震设防烈度的对应关系　　　表 3-2

设计基本地震加速度值	$0.05g$	$0.10g$	$0.15g$	$0.20g$	$0.30g$	$0.40g$
抗 震 设 防 烈 度	6	7		8		9

表中设计基本地震加速度的取值与《中国地震动峰值加速度区划图 A1》所规定的“地震动峰值加速度”相当：即在 $0.10g$ 和 $0.20g$ 之间有一个 $0.15g$ 的区域，$0.20g$ 和 $0.40g$ 之间有一个 $0.30g$ 的区域。在这两个区域内，房屋建筑的抗震设计要求，2001 规范 3.2.2 条明确，除另有具体规定外，分别与 7 度和 8 度地区相当。因此，在 2001 规范表 3.2.2 中，分别用 7 度和 8 度括号内的加速度数值表示。

根据《中国地震动峰值加速度区划图 A1》，全国近 2900 个县级及县级以上城镇中，设计基本地震加速度为 $0.05g$ 有近 1100 个，设计基本地震加速度为 $0.10g$ 约 700 个，设计基本地震加速度为 $0.15g$ 约 350 个，设计基本地震加速度为 $0.20g$ 约 300 个，设计基本地震加速度为 $0.30g$ 近 45 个，设计基本地震加速度不小于 $0.40g$ 有 15 个；不设防的城镇约 380 个。

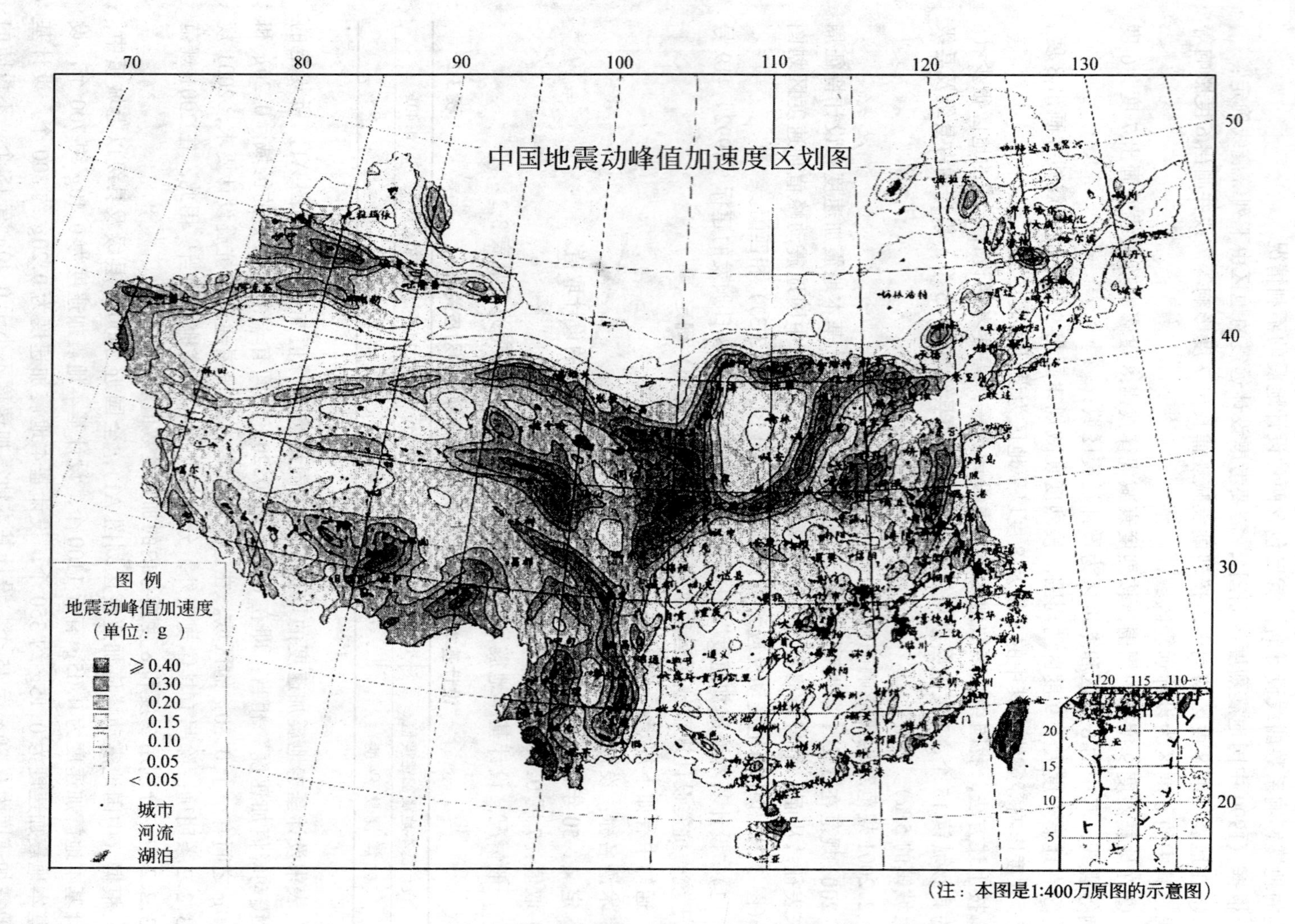

（注：本图是1:400万原图的示意图）

图3-2　中国地震动峰值加速度区划图 A1

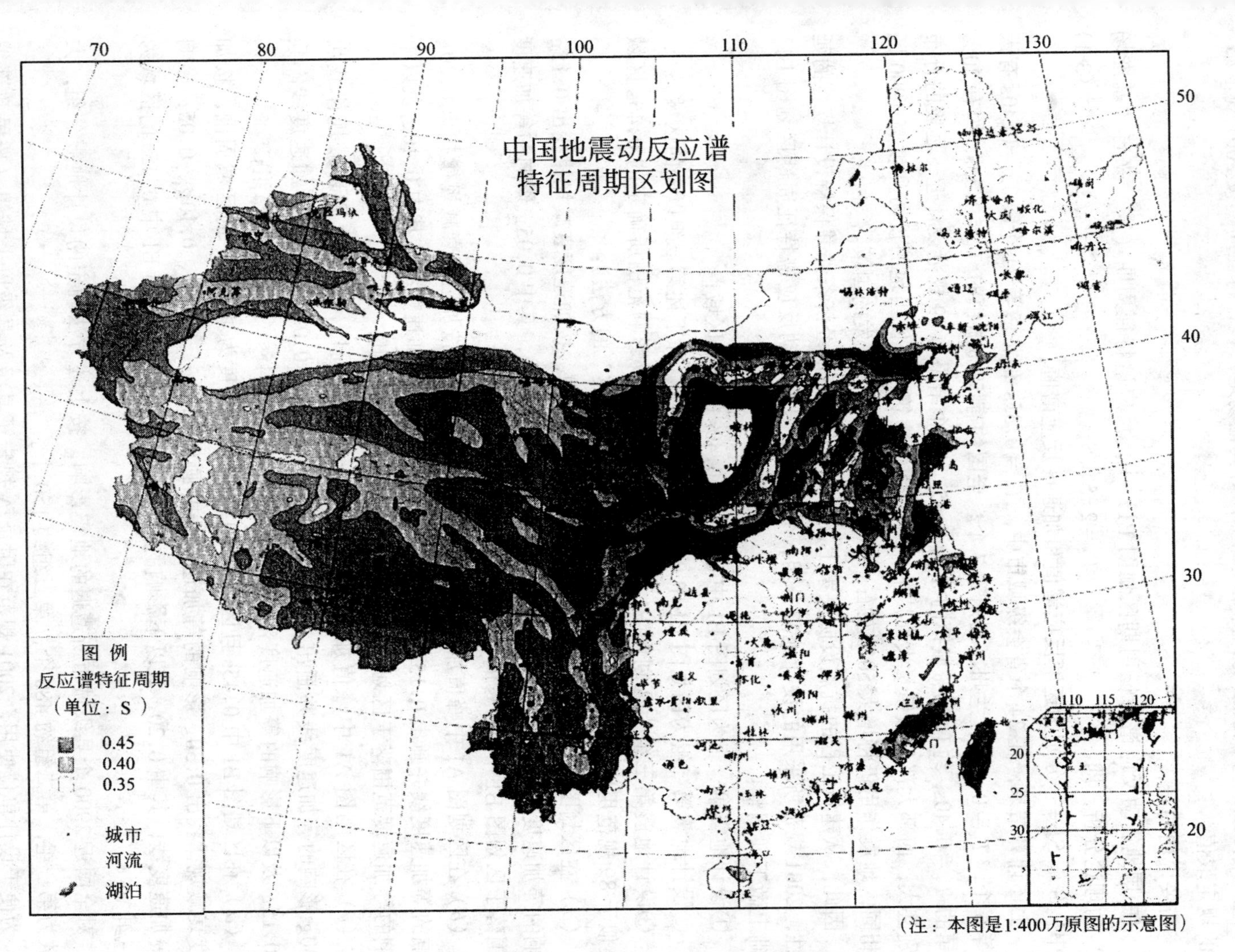

图3-3　中国地震动反应谱特征周期区划图 B1

(2)“设计特征周期”根据设计地震分组确定。89 规范规定设计特征周期取值根据设计近、远震和场地类别来确定，新规范将设计近震、远震改称设计地震分组，可更好体现震级和震中距的影响。建筑工程的设计地震分为三组，对Ⅱ类场地，第一、二、三组的设计特征周期分别取为 0.35s、0.40s 和 0.45s；对其他场地，设计特征周期按 2001 规范第 5 章的规定取值。

需要说明的是：

《中国地震动反应谱特征周期区划图 B1》中，反应谱特征周期（T_c）来自“基准场地”的理论分析，即

$$T_c = 2\pi S_v / S_a \tag{3-1}$$

式中 S_v、S_a——分别为速度反应谱值和加速度反应谱值。

上述计算结果，在 34 个省会级城市中，$T_c = 0.35$s 有北京等 21 个，$T_c = 0.40$s 有天津等 6 个，$T_c = 0.45$s 有兰州、福州等 7 个；全国约有 58%城镇的 $T_c = 0.35$s，约有 20%城镇的 $T_c = 0.40$s，约有 22%城镇的 $T_c = 0.45$s。这个结果与 89 规范设计近、远震的分布差别甚大，西部大部分城镇量大面广的中等周期的建筑，即使当地的设防烈度与 1990 区划相同，地震作用仍将增大 50%左右，不利于当前西部大开发的国策。

因此，从建筑工程的抗震设防决策上，考虑西部现有的经济条件并保持设计规范的延续性，2001 规范所采用的设计地震分组，系在《中国地震动反应谱特征周期区划图 B1》基础上做下列调整：

①设计地震第一组为区划图 B1 中 0.35s 和 0.40s 的所有区域；

②设计地震第二组为区划图 B1 中 0.45s 的多数区域（除下述第三组以外的区域）；

③设计地震第三组为区划图 B1 中用下列加速度衰减影响范围所确定的 0.45s 区域（类似于 89 规范用地震烈度衰减影响范围确定“设计远震”的方法）：

（*a*）在区划图 A1 中峰值加速度为 0.20*g* 的区域周围，按加速度衰减规律找出 0.15*g* 影响的等加速度线并画出 0.10*g*、0.05*g* 影响的等加速度线，其中 0.05*g* 影响的等加速度范围落于区划图 B1 中 0.45s 的区域为第三组；

（*b*）在区划图 A1 中峰值加速度为 0.30*g* 的区域周围，按加速度衰减规律找出 0.20*g* 影响的等加速度线并画出 0.15*g*、0.10*g*、0.05*g* 影响的等加速度线，其中 0.10*g* 及以下影响的等加速度范围落于区划图 B1 中 0.45s 的区域为第三组；

（*c*）在区划图 A1 中峰值加速度为≥0.40*g* 的区域周围，按加速度衰减规律找出 0.30*g* 影响的等加速度线并画出 0.20*g*、0.15*g*、0.10*g*、0.05*g* 影响的等加速度线，其中 0.15*g* 及以下影响的等加速度范围落于区划图 B1 中 0.45s 的区域为第三组；

（*d*）在区划图 B1 中 0.45s 且区划图 A1 中峰值加速度为≥0.40*g* 的区域周围，按加速度衰减规律找出 0.30*g* 影响的等加速度线并画出 0.20*g*、0.15*g*、0.10*g*、0.05*g* 影响的等加速度线，其中 0.20*g* 及以下影响的等加速度范围落于区划图 B1 中 0.45s 的区域为第三组。

对全国近 2900 个县级城市所遭遇的地震影响，按上述方法确定的设计地震分组，大多数为第一组，第二组约 480 个，第三组约 150 个。

为便于设计单位使用，2001 规范在附录 A 规定了县级及县级以上城镇（按民政部编 2001 行政区划简册，包括地级市的市辖区）的中心地区（如城关地区）的抗震设防烈度、设计基本地震加速度和所属的设计地震分组。其他地点的设计基本地震加速度值，仍直接

按《中国地震动峰值加速度区划图 A1》确定。

对全国 34 个省会级城市所遭遇的地震影响，按 89 规范和当时的 1990 地震烈度区划图，南昌不设防，6 度设防为 9 个，7 度设防为 13 个，8 度设防为 11 个，均为设计近震。按《中国地震动峰值加速度区划图 A1》和 2001 规范设计地震基本加速度所对应的设防烈度及设计地震分组，江西南昌提高一度按 6 度设防，河北石家庄提高一度按 7 度设防，提高“半度”设防的有天津、郑州、海口、香港和台北；属设计地震第一组有 29 个，属设计地震第二组有 5 个。

三、建筑抗震设防分类和设防标准

抗震设防标准，是一种衡量对建筑抗震能力要求高低的综合尺度，既取决于地震强弱的不同，又取决于使用功能重要性的不同。根据我国的实际情况，提出适当的抗震设防标准，既能合理使用建设投资，又能达到减轻建筑地震灾害、保障建筑在地震时的安全和使用上的要求。

1.2001 规范的主要修订

89 规范关于建筑抗震重要性划分和设防标准的规定，已被国家标准《建筑抗震设防分类标准》(GB 50223) 所替代。《防震减灾法》明确要求重大建设工程进行地震安全性评价，依据地震安全性评价结果进行抗震设防。因此，2001 规范做了如下的相应修改：

(1) 关于甲类建筑

配合《防震减灾法》的规定，本次修订将甲类建筑的范围界定为“重大建筑工程和地震时可能发生严重次生灾害的建筑”。其地震作用计算，增加了“甲类建筑的地震作用，应按高于本地区设防烈度计算，其值应按批准的地震安全性评价结果确定”，修改了 GB 50223 规定甲类建筑的地震作用应按本地区设防烈度提高一度计算的规定。

这意味着，甲类建筑的范围比 GB 50223 更明确，其地震作用的提高幅度应经专门研究，并需要按规定的权限审批。

当条件许可时，专门研究尚可包括基于建筑地震破坏损失和投资关系的优化原则确定抗震设防要求的方法。此方法先选定地震动的大小，计算结构采取一定抗震措施的造价，对结构在选定地震动下的破坏做出预测，并估计相应的直接、间接经济损失和人员伤亡损失，包括修复所需的费用，然后对不同的地震动下的投入和损失进行分析比较，得到最佳的地震动参数。

(2) 关于乙类建筑

89 规范的乙类建筑为“国家重点抗震设防城市的生命线工程的建筑等”，在 GB 50223—95 标准中，已明确改为“主要指使用功能不能中断或需尽快恢复”的建筑。本次修订，继续保持 GB 50223 的有关规定。

对较小的乙类建筑的抗震设计要求，仍按 GB 50223 的规定执行。它与 89 规范不同的是，按 GB 50223—95 的说明，较小的乙类建筑指的是一些建筑规模较小建筑，例如，城市供水水源的泵房以及工矿企业的变电所、空压站、水泵房等动力建筑。当这些小建筑为丙类建筑时，一般采用砖混结构；当为乙类建筑时，若改用抗震性能较好的钢筋混凝土结构或钢结构，则可仍按本地区设防烈度的规定采取抗震措施。

(3) 关于丁类建筑

对丁类建筑，2001 规范不要求按降低一度采取抗震措施，改为适当降低抗震措施。

此外，新修订的《建筑结构可靠度设计统一标准》GB 50068，提出了设计的合理使用年限的原则规定。利用抗震规范的甲、乙、丙、丁分类，也可体现建筑重要性及设计合理使用年限的不同。

2.2001 规范与 89 规范的设防标准的比较

综上所述，可将 89 规范与 2001 规范在抗震设防标准方面的基本比较归纳如表 3-3。

89 规范与新规范在抗震设防标准方面的基本比较 **表 3-3**

项目		89 规范	2001 规范
设防分类	甲类	特殊要求的建筑	重大建筑工程和可能发生严重次生灾害的建筑
	乙类	重点抗震城市的生命线工程的建筑	地震时使用功能不能中断或需尽快恢复的建筑
	丙类	不属于甲、乙、丁类的一般建筑	同 89 规范
	丁类	抗震次要建筑	同 89 规范
地震作用	甲类	按专门研究的地震动参数	按地震安全性评价结果确定
	乙类	按本地区抗震设防烈度	同 89 规范
	丙类	按本地区抗震设防烈度	同 89 规范
	丁类	按本地区抗震设防烈度	同 89 规范
抗震措施	甲类	采取特殊的抗震措施	比本地区抗震设防烈度提高一度
	乙类	一般比本地区抗震设防烈度提高一度	一般同 89 规范，小规模建筑改变材料可不提高
	丙类	按本地区抗震设防烈度	同 89 规范
	丁类	比本地区抗震设防烈度降低一度	比本地区抗震设防烈度适当降低

还需注意的是：

(1)“抗震措施”指除结构地震作用计算和抗力计算以外的抗震设计内容，包括各章“一般规定”的有关内容、“计算要点”的地震作用效应（内力）调整和“抗震构造措施”的全部内容等；

(2)“抗震构造措施”指根据抗震概念设计原则，一般不须计算而对结构和非结构各部分必须采取的各种细部要求，主要是各章“抗震构造措施”的内容；

(3) 2001 规范中关于抗震构造措施的要求，不仅与建筑结构的设防烈度、设防分类有关，还与建筑的场地类别有关。当为Ⅰ类场地时，一般情况，抗震构造措施可降低一度采用；当为Ⅲ、Ⅳ类场地时，基本地震加速度为 $0.15g$ 和 $0.30g$ 时需提高“半度”采用。

3. 各类建筑的地震作用、抗震措施和抗震构造措施汇总

(1) 甲类建筑的地震作用，抗震措施和抗震构造措施，见表 3-4。

甲类建筑的地震作用、抗震措施和抗震构造措施 **表 3-4**

设防烈度	6		7		7 (0.15g)	8		8 (0.30g)	9	
场地类别	Ⅰ	Ⅱ～Ⅳ	Ⅰ	Ⅱ～Ⅳ	Ⅲ，Ⅳ	Ⅰ	Ⅱ～Ⅳ	Ⅲ，Ⅳ	Ⅰ	Ⅱ～Ⅳ
地震作用	根据地震安全性评价结果确定									
抗震措施	7	7	8	8	8	9	9	9*	9*	9*
抗震构造措施	6	7	7	8	8*	8	9	9*	9	9*

注：9*表示比 9 度更高的要求，8*表示比 8 度适当提高要求。

(2) 乙类建筑的地震作用，抗震措施和抗震构造措施，见表 3-5。

乙类建筑的地震作用、抗震措施和抗震构造措施 表 3-5

设防烈度	6		7		7 (0.15*g*)	8		8 (0.30*g*)	9	
场地类别	Ⅰ	Ⅱ～Ⅳ	Ⅰ	Ⅱ～Ⅳ	Ⅲ，Ⅳ	Ⅰ	Ⅱ～Ⅳ	Ⅲ，Ⅳ	Ⅰ	Ⅱ～Ⅳ
地震作用	6	6	7	7	7 (0.15*g*)	8	8	8 (0.30*g*)	9	9
抗震措施	6	6	8	8	8	9	9	9	9*	9*
抗震构造措施	6	6	7	8	8*	8	9	9*	9	9*

注：9*表示比 9 度更高的要求，8*表示比 8 度适当提高要求。

(3) 丙类建筑的地震作用，抗震措施和抗震构造措施，见表 3-6。

丙类建筑的地震作用、抗震措施和抗震构造措施 表 3-6

设防烈度	6		7		7 (0.15*g*)	8		8 (0.30*g*)	9	
场地类别	Ⅰ	Ⅱ～Ⅳ	Ⅰ	Ⅱ～Ⅳ	Ⅲ，Ⅳ	Ⅰ	Ⅱ～Ⅳ	Ⅲ，Ⅳ	Ⅰ	Ⅱ～Ⅳ
地震作用	6	6	7	7	7 (0.15*g*)	8	8	8 (0.30*g*)	9	9
抗震措施	6	6	7	7	7	8	8	8	9	9
抗震构造措施	6	6	6	7	8	7	8	9	8	9

(4) 丁类建筑的地震作用，抗震措施和抗震构造措施，见表 3-7。

丁类建筑的地震作用、抗震措施和抗震构造措施 表 3-7

设防烈度	6		7		7 (0.15*g*)	8		8 (0.30*g*)	9	
场地类别	Ⅰ	Ⅱ～Ⅳ	Ⅰ	Ⅱ～Ⅳ	Ⅲ，Ⅳ	Ⅰ	Ⅱ～Ⅳ	Ⅲ，Ⅳ	Ⅰ	Ⅱ～Ⅳ
地震作用	6	6	7	7	7 (0.15*g*)	8	8	8 (0.30*g*)	9	9
抗震措施	6	6	7^-	7^-	7^-	8^-	8^-	8^-	9^-	9^-
抗震构造措施	6	6	6	7^-	7	7	8^-	8	8	9^-

注：7^-表示比 7 度适当降低的要求；8^-表示比 8 度适当降低的要求；9^-表示比 9 度适当降低的要求。

第四讲　建筑结构抗震设计基本要求的新规定

一、建筑结构的规则性

建筑结构的平、立面是否规则，对结构抗震性能具有最重要的影响，也是建筑设计首先遇到的问题。这个问题要求建筑师和结构工程师共同协调解决，因此，本次修订，除对结构工程师提出要求外，还对建筑师提出了一条要求，在 2001 规范 3.4.1 条强调：建筑设计应符合抗震概念设计要求，不应采用严重不规则的设计方案。

1. 规则和不规则的划分

规则的建筑结构体现在体形（平面和立面的形状）简单，抗侧力体系的刚度和承载力上下变化连续、均匀，平面布置对称。

规则与不规则的区分，本次修订提出了一些定量的界限，如 2001 规范 3.4.2 条。但实际上引起建筑结构不规则的因素还有很多，特别是复杂的建筑体形，很难用若干简化的定量指标来划分不规则程度并规定限制范围。但是，有经验的、有抗震知识素养的建筑设计人员，应该对所设计的建筑的抗震性能有所估计，宜采用抗震性能好的规则的设计方案，不宜采用抗震性能较差的不规则的设计方案，不应采用抗震性能差的严重不规则的设计方案。

这里提出了三种不规则性的程度：不规则、特别不规则和严重不规则。

不规则，指超过规范表 3.4.2 中一项及以上的不规则指标；特别不规则，指多项均超过规范表 3.4.2-1 和表 3.4.2-2 的不规则指标或某项超过规定指标较多，具有较明显的抗震薄弱部位，将会引起不良后果；严重不规则，指体型复杂，多项不规则指标超过规范 3.4.3 条规定的上限值或某项大大超过规定值，具有严重的抗震薄弱环节，将会导致地震破坏的严重后果者。

2001 规范 3.4.2、3.4.3 条的规定，已考虑了《建筑抗震设计规范》（GBJ 11—89）和《钢筋混凝土高层建筑结构设计与施工规程》的相应规定，并参考了美国 UBC、日本 BSL 和欧洲规范。

上述五本规范对不规则结构的条文规定有以下三种方式：

第一种，提出了规则结构的准则，不给出不规则结构的相应设计规定，如《建筑抗震设计规范》（GBJ 11—89）和《钢筋混凝土高层建筑结构设计与施工规程》及欧洲规范。

第二种，对结构的不规则性做出限制，如日本 BSL。

第三种，对规则与不规则结构做出了定量的划分，并规定了相应的设计计算要求，如美国 UBC。美国 UBC 自 1988 年开始就有了区分规则与不规则的规定，直至 2000 年的 IBC，这个规定仍基本不变。

2001 规范的规定基本上采用了第三种方式。

2001 规范的条文对主要不规则性尽可能给予定量，对实际容易避免或危害性较小的不规则问题，如平面斜交抗侧力构件、上下层重力差别过大等未作规定。

2．不规则类型的示例

图 4-1～图 4-6 为典型示例，以便理解 2001 规范表 3.4.2 中所述的不规则类型。

(1) 对于结构平面扭转不规则，最大层间位移与其平均值的比值为 1.2 时，相当于一端为 1.0，另一端为 1. 5；1.5 时相当于一端为 1.0，另一端为 3。当变形小的一端满足规范的变形限值时，如变形大的一端为小端的三倍，则不满足要求，导致破坏。

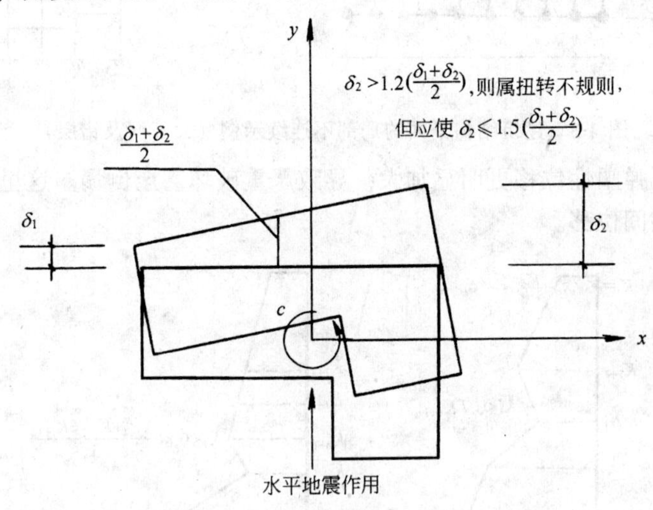

图 4-1　建筑结构平面的扭转不规则示例

(2) 平面的轮廓线凹凸不平，局部伸出的尺寸过大，地震时容易造成局部破坏。

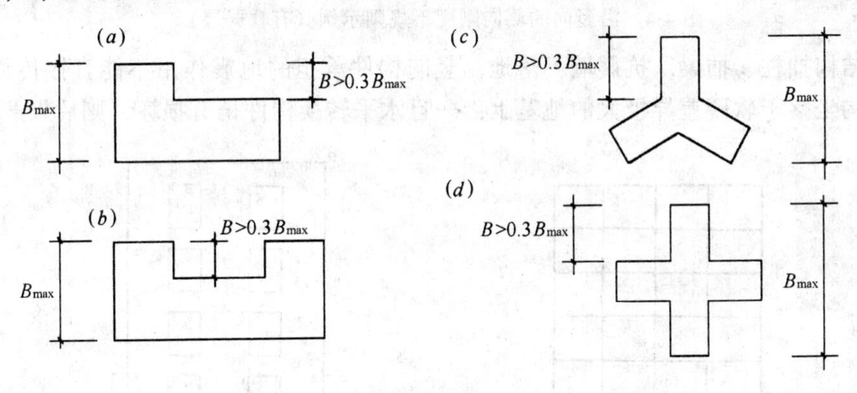

图 4-2　建筑结构平面的凹角或凸角不规则示例

(3) 楼板开洞过大，与刚性楼盖的假定不相符。若计算时不计入楼盖平面内的变形，则开洞的薄弱部位抗侧力构件的受力偏小，导致结构的不安全。错层部位的短柱，矮墙均属于不利于抗震的构件，极易破坏，而且同一楼层内竖向构件的侧向刚度参差不齐，地震剪力分配复杂变化，难以合理控制。

(4) 侧向刚度沿竖向突变，包括几何尺寸突变，形成软弱层，地震下的弹性位移有集

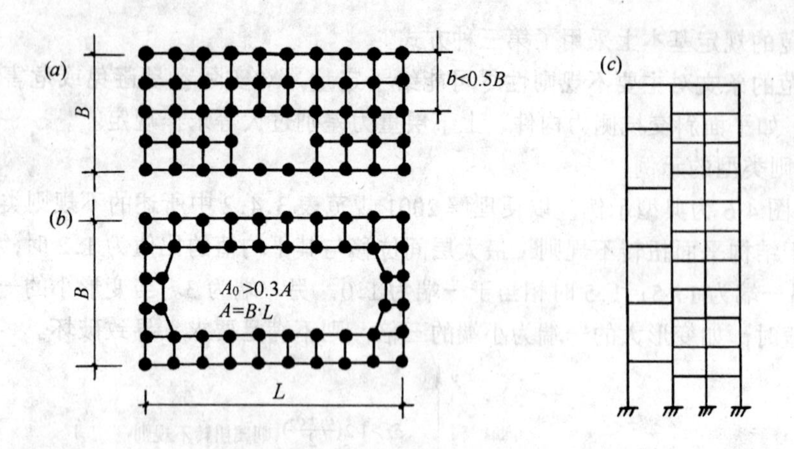

图 4-3 建筑结构平面的局部不连续示例（大开洞及错层）

中现象，在大震下弹塑性位移更明显加大，导致严重破坏甚至倒塌。这里，侧向刚度计算取楼层剪力除以层间位移。

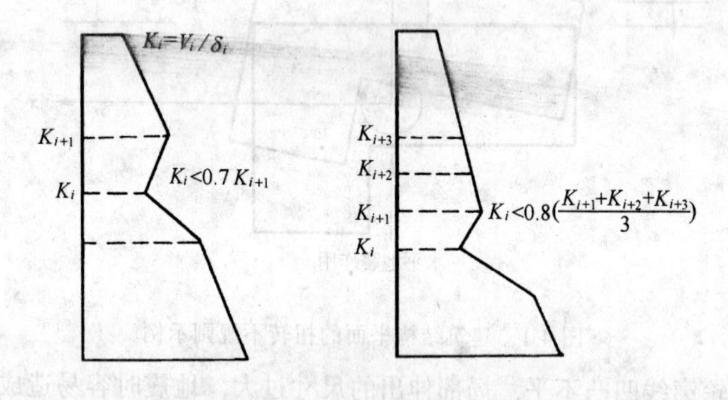

图 4-4 沿竖向的测向刚度不规则示例（有软弱层）

（5）结构抽柱、抽梁，抗震墙不落地，竖向构件承担的地震作用不能直接传给基础，相当于结构坐落于软硬差异极大的地基上，一旦水平转换构件稍有损坏，则后果严重。

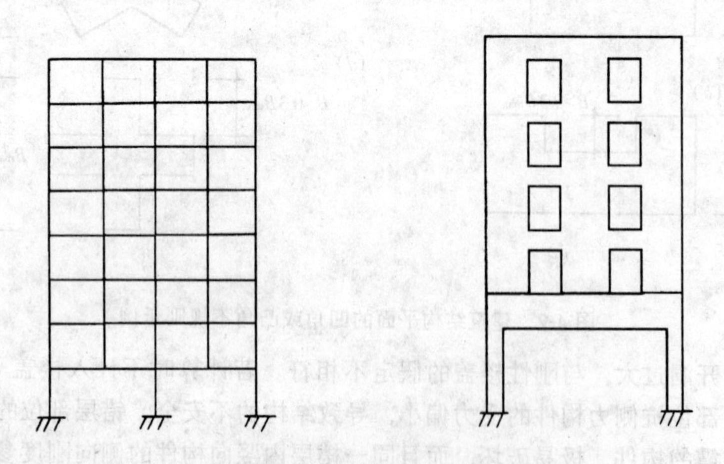

图 4-5 竖向抗侧力构件不连续示例

(6) 楼层的水平承载力沿高度突变，形成薄弱层，地震中首先破坏，刚度降低，变形增大并继续发展，产生明显的弹塑性变形集中，一旦超过结构所具有的变形能力，则整个结构倒塌。

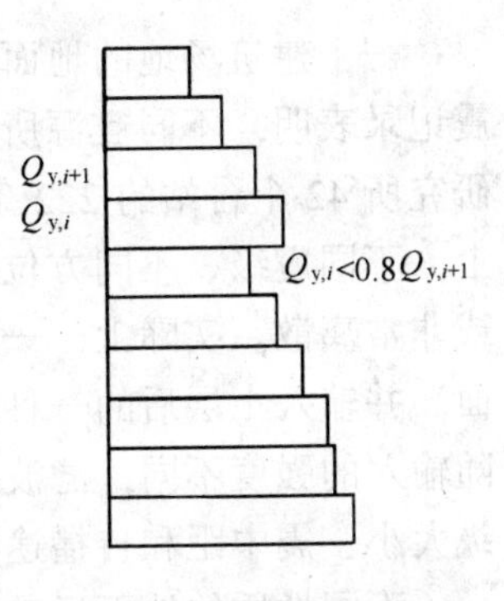

图 4-6　竖向抗侧力结构屈服抗剪强度非均匀化(有薄弱层)

二、场地和地基

本次修订，抗震设计基本要求一章中的场地和地基这一节，对 89 规范略有变动。

1. 关于Ⅰ类场地

89 规范规定，当建筑场地为Ⅰ类时，建筑可按原烈度降低一度采取抗震构造措施，考虑到甲、乙类结构在提高一度的同时又降低一度采取抗震构造措施，两相抵消。2001 规范直接规定甲、乙类建筑的抗震构造措施可按本地区的设防烈度执行，即不提高也不降低，而对丙类建筑的抗震构造措施仍按本地区设防烈度降低一度执行。

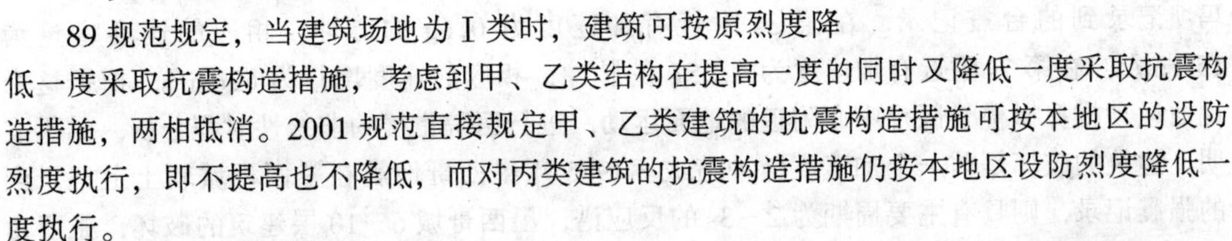

2. 关于Ⅲ、Ⅳ类场地

对设计基本地震加速度为 $0.15g$ 和 $0.30g$ 的地区，虽其对应的抗震设防烈度为 7 度和 8 度，但实际的地震作用比原来的 7 度和 8 度要高。因此，当场地为Ⅲ、Ⅳ类时宜分别按 8 度和 9 度采取抗震构造措施。

3. 关于不同基础型式

对同一结构的单元不宜部分采用天然地基，部分采用桩基的要求，原则上是对的。但在高层建筑中，主楼和裙房不分缝的情况下难以满足时，需仔细分析不同地基在地震下变形的差异及上部结构地震反应差异的影响，采取相应措施。

三、抗震结构体系

抗震结构体系是抗震设计应考虑的最关键问题，结构方案选取是否合理，对安全和经济起决定性的作用。抗震结构体系的确定，受设计项目的经济和技术条件（地震性质、场地条件）有关系，是综合的系统决策，需要从多方面考虑。新修订的 2001 规范，基本上保持 89 规范的条文内容并稍加增补，其原则精神不变。结构抗震设计时，仍应考虑以下的一些抗震概念设计问题。

1. 地震动的性质和结构的地震反应

抗震概念设计在选择建筑结构的方案和采取抗震措施时，要考虑地震动的性质及其对建筑影响，应注意地震的不确定性及其一定的规律性。

(1) 地震及其影响的不确定性

实际地震的时间、空间和强度，是现有科学水平难以预估的。抗震设防的依据是一个地区的设防烈度，由于可资统计分析的历史地震资料有限，以及地震地质背景不够清楚，在一个地区发生超过设防烈度的地震是完全可能的。近 30 多年来，我国发生的大地震大多数是超过了原定的基本烈度，因此，设计时要慎重考虑罕遇地震下结构防倒塌的能力。

一个建筑场地的地面运动也是不确定的。美国的研究者对埃尔森特罗台站的15次地震记录表明，不同震源所引起的地震动加速度反应谱差别很大。日本的研究者对港湾技术研究所42个台站的222条水平分量记录的反应谱进行了分类统计，结果发现，同一台站上，不同震级、不同方位的地震记录得到的反应谱形状，有半数比较一致，半数相当离散或非常离散。实际上，一个地区的地面运动，是从震源传来的地震波达到所在地区的基岩面，并输入土层后的一种输出（或反应）。地震波在土层中的传播又是一个非线性的系统，随输入的强度不同，滤波作用也不同。因此，一个场地地面运动的性质，随震源机制、震级大小、震中距和传播途径中土层性质的不同，不是恒定不变的。

不同性质的地面运动对建筑的破坏作用不同。著名的帕克菲尔德地震记录，具有单独的一个很大的加速度脉冲，但对建筑的打击力量却不大。1971年圣弗尔南多地震在柯依玛坝记录到的台震记录，在第3s附近有加速度为0.6g的脉冲，相应的速度增量为155cm/s，在第7s附近有加速度为$1.25g$的脉冲，相应的速度增量为62cm/s，根据这个地面运动推算橄榄景医疗中心附近的地面运动，进行医院主楼的非线性时程分析，结果表明，建筑的破坏是前一个加速度脉冲造成。1985年墨西哥地震在墨西哥城软土上记录到的强震记录，则具有主要周期为2～3s的反应谱，墨西哥城6～10层建筑的破坏，主要由于建筑在这个频带范围内的选择性共振的结果。

1994年美国北岭地震，靠近地震断裂与距离断裂稍多一点的建筑破坏不同。

1999年台湾集集地震，同一地裂缝两边，上盘的建筑同下盘的建筑破坏程度差别很大。

(2) 地震及其影响的若干规律性

地震的震级大小和震中距的远近，对地面运动和结构的反应有重要的影响。一般来说，震级大、震源破裂的尺度大，地震波的周期长，而且地震波的传播距离远，地震动的持续时间长，其结果是对远距离的较柔性的建筑影响大。

场地的土层软硬和覆盖层厚度，对地面运动的反应谱特性有重大的影响。土层愈软，覆盖层愈厚，反应谱的特征周期愈长。

建筑的地震破坏，具有积累的性质。近年来在地震模拟振动台上进行的砌体结构和钢筋混凝土构件的试验表明，砌体结构在较大的加速度峰值的地震波输入时产生裂缝，并在反复多次输入地震作用的情况下，砌体由裂缝到散落以至倒塌；混凝土构件在反复多次输入地震波作用下，由钢筋屈服、混凝土裂缝发展到混凝土碎裂，钢筋断裂。实际地震震害也可见到类似的震害积累情况。

抗震设计的任务是考虑到地震及其影响的不确定性和结构抗震能力的一些规律性，二者结合起来，使选取的建筑抗震结构方案、细部构造能具备较好的抗震能力。

2. 建筑结构应具有多道抗震防线

结构多道抗震防线的概念，一是要求结构具有良好的吸能能力，二是要求结构具有尽可能多的赘余度。结构系统的吸能和耗能能力，主要依靠结构或构件在预定部位产生塑性铰，但结构体系或构件如果没有赘余度，则某些部分塑性铰的形成，使“结构”变成“机构”，并可能失稳和倒塌。

一般来说，静不定的次数愈高，对结构抗震愈有利，但这不是充分条件。为使结构各部分有效地发挥抗震能力，需要把能量耗散在整个结构的平面上和高度方向上。这要求在结构的适当部位设置一系列容许发生的屈服区，使这些并不危险的部位有意识地首先形成塑性铰，或发生可以修复的破坏，从而使主要的承重构件得到很大程度的保护。有以下几种处理方法：

(1) 结构体系由若干具有延性很好的分部结构组成，各部分结构之间用联系构件连接，作为结构的“耗能元件”。此种“耗能元件”，应进行良好的设计，采取合理的构造措施，使整个结构在中、小地震下不坏，在预估的大地震下产生可允许的破坏，并消耗相当的地震输入能量，保证所连接的分部结构不坏，从而维持了整个结构体系的稳定和继续承受竖向荷载的能力，达到“裂而不倒”的设计要求。这种多道防线的应用例子，是具有连梁的耦联抗震墙，其中连梁便起到结构“耗能元件”的作用。1964 年美国阿拉斯加地震中安克雷厅市的麦克金列建筑的抗震墙连梁破坏便是一个例子。

(2) 多道防线的结构体系类似框架-抗震墙结构系统。这种系统的主要抗侧力构件是抗震墙，是第一道防线。当抗震墙在一定强度的地震作用下遭受可允许的损坏，刚度降低或部分退出工作，并吸收相当的地震能量后，框架部分起到第二道防线的作用。这种体系的设计既要考虑到抗震墙承受大部分的地震力，又要考虑到抗震墙刚度降低后框架部分能承担一定的抗侧力作用。2001 规范规定，规则的框架-抗震墙结构中，任一层框架部分按框架和抗震墙协同工作分析的地震剪力不小于结构底部总地震剪力的 20% 或框架部分各层按协同工作分析的地震剪力最大值的 1.5 倍（取两个值的较小值设计）；不规则的框架-抗震墙结构框架部分承担的地震剪力，可按降低的抗震墙刚度与框架协同分析结果取值。

(3) 在结构上设置专门的耗能元件。近年来研究利用摩擦耗能或者利用材料塑性耗能的元件，预期在大地震时，相当一部分的地震能量消耗于这种耗能元件，以减少输入主体结构的地震能量，达到减轻主体结构的破坏。

3. 建筑结构应避免竖向承载力与刚度突变

建筑抗震性能的好坏，除取决于总体的承载力、变形和吸能能力外，避免局部的抗震薄弱环节是十分重要的。某一层间，某一构件，均可能成为结构的抗震薄弱环节。薄弱环节的形成，往往由于以下原因：

(1) 刚度突变。刚度突变是由于建筑体型复杂或抗震结构体系在竖向布置的不连续不均匀产生。刚度不连续不均匀的部位，产生应力集中，如果设计时没有作必要的加强，便先于相邻部位进入屈服，刚度进一步减小，在地震反复作用下，该部位的塑性变形继续发展，我们称之为塑性变形集中，最终可能导致严重破坏甚至倒塌。

(2) 屈服强度比突变。屈服强度比的含义不是指截面实际承载力本身，而是一个相当的比值，即各层按实际配筋和材料标准强度计算的层间实际抗剪承载力同该层弹性层间剪力的比值。这个比值是影响结构弹塑变形的重要参数。实际结构各楼层的屈服强度比往往是不均匀的，如果给出各楼层屈服强度比沿楼层高度分布的折线图，则该分布曲线的凹点将会形成结构抗震的薄弱部位，在地震作用下率先屈服而出现较大的弹塑性变形。

结构的塑性变形集中是相当复杂的问题。结构弹塑性时程分析表明，即使是规则的，刚度和承载力变化均匀的结构系统，仍然在某些部位先于其他部位进入屈服，同样在率先进入屈服的部位发展变形，即一个结构体系在复杂的地震作用下各部分不会同时进入屈服状态。屈服强度分布不均匀的结构，弹塑性变形更为复杂。目前，确切地探明每一个结构抗震薄弱部位的弹塑性变形还有许多困难。因此，当前还是尽可能从体型上和结构体系的设计上，使刚度和强度变化均匀，尽量减少形成薄弱部位的因素，努力减少变形集中的程度，并采取相应的抗震构造措施提高结构的变形能力。

4. 抗震结构体系应具有良好的吸能能力

抗震结构体系应具有良好的吸能能力，即抗震结构体系应同时具备必要的承载力、刚度和良好的延性（或变形能力）。如果抗震结构体系有较高的抗侧力强度，但同时却缺乏足够的延性，如不配筋的砌体结构在地震时很容易破坏，其抗震性能是不好的。另一方面，如果结构有较大的延性，但抗侧力的强度不高，刚度不足，如纯框架结构，这样在不大的地震作用下就产生较大的变形，其抗震性也是不理想的。历次大地震中，钢筋混凝土纯框架严重破坏，甚至倒塌，是屡见不鲜的。较高的抗侧力强度、刚度和较大的变形能力的结合，使抗震结构体能做较大的功，具有较大的吸能能力，结构便具有较大的抗震潜力。

砌体结构，如果加上周边约束或砌体中配置钢筋，便有较好的变形能力，其抗震潜力就大了；有较大变形能力的框架结构，如果在框架中增加墙，形成带框的抗震墙，其抗震潜力也就大了。日本武滕清对高层钢框架建筑，镶入带竖缝的预制混凝土墙板，不仅增加了柔性框架的抗侧力强度和刚度，以阻止侧力作用过大的位移，同时大大地改善了在强地震中结构的能量吸收能力和延性性能。在抗震墙结构体系中，如果钢筋混凝土抗震墙设计得正确，将具有足够的强度和延性，对抗震带来很大的好处。因为类似这样的结构有很好的“强韧性”，具有很大的抗震潜力。

5. 各类结构构件应具有良好的延性

各类结构构件是组成抗震结构体系的基本元件，每一个结构构件如都能设计成具有良好延性（变形能力），避免脆性破坏，则结构经受地震破坏会仍能修复使用。在规范中提出的“ 设防烈度可修”的设防目标，就是依靠提高的延性能力来达到；

2001 规范 3.5.4 条和 3.5.5 条，提出对结构构件和连接的要求，以及规范的全部抗震措施，便是为提高各类结构构件的延性能力而作的规定。

四、典型地震灾害的启示

建筑抗震设计基本要求的依据是地震灾害的经验，因此这里先从若干典型的地震灾害的讨论开始。

1. 马那瓜地震中两幢高层建筑的震害比较

1972 年 12 月 23 日南美洲马那瓜地震，在马那瓜有两幢钢筋混凝土高层建筑，相隔不远，一幢是十五层的中央银行大厦，地震时遭严重破坏，震后拆除；另一幢是十八层的美洲银行大厦，地震时只受轻微损坏，稍加修理便恢复使用。原因是两者在建筑布置和结构系统方面，有许多不同。

（1）中央银行大厦

结构体系的主要特点是：①主塔楼在 4 层楼面以上，北、东、南三面布置了 64 根 0.20m 宽的小柱子（净距 1.2m），支承在 4 层楼板的过渡大梁上，大梁又支承在其下的 10 根 1m×1.55m 的柱子上（柱子的中距 9.8m），形成上下两部分严重不均匀、不连续的结构系统；②4 个楼梯间，偏置主楼西端，再加上西端有填充墙，地震时产生极大的扭转

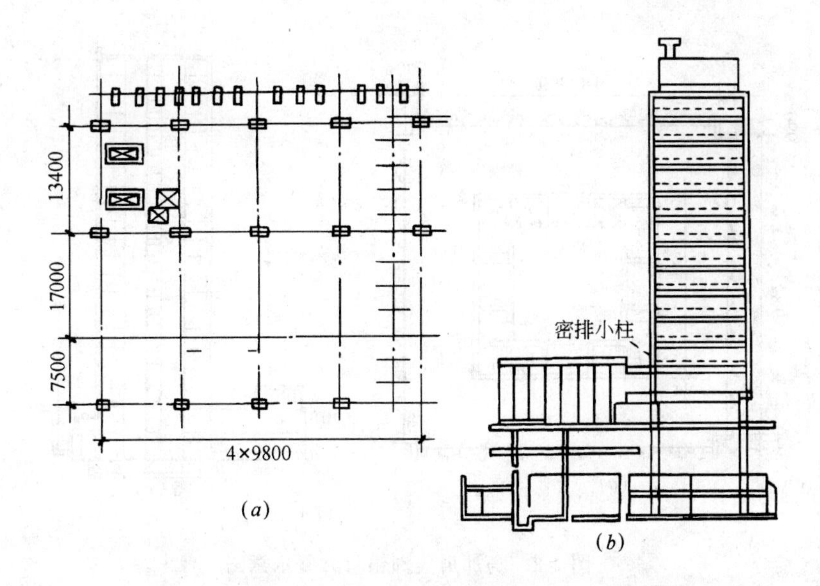

图 4-7　马那瓜中央银行示意图
(a) 底层平面；(b) 剖面图

效应力（图 4-7）；③4 层以上的楼板仅 5cm 厚，搁置在长 14m 高 45cm 的小梁上，楼面体系十分柔弱，抗侧力的刚度很差，在水平地震作用下产生很大的楼板水平变形和竖向变形。

由于这样的结构布置，该建筑在这次地震中主要遭受以下破坏；①5 层周围柱子严重开裂，钢筋压屈；②电梯井的墙开裂、混凝土剥落；③横向裂缝贯穿 3 层以上的所有楼板，直至电梯井的东侧，有的宽达 10mm；④主楼西立面、其他立面的窗下和电梯井处的空心砖填充墙及其他非结构构件均严重破坏或倒塌；⑤地震时，不仅电梯不能使用，楼梯也被碎片堵塞，影响人员疏散。

(2) 美洲银行大厦

该结构系统是均匀对称的，基本抗侧力的系统，包括四个 L 形的筒体，对称地由连梁连结起来（图 4-8）；由于管道口在连梁中心，连梁的抗剪能力只有抗弯能力的 35%，这些连梁在地震时遭到破坏，是整个结构能观察到的主要震害。

同中央银行大厦相同，美洲银行大厦地震时电梯也不能行驶，但楼梯间是畅通的，墙仅有很小的裂缝。

马那瓜地震中两幢现代化的钢筋混凝土高层建筑的抗震性差异，生动地表明了建筑布局和结构体系的合理选择，在抗震设计中占有首要的地位。

2. 唐山地震中多层砖混结构的震害比较

1976 年唐山地震中，唐山市绝大多数的多层砖房严重破坏或倒塌，灾害之重是地震史上罕见的。但也有一些多层砖房，裂而未倒，或者残存下来[1]。

(1) 新华旅馆

唐山新华路中段属 10 度震灾区，沿街建筑均倒塌，惟独新华旅馆的八层主楼裂而未倒。

---

[1] 清华大学建工系震害调查小组，唐山市多层砖房震害调查，1997。

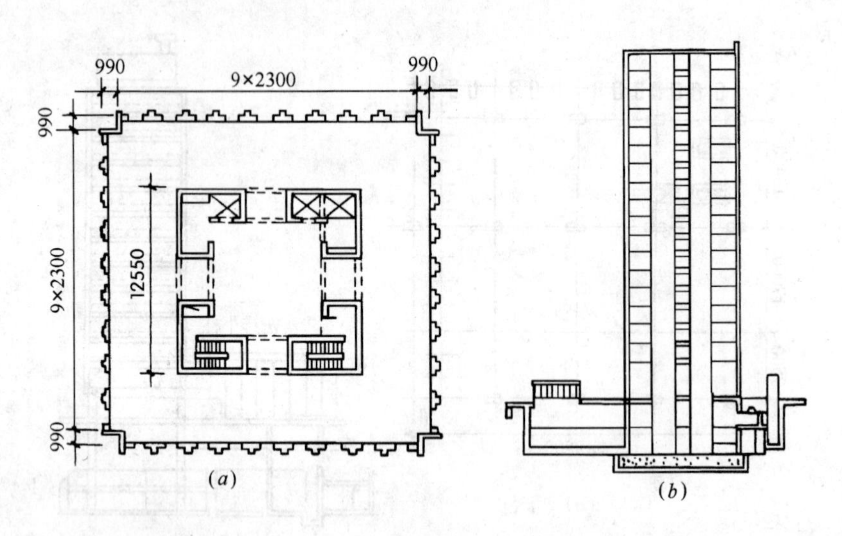

图 4-8 马那瓜美洲银行大厦示意图

（a）平面；（b）剖面

建筑的主楼为八层内框架结构，西配楼为五层单排柱内框架，东配楼为七层砖混结构(图 4-9)。原设计未考虑抗震，但 1975 年 2 月地下室完工时，发生了海城地震，为增强抗震能力，在主楼的砖墙中增加了一些钢筋混凝土构造柱，主楼同配楼之间设有沉降缝，每层均设圈梁，楼板为非预应力预制圆孔板。为加强整体性，各段均有若干层现浇混凝土板。

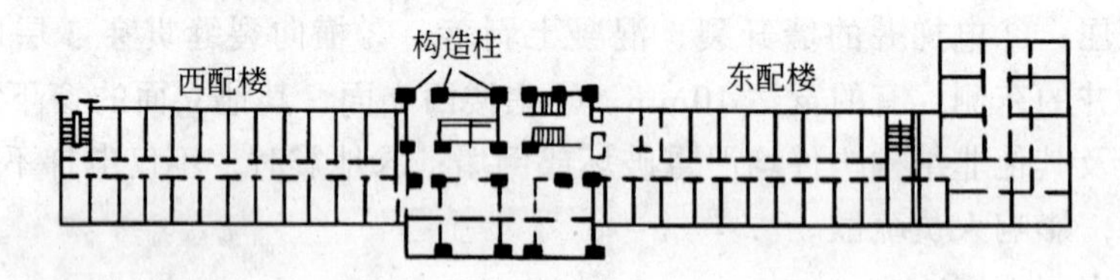

图 4-9 新华旅馆平面图

地震后，西配楼仅残存 2 层；东配楼仅残存 3 层和 4 层的中间过道。主楼主要破坏为：窗间墙、窗下墙和无窗洞的墙，均出现典型的交叉剪切裂缝，各层砖墙内的构造柱基本完好；内框架柱子：1 层柱子完整；2 层中柱顶角混凝土脱落，主筋露出并稍弯曲；3、4 层柱子出现竖缝，柱脚上、下主筋交接处混凝土局部脱落；5 层柱子破坏最重，柱顶部混凝土酥碎脱落，主筋呈灯笼形，箍筋被撑断；由于 5 层柱子的破坏，以上各层的楼板下陷，致使 6～8 层柱顶部和梁端均有断裂裂缝。此外，圈梁下周围水平裂缝，墙角裂缝，梁下砖墙裂缝以及雨篷等非结构构件破坏倒塌等。

（2）外贸局办公楼

外贸局办公楼为四层砖混结构，位于唐山新市区新西村路西口，属十度地震区范围。按同样图纸施工建造的房屋，在唐山共有四幢，地震中三幢裂而未倒，仅在 11 度区的一幢倒塌，外贸楼属未倒而震害较重的一幢。房屋平面布置如图 4-10。墙体为 MU7.5 机砖 M2.5 砂浆，首层内外墙均为 37cm，2 层以上外墙 37cm，内墙 24cm，窗下墙为 12cm；内外墙交接处原设计每隔 7～8 皮砖放置 2ϕ4 拉结钢筋；办公室及会议室均采用预制空心楼板，门厅为现浇井字梁板，楼梯亦为现浇；每层均有圈梁。

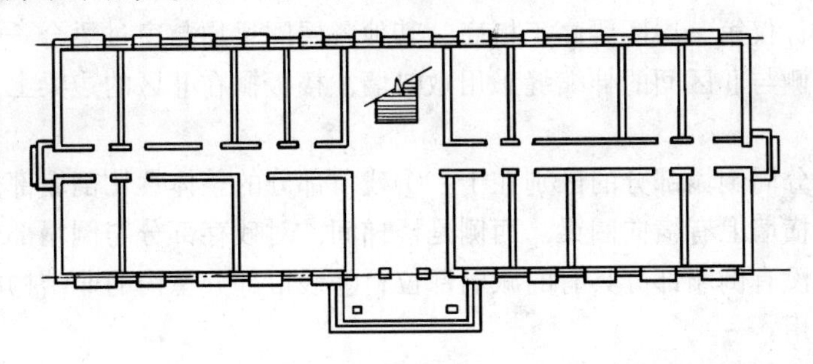

图 4-10　外贸局办公楼平面图

(3) 地区商业服务楼

地区商业服务楼分为三个区（图 4-11），Ⅰ区为五层，Ⅱ区为六层，Ⅲ区为四层，其中，Ⅰ区倒塌比较奇特，Ⅱ区残留 4 层，Ⅲ区全部倒塌。以下仅讨论Ⅰ区的破坏。

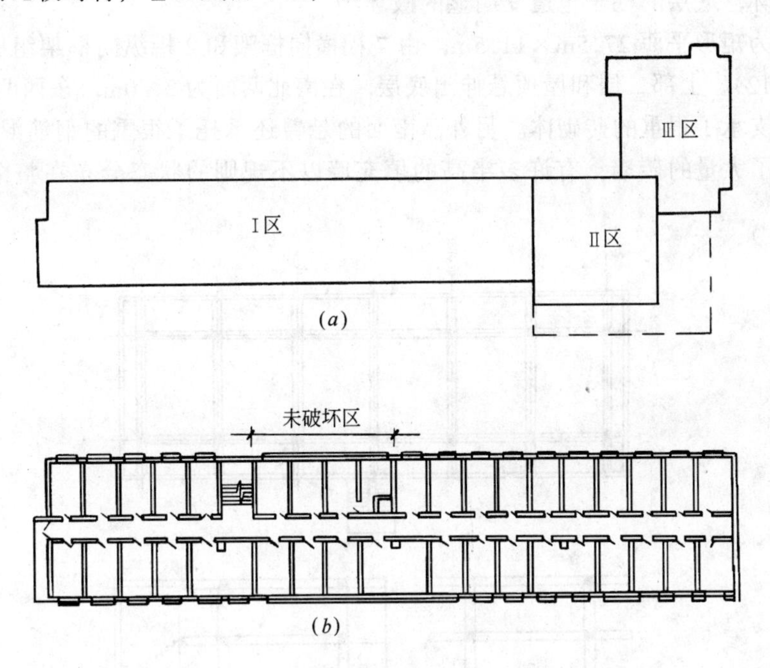

图 4-11　地区商业服务楼示意图
(a) 总平面；(b) Ⅰ区平面

Ⅰ区每层有 3 个双开间房，其余为单开间，北侧有 4 个单间分别用作厕所、盥洗室和开水房。地震后除北侧四间厕所、盥洗室和开水房从 1～5 层均未倒塌外，其余全部倒塌。从地震破坏看，这幢建筑的主要抗震薄弱环节有以下几点：①原设计外墙 37cm，内墙 24cm 厚，砂浆强度等级，1 层为 M10，2 层为 M7.5，3～5 层为 M2.5，从地震现场观察分析，3、4、5 层先倒塌，再将 1、2 层砸塌，并可见 1 层的墙部分未倒，而楼板被砸塌，可以推测 3 层以上的砌体强度过低是一个原因；②南侧有 3 个双开间的大房间，大梁的一端搁置在外墙上，梁下无柱，另一端搁置在钢筋混凝土柱上，纵向无圈梁相连，梁上搁预制板，使梁和柱承重系统不稳定；③房屋的整体性差：楼板除厕所、盥洗室为现浇外，其余均为预制圆孔板，预制板间缺少拉结；圈梁仅在外墙上设置，在全长 64m 范围内只有一道横向梁拉通；仅第一层圈梁高于板底，其他各层圈梁均与窗过梁合一；外墙没有设构造柱；④Ⅰ区东侧与Ⅱ区间的伸缩缝采用敞口墙，楼板搁在Ⅱ区的边梁上，地震时楼板塌落。

Ⅰ区残留部分同倒塌部分的区别在于：①残留部分的整体性比倒塌部分要强，楼板是现浇的，东侧的横墙上有横向圈梁，西侧是楼梯间，对残存部分与倒塌部分之间起分隔作用；②残留部分没有倒塌部分具有的减弱部位；③残留部分室内的非结构构件（隔板、立管）起了加强作用。

由于这些小小的区别，使这幢房屋的大部分倒塌而小部分从底到顶屹立未动。

3. 危地马拉地震中某填充墙框架建筑的震害

该填充墙框架建筑为一所护士学校，1964 年建造，是三层楼房，有一个半地下室，由钢筋混凝土框架和填充墙构成。1976 年危地马拉地震时，门窗、填充墙、隔墙等遭受相当大的破坏，底层的柱子也遭受明显的破坏。

该建筑为矩形平面 27.5m×11.5m，由 7 榀横向框架和 2 榀纵向框架组成空间抗力矩框架（图 4-12）。上部二层和屋顶悬伸出底层，在南北两面为 2.50m，东西两面为 1.20m。所有悬臂梁支承了很重的砖砌体。另外，南面的悬臂还承托了很重的钢筋混凝土遮阳板。框架内填充了大量的砖墙，有许多半高的填充墙以不规则的状态分布在整个建筑的各部分。

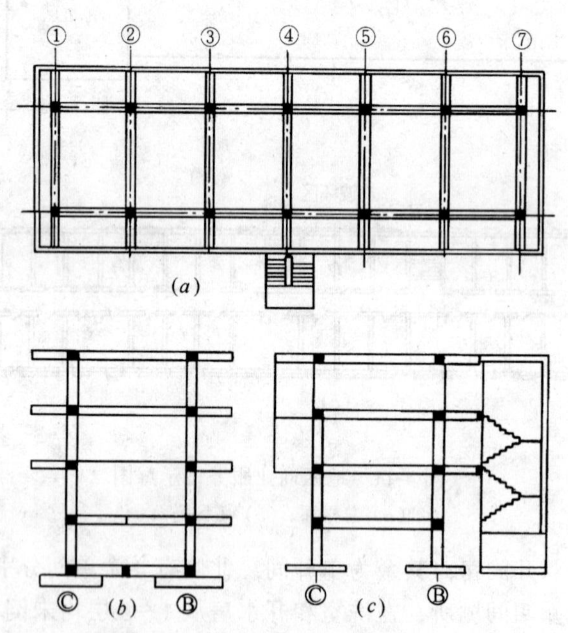

图 4-12 护士学校平剖面示意图

地震中许多非结构构件遭受破坏，特别是砖填充墙产生对角线裂缝和水平裂缝，还有压碎或完全崩塌；结构构件的破坏主要在底层柱子，特别是②轴和③轴横向框架，由于半高的墙对柱子的约束，形成短柱，并产生剪切破坏。

4. 罗马尼亚地震中布加勒斯特计算中心的破坏

布加勒斯特计算中心主楼的建筑平面为30m×30m，三层，两端服务塔同主楼分离。

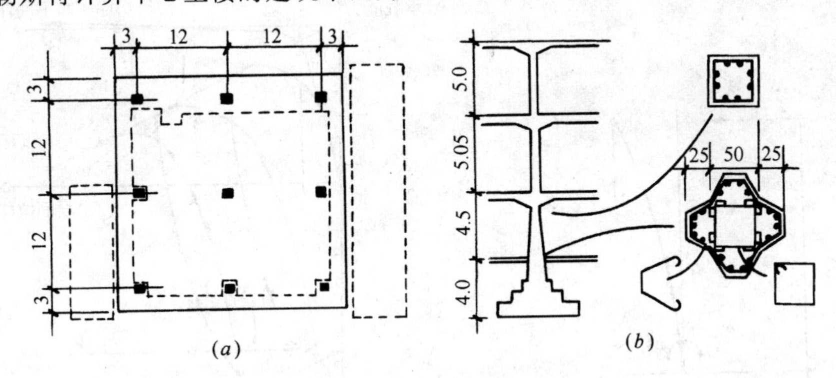

图 4-13 罗马尼亚布加勒斯特计算中心

(a) 建筑平面；(b) 柱子示意

结构体系为无梁楼板并由9根柱子支承（图4-13），外墙为预制混凝土板，窗户为周边连续，把上下层的外墙完全分离，没有抗震墙，惟一能抵抗侧向力的是柱子。

这幢房屋是按照罗马尼亚建筑规范设计的，设计底部剪力为建筑物重力的6%，底层用带槽的锥形柱子，箍筋构造薄弱，柱子抗剪能力较差。1977年3月地震使柱子破坏，由于柱子遭破坏后没有继续抵抗地震侧力和支承上部竖向荷载的构件，房屋塌落。

五、非线性静力分析和重力二阶效应

非线性静力分析方法是2001规范3.6.2条规定的，对结构在罕遇地震作用下进行弹塑性变形分析的一种方法，但对此法没有作具体的规定，目前国内工程界对此法还接触不多，详见第七讲。

2001规范3.6.3条规定：当楼层以上重力荷载与该楼层地震层间位移的乘积除以该楼层地震剪力与楼层高度乘积之商大于0.1时，应考虑重力二阶效应的影响。

当柔性结构，如钢和钢筋混凝土框架结构，受到水平荷载时，其水平位移，会引起由于上部重力荷载产生的额外附加的（二阶）倾覆弯矩，如图4-14所示。

$$M = M_1 + M_2 = F_E \cdot h + P\Delta \tag{4-1}$$

其中 $M_1 = F_E h$，为初始（一阶）弯矩，$M_2 = P \cdot \Delta$ 为二阶弯矩，M_2 的加入，又使 Δ 增大，同时又对附加弯矩进一步增大，如此反复，对柔弱的结构，可能产生积累性的变形增大而导致结构失稳倒塌，如图4-15所示。

取二阶弯矩与一阶弯矩之比为 θ，称之为稳定系数。按2001规范规定，各层的稳定系数 θ_i 取值为：

$$\theta_i = \frac{\sum_i^n G_i \cdot \Delta u_i}{V_i \cdot h_i} \tag{4-2}$$

式中 $\sum G_i$——i 层以上重力荷载计算值；

Δu_i——i 层楼层质心处的层间位移值；

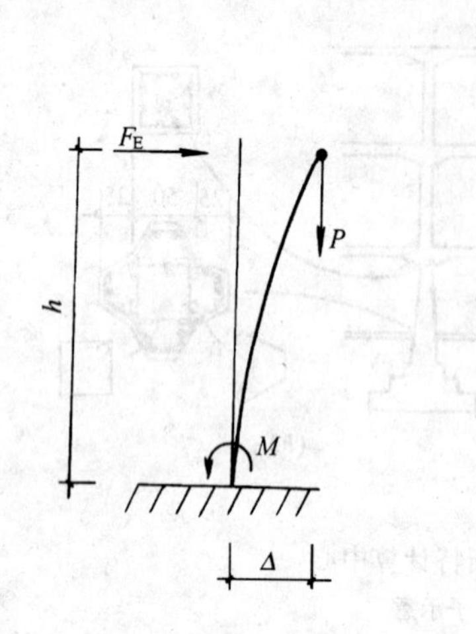

图 4-14　重力二阶效应示意图

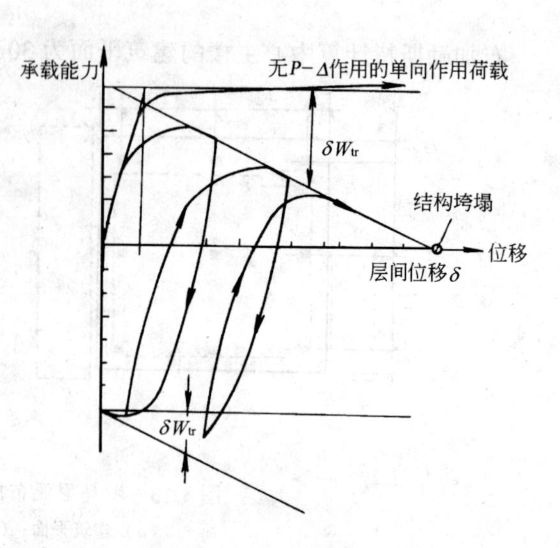

图 4-15　重力二阶效应引起结构失稳

V_i——i 层地震剪力设计值；

h_i——i 层层间高度。

当 $\theta \leqslant 0.1$ 时，不考虑二阶效应影响；θ 上限则受弹性和弹塑性层间位移角限值控制。混凝土结构弹性位移角限值较小，一般均在 0.1 以下，建议可不考虑重力二阶效应的影响。

当在弹性分析时，作为简化方法，重力二阶效应的内力增大系数可取 $1/(1-\theta_i)$。

当在弹塑性分析时，宜采用考虑所有受轴向力的结构和构件的几何刚度的计算机程序进行重力二阶效应分析，亦可采用其他简化分析方法。

第五讲　场地分类和设计反应谱的特征周期

一、国内外概况

89 规范中的场地分类标准和相应设计反应谱的规定，是在 1974 年发布的《工业与民用建筑抗震设计规范》(TJ 11—74) 中有关场地相关反应谱的基础上修改形成的。需要指出的是，抗震设计反应谱的相对形状与许多因素有关，如震源特性、震级大小和震中距离、传播途径和方位以及场地条件等。在这些因素中，震级大小和震中距离以及场地条件是相对易于考虑的因素，这两个因素的影响在 89 规范中已有所反映，震级和震中距离的影响涉及区域的地震活动性，应该属于大区划的范畴。89 规范中的设计近震、设计远震，是按由所在场地的基本烈度是否可能是由于邻区震中烈度比该地区基本烈度高二度的强震影响为准则加以区分的。这显然只是一种粗略划分。划分设计近震、设计远震，实际是根据场地周围的地震环境对设计反应谱的特征周期加以调整。关于地震环境对反应谱特征周期的影响，今后将在地震危险性分析的基础上由地震动参数区划图来考虑。

场地条件对反应谱峰值（α_{max}）和形状（T_g 值）的影响是一个非常复杂的问题，其实质是要预估不同场地条件对输入地震波的强度和频率特性的影响。

首先，如何确定输入基准面或基岩面就是很困难的。在 89 规范中，将剪切波速大于 500m/s 的硬土层定义为基岩，可以说是迁就钻探深度的一种粗略的处理方法。在美国的建筑抗震设计规范中，剪切波速度大于 760m/s 的地层才算作是软基岩，而软基岩和硬基岩对地震波的反应特征也是有区别的。

另外，土层的剪切波速分布千变万化，如何将其对反应谱的影响准确地加以分类，同样也是很困难的。在各国的抗震设计规范中尽管大家都承认考虑场地影响的重要性，可以说都还没有找到很满意的实施方法。

美国关于场地相关反应谱的研究始于 1976 年，1978 年以后才开始进入抗震设计规范，当时美国规范应用了希德[1] 等提出的 S1～S3 类场地划分标准，与我国规范一样只考虑场地类型对反应谱形状（T_g 值）的影响。1985 年墨西哥地震以后，美国规范增加了剖面中存在软粘土的 S4 类场地。这一分类标准从定义到分类方法都有一些含糊不清的地方。进入 20 世纪 90 年代以后，美国根据 1989 年 Loma Prieta 等地震中不同场地上的强震观测记录和土层地震反应分析比较结果，NEHRP 提出了一个以表层 30m 范围内的等价剪切波速为主要参数的场地分类标准和相应的设计反应谱调整方案，在这一方案中同时考虑了场

---

[1] H.B.Seed, Site Dependent Spetra for Earthquake Resistant Design, Bull, Seis, Soe, Am., Vol. 66, pp221—244, 1976。

地类型对反应谱峰值（α_{max}）和特征周期（T_g）的影响[1]。为适应美国东部地区的地震动特性，林辉杰等对这一方案作了一些调整。NEHRP 方案已基本上被美国 2000 年建筑规范草案 IBC 接受，按照这一新方案，对低烈度区（≤7 度）最软场地上的 α_{max}将是坚硬场地的 2.5 倍，对高烈度区在软硬场地上的 α_{max}值保持不变，中间的情况大体上是依次逐渐变化的。场地条件对反应谱 T_g 值的影响在美国规范中是用周期为 1s 的谱加速度值来表示的。场地条件对反应谱形状的影响是用周期为 1s 和 0.2s 的谱加速度比值来表示，此值实际与我们所说的特征周期 T_g 值有关，其数值范围为 0.4～1.0s。考虑到所在场地地震环境的不同，对 T_g 值尚需作进一步的调整，调整幅度与场地类别和周期为 1s 时的谱加速度有关。美国 2000 年建筑规范中的设计反应谱随场地条件的变化幅度比以前的规范有所扩大。从统计意义上看这样的调整也许是合理的，问题是目前使用的场地分类方法和相应的场地相关反应谱还不能很好与其预期值相适应。另外，诸如震源机制等其他因素的影响还可能掩盖由于场地条件可能造成的谱形状的差异，在这种情况下，调整的幅度尚不宜过细过大。对此在这次修订中已有所考虑。

日本 1980 年颁布的建筑抗震设计规范将场地简单地分为三类：即硬土和基岩、一般土和软弱土，相应的 T_g 值分别为 0.4s，0.6s 和 0.8s。从有关文献中可以看到，目前各国抗震设计规范中所采用的场地分类方案大多比较简单，相应的反应谱 T_g 值范围一般都在 0.2～1.0s 之间。只有墨西哥城是一个例外，那里采用的反应谱特征周期有大到 2.0～2.5s 的情况。这是由于特殊的地震和地质环境造成的。我国的地震以板内地震为主，地震动的主要频率考虑在 1.0～10Hz 之间看来是合适的。关于场地类别对地震地面运动强度的影响，在 1995 年日本阪神地震以后日本学者也十分重视。他们从对规范中三类场地上峰值加速度和峰值速度比值的统计结果中发现，Ⅱ、Ⅲ类场地的峰值加速度平均约为Ⅰ类场地的 1.5 倍，而Ⅱ、Ⅲ类场地的峰值速度平均约为Ⅰ类场地的 2 倍和 2.5 倍。

二、89 规范场地分类的基本考虑

从理论上讲，对于水平层状场地，当其岩土分布和柱状图，各层土力学特性（包括非线性特性），以及入射地震波等均为已知时，场地反应问题是可以解决的。目前的问题是关于输入和介质的信息都不够完备，因此很难满足工程设计的要求。抗震设计规范中只能应用目前在工程设计中可能得到的岩土工程资料，对场地土层的地震效应作粗略的划分，以反映谱特征周期一般性变化趋势。

众所周知，对于均匀的单层土，土层基本周期 $T=4H/v_s$。此式表明覆盖土层 H 愈厚，剪切波速 v_s 愈小，基本周期愈长。值得注意的是这一基本公式主要适用于岩土波速比远大于 1.0 的情况，且有 v_s 和 H 这样两个评价指标。

由于场地土层剪切波速一般都具有随深度增加的趋势，用一般工程勘察深度范围内实测剪切波速的某种平均值来表示场地的相对刚度，应该说是比较合理的。考虑到当平均波速 v_s 相同时，由于覆盖层厚度 H 不同，基本周期也将有很大的差异，因此在 89 规范中

[1] FEMA，NEHRP，Recommended Provision for Seismic Regulation for New Buildings，1991 edition. Washington D. C，1995

增加了覆盖层厚度的指标，并由此产生了双参数的场地类别划分的构想。按照 H 愈大，v_s 愈小，T_g 值愈大的一般规律将场地划分为Ⅳ类，应用可能得到的强震加速度反应谱进行分类统计获得了各类场地的平均设计谱。在实际应用统计结果时，考虑到经济方面的原因，在选用各类场地 T_g 值时采取了平均偏小的值。另外，考虑到这种分类方法的把握不是很大，因此在分类中有意识地扩大Ⅱ类场地的范围，把Ⅰ、Ⅲ、Ⅳ类场地的范围缩得较小。在某种意义上讲这也是一种协商的结果。

与国外抗震设计规范中的场地分类标准和相应的 T_g 值相比，我国规范中取的值约偏小15%～30%左右。从不同场地上的大量实测反应谱资料看，在中短周期段（0.1～1.0s）实际记录分析得到的谱加速度值比规范规定大很多的情况常有出现，但按规范设计的建筑大多能经受（指不产生严重破坏）这种超规范的地震作用。例如在我国1988年云南澜沧-耿马地震的一次6.7级余震中，在震中附近Ⅰ～Ⅱ类场地上记录到的地面加速度达0.45g，反应谱特征周期达0.5s。但台站周围的建筑震害并不很严重。这些情况说明设计中采用场地分类和相应的反应谱可能会与未来地震中实际经受的谱有较大的差异，但一般来讲，这种不确定性可能造成的后果并不是十分严重的。

三、实用中提出的问题和处理意见

89规范中的场地分类和相应的设计反应谱特征周期值划分方法已为我国工程界熟识。在1993年的局部修订中对这部分内容未提出强烈的修改要求。不过在实用中以及与其他规范的协调过程中还是反映出来一些问题，归纳起来大致有以下几条：

1.Ⅱ类至Ⅳ类的突变

在构筑物抗震设计规范修订过程中，对此分类方案的阶梯状跳跃变化提出了异议。工程界也有一些意见认为场地类别的分界线不容易掌握，特别是在覆盖层厚度为80m且平均剪切波速为140m/s的特定组合下，当覆盖层厚度或剪切波速稍有变化时，场地类别有可能从Ⅳ类突变到Ⅱ类，相应地震作用的取值差别太大。这种情况是因为在征求意见和审查过程中有相当一部分人要求将Ⅲ、Ⅳ类场地范围尽量划小，以减少设防投资而人为地将一部分Ⅲ类场地划成了Ⅱ类后造成的结果。随着我国经济情况的好转，这一问题已不难解决了。

2.分界附近特征周期突变

89规范中的划分方案在边界附近的场地类别差一类，反应谱 T_g 值也相应跳一档，例如从Ⅲ类场地跳到Ⅳ类场地时引起 T_g 值及中长周期结构的地震作用有较大的突变，在设计中不好掌握。因此提出可否考虑采用连续化的划分方法。这个问题实际是反映了需要与可能之间的矛盾。事实上场地类别和 T_g 之间的这种分档对应关系在实际地震中是很可能出现矛盾的。上面提到的1988年澜沧-耿马地震中的实际记录就是一个例子。再说89规范中的相邻场地类别 T_g 值的差异已不是成倍的变化，因此过细的区分必要性不是很大。为了满足形式上的连续化，可以采用插入的方法，关于这一点将在本文第五节中加以讨论。

3.中硬土Ⅰ类、Ⅱ类以9m分界的问题

按照89规范的场地分类规定，当剪切波速大于500m/s的硬土层上覆盖3m以上剪切波速≤140m/s 的软土时便应划为Ⅱ类场地，但当覆盖层厚度为 3～9m 时，只要上覆土层的平均剪切波速大于 250m/s 时，便可划为Ⅰ类场地。

设有两个场地，场地 1 的覆盖土层为 4m，地表以下 0～3.5m 以内的剪切波速为 200m/s，3.5～4.0m 以内的剪切波速为 400m/s，按厚度加数平均剪切波速为 225m/s，按 89 规范应划为Ⅱ类场地。场地 2 的覆盖层厚度为 8.5m，地表以下 0～3.5m 以内的剪切波速也为 200m/s，3.5～8.5m 以内的剪切速仍为 400m/s，也就是说，与场地 1 相比，场地 2 是基岩以上的中硬土层的厚度增加了 4m，其余均无变化。场地 2 的平均剪切波速为 294m/s，按照 89 规范场地 2 划为Ⅰ类。有人认为这一结果是不合理的，因为场地 1 的刚性比场地 2 大。

出现这个问题，与大于 500m/s 的硬土层上面允许覆盖多厚的软土层仍可作基岩的考虑有关。事实上，这一厚度最初被定为 0，但在征求意见过程中有相多人提出规定太严格了，后来才定为 3m。但仍有不少人提出当表土层的剪切波速接近“半基岩”还可以放宽一些，从而导致了 89 规范中的规定。造成这种反差的情况实际上很少，但在实际场地中也还是有可能出现的。为了减少这种反差现象，在这次修订中，Ⅰ类场地上允许覆盖的中硬土层的最大厚度改为 5m。

4．计算平均剪切波速的土层厚度问题。

现在以另外两个场地的对比为例，阐述由于计算平均剪切波速的表土层厚度取 15m 或覆盖厚度两者的较小值所带来的问题。场地甲的覆盖土层厚度为 10m，地表以下 0～9m 以内的剪切波速为 100m/s，9～10m 以内的剪切波速为 480m/s，按厚度加数的平均剪切波速为 138m/s，按 89 规范应划为Ⅲ类场地；场地乙的覆盖层厚度为 15m，地表以下 0～9m 以内的剪切波速仍为 100m/s，9～15m 以内的剪切波速也为 480m/s，以厚度加权的平均剪切波速为 252m/s，按 89 规范应划为Ⅱ类场地。直观来看，场地甲的刚性比场地乙的大一些，同样也出现了反差。

出现上述现象的原因除了以上所说的计算平均剪切波速时采用的土层总厚度取值的双重标准以外，更主要的还与 基岩的最小剪切波速划一地定为 500m/s 有关。事实上场地岩土剖面中的所谓基岩和土只是一个相对的概念。从理论上讲，当下卧岩土的剪切波速远大于上层时，该下卧层方可划为基岩。但这样定义的岩土界面往往很深，大大超出了工程勘察的范围，因此才考虑以波速 500m/s 为界。在这次修订中拟补充岩土波速比的划分标准。这样一来不仅使划分标准显得更合理，上述反差现象也不大可能发生了。

四、场地分类标准的修订方案

考虑到以上种种意见和问题，这次修订在场地分类标准基本框架不变的条件下，将 89 规范条文做以下调整。

1．等效剪切波速的确定

建筑场地类别的划分仍以土层等效剪切波速和覆盖层厚度双参数为定量标准，但对等效剪切波速和覆盖层厚度的确定方法作相应的修改。在 89 规范中土层等效剪切波速是按厚度加权的方法计算的，总厚度取为 15m。由于按厚度加权方法缺乏物理意义，也不能与土层共振周期建立等价的关系，因此在这次修订中采用了国际上通用的以下计算公式：

$$v_{se} = d_0 / t \tag{5-1}$$

$$t = \sum_{i=1}^{n} (d_i / v_{si}) \tag{5-2}$$

式中 v_{se}——土层等效剪切波速（m/s）；

d_0——场地评定用的计算深度（m），取覆盖层厚度和 20 m 两者的较小值；

t——剪切波在地表与计算深度之间传播的时间（s）；

d_i——在计算深度范围内，第 i 土层的厚度（m）；

n——计算深度范围内土层的分层数；

v_{si}——计算深度范围内第 i 土层的剪切波速（m/s）。

在多数情况下，按照上述公式计算的土层等效剪切波速比按 89 规范中的公式计算结果偏小。考虑到实际需要和规范分类标准的延续性，在这次修订中将计算深度从 15m 增加到 20m。由于剪切波速随深度的变化在多数情况下具有增大的趋势，计算深度从 15m 增大到 20m 以后，按 89 规范中的公式和上述公式计算土层的等效剪切波速就比较接近了。

2．工程场地覆盖层厚度的确定方法

（1）在一般情况下应按地面至剪切波速大于 500m/s 的坚硬土层或岩层顶面的距离确定。

（2）当地面 5m 以下存在剪切波速大于相邻的上层土剪切波速的 2.5 倍的下卧土层，且下卧土层的剪切波速不小于 400m/s 时，可取地面至该下卧层顶面的距离和地面至剪切波速大于 500m/s 的坚硬土层或岩层顶面距离两者中的较小值。

（3）场地土剪切波速大于 500m/s 的孤石和硬土透镜体应视同周围土层一样。

（4）剪切波速大于 500m/s 的硬夹层（火成岩夹层）当做绝对刚体看待，从而计算覆盖层厚度时可以从土层柱状图中扣除。

3．场地类别划分的分界

四个场地类别仍然根据土层等效剪切波速和覆盖层厚度加以划分，只是对覆盖层厚度的分档范围有些调整。调整后的场地划分方法见表 5-1。

划分建筑场地的覆盖层厚度 表 5-1

等效剪切波速（m/s）	场地类别			
	Ⅰ类	Ⅱ类	Ⅲ类	Ⅳ类
$v_{se}>500$	0m			
$500 \geqslant v_{se}>250$	<5m	>5m		
$500 \geqslant v_{se}>140$	<3m	3～50m	>50m	
$v_{se} \leqslant 140$	<3m	3～15m	>15～80m	>80m

与 89 规范相比，2001 规范对Ⅳ类场地的范围不作任何调整，Ⅲ类场地的范围有些扩大，Ⅰ类场地的范围略有缩小，Ⅱ类场地的范围有增有减，总的来讲变化不是很大。

五、关于设计反应谱特征周期的连续化问题

由于与场地类别有关的设计反应谱特征周期 T_g 愈大，中长周期结构的地震作用也将

增大，设防投资一般来讲也相应增加。从提高设防投资效果的要求出发，场地分类和 T_g 值的划分和确定似乎愈细愈好。但就目前的资料基础是做不到的。即使像 89 规范这样的粗略分档在实际地震中也难保准确，α_{max}和 T_g 比预期值差一倍都是不足为奇的，过细的分档和连续化划分只能满足人们心理上的精度要求。因此，我们不主张这样做。但是经修改以后的场地分类方法和相应的 T_g 取值并不排斥连续化的运用，只要运用插入方法即可。为简单起见在插入过程中可以考虑以下基本原则和约定：

（1）$d_{ov} \sim v_{se}$平面上相邻场地分界线上的 T_g 值取平均值，即设在Ⅰ～Ⅱ类场地，Ⅱ～Ⅲ类场地和Ⅲ～Ⅳ场地分界线上的 T_g 值对设计地震一组分别为 0.30s，0.40s 和 0.55s。

（2）将 T_g 等值线细分到 0.01s，即分辨到二位小数。

（3）为简单起见，优先考虑采用线性插入或等步长划分。为减少相邻 T_g 等值线间距的跳跃变化，在等值线间距可能造成突变的区段采用步距递增或递减的非线性插入。

（4）在 $d_{ov} \sim v_{se}$图上建筑抗震设计规范规定的场地类别分界线均呈台阶状，因此插入后的 T_g 等值线也可用台阶状折线来表示。由于Ⅲ～Ⅳ场地的分界线是一步台阶，而Ⅱ～Ⅲ场地的分界线是二步台阶，为使之连续化，可将过渡区一部分中的 T_g 等值线取为一步台阶，另一部分取为二步台阶，一步和二步台阶区域范围按等间距的原则划分，两部分的 T_g 值分界线取为 0.49s。

（5）插值范围包括从覆盖层厚度 $d_{ov}=0 \sim 100$m，等效剪切波速 $v_{se}=0 \sim 700$m/s 的区域，相应的 T_g 值范围为 0.20～0.75s。

按照以上原则和约定，在图 5－1 中给出了 2001 规范中设计地震一组拟采用的场地类别分界线和相应的 T_g 值的等值线。按此图很容易根据 d_{ov}和 v_{se}值按以上原则确定相应的 T_g 值（可分辨到二位小数）。

关于 T_g 等值线的等间距插入方法毋需作进一步的说明。因此下面只对其中的不等间距插入方法作些补充说明。首先看 d_{ov}轴上 $d_{ov}=3 \sim 15$m 的区间，其左边（即 $d_{ov}<3$m 的区间）为 0.6m 的等步长插入，如果在 3～15m 间也采用等步长插入为 10 个间隔，其平均间距为 1.2m。为了使 3m 附近的等值线间隔与其左边相协调，这一段采用变步长插入，即令第 i 个步距为 $0.6+i\delta_{v1}$。$d_{ov}=15 \sim 65$m 的区间，由于 $d_{ov}<15$m 区段最后一个间隔为 1.69m，如果从 $d_{ov}=15$m 到 $d_{ov}=65$m 的区间按等间距划分，分辨到 0.01s 的 T_g 等值线间距达 5.56m，在其左端具有很大的突变。为了保持相对比较平滑的变化趋势，采用了从左到右等值线间距递增的分割形式，即取第 i 个间距为 $1.69+i\delta_{v2}$。

关于 $d_{ov}=100$m 时沿竖轴上的横向分割。由于在 v_{se}从 0～250m/s 的范围内分二段按等步长插入的步距变化不太大，也就不必考虑变步长插入了。但从 $v_{se}=250 \sim 500$m/s 区间等分为 10 个间隔时，间距为 25m/s，与其下端分档间隔出现明显的不协调（突变）。所以在这一区间也应采用变步距插入。

现在再看 $d_{ov}=5 \sim 50$m，$v_{se}=140 \sim 500$m/s 区间的竖向分割。若将 T_g 值等值线细分到 0.01s，这一区域沿 d_{ov}轴应划分 10 个分档，平均间距为 4.5m/s。考虑到在此区段以外两边的 d_{ov}分档都比较小，因此对这一区段采用中间宽两边窄的变步距分割方案。具体做法是以 $d_{ov}=27.5$m 为中分线将此区段分为左右两部分。

按以上原则和方法划分得到的 T_g 等值线不仅保持了场地类别分界线上与建筑抗震设

计规范的规定完全一致，同时也基本满足了相邻等值线间距渐变的要求，不失为一种较好的连续化划分方案。需要再次指出的是由于反应谱的场地分类目前还只是一种粗略的划分，所有的 T_g 值连续化的划分都只是一种形式上的细分，并不能真正改善设计用 T_g 值的准确性。

图 5-1 中的 T_g 值等值线相应于设计地震分组中的第一组，对第二、三组也可按照同样的原则制定与场地土等效剪切波速 v_{se}和覆盖层厚度有关的 T_g 值等值线图。

因此，在一般情况下按规范规定的场地类别选择 T_g 值已经足够，只有当 d_{ov}和 v_{se}值都有准确数据和特殊要求时才可考虑 T_g 的连续化取值。

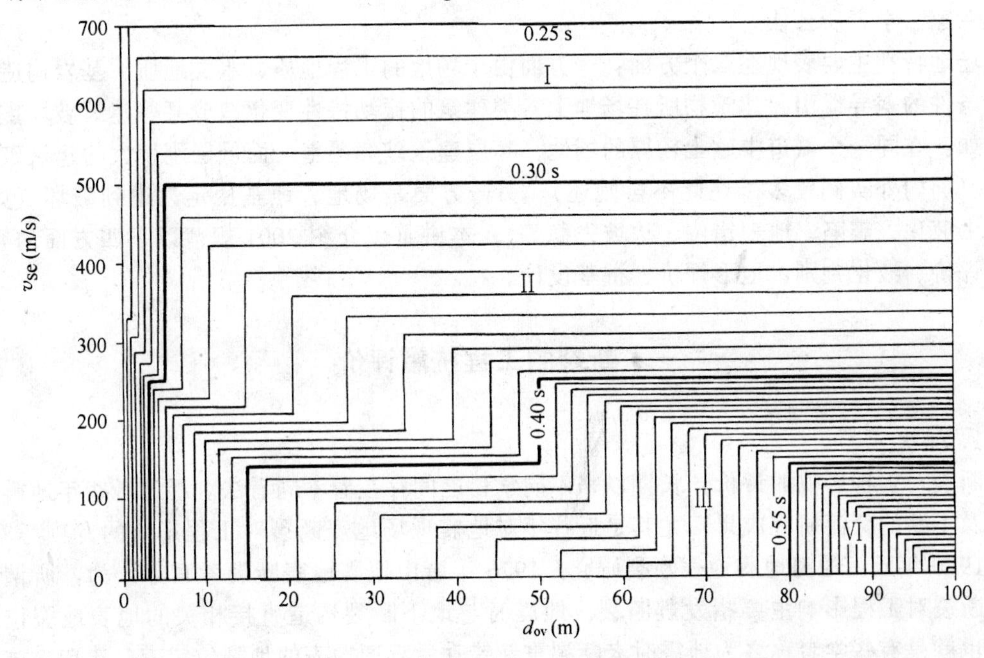

图 5-1　d_{ov}～v_{se}平面上的 T_g 等值线图（图中相邻 T_g 等值线的差值均为 0.01s）

第六讲　场地抗震性能评价和处理

国内外历次地震破坏经验表明，一次地震中地面建筑破坏的轻重，除与地震强度、建筑物抗震性能有关外，尚与建筑物所在地的场地条件有密切的关系，这已被世界各国工程抗震专家、学者所公认。

场地特性主要表现在二个方面：一方面由于场地的工程地质、水文地质、基岩构造及地形条件的差异，引起建筑物所在场地上各类建筑的振动特性变化造成某些建筑破坏重或轻。如：在同一个城市中软土较厚的场地，高层建筑破坏严重，而低层刚度大的建筑破坏较轻（国内外实例较多，在此不再阐述）。另一方面是场地、地基稳定性遭到破坏（如：地基土液化、震陷、地表错位、边坡失稳等），本讲重点介绍 2001 规范以下四方面内容：断裂评价、液化判别、地形评价、桩基设计。

一、断裂的工程抗震评价

1．现状

断裂对工程影响的评价，长期以来不同学科之间存在着不同看法。经过近些年地震区考察及不断的交流研究成果，尤其是近些年对地震现场地表断裂对工程影响的专项考察，如：1970 年云南通海地震地表断裂研究，1976 年唐山地震地表断裂考察等认为：所谓要考虑断裂对工程影响主要指发震断裂，地震时与地下断裂构造直接相关的地表地裂位错带，也就是有些学者称之为地震时老断裂重新错动后直通地表的地裂位错带。建造在这类位错带上的建筑破坏是不易用工程措施加以解决的，因此规范中划为危险地段，应予以避开。至于与发震断裂间接相关的受应力场控制所产生的地裂（如分支及次生地裂），根据唐山地震时震中区地裂的实际探查及地面建筑破坏调查结果（唐山强震区工程地质研究，1981，中国建筑科学研究院），认为此类地裂带，对经过正规设计建造的工业与民用建筑影响不大，地裂缝遇到此类建筑不是中断就是绕其分布，仅对埋藏很浅的排污渠道及农村民房有一定影响，而且可以通过工程措施加以解决，并不是所有地裂均需考虑避开。这是近些年对断裂的工程影响的新认识，修订规范时给予了充分的考虑。至于地震强度一般在确定震中烈度时已给予考虑。

2．烈度小于 8 度可不考虑发震断裂对地面建筑的影响

目前我国抗震设计规范的设防均是按概率水平考虑的，如：考虑遭遇小震时的超越概率为 63%左右，考虑遭遇到中震时超越概率为 10%，考虑罕遇地震时超越概率 3%左右。说明按设防水平进行设计时，当遭遇到地震时仍可能有少量建筑超出设防水平的破坏，并不是保证 100%都不会遭到破坏；也可以理解为设防水准线并不是统计中的外包线，这是根据我国经济状况决定的。同样考虑不同烈度出现地表地裂对建筑有无影响的地震强度界线时，也应按出现的概率大小确定。根据工程地质学报（工程地震专利 1998.3 Vol.6

No.1）蒋溥研究员的统计资料表明：中国大陆地震断错形变——震级概率分布图，可以明显地看出当 $M=6.5$ 级时有95%的断裂不会出现地表地震断错形变，仅有个别地震才有可能出现。1989年编制中华人民共和国国家标准《岩土工程勘察规范》时，也曾对13个国家的历史地震资料做了统计分析，从分析结果可以明显地看出仅在8度或8度以上时才会出现地表地裂。新中国地震烈度表在地表现象一栏的描述中明确提出：当地震烈度为8度或8度以上时地表才会出现明显的裂缝。因此，根据大量地震实例综合分析结果确定，在地震烈度为8度或8度以上时才需考虑地表位错对工程建筑影响是较为适宜的。

3. 隐伏发震断裂上覆土层厚度对地面建筑影响

自从抗震设计规范提出发震断裂的概念后，在地震及地质界曾提出凡是活动断裂均可能发生地震。经过不断交流协商，工程中的发震断裂主要为可能产生 $M\geqslant5$ 级以上的地震断裂这种看法取得了一致，岩土工程勘察规范也给出明确定义，但对活动断裂来讲有一个什么时间活动过，工程上才需考虑的问题。经过不断深入研究交流看法，在活动断裂时间下限方面已取得了一致意见：即对一般工业与民用建筑只考虑1.0万年（全新世）以来活动过的断裂，在此地质期以前活动过的断裂可不予考虑；对于核电、水电等工程则考虑10万年以来（晚更新世）活动过的断裂，晚更新世以前活动过的断裂亦不予考虑。

目前尚有分歧的看法是关于隐伏发震断裂的评价问题，在基岩以上覆盖土层多厚？是什么土层？地面建筑就可不考虑下部断裂的错动影响。根据我国近年来地震宏观地表地裂考察，各学者看法不够一致。有人认为30m厚土层就可以不考虑对地面建筑影响，有些学者认为是50m，还有人提出用基岩位错量大小来衡量，如：土层厚度是基岩位错量的25～30倍以上就可以不考虑等等。唐山地震震中区的地裂，经建设部综合勘察研究设计院详细工作后证明，这些地裂不是与地下岩石错动的发震断裂直接相关的直通地表的构造地裂，而是由于地面振动、地面应力形成的表层地裂，仅分布在地面以下3.0m左右的范围，下部土层并未断错（挖探井证实）。在采煤巷道中也未发现断错。对有一定埋深的正规建筑，地裂缝不是绕开就是中断，对建筑本身没什么影响。另据中国地震局地质研究所蒋溥研究员对覆盖层厚度与断错地表形变影响的研究结果，得出覆盖层厚度-断错形变影响指数表，见表6-1。

覆盖层厚-断错形变影响指数表 表6-1

覆盖层厚度（m）	0	20	20～50	>50
$M\geqslant7.5$	1.0	0.6	0.3	0.1
$7.5>M>5.5$	1.0	0.3	0.1	0
$M<5.5$	1.0	0.1	0	0

鉴于上述种种看法，在缺乏实际地震现场可靠资料的情况下，为了对此问题做进一步深入研究，由北京市勘察设计研究院在建设部抗震办公室申请立项，对发震断裂上覆土层厚度对工程影响做了专项研究。该研究主要采用大型土工离心机模拟试验。此试验的主要优点是可以将缩小的模型通过提高加速度的办法达到与原型应力状况相等的状态。这是其他模拟试验（如振动台试验方法等）所解决不了的。为了模拟断裂错动，专门加工了模拟断裂突然错动的装置，可进行垂直与水平两种错动，其位错量大小是根据国内外历次地震（不同震级条件下）位错量统计分析结果确定的。

根据邓起东（1992）；蒋溥（1993）和 Wells.D.L，K.J.Coppersmith（1994）等人整理的世界和中国的地震地表位错资料情况见表 6-2 及表 6-3。其中，国外共 112 次地震资料，国内共 49 次地震资料。

国外地震断裂地表位移与震级资料 **表 6-2**

震级	位移量（m）																平均值（m）
$M=6.0\sim6.9$	0.90	3.50	1.00	0.30	0.90	0.25	0.45	2.10	0.50	0.10	0.15	0.20	0.18	0.90	0.54	1.20	0.68
	1.50	0.25	0.10	0.67	0.48	0.50	1.00	0.08	0.50	0.18	1.10	0.20	0.64	0.60	0.60	0.60	
	0.03	1.20	0.45	0.11	1.70	0.23	0.54	0.63	0.60	0.93	2.00	0.80	0.20	0.20			
$M=7.0\sim7.9$	1.90	2.59	3.30	2.00	3.00	3.30	1.35	2.90	4.60	2.00	1.85	1.50	0.66	0.50	0.57	1.80	2.16
	3.50	0.60	2.10	2.80	0.55	6.45	6.60	2.14	0.80	1.30	1.63	0.50	0.52	2.30	0.86	2.60	
	2.05	1.50	1.20	1.54	0.80	0.95	6.20	2.95									

注：小于 6 级和大于 8 级地震未参加统计。

国内地震断裂地表位移与震级资料 **表 6-3**

震级		位移量（m）										平均值（m）
$M=6.0\sim6.9$	水平	2.00	2.40	2.00	0.24							1.66
	垂直	0.30	0.76	1.20	0.40							0.67
$M=7.0\sim7.9$	水平	1.50	2.50	7.40	10.50	5.50	7.00	2.00	5.50	1.50	8.00	3.90
		7.50	2.00	1.63	5.00	2.90	2.70	3.60	0.55	1.53	2.20	
		0.90										
	垂直	4.00	1.50	1.50	1.10	2.00	3.00	5.60	3.00	2.75	2.00	2.90
		5.50	5.50	1.20	1.30	5.25	0.95	0.50	0.50	0.20	0.70	
		1.10	0.30	0.50								

注：大于 8 级地震未参加统计。

按上述统计结果，试验时的位错量定为 1.0～4.0m，基本上包括了 8 度、9 度情况下的位错量。上覆土层按不同岩性、不同厚度分数种情况，通过离心机提高加速度，当达到与原型应力条件相同时，下部突然错动，观察上部土层破裂高度，以便确定安全厚度。从现有试验结果看，垂直位错比水平位错时的破裂高度大。当下部基盘位错量为 1.0～3.0m 时其上覆土层最大破裂高度约 20m，当下部基盘位错量达到 4.0～4.5m 时其上覆土层破裂最大高度为 30m。按照土工试验的一般常规取值方法并考虑地震动的影响，综合考虑安全系数取为 3。据此提出了 8 度、9 度时上覆土层安全厚度界限值分别为 60m、90m。应当说这个结果是初步的，可能有些因素尚未考虑，也可能安全系数偏大，但毕竟是第一次有模拟试验为基础的定量提法，与以往的宏观经验和有关的理论计算均很接近，可以说有一定的可信度。

对于特殊地震地质条件下的特殊工程尚可召开专家论证会加以确定。

4. 避让距离

地震时发震断裂在地表形成的地裂带宽度大小，既受到震级的影响，亦受到滑动类型、地形地貌、沉积物沉积环境特点的影响。一般情况，震级愈大形成的地裂带宽度愈大，倾滑型比走滑型影响宽度要大，平原地区比基岩出露区要大。地震地表地裂展布常具有雁列、平行、共轭和不规则等形式，可以分布在有一个相当宽的条带范围内，除了有一个相对位移大、延伸长的主地裂外，在其两侧常分布有一些位移相对较小、延伸相对较短的分支或次级地裂。走滑型断裂基本上沿原有断裂迹线出现或在较小的宽度范围内移动，正断裂除有一主地裂带外，在其上盘一定宽度范围内一般发育有众多的次级地裂。就目前资料来看，我国地震断裂多为走滑型，新产生的地震地表地裂主要分布在原有发震断裂带附近，分布宽度较小。根据蒋溥等人对中国断错形变最大宽度资料的统计分析，给出断错形变最大宽度与概率指数，见表 6-4。

断错形变最大宽度与概率指数表 **表 6-4**

断错形变宽度（m）	概率指数
小于 100	0.5
100～300	0.4
300～500	0.2
大于 500	0.05

地震地表地裂对建筑影响的近期研究成果认为，真正对建筑物影响较大的是与发震断裂直接相关的直通地表的较窄地裂，其外围与发震断裂间接相关的各种应力造成的地裂，一般对正规建筑影响不大。综合上述情况后提出避让主断裂带的距离：8 度时乙类建筑为 300m，丙类建筑为 200m；9 度时乙类建筑为 500m，丙类建筑为 300m，甲类建筑应专门研究。应该说明的是，这是在统计意义上对一般情况而言的，在这个距离以外影响较小，但不是保证 100％的绝对安全距离。对特殊情况的建筑尚可请有经验的专家进行论证，确定适宜的避让距离。

在综合上述三方面研究成果后，本次修订在 2001 规范中增加了 4.1.7 条的规定。要求场地内存在发震断裂时，应对断裂的工程影响进行评价，并规定了可忽略发震断裂错动对地面建筑的影响情况，及避开主断裂带的最小避让距离。

二、地基液化判别修订

89 规范颁发后，在执行过程中关于饱和砂土、粉土液化判别方面，曾有些单位和学者对于初步判别提出一些不同看法。另外，随着基础埋置深度不断加深，普遍要求液化判别的深度应增加。现将这二方面问题在本次修订中的考虑与修订意见简介如下。

1. 初步判别法的修订

89 规范颁发后，在执行中不断有些单位和学者提出，液化初步判别法中第 1 款在有些地区不适合。从举出实例来看，多为高烈度区（10 度以上）黄土高原的黄土状土，很多是在古地震考察中根据描述等方面判定液化的，没有地震液化与否的实际数据，仅有些例子是用现行公式判别的结果。规范中初判的提法是根据 50 年代以来历次地震对液化区与非液化区实际考察、测试分析后得出来的。从地貌单元来讲这些地震现场主要为河流冲积形成的地层，没有包括黄土分布区及其他沉积类型。如唐山地震震中区（路北区）为滦河二级阶地，地层年代为晚更新世（Q_3）地层，地震烈度 10 度，震后考察、钻探测试表明，地下水位为 3～4m，表层为 3.0m 左右的粘性土，其下即为饱和砂层，在 10 度情况下没有发生液化，而在一级阶地及高河漫滩等地分布的地质年代较新的 Q_4 地层，地震烈度虽为 7 度、8 度，却发生了大面积液化。国内其他震区的河流冲积地层在地质年代较老

的 Q_3 地层中也未发现液化实例。国外 Youd 和 Perkins 的研究结果表明：饱和松散的水力冲填土差不多总会液化，而且全新世的无粘性土沉积层对液化也是很敏感的，更新世沉积层发生液化的较为罕见，而前更新世沉积层发生液化是非常罕见的。这些结论是根据 1975 年以前世界范围的地震液化资料得出的，并已被 1978 年日本的两次大地震以及 1977 年罗马尼亚地震液化现象所证实。根据上述诸多地震液化资料，本次修订中将改为："地质年代为第四纪晚更新世（Q_3）及其以前时，7 度、8 度时可判别为不液化。"

2. 液化判别深度问题

89 规范关于地基液化判别方法，在地震区工程项目地基勘察中已广泛应用。但随着高层及超高层建筑的不断出现，基础埋深 15m 已不能满足工程需要，深层液化判别问题已提到日程上来。由于 15m 以下深层液化资料少，从实际液化与非液化资料中进行统计分析尚不具备条件。我国历次地震中，尤其是唐山地震液化资料均在 15m 以上。国外虽有零星深层液化资料，但不太确切。根据唐山地震资料及美国 H.B.Seed 教授资料分析结果，其液化与非液化临界值沿深度变化均为非线性变化，铁路抗震设计规范判别砂土液化方法也是采用非线性的判别式。考虑到规范判别方法的延续性，及广大工程技术人员的熟悉程度，在颁发 89 规范时经修正后仍采用线性判别方法。该公式在 15m 深度以上与其他方法很接近，但延伸至 20m 时，就显得保守。本次修订中参考铁路抗震规范及 H.B.Seed 方法，仍采用线性判别式，在 15～20m 深度范围内按 15m 深度的 N_{cr} 值进行判别，这样处理与非线性判别方法较为接近，今后待有足够资料后再行统计分析。三种方法沿深度变化比较见图 6-1。

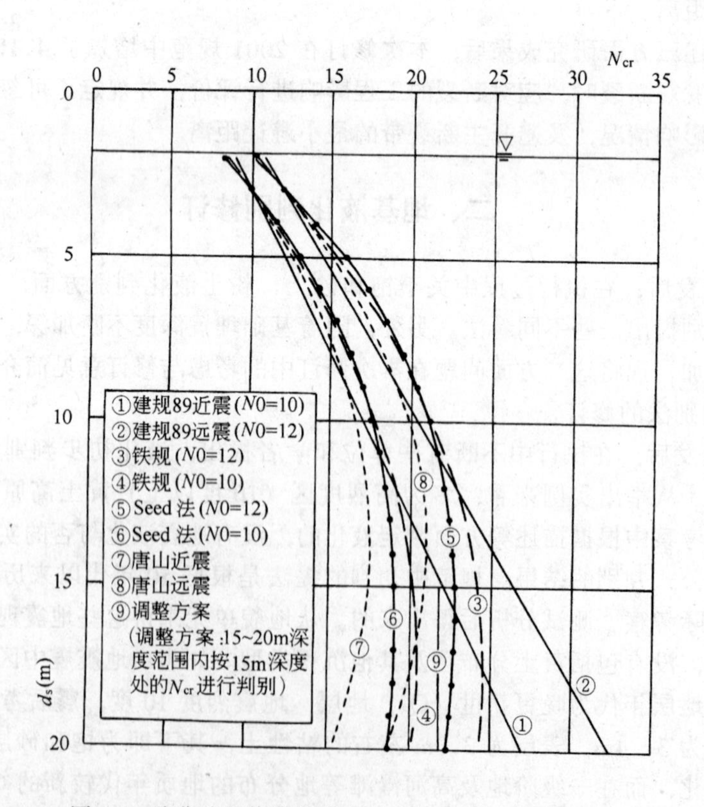

图 6-1　液化临界值随深度变化比较（以 8 度区为例）

根据审查会意见，液化判别深度应根据建筑物等级、地基类型及基础埋深等不同情况有所区别，不宜一律要求判别深度为20m。

在上述各方面综合分析后，2001规范4.3.4条明确：

“当初步判别认为需进一步进行液化判别时，应采用标准贯入试验判别法判别地面下15m深度范围内的液化；当采用桩基或埋深大于15m的深基础时，尚应判别15～20m范围内土的液化。当饱和土标准贯入锤击数（未经杆长修正）小于液化判别标准贯入锤击数临界值时，应判为液化土。当有成熟经验时，尚可采用其他判别方法。”

在地面下15m深度范围内，液化判别标准贯入锤击数临界值与89规范相同：

$$N_{cr} = N_0[0.9 + 0.1(d_s - d_w)]\sqrt{3/\rho_c} \quad (d \leqslant 15) \tag{6-1}$$

在地面下15～20m范围内，液化判别标准贯入锤击数临界值按15m的情况取值，即：

$$N_{cr} = N_0(2.4 - 0.1d_w)\sqrt{3/\rho_c} \quad (15 \leqslant d \leqslant 20) \tag{6-2}$$

式中 N_{cr}——液化判别标准贯入锤击数临界值；

N_0——液化判别标准贯入锤击数基准值，应按表6-5采用；

d_s——饱和土标准贯入点深度（m）；

ρ_c——粘粒含量百分率，当小于3或为砂土时，应采用3。

标准贯入锤击数基准值 **表6-5**

设计特征周期分组	7度	8度	9度
第一组	6（8）	10（13）	16
第二、三组	8（10）	12（15）	18

注：括号内数值用于设计基本地震加速度为0.15g和0.30g的地区。

三、地形影响评价

关于局部地形条件的影响，从国内几次大地震的宏观调查资料来看，岩质地形与非岩质地形有所不同。在云南通海地震的大量宏观调查中，表明非岩质地形对烈度的影响比岩质地形的影响更为明显。如通海和东川的许多岩石地基上很陡的山坡，震害也未见有明显的加重。但对于岩石地基的高度达数十米的条状突出的山脊和高耸孤立的山丘，由于鞭端效应明显，振动有所加大，烈度仍有增高的趋势。

应该指出：有些资料中曾提出过有利和不利于抗震的地貌部位。本规范在编制过程中曾对抗震不利的地貌部位实例进行了分析，认为：地貌是研究不同地表形态形成的原因，其中包括组成不同地形的物质（即岩性）。也就是说，地貌部位的影响意味着地表形态和岩性二者共同作用的结果，将场地土的影响包括进去了。但通过一些震害实例说明：当处于平坦的冲积平原和古河道不同地貌部位时，地表形态是基本相同的，造成古河道上房屋震害加重的原因主要是地基土质条件很差所致。因此本规范将地貌条件分别在地形条件与场地土中加以考虑，不再提出地貌部位这个概念。

本次规范修订中增加了4.1.8条“当需要在条状突出的山嘴、高耸孤立的山丘、非岩石的陡坡、河岸和边坡边缘等不利地段建造丙类及丙类以上建筑时，除保证其在地震作用下的稳定性外，尚应估计不利地段对设计地震动参数可能产生的放大作用，其地震影响系数最大值应乘以增大系数。其值可根据不利地段的具体情况确定，但不宜大于1.6。"

这一条主要考虑局部突出地形对地震动参数的放大作用，主要依据宏观震害调查的结果和对不同地形条件和岩土构成的形体所进行的二维地震反应分析结果。所谓局部突出地形主要是指山包、山梁和悬崖、陡坎等，情况比较复杂，对各种可能出现的情况的地震动参数的放大作用都做出具体的规定是很困难的。从宏观震害经验和地震反应分析结果所反映的总趋势，大致可以归纳为以下几点：①高突地形距离基准面的高度愈大，高处的反应愈强烈；②离陡坎和顶部边缘的距离愈大反应相对减小；③从岩土构成方面看，在同样地形条件下，土质结构的反应比岩质结构大；④高突地形顶面愈开阔，远离边缘的中心部位的反应是明显减小的；⑤边坡愈陡，其顶部的放大效应相应加大。

基于以上变化趋势，以突出地形的高度 H，坡降角度的正切 H/L 以及场址距突出地形边缘的相对距离 B/H 为参数，对各种地形的地震力放大作用，可按式（6-3）进行调整。

$$\lambda = 1 + \xi\alpha \tag{6-3}$$

式中 λ—— 局部突出地形顶部的地震影响系数的放大系数；

α—— 局部突出地形地震动参数的增大幅度，可按表6-6采用；

ξ——附加调整系数，与建筑场地离突出台地边缘的距离 B 与相对高差 H 的比值有关。当 $B/H<2.5$ 时，ξ 可取为1.0；当 $2.5\leqslant B/H<5$ 时，ξ 可取为0.6；当 $B/H\geqslant5$ 时，ξ 可取为0.3。

局部突出地形地震动参数的增大幅度 表6-6

突出地形的高度 H（m）	非岩质地层	$H<5$	$5\leqslant H<15$	$15\leqslant H<25$	$H\geqslant25$
	岩质地层	$H<20$	$20\leqslant H<40$	$40\leqslant H<60$	$H\geqslant60$
局部突出台地边缘的侧向平均坡降 H/L	$H/L<0.3$	0	0.1	0.2	0.3
	$0.3\leqslant H/L<0.6$	0.1	0.2	0.3	0.4
	$0.6\leqslant H/L<1.0$	0.2	0.3	0.4	0.5
	$H/L\geqslant1.0$	0.3	0.4	0.5	0.6

最大调整幅度1.6是根据分析结果和综合判断给出的。在应用公式（6-3）和表6-6时，B、L 均应按距离场地的最近点考虑。这样一来，上述规定对各种地形，包括山包、山梁、悬崖、陡坡都可以应用。

四、桩 基 设 计

本次修订在与构筑物抗震设计规范和桩基规范充分协调后，并吸收了部分构筑物抗震设计规范条文，新增加了桩基抗震验算的原则、方法和桩身的配筋要求。

1. 非液化土中低承台桩基的抗震验算

2001规范增加了4.4.2条：

"非液化土中低承台桩基的抗震验算，应符合下列规定：

(1) 单桩的竖向和水平向抗震承载力特征值，可均比非抗震设计时提高25%。

(2) 当承台侧面的回填土夯实至干密度不小于《建筑地基基础设计规范》对填土的要

求时，可由承台正面填土与桩共同承担水平地震作用，但不应计入承台底面与地基土间的摩擦力。”

该规定主要根据下面情况综合考虑确定的：

(1) 关于单桩抗震承载力提高的数值，与构筑物规范和桩基规范二者基本协调。

(2) 未能提及地坪的抗水平力作用。当有必要考虑时可参阅有关规范。事实上地坪的抗水平力作用现已为多方面材料所证实，如铁路抗震规范中承认中小型桥台如有满河床的砌石铺砌则可防止桥台向河心滑移，桩基规范中认为地坪可以抗水平力；唐山地震中有多例厂房柱子在地坪上剪坏，说明地坪起了侧向支点的作用；构筑物抗震规范及冶金部抗震规范均有利用地坪抗力抵抗水平地震作用的条款。

有的条款规定基础旁的土抗力可取 1/3 被动土压力，这种考虑是经验性的。

(3) 关于地下室外墙侧的被动土压与桩共同承担地震水平力问题，我国这方面的情况比较混乱，因无有关规定可遵循，多凭设计者的认识自由处理。大致有以下做法：假定由桩承担全部地震水平力；假定由地下室外的土承担全部水平力；由桩、土分担水平力（或由经验公式求出分担比，或用 m 法求土抗力或由有限元法计算）。目前看来，桩完全不承担地震水平力的假定偏于不安全，因为从日本的资料来看，桩基的震害是相当多的，因此这种做法不宜采用；由桩承受全部地震力的假定又过于保守。

参考日本 1984 年发布的《建筑基础抗震设计规程》，可取桩承担的地震剪力为：

$$V = 0.2V_0\sqrt{H}/\sqrt[4]{d_f} \tag{6-4}$$

式中 d_f——基础埋深；

H——房屋高度；

V_0——基底剪力。

其主要根据是对地上 3～10 层、地下 1～4 层平面 14m×14m 的塔楼所作的一系列试算结果。在这些计算中假定抗地震水平的因素有桩、前方的被动土抗力、侧面土的摩擦力三部分。土的性质为标贯值 $N=10\sim20$，（单轴压强）q 为 0.5～1.0kg/cm^2（粘土）。土的摩擦力与水平位移成以下弹塑性关系；位移≤1cm 时抗力呈线性变化，当位移＞1cm 时抗力保持不变。被动土抗力最大值取朗金被动土压力，达到最大值之前土抗力与水平位移呈线性关系。由于背景材料只包括高度 45m 以下的建筑，对 45m 以上的建筑没有相应的计算资料。但从计算结果的发展趋势推断，对更高的建筑其值估计不超过 0.9，因而桩承担的地震力应在（0.3～0.9）V_0 之间取值。

(4) 关于不计桩基承台底面与土的摩阻力为抗地震水平力的组成部分问题，主要是因为这部分摩阻力不可靠：软弱粘性土有震陷问题，一般粘性土也可能因桩身摩擦力产生的桩间土在附加应力下的压缩使土与承台脱空；欠固结土有固结下沉问题；非液化的沙砾则有震密问题等。实践中不乏有静载下桩台与土脱空的报导，地震情况下震后桩台与土脱空的报导也屡见不鲜。此外，计算摩阻力亦很困难，因为解答此问题须明确桩基在竖向荷载作用下的桩、土荷载分担比。出于上述考虑，为安全计，规定不应考虑承台与土的摩擦阻抗。

对于目前大力推广应用的疏桩基础，如果桩的设计承载力按桩极限荷载取用则可以考虑承台与土间的摩阻力。因为此时，承台与土不会脱空，且桩、土的竖向荷载分担比比较明确。

2. 液化土层低承台桩基抗震验算

2001 规范增加了 4.4.3 条，规定了存在液化土层的低承台桩基抗震验算方法；

(1) 对一般浅基础，不宜计入承台侧面土的抗力或刚性地坪对水平地震作用的分担作用。

(2) 当桩承台底面上、下分别有厚度不小于 1.5m、1.0m 的非液化土层或非软弱土层时，可按下列两种情况进行桩的抗震验算，并按不利情况设计：

①桩承受全部地震作用，桩承载力按非液化土取用，但液化土的桩周摩阻力及桩水平抗力均应乘以表 6-7 的折减系数。

土层液化影响折减系数 **表 6-7**

实际标贯锤击数/临界标贯锤击数	深度 d_s (m)	折减系数
≤0.6	$d_s \leqslant 10$	0
	$10 < d_s \leqslant 20$	1/3
>0.6~0.8	$d_s \leqslant 10$	1/3
	$10 < d_s \leqslant 20$	2/3
>0.8~1.0	$d_s \leqslant 10$	2/3
	$10 < d_s \leqslant 20$	1

②地震作用按水平地震影响系数最大值的 10% 采用，桩承载力仍按规范第 4.4.2 条 1 款取用，但应扣除液化土层的全部摩阻力及桩台下 2m 深度范围内非液化土的桩周摩阻力。

本条规定主要从下述三方面考虑：

a. 不计承台旁的土抗力或地坪的分担作用是出于安全考虑，作为安全储备，因目前对液化土中桩上地震作用与土中液化进程的关系尚未弄清。

b. 根据地震反应分析与振动台试验，地面加速度最大时刻出现在液化土的孔压比为小于 1（常为 0.5~0.6）时，此时土尚未充分液化，只是刚度比未液化时下降很多，因此建议对液化土的刚度作折减。折减系数采用构筑物抗震设计规范的成果。

c. 液化土中孔隙水压力的消散往往要较长的时间。地震后土中孔压不会排泄消散完毕，往往于震后才出现喷砂冒水，这一过程通常持续几小时甚至一、二天，其间常有沿桩与基础四周排水现象，这说明此时桩身摩阻力已大减，从而出现竖向承载力不足和缓慢的沉降，因此应主要按静力荷载组合校核桩身的强度与承载力。

3. 打入式预制桩及其他挤土桩的抗震验算

当平均桩距为 2.5~4 倍桩径且桩数不少于 5×5 时，可计入打桩对土的加密作用及桩身对液化土变形限制的有利影响。当打桩后桩间土的标准贯入锤击数值达到不液化的要求时，单桩承载力可不折减，但对桩尖持力层作强度校核时，桩群外侧的应力扩散角应取为零。打桩后桩间土的标准贯入锤击数宜由试验确定，也可按下式计算：

$$N_1 = N_P + 100\rho(1 - e^{-0.3N_P}) \tag{6-5}$$

式中 N_1——打桩后的标准贯入锤击数；

ρ——打入式预制桩的面积置换压入率；

N_P——打桩前的标准贯入锤击数。

4. 关于液化土层中桩的配筋要求

桩基理论分析已经证明，地震作用下的桩基在软、硬土层交界面处最易受到剪、弯损害，阪神地震后桩基的实际考查也证实了这一点。但在采用 m 法的桩身内力计算方法中却无法反映这一点，因此必须采取构造措施解决。为此本规范增加了 4.4.5 条，液化土中桩的配筋范围，应自桩顶至液化深度以下符合全部消除液化沉陷所要求的深度，其纵向钢筋应与桩顶部相同，箍筋应加密。该要求的要点在于保证软土或液化土层附近桩身的抗弯和抗剪能力。

第七讲　地震作用和抗震验算新规定

一、新的设计反应谱的主要特点

1. 89 规范的设计反应谱的主要特点

89 规范的设计反应谱，即地震影响系数曲线，是根据大量实际地震加速度纪录的反应谱进行统计分析并结合工程经验和经济实力的综合结果。抗震设计反应谱通常用三个参数：最大地震影响系数 α_{max}、特征周期 T_g 和长周期段反应谱曲线的衰减指数 γ 来描述。而且不同阻尼比条件下的反应谱曲线也是不同的，89 规范提供了考虑近、远震和不同场地条件下阻尼比为 5 % 的标准设计反应谱，其最长周期为 3s。应该说，89 规范的设计反应谱基本适应了我国 80 年代和 90 年代工程建设抗震设防的要求，除房屋建筑外，各类工程设施及构筑物均参照它提出类似的设计反应谱。

2. 加速度设计反应谱用于抗震设计的局限性

(1) 强震地面运动长周期成分的存在

地震学研究和强震观测证明，强震情况下，地面运动确实存在长周期分量，其周期可以长达 10s 甚至 100s，地震震级从 5 级到 8 级，其谱值在 10s 周期处最大相差不超过 50 倍，在 100s 周期处，不超过 250 倍。在震级 $M>5$ 时，周期在 3s 以内，信噪比已经大到可以满足工程使用要求了。同时还证明，谱曲线至少存在两个拐角周期。如图 7-1 和表 7-1所示。

不同震级下强震地面运动傅里叶振幅谱值（in/s）　　**表 7-1**

震级 M		4	5	6	7	8	噪声
周期（s）	1	0.4	1.5	7.0	20.0	40.0	0.1
	10	—	0.2	3.0	7.0	8.0	1.0
	100	—	0.02	0.9	5.0	7.0	—

注：噪声指在强震加速度记录数据处理过程中引入的长周期误差。

研究表明，地震动长周期分量与震源规模、震源距有关，由此可以推出与震级、烈度的关系，从而建立起具有工程实用意义的关系来，见公式（7-1）。

$$
\begin{aligned}
PSV &= f_1(M, R, T) \\
&= f_2(L, W, R, T) \\
&= f_3(I, R, T)
\end{aligned}
\tag{7-1}
$$

式中　PSV——拟速度反应谱；

M——震级；

R——震源距；

L——断层长度；

W——断层宽度；

I——烈度；

T——反应谱周期。

(2) 现有强震加速度记录中长周期成分的损失

由于强震仪频率响应范围的限制，无法记录到超过10s以上的地面运动成分，在超过5s以上的成分中也存在失真，而且在对加速度记录进行误差修正时将数字化过程零线修正所产生的噪声滤出的同时，也将地面运动长周期分量滤去了。

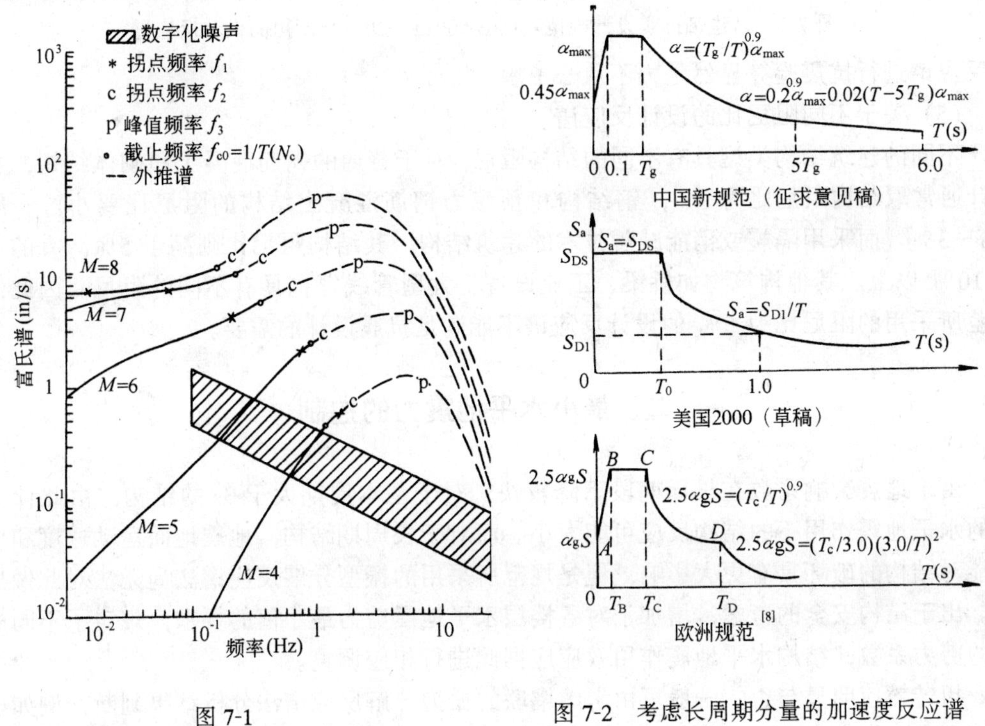

图 7-1

图 7-2 考虑长周期分量的加速度反应谱

(3) 关于加速度反应谱长周期段的二次衰减

反应谱理论证明，加速度反应谱曲线存在三个控制段，分别是：加速度、速度和位移控制，设计反应谱“平台段”是加速度控制段，速度控制段以 $1/T$ 形式衰减，位移控制段则以 $1/T^2$ 形式衰减。这已成为地震工程界共同认可的常识。但是真正实用起来遇到问题，即长周期段的谱值太小，对抗震设计没有控制作用。为此，各国规范对此均作了不同程度的修正。且不说这种修正在理论上能否站得住脚，就是在工程实际应用中起多大作用？是否合理？也是值得商榷的。图7-2为中国、美国、欧洲规范反应谱比较，图7-3为2001规范所采用的设计反应谱。

(4) 高层、大跨和巨型建筑对地震加速度反应的滞后和迟钝

周期大于3s的超大型建筑物和工程设施、工业设备对于短脉冲型的加速度地面运动，尽管加速度峰值很高，但由于周期很短，结构的反应相对迟钝和滞后。对于此类长周期结构，危险的是地面运动长周期成分与结构的共振作用。在这种情况下仍用现行的加速度设

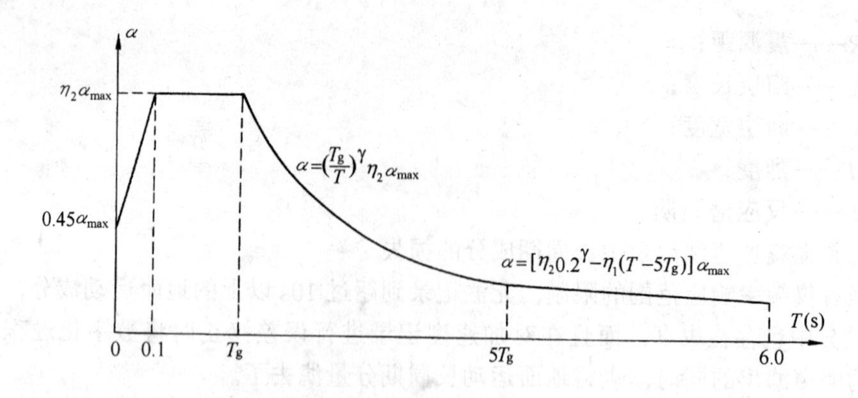

图 7-3 《建筑抗震设计规范》(GB 50011—2001) 所用的设计反应谱

计反应谱进行抗震验算显然是力不从心了。

(5) 关于不同阻尼比的设计反应谱

不同的建筑结构类型具有不同的结构阻尼，对于普通的钢筋混凝土和砌体结构，抗震设计通常取结构阻尼比为 5%，钢结构和预应力钢筋混凝土结构的阻尼比要小，一般取 2%～3%。而采用隔震或消能减震技术的建筑结构，其结构阻尼比则高于 5%，有的可高达 10% 以上。其他构筑物如桥梁、工业设备、大型管线等也具有不同的阻尼。因此，89 规范所采用的阻尼比为 5% 的设计反应谱不能满足抗震设计的需要。

二、最小水平地震力的控制

由于地震影响系数在长周期段下降较快，对于基本周期大于 3s 的结构，由此计算所得的水平地震作用下的结构反应可能太小。而对于长周期结构，地震地面运动速度和位移可能对结构的破坏具有更大影响，但是规范所采用的振型分解反应谱法尚无法对此做出估计。出于结构安全的考虑，增加了对各楼层水平地震剪力最小值的要求，规定了不同烈度下的剪力系数，结构水平地震作用效应应据此进行相应调整。

扭转效应明显与否，一般可由考虑耦联的振型分解反应谱法分析结果判断，例如前三个振型中，两个水平方向的振型参与系数为同一个量级，即存在明显的扭转效应。对于扭转效应明显或基本周期小于 3.5s 的结构，剪力系数取 $0.2\alpha_{max}$，保证足够的抗震安全度。这样处理，相当于 89 规范对长周期结构最小地震作用的控制。对于存在竖向不规则刚度突变的结构，在较弱的楼层，尚应再乘以 1.15 的系数。

在进行钢筋混凝土和钢结构的抗震验算时，一般用结构底部总剪力与结构总重量之比，即底部剪力系数（习惯上称剪质比）来判断计算结果的正确与否。不同的结构类型，其剪质比有所差别，一般说来，结构总体刚度越大，剪质比越大，但均应为 $0.2\alpha_{max}$左右。对于楼层的水平地震剪力最小值，也参照剪质比的概念来控制，但此时所取的是该楼层的剪力和该楼层以上的结构重量之比。

三、结构时程分析法的具体应用

结构时程分析法即结构直接动力法，是经典的方法。它的实际应用是在七十年代地震加速度记录经过数字化处理并形成数字量记录之后才得到发展的。此后对它的数值方法研究不断深入，引进各种数字变换技术，对其运算精度、速度、稳定性等进行探讨。近年来，由于结构的体量巨大、体型复杂，采用传统的反应谱振型分解法无法解决结构的地震反应计算，人们转向时程分析寻找出路。包括中国在内的许多国家的抗震设计规范中列入了相关的条文，一时间，时程法成了一种时髦的追求。究竟其实用价值如何？可信度如何？可操作性如何？一直是人们关心和怀疑的问题。从工程应用角度看，结构的线性与非线性时程分析至少有以下几个方面是必须正视的。

1. 输入地震波的确定，即“选波”原则

时程分析法中，输入地震波的确定是时程分析结果能否既反映结构最大可能遭受的地震作用，又能满足工程抗震设计基于安全和功能的要求。在这里不提“真实”地反映地震作用，也不提计算结果的精确性，是由于对结构可能遭受的地震作用的极大的不确定性和结构计算模型的近似性。在工程实际应用中经常出现对同一个建筑结构采用时程分析时，由于输入地震波的不同造成计算结果的数倍乃至数十倍之差，使工程师无所适从。

笔者在数年前所提出的“选波”原则是：选用的地震波应与设计反应谱在统计意义上一致，包括地震波数量和相应的反应谱特征。对计算结果的评估是以结构基底剪力和最大层间位移（或顶点位移）和振型分解反应谱法的计算结果进行比较，控制在一定的误差范围之内。这个原则已经在新修订的建筑抗震设计规范中有所体现。

具体地说，在数量方面取 3+1，即选用三条天然地震波和一条拟合目标谱的人工地震波。已经证明，这样做既能达到工程上计算精度的要求，又不至于要求进行大量的运算。

选波的原则有几种方案：(1) 按场地类别选波；(2) 按地震加速度记录反应谱特征周期 T_g；(3) 按地震加速度记录反应谱特征周期 T_g 和结构第一周期 T_1 双指标控制；(4) 按反应谱面积。大量的计算验证表明方案 (3) 较为合理，能为工程实用所接受。见表 7-2～表 7-4 中结构模型 1～4 分别表示两种 12 层框架结构（第一种，层高均为 3.3m；第二种，第 6 层层高为 4.5m，其余为 3.3m）、两种 25 层框-剪结构（第一种，底层层高 4.2m，其余 3.3m；第二种，第 11 层层高 2.1m，其余同前）。

依不同方案选波的结构弹性底部剪力对比 　　　　表 7-2

结构模型	选波方案	地震纪录数量	剪力分布范围 (kN)	均值 (kN)	标准差 (kN)	标准差/均值
1	(2)	138	6.92～285.73	94.58	53.98	57.08%
	(3)	30	70.82～130.97	98.36	15.97	16.24%
	(4)	45	24.07～210.03	100.63	42.14	41.88%
2	(2)	138	13.00～380.97	121.48	68.91	56.72%
	(3)	34	67.70～148.48	95.64	20.01	20.92%
	(4)	45	27.96～268.22	113.74	50.74	44.61%
3	(2)	130	267.70～4232.43	1768.87	738.19	41.73%
	(3)	31	1345.92～3104.09	1967.77	360.48	18.32%
	(4)	45	477.44～3207.06	1697.59	673.86	39.69%
4	(2)	130	492.56～3505.56	1673.07	663.78	39.67%
	(3)	31	1214.67～2937.83	1956.76	390.18	19.94%
	(4)	45	493.97～3103.39	1693.79	654.21	38.62%

结构最大层间位移统计结果比较 表 7-3

结构模型	选波方案	地震纪录数量	位移分布范围（m）	均值（m）	标准差（m）	标准差/均值
1	(2)	138	0.001～0.051	0.012	0.0069	58.21%
	(3)	30	0.009～0.017	0.012	0.0020	16.01%
	(4)	45	0.003～0.021	0.012	0.0045	37.66%
2	(2)	138	0.001～0.038	0.012	0.0063	53.09%
	(3)	34	0.012～0.023	0.017	0.0031	18.73%
	(4)	45	0.003～0.022	0.012	0.0045	37.11%
3	(2)	130	0.001～0.093	0.0108	0.0119	110.24%
	(3)	31	0.008～0.015	0.0109	0.0016	16.58%
	(4)	45	0.002～0.093	0.0109	0.0021	119.21%
4	(2)	130	0.002～0.078	0.0098	0.0135	137.67%
	(3)	31	0.007～0.015	0.0110	0.0022	19.47%
	(4)	45	0.003～0.085	0.0104	0.0122	116.62%

根据方案（3）计算的结构弹性底部剪力与反应谱法对比 表 7-4

结构模型		1	2	3	4
V/G	动力弹性时程分析法均值分布范围	1.67% 1.28%～2.81%	1.62% 1.20%～2.21%	1.40% 0.96%～2.21%	1.44% 0.89%～2.16%
	振型分解反应谱法 SRSS	1.56%	1.51%	1.32%	1.34%
两种方法的比值		1.071	1.072	1.061	1.075

注：V 为结构时程分析的平均底部剪力；G 为结构重力荷载代表值。

2. 恢复力模型和杆件屈服关系模型

线性时程分析与振型分解反应谱分析的关系，实质上可以说是事物的特殊性与一般性的关系，多条地震波时程分析结果的平均即近似于反应谱法计算结果，输入的地震波数量越多，这种近似性越好。

对于非线性时程分析，由于对结构构件力-变形非线性特征的模拟困难，包括恢复力模型（F-X）、屈服关系模型（N-M，N-Q）、弹塑性位移和位移角的算法、阻尼系数的确定和在数值运算中的处理、数值积分方法的优劣等一系列问题的存在，使非线性时程分析变得十分复杂。从工程实用角度考虑，把握一个“度”就可以了，可以使问题简化。例如常用的恢复力模型和杆件屈服关系可以如图 7-4、图 7-5 所表示。表 7-5 给出笔者和合作者近年来对 10 个具体工程的时程分析结果。按规范要求判别，这样的结果是可接受的，通过时程分析，发现了结构的薄弱层和薄弱部位，了解结构中塑性铰的出现位置，从而判断

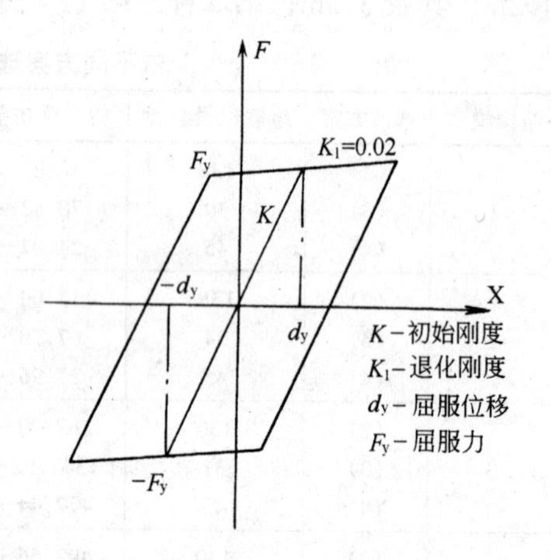

图 7-4 双线性滞回规则

结构设计的合理性，提出改进意见，这就是所谓的“度”。

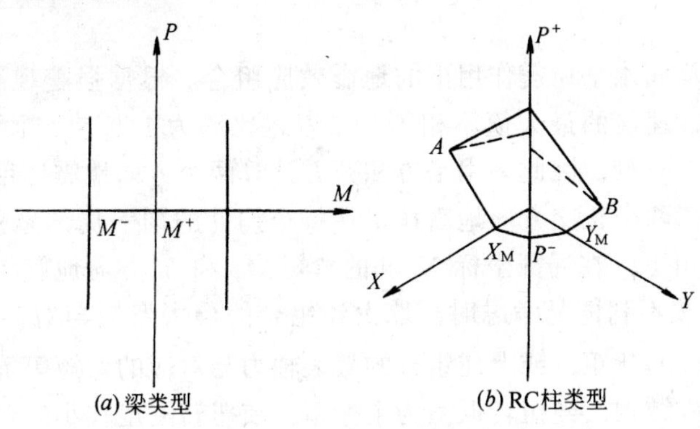

图 7-5　杆件屈服关系

实际结构时程分析结果的比较　　表 7-5

工程编号	结构类型	结构层数和高度	设防烈度 I	小震作用		大震作用
				基底剪压比	最大层位移角	最大层位移
1	RC 框架	4 层 16m	7			1/346
2	RC 框剪	23 层 81m	8		1/1200（1/1170）	
3	RC 框剪	29 层 94m	7	3.63（1.02）	1/969（1/3678）	1/256
4	RC 框剪	26 层 92m	7	1.60（0.58）	1/1684（1/3264）	1/343
5	SRC 框剪	46 层 166m	7	3.60，1.60（1.50，1.50）	1/1764	1/697
6	RC 框筒	52 层 170m	7	1.80，1.30	1/1586	1/472
7	RC 板柱	7 层 29m	7		1/893	1/276
8	RC 筒中筒	49 层 172m	7	1.79，1.60（1.80，1.68）	1/1282	1/316
9	RC 框筒	42 层 156m	8	4.20，2.85	1/950，1/1023	1/207，1/256
10	RC 框剪	13 层 60m	7	2.17，1.68（2.18，1.94）	1/1600，1/1200	1/312，1/154

注：1. 括弧中数字为 TBSA 计算结果（振型分解反应谱法）。
2. 两个数字分别为 X，Y 方向。
3. RC 为钢筋混凝土；SRC 为型钢混凝土。

四、结构扭转地震效应的计算

由于地震波在传播过程中的折射、反射、散射所造成的强震地面运动具有三向水平和三向转动共 6 个自由度，地震作用本身就存在扭转分量。如果结构平面布置不规则，在水平地震作用下，也会产生扭转效应，对结构产生严重的破坏作用，而这种破坏作用往往被设计人员所忽视。但是，地震扭转效应是一个极其复杂的问题，对于体型复杂的建筑结构，即使楼层的“计算刚心”和质心重合，仍然存在明显的扭转效应。因此，89 规范规定，考虑结构扭转效应时，一般只能取各楼层质心为相对坐标原点，按多维振型分解法计算，其振型效应彼此耦连，采用完全二次型方根法进行组合。在 89 规范中，提出一些简化计算方法，如：扭转效应系数法和动力偏心矩法等。但是这些简化方法只在一定范围内、确有依据时适用于近似估计。本次修订的主要改进如下：

(1) 即使对于平面规则的建筑结构，国外的多数抗震设计规范也考虑由于施工、使用等原因所产生的偶然偏心引起的地震扭转效应及地震地面运动扭转分量的影响。本次修订，对于规则结构，当不考虑扭转耦联计算时，采用了增大边榀结构地震内力的简化处理方法。

（2）增加考虑双向水平地震作用下的地震效应组合。根据强震观测记录的统计分析，两个方向水平地震加速度的最大值不相等，二者之比约为1:0.85，而且两个方向的最大值不一定发生在同一时刻，因此采用平方和开方计算两个方向地震作用效应的组合。所谓地震作用效应，系指两个正交方向地震作用在每个构件的同一局部坐标方向产生的效应，如：X方向地震作用下，在局部坐标X_i向的弯矩M_{xx}和Y方向地震作用下，在局部坐标X_i向的弯矩M_{xy}，按不利情况考虑时，取上述组合的最大弯矩与对应的剪力，或上述组合的最大剪力与对应的弯矩，或上述组合的最大轴力与对应的弯矩等等。

（3）对于不对称结构，当扭转振型为主振型，或扭转刚度较小的对称结构，例如某些核心筒外稀柱框架或类似的结构，当第一振型扭转周期为T_θ，或不为第一振型，但满足$T_\theta > 0.7$（T_{x1}或T_{y1}），对较高的高层建筑，当$T_\theta < 1.4$（T_{x2}或T_{y2}）时，均应考虑地震扭转效应。但如果考虑扭转影响的地震作用效应小于考虑偶然偏心引起的地震效应时，应取后者，偏于安全。但两者不叠加计算。

五、地基与结构共同作用影响的考虑

由于地基和结构动力相互作用的影响，按刚性地基分析的水平地震作用在一定范围内有明显的折减。考虑到我国的地震作用取值与国外相比还较小，故仅在必要时才利用这一折减。研究表明，水平地震作用的折减系数主要与场地条件、结构自振周期、上部结构和地基的阻尼特性等因素有关。柔性地基上的建筑结构的折减系数随结构周期的增大而减小，结构越刚，水平地震作用的折减量越大。89规范在统计分析基础上建议，框架结构折减10%，抗震墙结构折减15%～20%。研究表明，折减量与上部结构的刚度有关，同样高度的框架结构，其刚度明显小于抗震墙结构，水平地震作用的折减量也减小，当地震作用很小时不宜再考虑水平地震作用的折减。据此规定了可考虑地基与结构动力相互作用的结构自振周期的范围和折减量。

研究还表明，对于高宽比较大的高层建筑，考虑地基与结构动力相互作用后水平地震作用的折减系数并非各楼层均为同一常数。由于高振型的影响，结构上部几层的水平地震作用一般不宜折减。大量计算分析表明，折减系数沿楼层高度的变化较符合抛物线型分布，本条提供了建筑顶部和底部的折减系数的计算公式。对于中间楼层，为了简化，采用按高度线性插值方法计算折减系数。

六、结构抗震变形验算指标

自20世纪80年代以来，许多国家的抗震设计规范都规定了抗震变形验算的内容，并规定了相应的变形限值，但不同国家规范所规定的层间位移角限值存在很大的差异。这主要有以下几个方面的原因：

（1）不同国家的规范对结构或非结构构件破坏程度的控制标准不同；

（2）不同国家的设计地震作用水平差异较大；

(3) 用于验算的弹性位移和定义不同，有的规范指的是工作应力状态的位移，有的规范指的是屈服强度所对应的位移；

(4) 计算位移时结构刚度的取值方法不同，比如我国规范是取弹性刚度，而有的规范是取考虑开裂的有效刚度；

(5) 不同国家采用的非结构件的变形能力、材料强度、施工方法、构造措施等都存在着差异，因而其位移角限值必然存在差异。因此，不同国家的规范限值应根据本国的设防目标、计算方法、材料性能及施工构造等因素综合考虑。

对于 89 规范所规定的小震和大震作用下变形验算的限值，本次修订主要改进如下：

(1) 小震作用下变形控制的目的进一步明确；

(2) 补充了第一阶段的变形验算中剪力墙结构、框架-筒体结构、筒体结构等结构类型的变形限值；

(3) 采用楼层内最大的层间位移进行层间弹性和弹塑性位移验算；

(4) 对第二阶段的变形验算中其他结构体系的弹塑性变形限值作了补充。

1. 弹性层间位移角限值

(1) 弹性层间位移角限值的控制目标

根据我国规范规定的“小震”下的设防目标，层间侧移角限值的确定不应只考虑非结构构件可能受到的损坏程度，同时也应控制剪力墙、柱等重要抗侧力构件的开裂。通过对试验结果和计算结果所进行的分析认为，侧移角限值的依据应随结构类型的不同而改变。对于框架结构，由于填充墙比框架柱早开裂，可以以控制填充墙不出现严重开裂为小震下侧移控制的依据。而在以剪力墙为主要受力构件的结构（框架-抗震墙结构、抗震墙结构、框架-筒体结构等）中，由于“小震”作用下一般不允许作为主要抗侧力构件的剪力墙腹板出现明显斜裂缝，因此，这一类以剪力墙为主的结构体系应以控制剪力墙的开裂程度作为其位移角限值的取值依据。

在钢筋混凝土结构的变形计算时，参照《混凝土结构设计规范》(GB 50010—2002)的规定，取不出现裂缝的短期刚度，即混凝土的弹性模量取 $0.85E_C$。另外，在变形计算时，对于一般建筑结构，不扣除由于结构平面不对称引起的扭转效应和重力 P-Δ 效应所产生的水平相对位移。

随着建材工业和装修技术的发展，现在看来，89 规范中对建筑装修标准高的建筑结构采用较小的侧移限值已没有必要。因为建筑装修越高级，其细部构造越精细，变形能力可能会越好。例如，建筑物室内的木装修和许多化学建材装修都具有很好的适应变形能力。再比如，玻璃幕墙与主体结构是通过钢骨架来连接，并且在所有接缝处都安置了密封橡胶，大理石墙面也是采用多点悬挂方式固定于主体结构，这一类装修比填充墙和剪力墙具有更好的变形能力，因而震后也有把完好的大理石墙面卸下来以查看剪力墙是否发生裂缝的实例。Behr (1998) 所进行的足尺铝合金玻璃幕墙试验所测得的幕墙开裂位移角甚至达到了 1/50。而普通装修的变形能力一般较差，比如瓷砖贴面是通过水泥浆与墙体结合，在很小的位移角下就可能开裂。因此，没有必要对装修级别较高的建筑规定较小的层间位移角限值。

(2) 框架结构的层间弹性位移角限值

框架结构的楼层一般都会存在一定数量的填充墙，根据计算分析可知，填充墙一般会先于框架柱开裂。因此，为了避免填充墙这一类非结构构件受到较大损坏，用于层间位移验算的层间位移角限值的取值应同时考虑容许的填充墙开裂程度、框架柱的开裂以及其他非结构构件可能遭受的损坏。除了填充墙外，国内外对其他非结构构件能够承受的变形研究较少。有关文献通过统计分析认为当侧移角达到 1/1000 时非结构构件可能遭受损坏，这个结论对我们确定弹性层间位移角限值有一定的参考价值。以下为用于确定框架结构维持正常使用水准的弹性层间位移角限值的主要背景数据。

①模拟底层框架的弹性有限元分析结果（SAP84）：纯框架中柱的平均开裂位移角约为 1/800（C30 混凝土，强度等级降低时会有所减小）；无开洞填充墙的开裂位移角约为 1/2000。

②填充墙的试验结果：无洞框架填充墙墙面初裂的平均位移角为 1/2500，开洞填充墙框架为 1/926。墙面裂缝连通时位移的主要分布区间为（0.95～1.85）$\times 10^{-3}$，平均值为 1/714。

③填充墙框架试验结果：无洞填充墙框架中框架柱的平均初裂位移角为 1/705，开洞填充墙框架中框架柱的平均初裂位移角为 1/400。

④本次修订时对高轴压比柱试验结果：开裂位移角为 1/700～1/425，平均值为 1/530。

⑤对近 200 幢按现行规范设计的建筑的计算位移角进行了统计，结果表明 95% 以上的框架结构的层间位移角小于 1/800（图 7-6）。

⑥国际上主要抗震规范的弹性层间位移限值的分布区间为 1/1600～1/200。

由于框架填充墙的轻度开裂一般不会影响到建筑的使用功能，因而可以允许裂缝有一定的开展，但不允许有严重开裂，最起码不应出现墙面裂缝连通。严重的开裂不仅修复费用高，而且可能造成地震时门窗开启困难，影响人员安全急疏散。综合上述统计及分析结果，本次规范修订中取 1/550 作为保证钢筋混凝土框架结构正常使用的位移角限值。从上述研究结果看，采用 1/550 作为框架结构的位移角限值，不仅可以在一定程度上避免填充墙出现连通斜裂缝，又可以控制框架柱的开裂，是比较合理的。

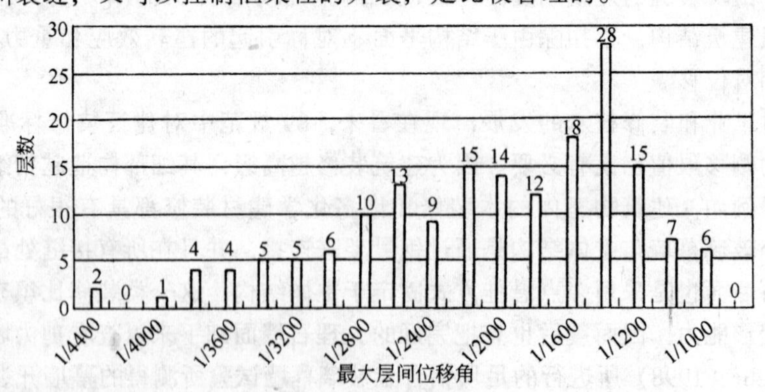

图 7-6　实际工程的计算最大层间位移角分布

(3) 以剪力墙为主要抗侧构件的结构体系的弹性层间位移角限值

以下是确定剪力墙结构维持正常使用水准的弹性层间位移角限值的主要背景数据。

①模拟底层带边框抗震墙弹性的有限元分析结果：带边框剪力墙的开裂位移角为

1/4000～1/2500。

②高层剪力墙结构解析分析的结果：受拉翼墙边缘开裂时底层的层间位移角为1/5500；裂缝开展到腹板中部，受压翼墙边的混凝土压应力达到轴心抗压强度设计值时的层间位移角为1/3100。

③试验统计结果：国外175个试件的开裂位移角的主要分布区间为1/3333～1/1111；国内11榀带边框架剪力墙试件的开裂位移角分布在1/2500～1/1123。

④实际工程的最大计算层间位移角的统计结果表明，95％以上的框架-剪力墙结构和剪力墙结构的层间位移角小于1/1100。

很明显，试验及计算结果均表明框架-剪力墙和剪力墙结构中的剪力墙在很小的位移角下即可能开裂。但考虑到：①对结构刚度的过高需求可能难以实现最经济的设计；②过大的刚度需求可能对结构的性能造成一些负面影响，比如结构加速度反应随刚度增加而增大，从而可能影响到建筑内部对加速度较为敏感的设备或物品的正常使用功能；③结构的最大有害层间位移一般发生于建筑下部剪力较大楼层，这些楼层的剪力墙承受的轴向力一般都比较大，其开裂位移角一般也较大；④不宜对现行规范限值作太大幅度调整。因此，虽然控制作为主要抗侧力构件的剪力墙开裂是确定位移角限值的主要依据，但同时还应与其他建筑功能需求、经济性、规范的可执行性等综合因素。综上所述，允许剪力墙在小震下有适度开裂，取接近于试验结果的上限值（1/1100），作为以剪力墙为主要抗侧力构件的结构体系的层间位移角限值，似乎比较合理，但考虑到与其他规范的协调，本次修订中，在不区分装修标准后，以1/1000作为抗震墙结构和筒体结构的层间位移角限值。

表7-6是框架结构和剪力墙结构各种弹性层间位移角限值的汇总。

与弹性层间侧移角限值有关的几组数据 **表7-6**

结构体系	计算值	试验值	实际工程值	原限值	建议值	备　注
框架结构	1/2000，1/800	1/2500，1/926	95％＜1/800	1/450（1/550）	1/550	填充墙适度开裂
剪力墙	1/5500～1/2500	1/3333～1/1110	95％＜1/1100	1/650～1/1100	1/1000	不出现明显斜裂缝

(4) 层间刚体转动位移在弹性层间位移角中所占的比例

建筑结构在水平地震作用下的总层间位移为楼层构件受力变形产生的位移与结构的整体弯曲变形产生的层间刚体转动位移之和，现在工程界对从高层结构总层间位移中扣除由于基础转动或结构整体弯曲所造成的层间刚体转动位移已经讨论了多年，然而在规范中如何具体操作却是一个仍有待研究的问题。

从总体上看，建筑结构中的层间刚体转动位移具有以下几点规律：①结构整体弯曲对剪切型结构层间位移的影响较小，而对弯曲型结构影响较大；②楼层整体弯曲产生的层间刚体转动位移，是由结构底层逐步向上累积并在结构的顶层达到最大；③层间刚体转动位移在总层间位移中所占的比例将会随着结构高宽比的增大而增大。

在高层建筑结构中如何扣除层间刚体转动位移，目前还没有简便可行的办法。本次修订中对层间位移限值进行了调整，规定在计算多遇地震作用下结构的弹性层间位移时，除以弯曲变形为主的高层建筑外，不扣除结构整体弯曲变形和扭转变形的影响，但对于高度超过150 m或 $H/B>6$ 的高层建筑，可以扣除结构整体弯曲变形所产生的楼层水平位移值。

(5) 钢结构的弹性层间位移角限值

钢结构在弹性阶段的层间位移角限值，日本建筑法实施令定为1/200。参照美国加州规范（1988）对基本自振周期大于0.7s的结构的规定，本次规范修订中取1/300。

2. 弹塑性层间位移角限值

对结构在罕遇地震作用下的弹塑性变形验算，目前一般是简化为层间弹塑性变形验算，因而大多数规范给出的容许变形值通常是层间弹塑性位移角限值。结构的整体倒塌或局部倒塌往往是由于个别主要抗侧力构件在强烈地震下的最大变形超过其极限变形能力所造成的。因此，弹塑性变形验算的变形限值，除了层间位移角限值外，尚应规定那些弯曲起控制作用的构件的截面塑性铰转角限值。

89规范规定对高大的单层工业厂房的横向排架、楼层屈服强度系数小于0.5的框架结构、底部框架砖房等要求进行罕遇地震作用下的抗震变形验算。本次修订新增了对板柱-抗震墙、结构体系不规则的高层建筑结构和乙类建筑的罕遇地震作用下的抗震变形验算要求。采用隔震和消能减震技术的建筑结构，在罕遇地震作用下隔震和消能减震部件应能起到降低地震效应和保护主体结构的作用，但是对隔震和消能减震部件应有位移限制，因此也要求进行抗震变形验算。

对建筑结构在罕遇地震作用下薄弱层（部位）的弹塑性变形计算，除12层以下且层刚度无突变的钢筋混凝土框架结构和填充墙框架结构及单层钢筋混凝土柱厂房可采用简化方法计算外，要求采用较为精确的结构弹塑性分析方法，可以是三维的静力弹塑性（如Push-over方法）或弹塑性时程分析方法。

原则上讲，作为罕遇地震下结构抗倒塌验算标准的弹塑性层间位移角限值，应该取所验算结构类型中变形能力较差构件的变形能力值。然而，许多实际结构是由各种类型的构件组成的具有多道抗震防线的超静定结构体系，比如框-墙、框-筒和多肢墙等结构，在罕遇地震作用下，这些结构中各构件之间会产生内力重分布，部分构件达到其极限变形或破坏并不意味着结构一定会发生倒塌。这一现象已从许多震害实例和振动台试验的破坏现象中得到证实。因此，以构件的极限位移角来确定结构的层间位移角限值，是较为可靠的。

(1) 框架结构的弹塑性位移角限值

在框架结构中，由于柱子承受弯、剪、压的复合作用，其变形能力一般比梁差。因此，框架柱的塑性变形能力在很大程度上决定了框架结构的抗倒塌的层间位移角限值。89规范采用的1/50限值实际上是50个剪跨比大于2.5的柱试件的极限位移角的下限值。根据美国UBC/EERC对大量试验数据的统计结果，剪跨比大于2.0的柱的极限位移角也几乎都大于1/50。即使那些具有较小剪跨比或较大轴压比的柱试件，也具有比较大的极限位移角。本次修订中补充进行的高轴压比试验表明，即使设计轴压比增大到0.9，试件的极限位移角也有1/40。国内近期有关文献中报道的10个试件中多数发生了剪切破坏，最小的极限位移角也有1/30。

框架结构的弹塑性层间位移是梁、柱、节点等部件变形的综合结果。因此，采用梁-柱组合试件的试验结果一般比单柱试件能更合理地反映框架结构的层间变形能力。本次规范修订中进行的6个弱梁型梁柱组合件试验，测得的极限层间位移角分布区间为［1/31，1/25］，平均值为1/28。根据有关文献对36个梁-柱组合试件极限位移角的统计结果，其极限位移角的分布区间为［1/27，1/18］，其中94％的试件的极限位移角在1/25以上。

从上述统计数据可知，89规范所规定框架结构的层间弹塑性位移角限值是偏于安全的。但考虑到实际工程的施工质量往往比实验室浇制的试件质量差，同时也考虑到目前钢筋混凝土结构在罕遇地震下的弹塑性变形计算方法还很不成熟，计算结果一般比实际弹塑性位移反应值偏小。因此，本次规范修订对于框架结构的弹塑性位移角限值仍取原来规范的1/50限值。

在框架结构中，由于框架结构中梁、柱的受力状态不同，其端部截面的塑性铰转动角限值应区别对待。由于试验中测量的框架柱整体位移角除了包含柱端塑性铰转动产生的位移角外，还包含着柱端纵筋滑移转角、剪切变形以及框架柱的弹性变形。根据对较高轴压比框架柱的研究结果，框架柱塑性铰转动产生的位移约占总位移的55％，因此框架柱塑性铰转动的限值严格地讲应该比层间转动位移角小。有关文献所统计的36个框架柱试件中，剪跨比大于2.0的26个试件极限位移角的分布区间为［0.0176，0.0882］，按55％的比例可以估算出塑性铰极限转动能力的分布区间为（9.7～48）$\times 10^{-3}$。另外10个剪跨比小于2.0的框架柱的塑性铰极限转角的平均值为0.010，最小值为9.2×10^{-3}。影响框架柱塑性铰转动能力的最主要因素有轴压比、配箍率以及剪跨比。为配合本次规范修订而补充进行的试验研究表明，轴压比对框架塑性铰的极限转动能力也有较大影响，极限转动角的分布规律如图7-7所示。从图7-7可知，轴压比为0.3的试件的转动能力最大(0.031)，轴压比为0.9的试件的转动能力最小（0.018），并且在0.9的轴压比下增加试件的配箍率可以明显改善试件的极限转动能力。

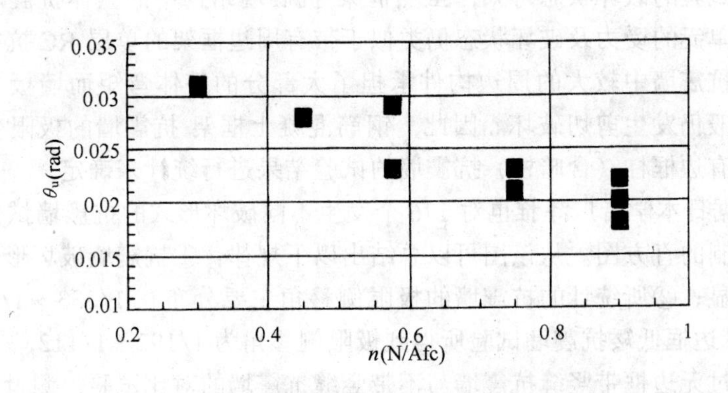

图7-7　框架柱极限转角与轴压比关系

框架梁由于轴力很小，其塑性铰的转动能力一般情况下比框架柱的转动能力好。试验研究表明，对框架梁塑性铰转动能力影响较大的参数主要有剪跨比和箍筋的配置。从有关文献所汇总的36个框架梁试件的极限位移角可以推算出其塑性铰极限转动角的分布区间为［0.015，0.078］。同济大学对受弯构件试验研究所测得的塑性铰的极限转角分布区间为［0.023，0.038］，平均值0.030。本次规范修订时补充进行的6个弱梁型梁柱组合件试验测得的塑性铰转角分布区间为［0.019，0.033］，则最小值为0.026，平均值为0.0296。

框架结构梁和柱的塑性铰转动角限值（rad） **表 7-7**

框架柱				框架梁				备注
构造情况		性能水平		构造情况		性能水平		
N/A_cf_c	箍筋	可修	不倒塌	M/Vh_0	箍筋	可修	不倒塌	
≤0.4	一般	0.010	0.020	2～3	一般	0.015	0.025	①“一般”对柱指按规范构造，对梁指按抗震等级三、四级的构造 ②“特殊”对柱指按规范上限且全长加密或采用螺旋箍筋等特殊措施 ③表中数据允许线性插值
	特殊		0.025		特殊		0.030	
0.8～0.9	一般		0.010	>4	一般		0.030	
	特殊		0.015		特殊		0.035	
>0.9	特殊	0.005	0.010	≤2	斜向	0.008	0.015	

综合上述试验研究及分析结果，并考虑一定的安全储备，建议取框架柱端及梁端的极限塑性铰转动限值见表 7-7。由于计算塑性铰转动角尚未有较成熟的方法，本次修订暂未将此项限值列入 2001 规范。

(2) 框架-抗震墙、框架-简体等结构的弹塑性位移角限值

特征刚度比适中的框架-抗震墙结构在强烈地震作用下，抗震墙单元由于刚度大且变形能力较差，不仅会比框架结构先进入弹塑性状态，而且最终破坏也相对集中在抗震墙单元上。日-美联合进行的七层原型框架-抗震墙结构拟动力试验以及该原型的 1/5 缩比模型的模拟地震振动台试验也证实了上述观点。因此，框架-抗震墙结构的弹塑性位移角限值主要应根据抗震墙单元的变形能力来确定。

从上述原型试验的破坏状态可知，虽然框架-抗震墙结构中的整体抗震墙具有较大的剪跨比，但楼层单元的受力及破坏状态仍类似于带有周边框架的单层 RC 抗震墙单元。这主要是由于框架抗震墙中较大的周边构件承担了大部分的整体弯矩而墙板主要是承担剪力，因而墙板一般仍发生剪切破坏。因此，钢筋混凝土框架-抗震墙的极限变形能力可以通过对大量的带有边框柱（含暗柱）抗震墙的试验结果进行统计来确定。

图 7-8 为根据日本学者广泽雅也对 176 个发生不同破坏形式的抗震墙试件的极限侧移角的统计结果绘制的直方图。从该图可以总结出以下规律：①抗震墙破坏形式对其极限侧移角的影响不明显；②所统计的抗震墙的极限侧移角主要分布在 1/333～1/125 之间。有关文献对 11 个带边框低矮抗震墙试验所得到极限侧移角为 1/192～1/112，平均值 1/160。同济大学曾进行过无边框带竖缝抗震墙与不带竖缝抗震墙的对比试验，测量到的承载力下降至 80％时的侧移角分布在 1/174～1/105 之间。

对于纯抗震墙结构，如果按广泽雅也的统计结果并只考虑单片墙的作用，取接近抗震墙试件极限位移角主要分布区间的下限值 1/300 作为其弹塑性位移角限值，保证率约为 85％。广泽雅也资料的统计年代较早，抗震墙的配筋构造一般比 20 世纪 80 年代以来的试件差，变形能力也必然较低。另外当时的试验设备往往难以记录到试件进入荷载退化后的极限变形。考虑到上述因素，图 7-9 所示的我国 20 世纪 80 年代以来抗震墙试验的结果对规范弹塑性位移角限值的确定更有参考价值。因此本次规范修订时建议取图 7-9 中统计值的下限 1/120 作为抗震墙结构的极限位移角限值。正如前面所述，实际结构中抗震墙各墙肢之间以及墙肢与连梁之间存在着内力重分布，其整体的变形能力和稳定性一般都比单片墙好很多，因此规范的建议值具有较高的安全度。

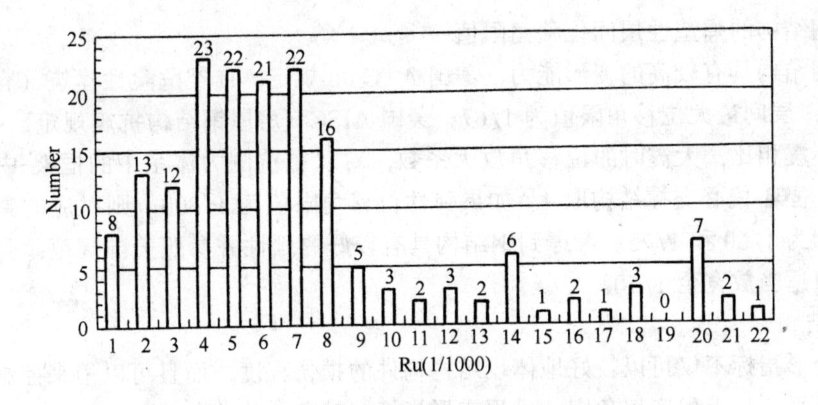

图 7-8　日本抗震墙试件极限位移角分布图

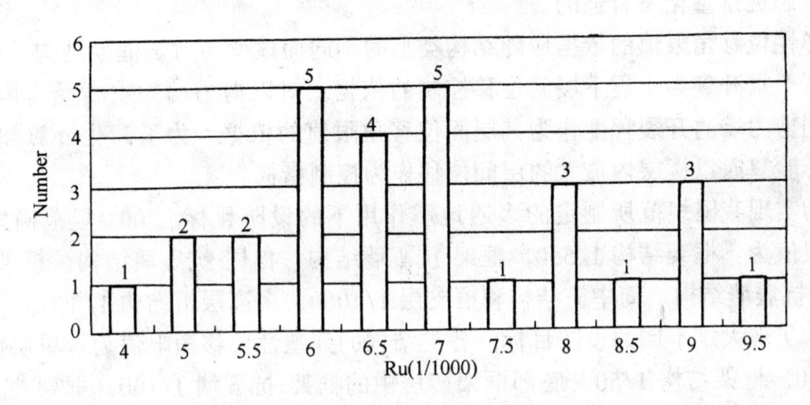

图 7-9　中国抗震墙试件极限位移角分布图

对于框架-抗震墙结构，由于存在框架结构作为第二道抗震防线和框架与抗震墙之间的内力重分布，首先进入弹塑性状态的抗震墙作为第一道抗震防线，可以允许其承载能力有较大的降低。因此，框架-抗震墙结构的层间弹塑性位移角限值可以比纯抗震墙结构的限值有一定的提高。综合上述，2001 规范建议取 1/100 作为框架-抗震墙结构的层间弹塑性位移角限值。

在日本学者 Nakachi 等人模拟一个 25 层框架-筒体结构在斜向地震作用下底部三层钢筋混凝土核心筒体受力的试验中，所测得的 4 个 1/8 比例模型试件的极限位移角分别为 1/322、1/217、1/167 和 1/104，后面两个试件因为采取了增强变形能力的措施，因而具有较好的变形能力。目前国内外对框架-筒体结构的试验研究还很少，因此暂时建议取与抗震墙结构相同的弹塑性位移角限值，而该限值是否合理，还有待于对筒体结构开展更多的试验研究。

各类钢筋混凝土结构的弹塑性位移角限值见表 7-8。

建议的 RC 结构层间弹塑性位移角限值　　表 7-8

结构类型	$[\theta_p]$
框　架	1/50
底层框架砖房中的框架	1/100
框架-抗震墙	1/100
抗震墙、筒体	1/120

（3）钢结构的弹塑性层间位移角限值

高层钢结构具有较高的变形能力，美国 ATC-06 规定，II 类危险性建筑（容纳人数较多的建筑），层间最大位移角限值为 1/67；美国 AISC《房屋钢结构抗震规定》（1997）中规定，与小震相比，大震时的位移角放大系数，对双重抗侧力体系中的框架-中心支撑结构取 5，对框架-偏心支撑结构取 4。如果弹性位移角限值为 1/300，则对应的弹塑性位移角限值分别为 1/60 和 1/75。考虑到钢结构具有较好的延性并参照美国规范，弹塑性层间位移角限值适当放宽至 1/50。

3. 小结

（1）变形指标不仅可以较好地体现结构构件的损伤程度，而且可以用来控制非结构构件的性能水平。从工程实用角度，采用变形指标（转角、位移角等）来对各种性能水平的损伤极限状态进行量化是合适的。

（2）弹性位移角限值的依据应随结构类型的不同而改变。对于框架结构，应以控制填充墙不出现严重开裂为小震下层间位移控制的依据，对以剪力墙为主要受力构件的结构，则应以控制剪力墙的开裂程度作为其层间位移角限值的依据。为了简化计算和便于操作，在抗震变形验算时以楼层内最大的层间位移作为控制指标。

（3）为实现我国规范所制定的多遇地震作用下的设防目标，2001 规范确定的弹性层间位移角限值为：框架结构 1/550，框架-抗震墙结构、板柱-抗震墙结构、框架-核芯筒结构 1/800，抗震墙结构、筒中筒结构和框支层 1/1000，多高层钢结构 1/300。

（4）为实现大震不倒的设防目标，各类结构的弹塑性位移角限值为：单层钢筋混凝土柱排架 1/30，框架结构 1/50，底部框架砖房中的框架-抗震墙 1/100，框架-抗震墙结构、板柱-抗震墙结构、框架-核芯筒结构 1/100，抗震墙结构、筒中筒结构 1/120，多高层钢结构 1/50。

（5）由于层间位移并不能完全反映一个楼层中所有构件的弹塑性变形状态，即使层间位移满足规范限值要求，也可能因楼层中个别构件的变形能力不足而发生局部破坏。因此，罕遇地震作用下结构的抗震性能评价，不应仅仅局限于弹塑性层间位移角的验算，还应该对构件塑性铰的转动能力进行验算，以避免个别构件的塑性铰过大而引起结构局部倒塌的情况。在大型复杂结构中，对关键受力构件的局部变形能力验算尤为必要。

七、关于静力弹塑性分析方法

静力弹塑性分析（Push-over）方法最早是 1975 年由 Freeman 等提出的，以后虽有一定发展，但未引起更多的重视。90 年代初美国科学家和工程师提出了基于性能（Performance-based）及基于位移（Displacement-based）的设计方法，引起了日本和欧洲同行的极大兴趣，Push-over 方法随之重新激发了广大学者和设计人员的兴趣，纷纷展开各方面的研究。一些国家抗震规范也逐渐接受了这一分析方法并纳入其中，如美国 ATC-40、FEMA-273&274、日本、韩国等国规范。我国 2001 规范提出“弹塑性变形分析，可根据结构特点采用静力非线性分析或动力非线性分析”，这里的静力非线性分析，即主要是指推覆（Push-over）分析方法。

1. 基本原理和实施步骤

(1) 基本原理

推覆（Push-over）方法从本质上说是一种静力分析方法，对结构进行静力单调加载下的弹塑性分析。具体地说，在结构分析模型上施加按某种方式模拟地震水平惯性力的侧向力，并逐级单调加大，构件一旦开裂或屈服，修改其刚度，直到结构达到预定的状态(成为机构、位移超限或达到目标位移)。其优点突出体现在：较底部剪力法和振型分解反应谱法，它考虑了结构的弹塑性特性；较时程分析法，其输入数据简单，工作量较小。

(2) 实施步骤

①准备结构数据：包括建立结构模型、构件的物理参数和恢复力模型等；

②计算结构在竖向荷载作用下的内力（以便与水平力作用下的内力叠加，作为某一级水平力作用下构件的内力，以判断构件是否开裂或屈服）；

③在结构每层的质心处，沿高度施加按某种分布的水平力，确定其大小的原则是：水平力产生的内力与②步计算的内力叠加后，恰好使一个或一批件开裂或屈服；

④对于开裂或屈服的杆件，对其刚度进行修改后，再增加一级荷载，又使得一个或一批杆件开裂或屈服；

⑤不断重复③、④步，直到结构达到某一目标位移（对于普通推覆方法）、或结构发生破坏（对于能力谱设计方法）。

2. 推覆方法研究进展

(1) 对结构性能评估的准确性

许多研究成果表明，推覆方法能够较为准确（或具有一定的适用范围）反映结构的地震反应特征。Lawson 和 Krawinkler 对 6 个 2～40 层的结构（基本周期为 0.22～2.05s）推覆分析结果与动力时程分析结果比较后，认为对于振动以第一振型为主、基本周期在 2s 以内的结构，此方法能够很好地估计结构的整体和局部弹塑性变形，同时也能揭示弹性设计中存在的隐患（包括层屈服机制、过大变形以及强度、刚度突变等）。Fajfar 通过 7 层框剪结构试验结果与推覆方法分析结果的对比得出结论，该方法能够反映结构的真实强度和整体塑性机制，因此适宜于实际工程的设计和已有结构的抗震鉴定。Peter 对 9 层框剪结构的弹塑性时程分析结果与推覆方法分析结果进行了对比，认为无论是框架结构还是框剪结构，两种方法计算的结构最大位移和层间位移均很一致。Kelly 考察了一幢 17 层框剪结构和一幢 9 层框架结构分别在 1994 年美国北岭地震和 1995 年日本神户地震中的震害，并采用推覆方法对这两个结构进行分析，发现推覆方法能够对结构的最大反应和结构损伤进行合理地估计。Lew 对一幢 7 层框架结构进行了非线性静力分析和非线性动力分析，发现非线性静力分析估计的构件的变形与非线性动力分析多条波计算结果的平均值大致相同。笔者曾对 6 榀框架（层数为 3～16，基本周期为 0.59～2.22s）进行了推覆分析与动力时程分析，发现两种方法计算的结构整体变形（层间位移或顶点位移）及塑性铰分布均较为一致。另外一些研究成果及工程应用也都表明，对于层数不太多或者自振周期不太长的结构，推覆方法不失为一种可行的弹塑性简化分析方法。

(2) 水平加载模式

水平加载模式指侧向力沿结构高度的分布，如 FEMA-274 给出的三种模式分别为均匀分布、倒三角形分布和抛物线分布。从理论上讲，加载模式应能代表在设计地震作用下结构层惯性力的分布，因此不同的加载模式将影响推覆方法对结构抗震性能的评估。显然，惯性力的分布随着地震动的强度不同而不同，而且随地震的不同时刻、结构进入非线性程度的不同而不同。大多数工程采用倒三角形分布的加载模式，并且认为分布模式在加载过程中恒定不变。Krawinkler 认为只有满足以下两个条件，这种加载模式才较为合理：①结构响应受高振型影响不太显著；②结构可能发生的屈服机制仅有一种，并恰好能被这种模式检验出来。因此建议采取至少两种加载模式来评估结构的抗震性能，分别是：①均布加载模式，即侧向力与楼层质量成正比，相对于整体倾覆弯矩，该加载模式更强调结构下部剪力的重要性；②利用现行规范的设计荷载模式（如底部剪力法），采用考虑高振型影响的加载模式（如通过层剪力 SRSS 计算得到）。Peter 假定了三种加载模式：①与层质量成正比；②与初始第 1 振型有关；③与加载过程中变化的第一振型有关；比较了推覆方法和动力时程分析得到的一个 9 层框剪结构的层间位移，发现第②种模式更为合理。Moghadam 研究了 3 栋 7 层结构（分别为规则、上部有内收的框架以及框剪），比较了由规范反应谱求出侧向力分布和倒三角形直线分布两种模式，认为倒三角形加载模式适宜于规则框架，而不适用于上部有内收的框架以及框剪结构。但他所谓倒三角形加载模式是侧向力沿高度呈倒三角形分布，与层质量无关。笔者认为，倒三角形加载模式应理解为结构变形沿高度呈倒三角形分布，即底部剪力法模式（侧向力沿高度分布与层质量和高度成正比）。由于上部有内收结构使上部质量减小，故侧向力并不一定沿高度呈倒三角形分布，因此上述“倒三角形加载模式不适用上部有内收的框架”的结论有待商榷。我们提出了基于结构瞬时振型、通过 SRSS 计算的、在加载过程中不断调整的加载模式，通过与动力时程分析得到的结构响应比较，认为这种加载模式能够较好地评判结构的地震反应。总体看来，在加载中随结构动力特征的改变而不断调整的加载模式应该是合理有效的模式。

(3) 结构目标位移

结构目标位移指结构在一次地震动输入下可能达到的最大位移（一般指顶点位移）。推覆方法确定结构目标位移时，都要将多自由度结构体系等效为单自由度体系。关于等效方法，Saiidi & Sozen 早在 1981 年就提出了 Q 模型，给出了等效质量、等效阻尼、等效刚度的计算方法，通过 8 榀 10 层小比例的框架、框剪模型试验发现，基于 Q 模型的计算分析能够反映试验结构的响应特征。Kuramoto 提出了另一种等效方法，并以不同结构形式、层强度和刚度不均匀的结构为研究对象，比较了推覆方法推至目标位移（由等效单自由度体系的动力时程分析得到）时，最大层间位移与原结构动力时程分析得到的最大层间位移，得出的结论是：①对于规则 RC 和钢结构，单自由度体系与多自由度体系得到的结构响应非常一致；②对于不规则结构，单自由度体系与多自由度体系得到的结构响应基本一致；③对于超过 10 层以上的结构，单自由度体系得到的位移响应较多自由度体系结果有偏小的趋势，主要原因在于高振型影响。上述结论与 Lawson 和 Krawinkler 等的结论相同。我们参照 FEMA 及 Fajfar 的等效单自由度体系的方法，对同一地震动输入下的多自由度体系顶点位移与等效单自由度体系的位移时程进行对比发现，这种等效方法使两体系的位移时程频率变化规律几乎一致，只是位移峰值有所不同，主要原因是，由该等效方法得到的单自由度体系的等效周期与原结构基本周期很接近。

目前，目标位移的计算方法有两种。一种方法为：假定结构沿高度的变形向量（一般取第一振型），利用推覆方法得到的底部剪力—顶点位移曲线，将结构等效为单自由度体系，然后用弹塑性时程分析法或者弹塑性位移谱法求出等效单自由度体系的最大位移，从而计算出结构的目标位移。另一方法更为简化：目标位移通过弹性加速度反应谱和由结构弹性参数等效的单自由度体系求出。应该说第二种方法能够较好地估计结构目标位移，除非结构的周期较短，这种情况下，结构的弹塑性位移可能远大于弹性位移。而对于周期较长结构，结构弹塑性位移与弹性位移之比大致等于 1.0。Faella 指出，与动力时程分析得到的结果相比，推覆方法的目标位移取大于设计地震动下动力时程分析得到结构的最大位移时，两种方法获得的层间位移和柱子损伤才较吻合。究其主要原因在于，动力时程分析输入的加速度值有正有负，而推覆方法采取单调加载，即仅模拟了左（或右）的单向地震作用。

(4) 能力谱方法

能力谱方法可视为推覆方法的发展，实质上是通过地震反应谱曲线（地震需求谱 Demand Spectrum）和结构能力谱的叠加，来评估结构在给定地震作用下的反应特征。计算步骤如下：

①输入给定的地震记录，得到单自由度弹性体系（阻尼比一般取 5%）的最大反应值(位移、速度和加速度)，据此可绘出最大反应绝对加速度—结构自振周期的曲线（即加速度谱)，或者将最大加速度（或最大位移）点按结构自振周期由小到大连成曲线（即需求谱)；

②对结构进行推覆分析，单调加载至结构破坏（成为机构或位移超限)，得到结构底部剪力 V_{base}—顶点位移 D_t 关系曲线；

③将②得到的曲线，按公式（7-2）转换为等效单自由度体系的拟加速度—位移关系，即能力谱曲线：

$$S_a = \frac{\sum_{i=1}^{n} w_i \phi_l^2}{(\sum_{l=1}^{n} w_i \phi_i)^2} V_{base} \quad S_d = \frac{\sum_{i=1}^{n} w_i \phi_l^2}{\sum_{l=1}^{n} w_i \phi_i} D_t \quad T = 2\pi \sqrt{S_d/(gS_a)} \tag{7-2}$$

式中 g——重力加速度；

w_i——第 i 层重量；

n——结构总层数；

ϕ_i——结构向量（$\phi_n = 1.0$）第 i 楼层对应的值。

④将①和③得到的谱曲线叠加在同一坐标系中，如果两曲线不相交，说明结构尚未达到设计地震的性能要求时即发生破坏或倒塌。如果相交，则定义交点为性能反应点（performance point)，从而可根据该点对应的结构基底剪力、顶点位移和层间位移等，来评估结构的抗震性能。

不难看出，这种方法用于评估结构在给定地震作用下的弹塑性反应，其结果如何取决于性能反应点的确定。传统需求谱通常是按单自由度弹性体系得到的，如叶燎原将结构周期（在加载过程中不断变化）及其对应的地震影响系数（总水平力与结构自重的比值）绘成曲线，并叠加相应场地的各条（对应于不同的设防水准）加速度反应谱曲线，如果结构反应曲线穿过某条反应谱，就说明结构能够抵抗该条反应谱对应的地震烈度。这种方法实质上是由结构底部剪力（或加速度）确定性能反应点，对于短周期结构，可以较好地估计结构性能；对于由速度或位移控制的中、长周期结构，可能误差较大，此时性能反应点由地震作用下可能达到最大位移来确定才更为合理。

叶献国认为单自由度弹性体系得到的需求谱通常过高估计了地震反应，据此提出了改进的能力谱方法，即将推覆方法得到的能力谱曲线简化为二折线，构造一个相应的弹塑性单自由度体系，计算输入地震动下最大位移值，即谱位移值 S_d，在能力谱上找到其对应点，定义为性能反应点。这种方法实质上相当于前面论述的第一种计算结构目标位移的方法（图 7-10）。从改进的能力谱方法的计算结果来看，其计算准确性虽有提高，但并不明显，对需求谱的计算仍有待改进。

有人建议用加大阻尼（等效阻尼）来获得结构弹塑性需求谱。由于阻尼机理的复杂性，合适的阻尼系数难以确定。Reinhorn 利用滞回圈能量等效原则得到等效阻尼比公式，如果弹性阻尼比等于 5%，最大位移延性系数为 5.0 时，则等效阻尼比为 0.23（其中考虑了构件恢复力捏缩效应影响）。Moehle 则提出了计算等效阻尼比的另一公式，即如果弹性阻尼比等于 5%，位移延性比为 5.0，则等效阻尼比为 0.16。Peter 对 9 层框剪 RC 结构能力谱方法与弹塑性时程分析法在地震动输入下的非线性反应比较发现，当能力谱方法的等效阻尼比取 10%时，两者结果最一致。由此可见，等效阻尼系数的确定还很不统一。

3. 推覆方法的发展前景

对于二维推覆方法，随着加载模式、目标位移以及需求谱等方面的日趋完善，应用于规则结构的抗震性能评估，能够较好地满足工程设计要求。但是，随着建筑造型和结构体型复杂化，大多数结构平面和竖向质量、刚度不均匀对称，因此将结构简化为二维模型分析将低估结构的反应，尤其是对于远离结构刚度中心的边缘构件更是如此。因此，推覆方法向三维发展是必然趋势，但需解决一系列在二维模型分析中影响并不显著的问题。例如采用楼板刚度在平面内无穷大的假定，虽然可以大大减小求解方程的未知量，提高运算速度，但对于有错层（如变维住宅等）或楼板大开洞（如室内设天井等）的结构，这一假定应谨慎处理。又如在三维分析中，柱存在双向受力，梁承受双向弯曲和扭转，剪力墙及筒体的受力更复杂（弯曲、剪切和轴向变形），因此构件的开裂或屈服的判断准则必须首先解决。

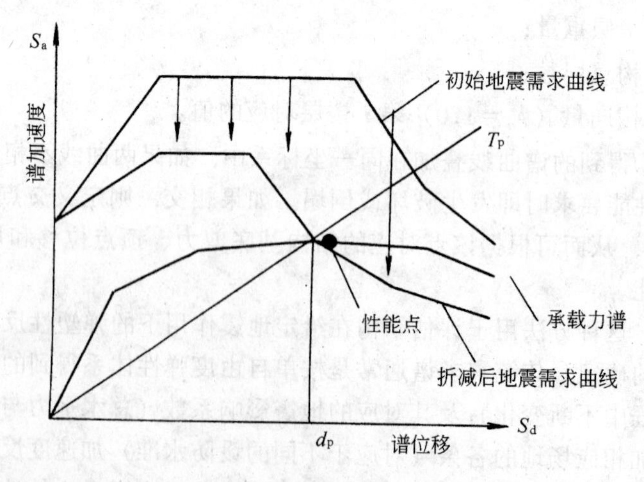

图 7-10 承载力谱与需求谱合并

第八讲　多层和高层钢筋混凝土房屋抗震设计新规定

多层和高层钢筋混凝土结构的房屋，是我国大量使用的结构类型。2001 规范按照适度提高结构抗震安全度的总要求，对钢筋混凝土结构的抗震设计规定，作了以下改进：

（1）新增筒体和板柱抗震墙结构类型；

（2）调整抗震等级，明确地下室、裙房的抗震等级；

（3）调整体现强柱弱梁、强剪弱弯等的内力增大系数；

（4）用柱剪跨比代替高宽比，合理判别长短柱；

（5）用柱的配箍特征值和体积配箍率代替单一配箍率；

（6）根据国内外试验研究成果提出放宽柱轴压比限值的措施，包括调整配箍特征值；

（7）新增防震缝两侧设置抗撞墙的抗震措施；

（8）补充有关框支结构的抗震措施；

（9）明确地下室顶板作为上部结构计算嵌固端的必要条件；

（10）增大柱纵向钢筋的最小配筋率；

（11）补充并调整抗震墙设计和构造措施；

（12）新增扁梁、扁梁节点和圆柱节点的抗震设计方法；

（13）调整节点核芯区受剪承载力计算公式；

（14）新增转换层结构设计要求；

（15）新增高强混凝土结构和预应力混凝土结构抗震设计要点。

一、抗震设计的一般要求

1. 抗震设计的若干重要概念

（1）为了保证结构的抗震安全，根据具体情况，结构单元之间可采取牢固连接或合理分离的方法。高层建筑的结构单元宜采取加强连接的方法。

（2）尽可能设置多道抗震防线，并应考虑某一防线被突破后，引起内力重分布的影响。

（3）结构应具有必要的承载力、刚度、稳定性、延性及耗能等方面的性能，主要耗能构件应有较高的延性和适当刚度，承受竖向荷载的主要构件不宜作为主要耗能构件。

（4）合理地布置抗侧力构件，减少地震作用下的扭转效应。结构刚度、承载力沿房屋高度宜均匀、连续分布，避免造成结构的软弱或薄弱部位。

（5）同一楼层内宜使主要耗能构件屈服以后，其他抗侧力构件仍处于弹性阶段，使“有约束屈服”保持较长阶段，保证结构的延性和抗倒塌能力。

（6）合理地控制结构的非弹性部位（塑性铰区），掌握结构的屈服过程以及最后形成的屈服机制。

(7) 框架抗震设计应遵守："强柱、弱梁、更强节点核芯区"。

(8) 采取有效措施防止钢筋滑移、混凝土过早的剪切破坏和压碎等脆性破坏。

(9) 考虑上部结构嵌固于基础结构或地下室结构之上时，基础结构或地下室结构应具有足够的整体刚度和承载能力。当上部形成屈服机制后，基础结构或地下室结构应保持弹性工作。

(10) 高层建筑的地基主要受力范围内存在不均匀软弱粘性土层时，不宜采用天然地基。采用天然地基的高层建筑应考虑地震作用下，地基变形对上部结构的影响。

2. 钢筋混凝土房屋适用的最大高度

甲类建筑应进行专门研究，乙、丙类建筑可按表 8-1 采用。

现浇钢筋混凝土房屋适用的最大高度（m） **表 8-1**

结构类型	设防烈度			
	6	7	8	9
框架	60	55	45	25
框架-抗震墙	130	120	100	50
抗震墙	140	120	100	60
部分框支抗震墙	120	100	80	不应采用
框架-核心筒	150	130	100	70
筒中筒	180	150	120	80
板柱-抗震墙	40	35	30	不应采用

注：1. 房屋高度指室外地面到主要屋面板板顶的高度（不包括局部突出屋顶部分）；

2. 框架-核心筒结构指周边稀柱框架与核心筒组成的结构；

3. 部分框支抗震墙结构指首层或底部两层框支抗震墙结构；

4. 筒体结构带有一部分主要承受竖向荷载的无梁楼盖时，不作为板柱抗震墙结构；

5. 不规则或Ⅳ类场地的结构，其最大适用高度一般降低 20% 左右；

6. 超过表内高度的房屋，应进行专门研究和论证，采取有效的加强措施。

3. 高层建筑的高宽比限值

高层建筑的高宽比，不宜超过表 8-2 的限值。

高层建筑的高宽比限值 **表 8-2**

结构类型	设防烈度		
	6度、7度	8度	9度
框架、板柱-抗震墙	4	3	2
框架-抗震墙	5	4	3
抗震墙	6	5	4
筒　体	6	5	4

注：1. 结构高宽比指房屋高度与结构平面最小投影宽度之比；

2. 当主体结构下部有大底盘时，高宽比可自大底盘以上算起；

3. 超过表 8-2 限值时，结构设计应有可靠依据，并采取有效措施。

4. 混凝土结构抗震验算的烈度

按建筑类别调整后用于结构抗震验算的烈度，见表 8-3。

建筑类别调整后用于结构抗震验算的烈度 　　表 8-3

建筑类别	设防烈度			
	6	7	8	9
甲类	7	8	9	9 *
乙、丙、丁类	6 *	7	8	9

注：1.9 * 提高幅度，应专门研究；
　　2.6 * 除特殊要求外，不需抗震验算。

5. 现浇钢筋混凝土房屋的抗震等级

(1) 确定抗震等级的烈度

按建筑类别及场地调整后用于确定抗震等级的烈度，见表 8-4。

按建筑类别及场地调整后用于确定抗震等级的烈度 　　表 8-4

建筑类别	场地	设防烈度			
		6	7	8	9
甲、乙类	Ⅰ	6	7	8	9
	Ⅱ、Ⅲ、Ⅳ	7	8	9	9 *
丙类	Ⅰ	6	6	7	8
	Ⅱ、Ⅲ、Ⅳ	6	7	8	9
丁类	Ⅰ	6	6	7	8
	Ⅱ、Ⅲ、Ⅳ	6	7^-	8^-	9^-

注：1. I 类场地按调整后的抗震烈度，由表 8-5 确定抗震等级中的抗震构造措施，但内力调整的抗震等级仍与 II、III、IV 类场地相同；
　　2. 9 * 表示比 9 度一级更有效的抗震措施，主要考虑合理的建筑平面及体型、有利的结构体系和更严格的抗震措施。具体要求应进行专门研究；
　　3. 7^-、8^-、9^- 表示该抗震等级的抗震构造措施可以适当降低。

(2) 抗震等级

钢筋混凝土结构的抗震措施，包括内力调整和抗震构造措施，不仅要按建筑类别区别对待，而且要按抗震等级划分，因为同样烈度下不同结构体系、不同高度有不同的抗震要求。例如：次要抗侧力构件的抗震要求可低于主要抗侧力构件；较高的房屋地震反应大，位移延性的要求也较高。表 8-5 为现浇钢筋混凝土房屋的抗震等级，其中的“框架”和“框架结构”有不同的含义，“框架结构”指纯框架结构，而“框架”则泛指框架结构和框架抗震墙等结构体系中的框架部分。

当框架-抗震墙结构有足够的抗震墙时，其框架部分属于次要的抗侧力构件，在基本振型地震作用下，框架承受的地震倾覆力矩小于结构总地震倾覆力矩的 50% 时，其框架部分的抗震等级可按框架-抗震墙结构的规定来划分。若框架部分承受的地震倾覆力矩大于结构总地震倾覆力矩的 50%，其框架部分的抗震等级应按框架结构确定，最大适用高度可以比框架结构适当增加（不超过 20%）。框架承受的地震倾覆力矩可按下式计算：

$$M_{\mathrm{f}} = \sum_{i=1}^{n} \sum_{j=1}^{m} V_i h_i \qquad (8\text{-}1)$$

式中　M_{f}——框架抗震墙结构在基本振型地震作用下框架部分承受的地震倾覆力矩，上式中不考虑框架梁对抗震墙的约束作用；

n——结构层数；

m——框架各层的柱根数；

V_i——第 i 层某一根框架柱的计算地震剪力；

h_i——第 i 层的层高。

现浇钢筋混凝土房屋的抗震等级 **表 8-5**

结构类型			按建筑类别及场地调整的烈度						
			6		7		8		9
框架结构	高度（m）		≤30	>30	≤30	>30	≤30	>30	≤25
	框架		四	三	三	二	二	一	一
	剧场、体育馆等大跨度公共建筑		三		二		一		一
框架-抗震墙结构	高度（m）		≤60	>60	≤60	>60	≤60	>60	≤50
	框架		四	三	三	二	二	一	一
	抗震墙		三		二		一	一	一
抗震墙结构	高度（m）		≤80	>80	≤80	>80	≤80	>80	≤60
	抗震墙		四	三	三	二	二	一	一
部分框支抗震墙结构	抗震墙		三	二	二		一		
	框支层框架		二		二	一	一		
筒体结构	框架-核心筒	框架	三		二		一		一
		核心筒	二		二		一		一
	筒中筒	外筒	三		二		一		一
		内筒	三		二		一		一
板柱-抗震墙结构	板柱的柱、周边框架		三		二		一		
	抗震墙		二		二		二		

注：1．接近或等于高度分界时，允许结合房屋规则程度及地基条件确定抗震等级；

2．部分框支抗震墙结构的底部加强部位以上抗震墙的抗震等级可均按抗震墙结构考虑。

裙房与主楼相连，裙房屋面部位的主楼上下各一层受刚度与承载力突变影响较大，抗震措施需要适当加强。裙房主楼之间设防震缝，在大震作用下可能发生碰撞，也需要采取加强措施。

带地下室的多层和高层建筑，当地下室结构的刚度和受剪承载力比上部楼层相对较大时（参见 2001 规范 6.1.14 条），地下室顶板可视作嵌固部位，在地震作用下的屈服部位将发生在地上楼层，同时将影响到地下一层。地面以下地震响应虽然逐渐减小，但地下一层的抗震等级不能降低，根据具体情况，地下二层的抗震等级可以降低，按三级或更低等级（图 8-1）。9 度时专门研究。

6．防震缝与抗撞墙

(1) 防震缝

当建筑平面过长、结构单元的结构体系不同、高度或刚度相差过大以及各结构单元的地基条件有较大差异时，应考虑设防震缝，其最小宽度应符合以下要求（图 8-2）：

① 框架结构房屋的防震缝宽度，当高度不超过 15m 时可采用 70mm；超过 15m 时，6 度、7 度、8 度和 9 度相应每增加高度 5m、4m、3m 和 2m，宜分别加宽 20mm。

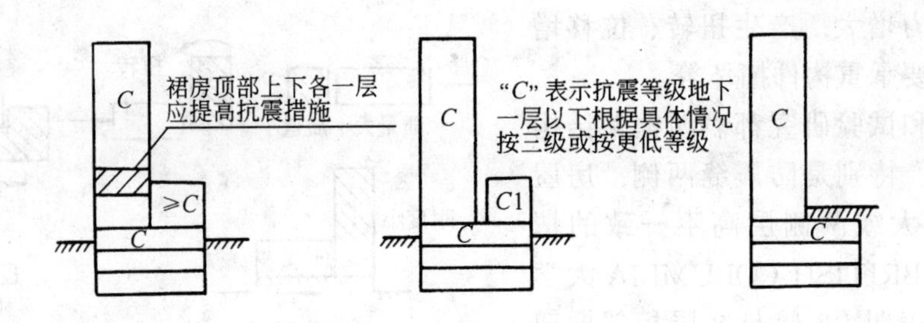

图 8-1　抗震等级示意图

② 框架-抗震墙结构房屋的防震缝宽度可采用框架结构规定数值的 70%，抗震墙结构房屋的防震缝宽度可采用框架结构规定数值的 50%，且均不宜小于 70mm。

③ 防震缝两侧结构类型不同时，宜按需要较宽防震缝的结构类型和较低房屋高度确定缝宽。图 8-3 中计算防震缝宽度 t 时，按框架结构并取房屋高度 H。

④ 震害表明，满足规定的防震宽度在强烈地震作用下由于地面运动变化、结构扭转、地基变形等复杂因素，相邻结构仍可能局部碰撞而损坏。防震缝宽度过大，会给建筑处理造成困难，因此，高层建筑宜选用合理的建筑结构方案，不设防震缝，同时采用合理的计算方法和有效的措施，以解决不设缝带来的不利影响，如差异沉降、偏心扭转、温度变形等。

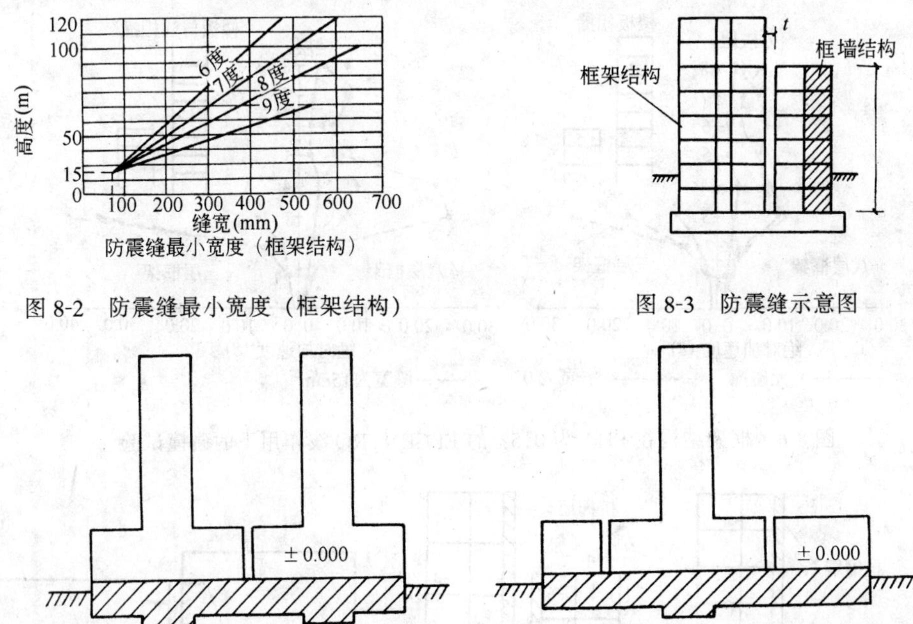

图 8-2　防震缝最小宽度（框架结构）

图 8-3　防震缝示意图

图 8-4　大底盘房屋裙房设缝示意图

高层建筑当有多层地下室形成大底盘，上部结构为带裙房的单塔或多塔结构时，可将裙房用防震缝自地下室以上分隔，地下室顶板应有良好的整体性和刚度，能将上部结构地震作用分布到地下室结构，如图 8-4 所示。

（2）抗撞墙

①图 8-5 说明在大震作用下，防震缝处发生碰撞时的不利部位。不利部位产生的后果

包括地震剪力增大，产生扭转、位移增大、部分主要承重构件撞坏等。

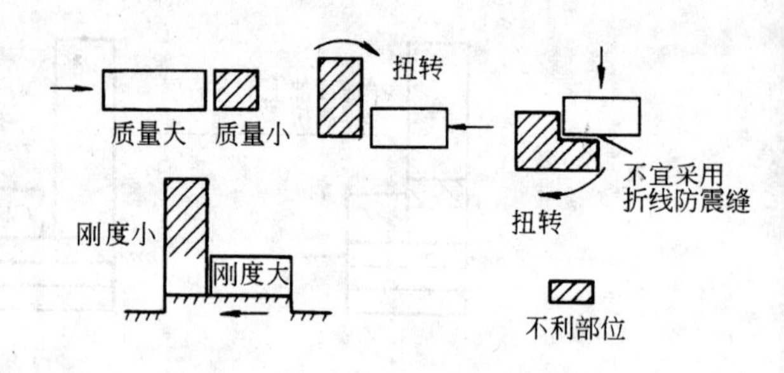

图 8-5 防震缝设置后的不利部位

②震害和试验研究都表明框架结构对抗撞不利，特别是防震缝两侧，房屋高度相差较大或两侧层高不一致的情况。加拿大 BRITISH COLUMBIA 大学的模型试验表明，3 层与 8 层相邻框架结构在 EL-CENTRO 地震波、PHA 为 $0.5g$ 作用下，板与板、板与柱两种碰撞的结果。无碰撞情况下，8 层框架顶部加速度为 $2.5g$，表示 PHA 放大 5 倍。发生碰撞后，位于 3 层框架顶部，当两侧楼层高度一致，楼板相撞时，加速度分别为 $15g$ 和 $23g$。两侧楼层高度不一致时，楼板和柱相撞，两侧加速度分别达到 $25g$ 和 $36g$，详见图 8-6。

③针对上述情况，参考希腊抗震规范，对按 8、9 度设防的钢筋混凝土框架结构房屋防震缝两侧结构高度、刚度或层高相差较大时，在防震缝两侧房屋的尽端沿全高设置垂直于防震缝的抗撞墙，每一侧抗撞墙的数量不应少于两道，宜分别对称布置，墙肢长度可不大于一个柱距，框架和抗撞墙内力应按考虑和不考虑抗撞墙两种情况进行分析，并按不利情况取值。防震缝两侧抗撞墙的端柱和框架边柱，箍筋应沿房屋全高加密（图 8-7）。

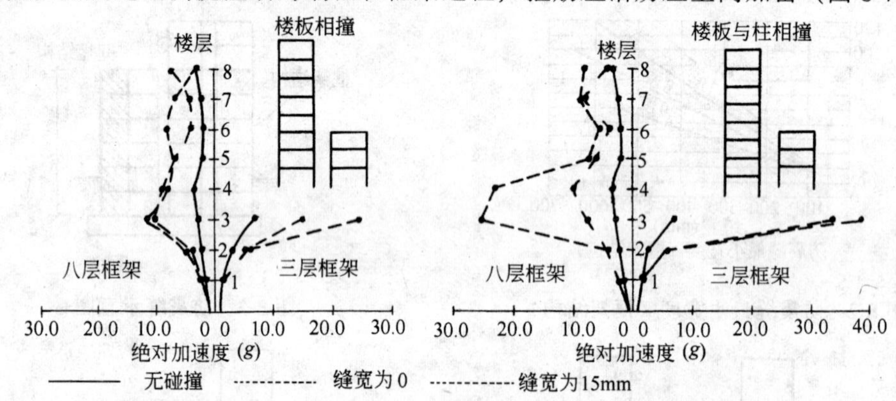

图 8-6 框架结构在 PHA 为 $0.5g$ 的 El-CENTRO 波作用下的碰撞试验

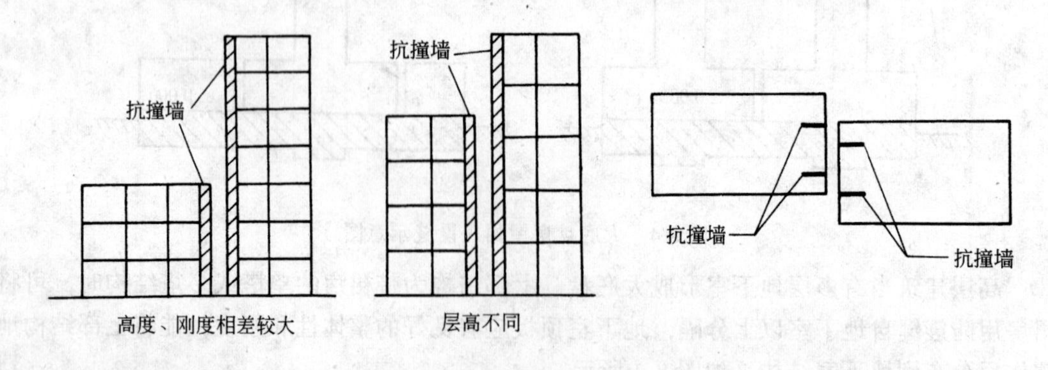

图 8-7 框架结构采用抗撞墙示意图

7. 楼盖及屋盖

(1) 刚性楼屋盖

当楼、屋盖平面内刚度与抗震墙刚度之比相对较大，可以忽略楼、屋盖平面内变形对整体结构内力分布影响时，可称为刚性楼屋盖。

框架-抗震墙结构和板柱-抗震墙结构，都应通过刚性楼、屋盖的连接，将地震作用传递到抗震墙，保证结构在地震作用下的整体工作。为了保证楼、屋盖的刚性，抗震墙之间无大洞口的楼、屋盖长宽比不宜超过表 8-6 的要求。

抗震墙之间楼屋盖的长宽比（L/B） **表 8-6**

楼、屋盖类型	烈度			
	6	7	8	9
现浇、叠合梁板	4	4	3	2
装配式楼盖	3	3	2.5	不宜采用
框支层和板柱-抗震墙结构的现浇梁板	2.5	2.5	2	不应采用

对于抗震墙错位及平面外挑情况，楼、屋盖长宽比可按图 8-8 考虑：

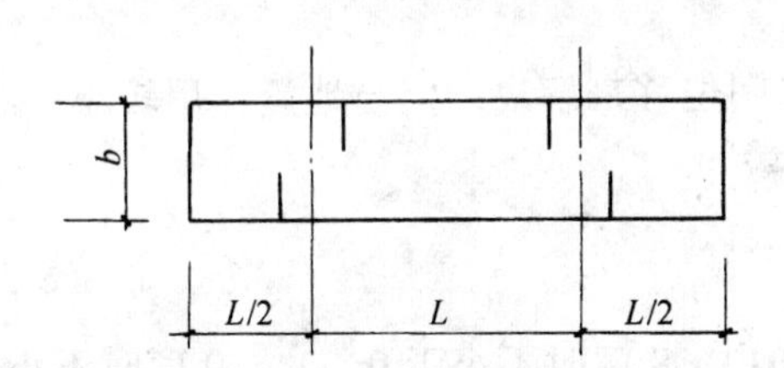

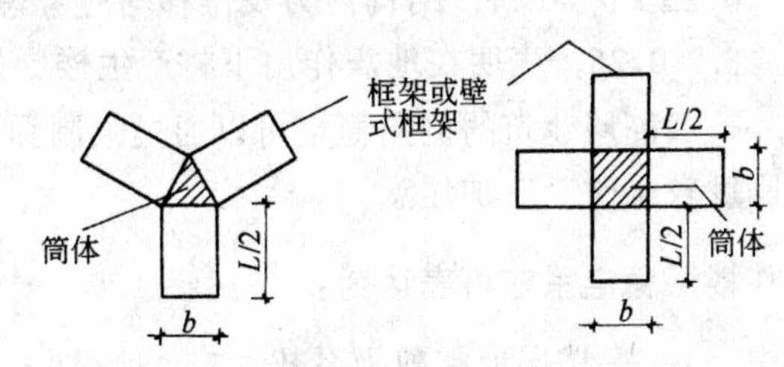

图 8-8 抗震墙之间楼、屋盖长宽比示意图

当楼、屋盖有大洞口时，例如楼梯间，在洞口两侧应设抗震墙。楼盖与抗震墙连接部位有孔洞时，在洞口两侧应增设垂直于抗震墙的补强钢筋，保证楼盖与抗震墙的剪力传递。采用叠合板作为刚性楼层时，后浇叠合层与框架梁及抗震墙通过支座配筋形成整体。9 度时叠合板与后浇叠合层应有连接钢筋。设防烈度不大于 8 度时，可采用有整浇层的预制楼板，板上配筋整浇层厚度不应小于 50mm。当整浇层平面内剪力较大需要配筋解决，或当楼、屋盖有较大洞口需设边缘构件，其现浇层厚度不宜小于 75mm；当整浇层内需埋设电线管道时，管道外径不宜大于整浇层厚度的 1/3，设防烈度为 8 度时，整浇层与预制楼板应通过板缝拉筋增强整体连接，拉筋间距不宜大于 1000mm，拉筋直径不宜小于 6mm。配筋整浇层与抗震墙连接部位的配筋应保证楼、屋盖与抗震墙之间的剪力传递。楼、屋盖周边的边缘构件应与周边框架叠合梁相结合。

框支层的楼盖应将不落地墙及框支层自身的地震剪力传递到落地抗震墙，对框支层楼盖的平面内刚度及受剪、受弯承载力的具体要求，另见框支抗震墙结构部分。

(2) 楼、屋盖的非刚性影响

框架-抗震墙结构的空间分析表明，当抗震墙之间的长宽比超过表 8-6 的限值时，楼、屋盖非刚性对框架楼层剪力的影响，一般只在最下 2～3 层较为明显。例如 12 层左右的框

-墙结构，当楼屋盖的平面内等效刚度[1]与其端部抗震墙等效刚度之比为2时，底层中部框架剪力较按刚性楼盖计算的剪力，约增大25%。刚度比为1时，底层中部框架剪力约增大40%。层数愈多影响愈小。

8. 高层建筑的结构侧向稳定及 P-Δ 效应

高宽比较大或带有软弱层及扭转效应明显的高层建筑，应进行侧向稳定验算，高层建筑的楼层侧向稳定可由稳定系数 θ 来判别。

第 i 楼层的稳定系数 θ_i 可按下式计算：

$$\theta_i = \frac{G_i\Delta_i}{V_ih_i} \tag{8-2}$$

式中 G_i——位于楼层 i 及其以上楼层的总重力荷载代表值，8、9度时尚应考虑竖向地震作用，8度时为总重力荷载的10%，9度时为总重力荷载的20%；

V_i——位于楼层 i 及楼层 $i-1$ 之间的地震剪力标准值；

Δ_i——对应于 V_i 的层间位移差；

h_i——楼层 i 的层高。

当 $\theta_i \leqslant 0.1$，可不考虑 P-Δ 效应；

$0.25 \geqslant \theta_i > 0.1$，结构内力及位移均应考虑 P-Δ 效应；

$\theta_i > 0.25$，表明在地震作用下将产生楼层失稳。

一般高层建筑的侧向稳定可以通过限制弹性层间位移来解决，但当地震作用较小，结构刚度较柔时，应加注意。

楼层稳定系亦可表达为：

$$\theta_i = \frac{1}{\lambda}\frac{\Delta_i}{h_i} \tag{8-3}$$

式中 λ——楼层地震剪力系数，7度时不小于0.012，8度时不小于0.024，9度时不小于0.04；

Δ_i/h_i——弹性层间位移角限值，框架为1/550，框架-剪力墙、框架-核心筒为1/800，抗震墙结构及筒中筒结构为1/1000。

相应于最小地震剪力和最大层间位移的楼层稳定系数列于表8-7。

θ 值 **表8-7**

结构	7度	8度	9度
框架	0.152	0.076	0.045
框-墙 框架-核心筒	0.105	0.052	0.031
抗震墙、筒中筒	0.084	0.042	0.025

从表8-7，可以看出框架结构及框架-抗震墙结构按7度最小地震剪力设计时，如不考虑 P-Δ 效应，应适当加强楼层侧向刚度。

9. 基础及地下室结构抗震设计

(1) 基础结构抗震设计基本要求

[1] 等效刚度为考虑剪切变形修正的抗弯刚度。

基础结构应有足够承载力承受上部结构的重力荷载和地震作用，基础与地基应保证上部结构的良好嵌固、抗倾覆能力和整体工作性能。在地震作用下，当上部结构进入弹塑性阶段，基础结构应保持弹性工作，此时，基础结构可按非抗震的构造要求。

多层和高层建筑带有地下室时，在具有足够刚度、承载力和整体性的条件下，地下室结构可考虑为基础结构的一部分。当地下室不少于两层时，地下室顶部可作为上部结构的嵌固部位。上部结构与地下室结构可分别进行抗震验算。

采用天然地基的高层建筑的基础，根据具体情况应有适当的埋置深度，在地基及侧面土的约束下增强基础结构抗侧力稳定性。高层建筑的基础埋深应按地基土质、设防烈度及基础结构刚度等条件来确定。较高的烈度要求较深的基础，土质坚硬则埋深可较浅。根据具体情况，基础埋深可采用地面以上房屋总高度的 1/18～1/15。

为了保证在地震作用下，基础的抗倾覆能力，高宽比大于 4 的高层建筑的天然地基在多遇地震作用和竖向荷载共同作用下，基础底面不宜出现零应力区，其他建筑基础底面的零应力区面积不宜超过基础底面面积的 15%。当高层建筑与裙房相连，地基的差异沉降和地震作用下基础的转动都会给相连结构造成损伤。因此在相连部位，高层建筑基础底面在地震作用下亦不宜出现零应力区，同时应加强高低层之间相连基础结构的承载力，并采取措施减少高、低层之间的差异沉降影响。

无整体基础的框架-抗震墙结构和部分框支抗震墙结构是对抗震墙基础转动非常敏感的结构，为此必须加强抗震墙基础结构的整体刚度，必要时应适当考虑抗震墙基础转动的不利影响。

(2) 各类基础的抗震设计

① 单独柱基：单独柱基一般用于地基条件较好的多层框架，采用单独柱基时，应采取措施保证基础结构在地震作用下的整体工作。属于以下情况之一时，宜沿两个主轴方向，设置基础系梁。

a. 一级框架和Ⅳ类场地的二级框架；

b. 各柱基承受的重力荷载代表值差别较大；

c. 基础埋置较深，或各基础埋置深度差别较大；

d. 地基主要受力层范围内存在软弱粘性土层或液化土层；

e. 桩基承台之间。

一般情况，系梁宜设在基础顶部，当系梁的受弯承载力大于柱的受弯承载力时，地基和基础可不考虑地震作用。应避免系梁与基础之间形成短柱。当系梁距基础顶部较远，系梁与柱的节点应按强柱弱梁设计。

一、二级框架结构的基础系梁除承受柱弯矩外，边跨系梁尚应同时考虑不小于系梁以上的柱下端组合的剪力设计值产生的拉力或压力。

②弹性地基梁：无地下室的框架结构采用地基梁时，一、二级框架结构地基梁应考虑柱根部屈服、超强的弯矩作用。

③桩基：桩的纵筋与承台或基础应满足锚固要求；桩顶箍筋应满足柱端加密区要求。上、下端嵌固的支承短桩，在地震作用下类似短柱作用，宜采取相应构造措施。采用空心桩时，宜将柱桩的上、下端用混凝土填实。

计算地下室以下桩基承担的地震剪力，可按 2001 规范第四章的规定，当地基出现零应力区时，不宜考虑受拉桩承受水平地震作用。

(3) 地下室作为上部结构嵌固部位的要求

地下室顶板作为上部结构的嵌固部位时，地下室层数不宜少于两层，并应能将上部结构的地震剪力传递到全部地下室结构。地下室顶板不宜有较大洞口。地下室结构应能承受上部结构屈服超强及地下室本身的地震作用，为此近似考虑地下室结构的侧向刚度与上部结构侧向刚度之比不宜小于 2，地下室柱截面每一侧的纵向钢筋面积，除满足计算要求外，不应小于地上一层对应柱每侧纵筋面积的 1.1 倍。地下室抗震墙的配筋不应少于地上一层抗震墙的配筋。当进行方案设计时，侧向刚度比可用下列剪切刚度比 γ 估计。

$$\gamma = \frac{G_0 A_0 h_1}{G_1 A_1 h_0} \tag{8-4}$$

$$[A_0, A_1] = A_w + 0.12 A_c$$

式中 G_0，G_1——地下室及地上一层的混凝土剪变模量；

A_0，A_1——地下室及地上一层折算受剪面积；

A_w——在计算方向上，抗震墙全部有效面积；

A_c——全部柱截面面积；

h_0，h_1——地下室及地上一层的层高；

地上一层的框架结构柱底截面和抗震墙底部的弯矩均为调整后的弯矩设计值。考虑柱在地上一层的下端出铰，该处梁柱节点的梁端受弯承载力之和不宜小于柱端受弯承载力之和。

(4) 地下室结构的抗震设计

地下室结构的抗震设计，除考虑上部结构地震作用以外，还应考虑地下室结构本身的地震作用，这部分地震作用与地下室埋置深度、不同土质和基础转动有关。日本规范规定建筑结构埋置深度在 20m 以下可按地面处的 50% 考虑地震作用。我国 2001 规范明确了在一定条件下考虑地基与上部结构相互作用，可考虑各楼层地震剪力的折减，对地下室结构的地震作用如何取值未作明确规定。因此对一般埋置深度的地下室地震作用，可不考虑折减。当地下室层数较多以及地基产生零应力情况时，地下室部分的地震作用可考虑适当折减。

二、钢筋混凝土框架

框架包括纯框架结构和框架-抗震墙结构、框架-核心筒结构的框架部分。

1. 抗震设计一般要求

一般框架结构和框架均采用现浇钢筋混凝土，设防烈度为 6～8 度时，可采用装配式楼盖，板与梁应有可靠连接，板面应有现浇配筋面层。框架结构的梁、柱沿房屋高度宜保持完整，不宜抽柱或抽梁，使传力途径突然变化；柱截面变化，不宜位于同一楼层。在同一结构单元，宜避免由于错层形成短柱。局部突出屋顶的塔楼不宜布置在房屋端部，电梯筒非对称布置时，应考虑其不利作用，必要时可采取措施，减小电梯筒的刚度。

采用砌体作为填充墙时，应考虑在地震作用下，对框架的不利作用：

(1) 楼层平面内不对称布置填充墙引起扭转作用；

(2) 沿高度填充墙布置不连续形成软弱层；

(3) 填充墙对梁、柱引起的附加剪力和轴力；

(4) 柱、梁受填充墙约束形成短柱或短梁。

2. 框架梁的选型和一般构造

(1) 普通框架梁

框架梁截面宽度不宜小于200mm；截面高宽比不宜大于4；净跨与截面高度之比不宜小于4。

(2) 扁梁

扁梁指梁截面高度不大于梁截面宽度的梁。扁梁宽度大于柱宽时，不宜用于框架结构。楼板应采用现浇，为了减小偏心扭转对梁、柱节点的不利效应，梁中线宜与柱中线重合，扁梁宜双向布置，沿框架周边的梁采用扁梁时，应考虑单侧楼板对梁的扭转效应。扁梁的截面尺寸应符合以下要求（图8-9）：

$$b_{\mathrm{b}} \leqslant 2b_{\mathrm{c}};$$

$$b_{\mathrm{b}} \leqslant b_{\mathrm{c}} + h_{\mathrm{b}};$$

$$h_{\mathrm{b}} \geqslant 16d$$

式中 b_{c}——柱截面宽度，圆形截面取柱直径的0.8倍；

b_{b}，h_{b}——分别为梁截面宽度和高度；

d——柱纵筋最大直径。

扁梁的截面高度尚应满足挠度和裂缝宽度的有关规定。

(3) 框架梁的塑性铰

框架梁是框架和框架结构在地震作用下的主要耗能构件，因此梁、特别是梁的塑性铰区应保证有足够的延性。影响梁延性的诸因素有梁的剪跨比、截面剪压比、截面配筋率、受压区高度比和配箍率等。不同抗震等级对上述诸方面有不同的要求。

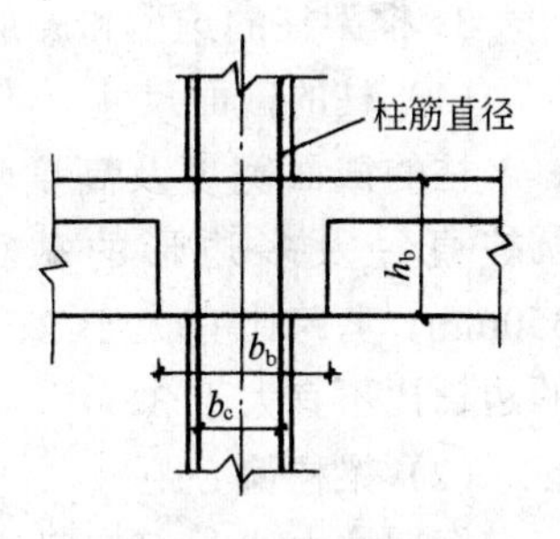

图8-9 扁梁示意图

在地震作用下，梁端塑性铰区保护层容易脱落，如梁截面宽度过小，则截面损失比例较大。为了对节点核芯区提供约束以提高其受剪承载力，梁宽不宜小于柱宽的1/2，如不能满足，则应考虑核芯区的有效受剪截面。窄而高的梁截面不利于混凝土的约束，梁的塑性铰发展范围与梁的跨高比有关。当梁净跨与梁截面的高度之比小于4时，在反复受剪作用下交叉斜裂缝将沿梁的全跨发展，从而使梁的延性及受剪承载力急剧降低。为了改善其性能，可适当加宽梁的截面以降低梁截面的剪压比，并采取有效配筋方式，如设置交叉斜筋或沿梁全长加密箍筋及增设水平腰筋等。

梁柱节点，特别是中柱节点在地震反复作用下，梁的纵筋屈服逐渐深入节点核芯，产生反复滑移现象，节点刚度退化，使框架梁变形增大，梁的支座纵向受拉筋不能充分发挥作用，降低了梁的后期受弯承载力。为了保证一、二级框架中柱节点处，梁纵筋锚固性能，贯通中柱的纵向钢筋直径不宜大于沿纵筋方向柱截面边长的1/20，对圆形截面柱，不宜大于纵向钢筋所在位置柱截面弦长的1/20。以上锚固要求，三级框架亦宜适当考虑。解决梁纵筋在节点核芯区滑移更为有效的措施是通过特殊的配筋方式，使梁的塑性铰转移到距柱面不小于梁截面高度，也不小于500mm的位置，梁筋不在柱面处屈服，改善了锚固性能，避免在核心区滑动。

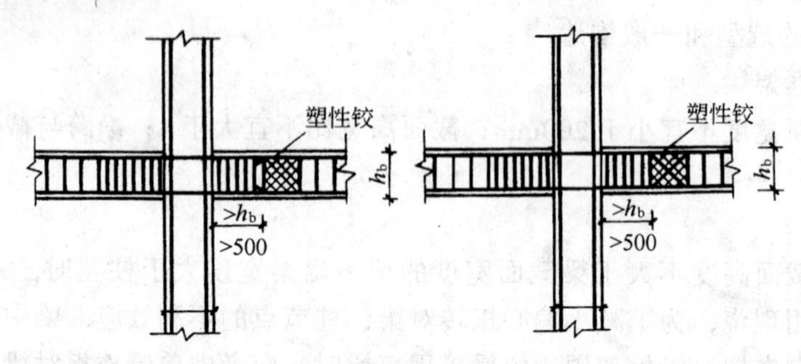

图 8-10　转移塑性铰的两种方式

转移梁铰可采取附加短筋，短筋可为直筋，也可在塑性铰处弯折，形成交叉斜筋，后者可增强梁铰的受剪承载力及耗能能力，如图8-10所示。条件许可时，也可利用加腋梁来实现梁铰转移。

为了保证梁铰的转移，梁端受弯承载力应比梁铰处的受弯承载力提高25%。有交叉斜筋的塑性铰，计算受弯承载力时，应考虑斜筋的作用。梁铰转移后，梁铰之间的跨度变小，梁的剪力增大；考虑强柱弱梁时，梁的弯矩应取转移铰处的受弯承载力。

3. 框架柱的选型和一般构造

(1) 柱的截面尺寸

柱的截面宽度及高度均不宜小于300mm，圆柱直径及多边形的截面内切圆不宜小于350mm；剪跨比宜大于2；截面的长边与短边的边长比不宜大于3。

(2) 梁柱偏心距

框架柱中线与框架梁中线之间的偏心距不宜大于柱截面宽度的1/4。偏心距过大，在地震作用下将导致梁柱节点核芯区受剪面积不足，并对柱带来不利的扭转效应。抗震墙与框架柱的偏心距超过柱宽的1/4，也会给柱造成应力集中不利影响（图8-11）。

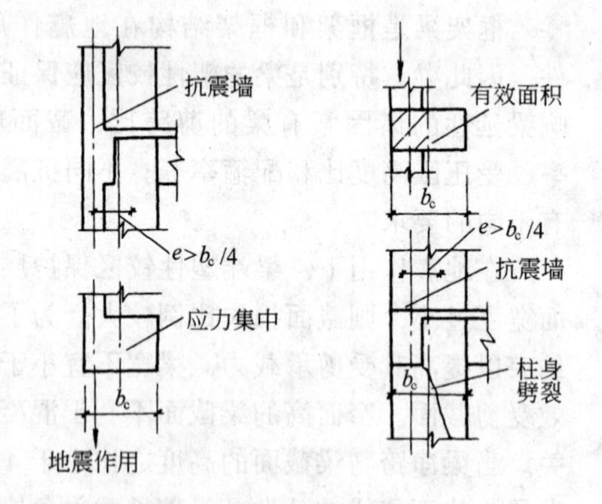

图 8-11　梁柱偏心影响

89规范和2001规范从两方面对偏心梁、柱节点加以限制。其一是限制偏心距不大于柱宽的1/4，其二是按有效截面限制核芯区剪压比，这是比较稳妥的方法。有时由于建筑设计的需要，特别是框架边节点，梁柱偏心超过规范的限值，试验研究说明采用水平加腋是一种可行的措施，但需满足一定的限制条件和设计要求。

(3) 柱的纵向配筋（矩形和圆形截面柱）

①纵筋宜对称配置；

②截面大于 400mm 的柱，纵向钢筋间距不宜大于 200mm；

③柱的总配筋率不应大于 5%；

④剪跨比不大于 2 的柱，每侧纵向钢筋配筋率不宜大于 1.2%；

⑤边柱、角柱考虑地震作用组合产生小偏心受拉时，为了避免柱的受拉纵筋屈服后再受压，由于包辛格效应导致纵筋压屈，柱内纵筋总截面面积计算值应增加 25%；

⑥ 采用 HRB400 级热轧钢筋时，柱的纵筋最小总配筋率可减小 0.1，同时每一侧配筋率不宜少于 0.2%；

⑦ 建造于Ⅳ类场地上较高的高层建筑，包括 6 度时需要计算地震作用的高层建筑，最小总配筋率宜增加 0.1。

（4）柱的箍筋加密范围

①柱端取截面高度（圆柱直径）、柱净高的 1/6 和 500mm 三者的最大值；

②底层柱嵌固部位的箍筋加密范围不小于柱净高的 1/3；当有刚性地面时，除柱端外尚应取刚性地面上、下各 500mm；

③剪跨比不大于 2 的柱和因非结构墙的约束形成的净高与柱截面高度之比不大于 4 的柱，取全高。箍筋间距不应大于 100mm。梁柱之间偏心较大，宜取全高；

④至少每隔一根纵向钢筋宜在两个方向有箍筋或拉筋约束，采用拉筋复合箍时，拉筋应紧靠纵筋并勾住箍筋；

⑤柱纵筋搭接部位应避开箍筋加密范围，搭接部位的箍筋间距不应大于 100mm；

⑥柱剪跨比不大于 2 的框架节点核芯区配箍特征值不宜小于核芯区上、下柱端的较大配箍特征值；

⑦拉筋交接处应有 135°弯勾，弯勾端头直段长度为 $10d$（d 为箍筋直径）且不少于 75mm；

⑧柱箍筋非加密区的体积配箍率不宜小于加密区的 50%。

（5）柱轴压比

轴压比指柱的组合轴压力设计值与柱的全截面面积和混凝土抗压强度设计值乘积之比值。轴压比是影响柱的破坏形态和变形能力的重要因素。轴压比不同，柱将呈现两种破坏形态，即受拉钢筋首先屈服的大偏心受压破坏和混凝土受压区压碎而受拉钢筋未屈服的小偏心受压破坏。框架柱的抗震设计一般应在大偏心受压破坏范围，以保证柱有一定延性。2001 规范仍以 89 规范的限值为依据，根据不同情况进行适当调整，同时控制轴压比最大值。对于剪跨比大于 2，混凝土强度等级不高于 C60 的一、二、三抗震等级框架结构柱的轴压比限值分别取 0.7、0.8、0.9，建造于Ⅳ类场地上高度较高的高层建筑，柱轴压比限值宜适当降低。剪跨比不大于 2 的柱轴比限值应降低 0.05，剪跨比小于 1.5 的柱轴压比限值应专门研究，采取特殊构造措施。在框架-抗震墙、板柱-墙及筒体结构中，框架处于第二道防线，因此可以将各级框架结构柱的轴压比限值分别放宽 0.05。

利用箍筋对柱加强约束，在三向受压状态下，可以提高柱的混凝土抗压强度，从而放宽柱轴压比限值。1928 年美国伊里诺大学 F.E.Richart 通过试验研究提出混凝土在三向受压状态下的抗压强度表达式，得出混凝土柱在箍筋约束条件下的混凝土抗压强度。我国清华大学研究成果和日本 AIJ 钢筋混凝土房屋设计指南（1994）都提出考虑箍筋约束提高混凝土强度作用时，复合箍筋肢距不宜大于 200mm，箍筋间距不宜大于 100mm，箍筋直径不宜小于 10mm 的构造要求。美国 ACI 资料考虑螺旋箍筋提高混凝土强度作用时，箍筋直径不宜小于 10mm，净螺距不宜大于 75mm。矩形截面柱采用连续矩形复合螺旋箍是一种非常有效的提高柱的延性措施，这已被西安建筑科技大学的试验研究所证实。根据日本川铁株式会社 1998 年发表的试验报告，相同的柱截面、相同配筋、配箍率、箍距及箍筋肢距，采用连续复合螺旋箍，比一般复合箍筋可提高柱的极限变形角 25%。采用连续复合矩形螺旋箍，螺旋净距不大于 80mm，箍筋肢距不大于 200mm，箍筋直径不小于 10mm，可按圆形复合螺旋箍对待。

2001 规范规定符合以下情况之一时，柱轴压比限值可增加 0.10，并按增大的轴压比求配箍特征值 λ_v：

①沿柱全高采用井字形复合箍，肢距≤200mm，箍距≤100mm，直径不小于 12mm；

②沿柱全高采用复合螺旋箍，肢距≤200mm，螺旋筋间距≤100mm，直径不小于 12mm；

③沿柱全高采用矩形复合螺旋箍，螺旋筋净距不大于 80mm，肢距≤200mm，直径不小于 10mm。

试验研究和工程经验都证明在矩形或圆形截面柱内设置矩形核芯柱不但可以提高柱的受压承载力，还可以提高柱的变形能力，特别对于承受高轴压的短柱，更有利于改善变形能力，延缓倒塌（图 8-12）。芯柱边长不宜小于 250mm，芯柱纵筋不宜少于柱截面面积的 0.8%。

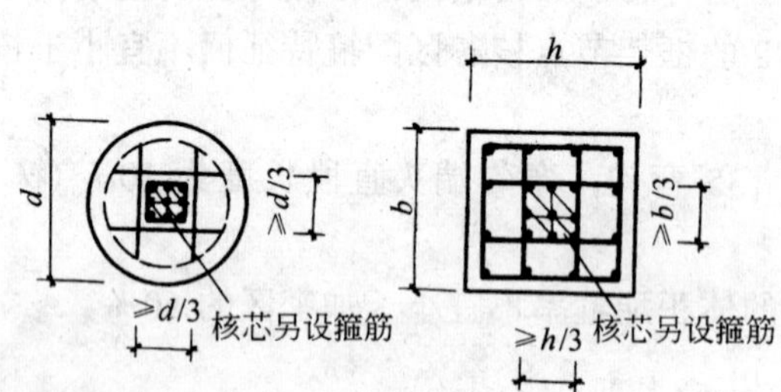

图 8-12

2001 规范规定，增设核芯后，柱轴压比可增加 0.05，求配箍特征值 λ_v 时，仍按原轴压比，此项措施与增加箍筋的三种措施之一共同采用时，轴压比限值可增加 0.15。采取上述各类措施后，柱的轴压比限值不应大于 1.05。

(6) 柱的最小配筋特征值 λ_v 及体积配箍率 ρ_v

$$\rho_v = \lambda_v \frac{f_c}{f_{yv}} \tag{8-5}$$

式中 ρ_v——体积配箍率，为箍筋体积与不包括净保护层混凝土体积的比值，计算复合箍的体积配箍率，应扣除重叠部分的箍筋体积；

f_c——柱混凝土轴心抗压强度设计值，强度等级低于 C35 时，应按 C35 计算；

f_{yv}——箍筋或拉筋抗拉强度设计值，超过 360N/mm^2 时，应取 360N/mm^2 计算。

剪跨比不大于 2 的柱宜采用复合螺旋箍或井字复合箍，其体积配筋率不应小于 1.2%，9 度时不应小于 1.5%。

计算复合螺旋箍的体积配箍率时，其中非螺旋箍的箍筋体积应乘以折算系数 0.8。

（7）常用的矩形和圆形柱截面的箍筋类别（图 8-13）：

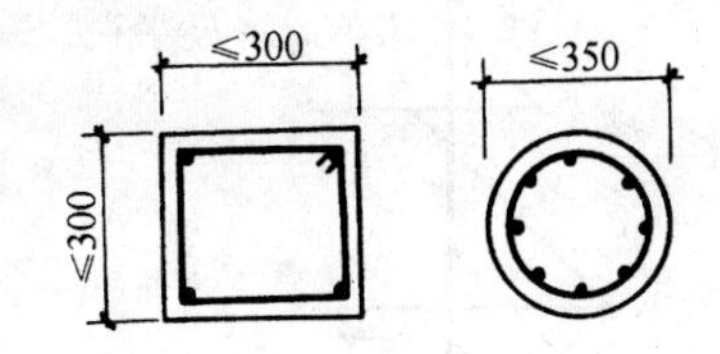

方、圆形普通箍

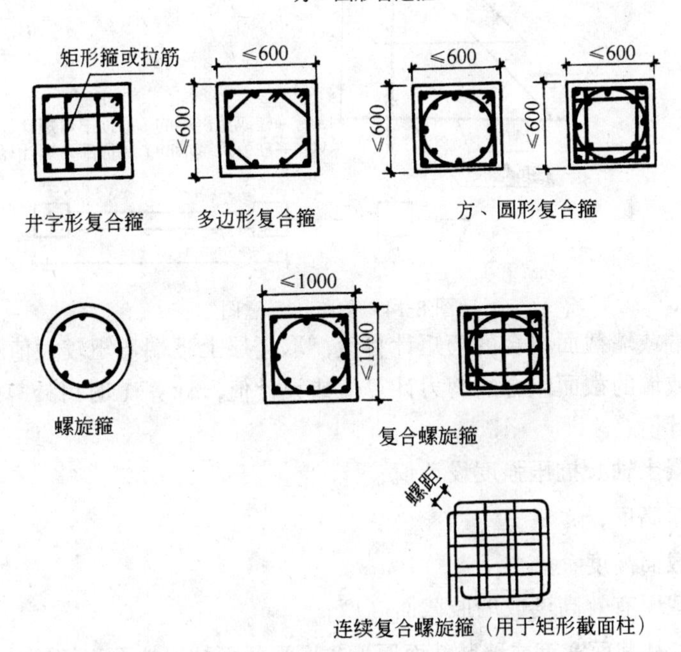

图 8-13

4. 剪跨比与剪压比

剪跨比与剪压比是判别梁、柱和墙肢等抗侧力构件抗震性能的重要指标。剪跨比用于区分变形特征和变形能力，剪压比用于限制内力，保证延性。剪跨比与剪压比可分别按以下公式计算：

剪跨比：

$$\lambda=\frac{M}{Vh_0} \tag{8-6}$$

$\lambda>2$，弯剪型，弯曲型

$\lambda\leqslant 2$，剪切型

剪跨比可以用图 8-14 表示：

剪压比：

$$\beta=\frac{\gamma_{RE}V}{f_c bh_0} \tag{8-7}$$

跨高比大于 2.5 的梁和连梁及剪跨比大于 2 的柱和墙肢应限制 $\beta\leqslant 0.2$。

跨高比不大于 2.5 的连梁及剪跨比不大于 2 的柱和墙肢应限制 $\beta\leqslant 0.15$。

式中　λ——剪跨比，反弯点位于楼层中部的框架柱可按柱净高与两倍柱截面高度之比计算，$\lambda=\frac{H_n}{2h}$；

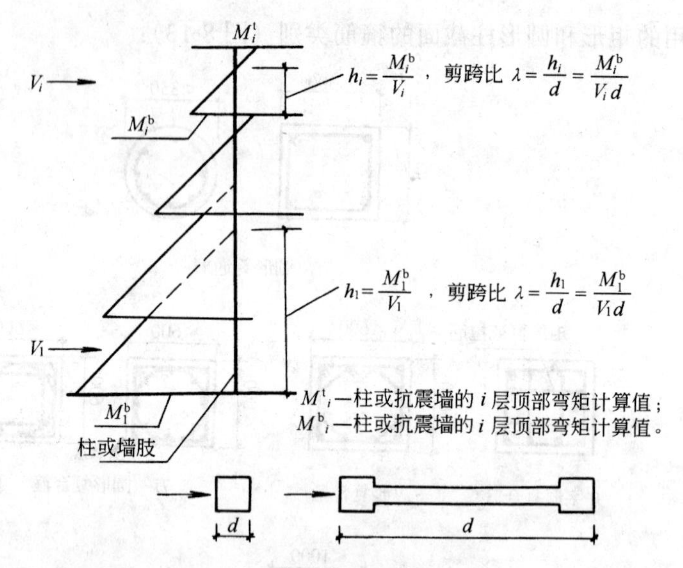

图 8-14 剪跨比示意图

M——柱端或墙截面组合的弯矩计算值，取楼层上下端弯矩较大值；

V——柱或墙的截面组合的剪力计算值或设计值，计算 λ 时用计算值，计算 β 时用设计值；

f_c——混凝土轴心抗压强度设计值；

H_n——柱净高度；

h——柱截面高度；

h_0——柱截面有效高度或墙肢截面高度；

b——梁、柱截面宽度或墙肢截面厚度，圆形截面柱可按面积相等的方形截面计算。

5．一级框架结构和一级框架的计算和细部配筋构造

(1) 强柱弱梁

所谓"强柱弱梁"指的是：节点处梁端实际受弯承载力 M_{by}^a 和柱端实际受弯承载力 M_{cy}^a 之间满足下列不等式：

$$\Sigma M_{cy}^a > \Sigma M_{by}^a \tag{8-8}$$

规范的规定是在不同程度减缓柱端的屈服，一般采用增大柱端弯矩设计值的方法，将承载力的不等式转为内力设计值的关系式，采用不同增大系数，使不同抗震等级的框架柱端弯矩设计值有不同程度的差异。2001 规范比 89 规范适当提高了强柱弱梁的弯矩增大系数 η_c。对一级框架结构和 9 度，除采用增大系数的方法外，还采用梁端实配钢筋面积和材料强度标准值计算的抗震受弯承载力所对应的弯矩值并再乘以增大系数 1.2 的方法，主要考虑部分楼板钢筋的作用。

框架的梁柱节点处，除框架顶层和柱轴压比小于 0.15 者外，柱端组合的弯矩设计值应符合下式要求：

$$\Sigma M_c = 1.4\Sigma M_b \tag{8-9}$$

9 度和框架结构，尚应符合：

$$\Sigma M_c = 1.2\Sigma M_{bua} \tag{8-10}$$

式中 $\sum M_c$——节点上下柱端截面顺时针或反时针方向组合的弯矩设计值之和，上下柱端的弯矩设计值，可按弹性分析分配；

$\sum M_b$——节点左右梁端截面反时针或顺时针方向组合的弯矩设计值之和，一级框架节点左右梁端均为负值时，绝对值较小的弯矩取零；

$\sum M_{bua}$——节点左右梁端截面反时针或顺时针方向实配的正截面抗震受弯承载力所对应的弯矩值之和，可根据实际配筋面积（考虑受压钢筋）和材料强度标准值按式（8-11）确定。

$$M_{bua} = \frac{1}{\gamma_{RE}}\left[f_{ck}bx\left(h_0 - \frac{x}{2}\right) + f_{yk}A'_s(h_0 - a'_s)\right] \tag{8-11}$$

$$x = \frac{f_{yk}(A_s - A'_s)}{bf_{ck}}, 2a' \leqslant x \leqslant \xi_b h_0 \tag{8-12}$$

$$\xi_b = \frac{0.8}{1 + \dfrac{f_{yk}}{E_s \times 0.0033}} \tag{8-13}$$

式中 b——梁截面宽度；

h_0——梁截面有效高度；

a'_s——受压区纵向钢筋合力点至受压区边缘的距离；

x——受压区高度；

f_{ck}——混凝土轴心抗压强度标准值；

f_{yk}——钢筋抗拉强度标准值；

A_s——受拉钢筋实际截面面积；

A'_s——受压钢筋实际截面面积；

γ_{RE}——承载力抗震调整系数；

ξ_b——相对界限受压区高度；

E_s——钢筋弹性模量。

当框架底部若干层反弯点不在楼层内时，说明该若干层的框架梁相对较弱，为避免在竖向荷载和地震共同作用下变形集中，压屈失稳，柱端截面组合的弯矩设计值可乘以上述柱端弯矩增大系数。

对于轴压比小于0.15的柱，包括顶层柱在内，因其具有与梁相近的变形能力，可不考虑“强柱弱梁”要求。

由于地震是往复作用，两个方向的弯矩设计值均需满足要求。

(2) 推迟柱根部出铰

框架结构的底层柱底过早出现塑性铰，将影响框架结构的变形能力。底层柱下端截面组合的弯矩设计值乘以增大系数1.5是为了避免框架结构柱脚过早屈服。底层柱的纵筋按上、下端的不利情况配置。对框-墙结构的框架，其主要抗侧力构件为抗震墙，对其框架部分的底层柱底，可不作要求。

以上所谓底层指无地下室的基础以上或作为嵌固部位的地下室顶板以上的首层。

(3) 强剪弱弯

防止梁柱端部在弯曲屈服前出现剪切破坏是抗震概念设计的要求，它意味着构件的受剪承载力要大于构件弯曲时实际达到的剪力。将承载力关系转为内力关系，对不同抗震等级采用不同的剪力增大系数，使“强剪弱弯”的程度有所差别。

①框架梁的梁端截面组合的剪力设计值应按式（8-14）调整

$$V = 1.3(M_b^l + M_b^r)/l_n + V_{Gb} \tag{8-14}$$

9 度时和一级框架结构的梁，尚应符合：

$$V = 1.1(M_{bua}^l + M_{bua}^r)/l_n + V_{Gb} \tag{8-15}$$

式中　V——梁端截面组合的剪力设计值；

l_n——梁的净跨；

V_{Gb}——梁在重力荷载代表值（9 度时高层建筑还应包括竖向地震作用标准值）作用下，按简支梁分析的梁端截面剪力设计值；

M_b^l、M_b^r——分别为梁左右端反时针或顺时针方向组合的弯矩设计值，一级框架两端弯矩均为负弯矩时，绝对值较小的弯矩应取零；

M_{bua}^l、M_{bua}^r——分别为梁左右端反时针或顺时针方向实配的正截面抗震受弯承载力所对应的弯矩值，可根据实际配筋面积（考虑受压筋）和材料强度标准值确定。

②框架柱的剪力设计值应按式（8-16）调整：

$$V = 1.4(M_c^t + M_c^b)/H_n \tag{8-16}$$

9 度时和框架结构的柱尚应符合：

$$V = 1.2(M_{cua}^t + M_{cua}^b)/H_n \tag{8-17}$$

式中　V——柱端截面组合的剪力设计值；

H_n——柱的净高；

M_c^t、M_c^b——分别为柱的上下端顺时针或反时针方向截面组合的弯矩设计值，应符合强柱弱梁及柱根部加强的要求；

M_{cua}^t、M_{cua}^b——分别为偏心受压柱上下端顺时针或反时针方向实配的正截面抗震受弯承载力所对应的弯矩值，可根据实配钢筋面积、材料强度标准值和轴向压力等近似按式（8-18）计算。

$$M_{cua} = \left[A_s f_{yk}(h_{co} - a_s) + 0.5Nh_c\left(1 - \frac{N}{b_c h_c f_{ck}}\right)\right]\frac{1}{\gamma_{RE}} \tag{8-18}$$

式中　M_{cua}——柱端抗震受弯承载力；

A_s——柱受拉侧钢筋实际配筋面积；

f_{yk}——钢筋强度标准值；

N——轴向压力设计值；

b_c、h_c——柱截面宽度和高度；

h_{co}——柱截面有效高度；

a_s——钢筋重心到最近柱边距离；

γ_{RE}——承载力抗震调整系数。

（4）框架柱内力调整结果

框架柱的内力调整结果汇总于图 8-15，尚应符合下列要求：

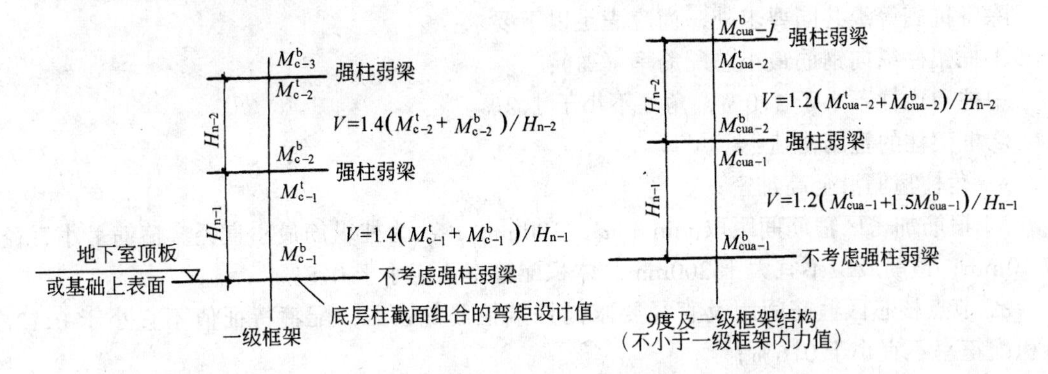

图 8-15

①反弯点不在柱的层高范围内时，柱端弯矩乘以 1.4，然后求柱剪力，并再乘以增大系数 1.3；

②框架角柱按调整后的弯矩、剪力设计值分别再乘以增大系数 1.1；

③地下室顶板作为嵌固部位时，地下室柱截面每侧的纵向钢筋面积除应满足计算要求外，不应少于地上一层对应柱每侧纵筋面积的 1.1 倍；

④地下室顶板处框架梁柱节点，左右梁端截面组合的弯矩设计值之和不应小于节点上下柱端实配的正截面抗震受弯承载力所对应的弯矩值之和，可根据实际配筋面积、材料强度标准值和轴压力确定。

(5) 框架梁配筋构造

框架梁配筋构造，汇总于图 8-16。

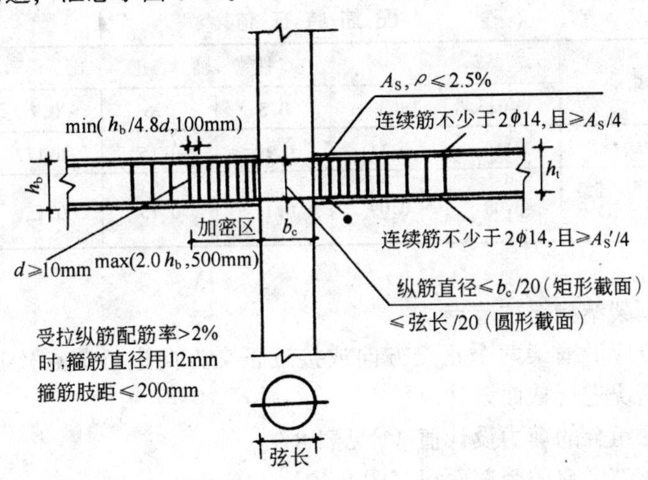

图 8-16

梁端纵向受拉纵筋 A_s 配筋率不应大于 2.5%，计算 A_s 时考虑受压筋 A'_s，梁端混凝土截面受压区高度比 x/h_0 不应大于 0.25，梁端纵向受拉钢筋的配筋率 ρ 可按式 (8-19) 计算：

$$\rho=\frac{f_c}{f_y}\frac{x}{h_0}\frac{1}{1-A'_s/A_s}\leqslant2.5\%,\frac{x}{h_0}\leqslant0.25,\frac{A'_s}{A_s}\geqslant0.5 \tag{8-19}$$

(6) 框架柱细部构造

除各抗震等级共同要求外，尚应满足以下要求：

①框架柱纵向钢筋最小总配筋率（%）：

中柱和边柱不小于1.0%，角柱不小于1.2%。

②框架柱的箍筋构造：

a. 角柱箍筋沿全高加密；

b. 箍筋加密区箍筋间距取 min [6*d*, 100mm]，*d* 为柱纵筋最小直径。箍筋最小直径取 10mm；箍筋肢距不宜大于 200mm，体积配箍率不应小于 0.8%；

c. 节点核芯区箍筋间距及直径要求同柱端箍筋加密区，配箍特征值不宜小于 0.12，体积配箍率不宜小于 0.6%；

d. 非加密区箍筋间距不宜大于 10*d*（*d* 为纵筋最小钢筋直径）。

③框架结构柱和框架柱的轴压比：

框架结构柱轴压比限值为0.7，当采用普通箍、井字复合箍、复合螺旋箍及连续复合矩形螺旋箍，其中任一种并满足规定构造要求时，轴压比限值可采用0.8。在柱截面中部附加芯柱并满足规定要求时，轴压比限值可采用0.75。以上措施共用时，轴压比限值可采用0.85。

框架-抗震墙、核心筒-框架、板柱-抗震墙结构中框架柱的轴压比限值可比框架结构柱的轴压比限值分别增加0.05。

④柱箍筋加密区的箍筋最小配箍特征值 λ_v：

根据柱轴压比及所采用箍筋形式可由表 8-8 求得配箍特征值。

再根据 λ_v 可由公式 $\rho_v \geqslant \lambda_v f_c / f_{yv}$ 求得体积的箍率 ρ_v，ρ_v 不应小0.8%。

配筋特征值 **表 8-8**

箍筋形式	柱轴压比						
	≤0.3	0.4	0.5	0.6	0.7	0.8	0.9
普通箍，复合箍	0.10	0.11	0.13	0.15	0.17	0.20	0.23
螺旋箍，复合螺旋箍，连续复合矩形螺旋箍	0.08	0.09	0.11	0.13	0.15	0.18	0.21

(7) 框架及框架结构梁柱节点

框架梁柱节点应沿框架两个正交方向或接近正交方向进行节点核芯区受剪承载力验算，然后取不利情况进行截面设计。

①节点核芯区组合的剪力设计值 V_j 见表 8-9。

②梁柱节点核芯区有效受剪面积（图 8-17）

梁柱之间无偏心：

$$b_b \geqslant b_c/2;$$

$$b_j = b_c, h_j = h_c$$

$$b_b < b_c/2;$$

$$b_j = \min\left[b_c, b_b + \frac{h_c}{2}\right]$$

节点核心区组合的剪力设计值 **表 8-9**

节点部位	9度及框架结构节点	框架节点
顶层中节点	$V_j = 1.15 \dfrac{(M_{bua}^l + M_{bua}^r)}{h_{b0} - a'_s} \geqslant$右式	$V_j = 1.35 \dfrac{(M_b^l + M_b^r)}{h_{b0} - a'_s}$
顶层边节点	$V_j = 1.15 \dfrac{M_{bua}}{h_{b0} - a'_s} \geqslant$右式	$V_j = 1.35 \dfrac{M_b}{h_{b0} - a'_s}$
其他层中节点	$V_j = \dfrac{1.15\ (M_{bua}^l + M_{bua}^r)}{h_{b0} - a'_s}\left(1 - \dfrac{h_{b0} - a'_s}{H_c - h_b}\right) \geqslant$右式	$V_j = 1.35 \dfrac{(M_b^l + M_b^r)}{h_{b0} - a'_s}\left(1 - \dfrac{h_{b0} - a'_s}{H_c - h_b}\right)$
其他层边节点	$V_j = \dfrac{1.15 M_{bua}}{h_{b0} - a'_s}\left(1 - \dfrac{h_{b0} - a'_s}{H_c - h_b}\right) \geqslant$右式	$V_j = \dfrac{1.35 M_b}{h_{b0} - a'_s}\left(1 - \dfrac{h_{b0} - a'_s}{H_c - h_b}\right)$

注：1. 除特殊情况外，角节点一般可按边节点考虑；

2. h_b 为梁的截面高度，节点两侧梁截面高度不等时可采用平均值；

h_{b0}为梁截面的有效高度，节点两侧梁截面高度不等时可采用平均值；

3. H_c 为柱的计算高度，可取节点上、下柱反弯点之间的距离，其余符号同前。

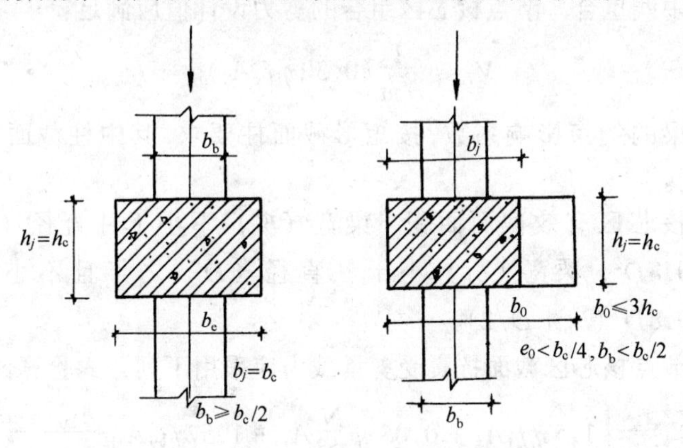

图 8-17 节点核心区受剪面积

梁柱之间有偏心距 e，且 $e \leqslant b_c/4$：

$$b_j = \min\left[b_c, b_b + \frac{h_c}{2}, 0.5(b_b + b_c) + 0.25h_c - e\right];$$

偏心距 $e > b_c/4$ 时应采用特殊措施。

③矩形截面柱节点核心区抗震验算：

核心区组合的剪力设计值应满足：

$$V_j \leqslant \frac{1}{\gamma_{RE}}(0.30\eta_j b_j h_j) \tag{8-20}$$

式中 η_j——正交梁的约束影响系数，楼板为现浇、梁柱中线重合、四侧各梁截面宽度不小于该侧柱截面宽度的 1/2，且正交方向梁高度不小于框架梁高度的 3/4 时，可采用 1.5，相同条件 9 度时宜采用 1.25，其他情况均采用 1.0；

$b_j h_j$——有效受剪面积；

h_j——节点核芯区的截面高度，可采用验算方向的柱截面高度；

γ_{RE}——承载力抗震调整系数，可采用0.85。

矩形截面柱的节点核芯区截面抗震受剪承载力：

框架结构和框架：$V_j \leqslant \frac{1}{\gamma_{RE}}\left(1.1\eta_j f_t b_j h_j + 0.05\eta_j N\frac{b_j}{b_c} + f_{yv}A_{svj}\frac{h_{b0}-a'_s}{s}\right)$ (8-21)

9度时：$V_j \leqslant \frac{1}{\gamma_{RE}}\left(0.9\eta_j f_t b_j h_j + f_{yv}A_{svj}\frac{h_{b0}-a'_s}{s}\right)$ (8-22)

式中 N——对应于组合剪力设计值的上柱组合的轴向压力较小值，其取值不应大于柱的截面面积和混凝土轴心抗压强度设计值的乘积的50%，当N为拉力时，取$N=0$；

f_{yv}——箍筋抗拉强度设计值；

f_t——混凝土轴心抗拉强度设计值；

A_{svj}——核芯区有效验算宽度范围内同一截面验算方向箍筋的总截面面积；

s——箍筋间距。

④圆形截面柱的框架梁柱节点核芯区抗震验算：

圆柱中线与梁中线重合，节点核芯区组合的剪力设计值应满足：

$$V_j \leqslant \frac{1}{\gamma_{RE}}(0.30\eta_j f_c A_j) \tag{8-23}$$

式中 η_j——正交梁的约束影响系数，按矩形截面柱要求，其中柱截面宽度按柱直径采用；

A_j——节点核芯区有效截面面积、梁宽（b_b）不小于柱直径（D）之半时，取$A_j=0.8D^2$，梁宽（b_b）小于柱直径（D）之半且不小于$0.4D$时，取$A_j=0.8D$（$b_b+D/2$）。

圆柱框架梁柱节点核芯区截面抗震受剪承载力应采用下列公式验算：

$$V_j \leqslant \frac{1}{\gamma_{RE}}\left(1.5\eta_j f_t A_j + 0.05\eta_j\frac{N}{D^2}A_j + 1.57f_{yv}A_{sh}\frac{h_{b0}-a'_s}{s}\right) \tag{8-24}$$

9度时：$V_j \leqslant \frac{1}{\gamma_{RE}}\left(1.2\eta_j f_t A_j + 1.57f_{yv}A_{sh}\frac{h_{b0}-a'_s}{s} + f_{yv}A_{svj}\frac{h_{b0}-a'_s}{s}\right)$ (8-25)

式中 A_{sh}——单根圆形箍筋的截面面积；

A_{svj}——同一截面验算方向的拉筋和非圆形箍筋的总截面面积；

D——圆柱截面直径；

N——轴向力设计值，按一般梁柱节点的规定取值。

⑤扁梁框架的梁柱节点抗震验算：

扁梁截面宽度大于柱的截面宽度时，锚入柱内的扁梁上部钢筋宜大于其全部钢筋截面面积的60%。9度时和一级框架结构扁梁截面宽度不宜大于柱截面宽度。核芯区抗震验算除应符合一般框架梁柱节点要求外，尚应满足以下要求：

节点核芯区组合的剪力设计值应符合：

$$V_j \leqslant \frac{1}{\gamma_{RE}}(0.30\eta_j f_c b_j h_j)$$

式中　$b_j=\frac{b_c+b_b}{2}$，$h_j=h_c$；

$\eta_j=1.5$，中节点；

$\eta_j=1$，其他节点；

γ_{RE}——取 0.85。

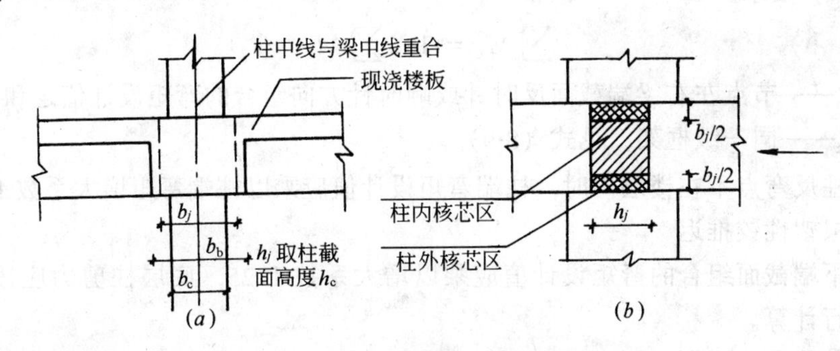

图 8-18　宽节点验算

节点核芯区应根据梁上部纵筋在柱宽范围内、外的截面面积比例，对柱宽以内和柱宽以外的核芯区分别验算剪力和受剪承载力（图 8-18）。

节点核芯区组合的剪力设计值

柱内核芯区：

$$V_{j1}=\frac{1.35\sum M_{b1}}{h_{b0}-a'_s}\left(1-\frac{h_{b0}-a'_s}{H_c-h_b}\right) \tag{8-26}$$

9 度时和一级框架结构尚应符合：

$$V_{j1}=\frac{1.15\sum M_{bua1}}{h_{b0}-a'_s}\left(1-\frac{h_{b0}-a'_s}{H_c-h_b}\right) \tag{8-27}$$

式中　V_{j1}——柱宽范围内核芯区组合的剪力设计值；

$\sum M_{b1}$——节点左右梁端反时针或顺时针方向组合的按钢筋总面积分配的柱宽范围内弯矩设计值之和。一级框架节点左右梁端均为负弯矩时，绝对值较小的弯矩应取零；

M_{bua1}——节点左右梁端反时针或顺时针方向，柱宽范围内实配的抗震受弯承载力所对应的弯矩值之和，可根据位于柱宽范围内钢筋实际配筋面积（考虑受压筋）和材料强度标准值确定。

柱外核芯区：

用相同的方法可求得柱宽范围外核芯区组合的剪力设计值 V_{j2}；计算剪力设计值时不考虑节点上端柱的剪力。

节点核芯区受剪承载力：

柱内核芯区：

$$V_{j1}\leqslant\frac{1}{\gamma_{RE}}\left(1.1\eta_j f_t b_j h_j+f_{yv}A_{svj}\frac{h_{b0}-a'_s}{s}+0.05\eta_j N\frac{b_j}{b_c}\right) \tag{8-28}$$

式中　$b_j=b_c$，$h_j=h_c$，$\eta_j=1.5$（中柱）

N——取值同一般梁柱节点。

9 度时

$$V_{j1}\leqslant\frac{1}{\gamma_{RE}}\left(0.9\eta_j f_t b_j h_j+f_{yv}A_{svj}\frac{h_{b0}-a'_s}{s}\right) \tag{8-29}$$

柱外核芯区：

$$V_{j2}\leqslant\frac{1}{\gamma_{RE}}\left(1.1f_t b_j h_j+f_{yv}A_{svj}\frac{h_{b0}-a'_s}{s}\right) \tag{8-30}$$

核芯区箍筋除内外分别设置外，尚应有包括内外核芯的整体箍筋。

6. 二级框架结构和二级框架的计算和细部构造配筋

(1) 强柱弱梁

框架的梁柱节点处除框架顶层和柱轴压比小于 0.15 者外，柱端组合的弯矩设计值应符合式（8-31）要求：

$$\sum M_c = 1.2\sum M_b \tag{8-31}$$

式中 $\sum M_b$——节点左右梁端截面反时针或顺时针方向组合的弯矩设计值之和；

$\sum M_c$——同一级框架，见式（8-9）。

当框架柱反弯点不在楼层内时，柱端弯矩设计值应乘以柱端弯矩增大系数 1.2。

(2) 柱根塑性铰推迟

底层柱下端截面组合的弯矩设计值应乘以增大系数 1.25，底层柱剪力应按调整后的柱端弯矩进行计算。

(3) 强剪弱弯

框架梁端截面组合的剪力设计值应按式（8-32）调整：

$$V = 1.2(M_b^l + M_b^r)/l_n + V_{Gb} \tag{8-32}$$

符号说明同一级。

框架柱组合的剪力设计值应按下式调整：

$$V = 1.2(M_c^b + M_c^t)H_n \tag{8-33}$$

符号说明同一级框架。

(4) 框架柱内力调整结果

框架柱内力调整汇总于图 8-19。

框架的角柱按以上要求调整后的弯矩和剪力均应再乘以增大系数 1.1。

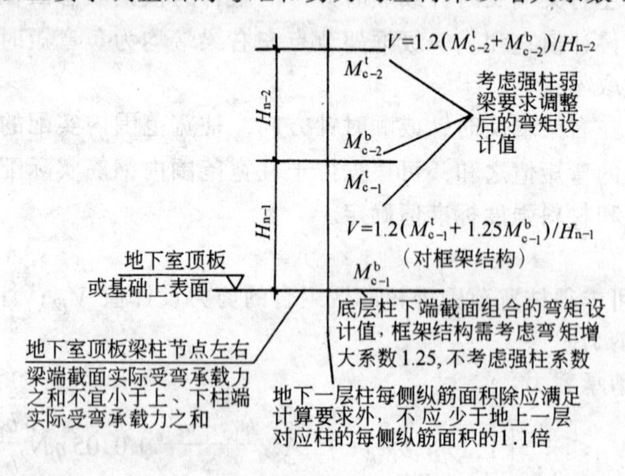

图 8-19

(5) 框架梁的钢筋配置要求，如图 8-20 所示。

梁端受拉钢筋配筋率：

$$\rho = \frac{f_c}{f_y}\frac{x}{h_0}\frac{1}{1 - A'_s/A_s} \leqslant 2.5\%, x/h_0 \leqslant 0.35, A'_s/A_s \geqslant 0.3 \tag{8-34}$$

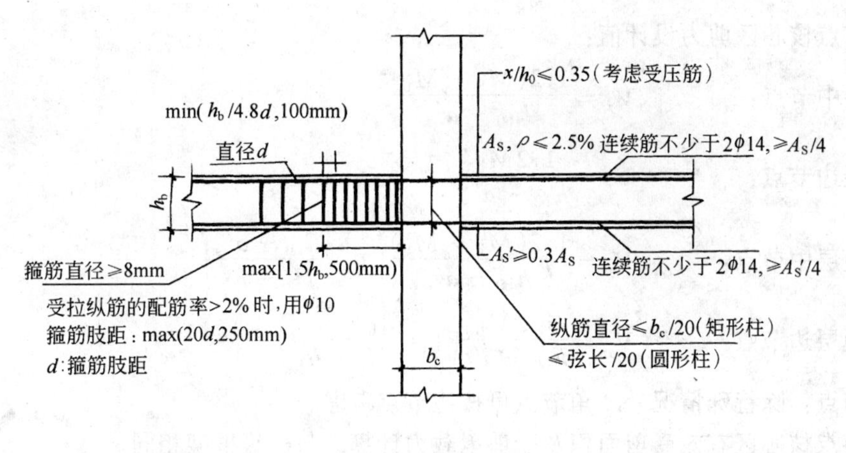

图 8-20

(6) 框架柱细部构造

①柱截面纵向钢筋的最小总配筋率：

中柱和边柱不小于0.8%，角柱不小于1.0%。

②框架柱的箍筋构造：

a. 框架角柱的箍筋应沿柱全高加密。

b. 加密区箍筋间距取 min［8d，100mm］，d 为纵筋最小直径，箍筋最小直径取 8mm，箍筋直径不小于 10mm 时，最大间距可采用 150mm；加密区箍筋肢距不宜大于 250mm 和 20 倍箍筋直径二者的较大值，体积配箍率不应小于 0.6%。

c. 节点核芯区箍筋间距及直径要求同柱端箍筋加密区，配箍特征值不宜小于 0.10，体积配箍率不宜小于 0.5%。

d. 非加密区箍筋间距不宜大于 10d（d 为纵筋最小直径）。

③框架结构柱和框架的轴压比：

框架结构柱轴压比限值为 0.8，当采用普通箍、井字复合箍、复合螺旋箍及连续复合矩形螺旋箍，其中任一种并满足规定构造要求时，轴压比限值可采用 0.9。在柱截面中部附加芯柱并满足规定要求时，轴压比限值可采用 0.85。以上措施共用时，轴压比限值可采用 0.95。

框架-抗震墙结构等的框架柱的轴压比限值可比框架结构柱轴压比限值分别增加 0.05。

④柱箍筋加密区的箍筋最小配箍特征值 λ_v，见表 8-10。

柱箍筋加密区的箍筋最小配箍特征值 λ_v **表 8-10**

箍筋形式	柱轴压比							
	0.3	0.4	0.5	0.6	0.7	0.8	0.9	1.0
普通箍、复合箍	0.08	0.09	0.11	0.13	0.15	0.17	0.19	0.22
螺旋箍、复合螺旋箍、连续复合矩形螺旋箍	0.06	0.07	0.09	0.11	0.13	0.15	0.17	0.20

(7) 框架及框架结构梁柱节点

①节点核芯区剪力设计值：

顶层中节点：
$$V_j=\frac{1.2(M_b^l+M_b^r)}{h_{b0}-a'_s} \tag{8-35}$$

顶层边节点：
$$V_j=\frac{1.2M_b}{h_{b0}-a'_s} \tag{8-36}$$

其他层中节点：
$$V_j=\frac{1.2(M_b^l+M_b^r)}{h_{b0}-a'_s}\left(1-\frac{h_{b0}-a'_s}{H_c-h_b}\right) \tag{8-37}$$

其他层边节点：
$$V_j=\frac{1.2M_b}{h_{b0}-a'_s}\left(1-\frac{h_{b0}-a'_s}{H_c-h_b}\right) \tag{8-38}$$

角节点：除特殊情况外，角节点可按边节点考虑。

②节点核芯区有效受剪面积及受剪承载力计算，与一级框架相同。

7. 三级框架结构和三级框架的计算与细部配筋构造

(1) 强柱弱梁

框架的梁柱节点处除框架顶层和柱轴压比小于 0.15 者外，柱端组合的弯矩设计值，应符合式（8-39）要求：

$$\sum M_c=1.1\sum M_b \tag{8-39}$$

式中 $\sum M_c$、$\sum M_b$——符号意义见式（8-9）。

当框架柱反弯点不在楼层内时，柱端弯矩设计值应乘以柱端弯矩增大系数 1.1。

(2) 柱塑性铰推迟

底层柱下端截面组合的弯矩设计值应乘以增大系数 1.15，底层柱剪力应按调整后的柱端弯矩进行计算。

(3) 强剪弱弯

①框架梁端截面组合的剪力设计值应按式（8-40）调整：

$$V=1.1(M_b^l+M_b^r)/l_n+V_{Gb} \tag{8-40}$$

②框架柱的剪力设计值应按式（8-41）调整：

$$V=1.1(M_c^b+M_c^t)/H_n \tag{8-41}$$

(4) 框架柱内力调整结果

框架柱内力调整汇总于图 8-21。

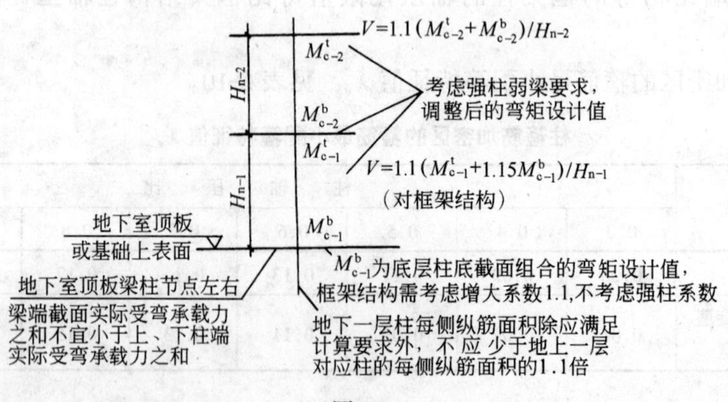

图 8-21

(5) 框架梁的钢筋配置要求

框架梁的钢筋配置要求，如图 8-22 所示。

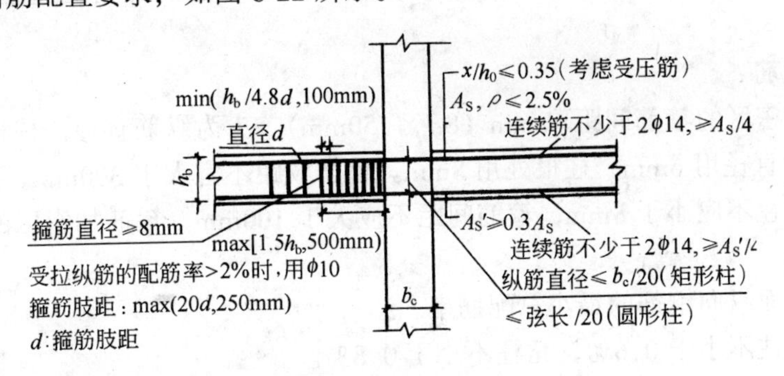

图 8-22

(6) 柱截面纵向钢筋的最小总配筋率

中柱和边柱不小于 0.7%，角柱不小于 0.9%。

(7) 框架柱箍筋的构造

加密区的箍筋最大间距取 8d 及 150mm 二者的较小值（d 为柱纵筋直径)。在底层柱根部箍筋间距取 100mm，箍筋最小直径为 8mm，加密区箍筋肢距不宜大于 250mm 和 20 倍箍筋直径二者的较大值，柱截面尺寸不大于 400mm 时，箍筋最小直径可采用 6mm，加密区体积配箍率不应小于 0.4%。

非加密区箍筋间距不应大于 15 倍纵向钢筋直径。框架节点核芯区箍筋的最大间距为 8d（d 为纵筋直径）及 150mm 的较小值，箍筋最小直径为 8mm，配筋特征值不宜小于 0.08，且体积配箍率不宜小于 0.4%。

(8) 框架结构柱和框架柱的轴压比

框架结构柱轴压比为 0.9，当采用井字复合箍，复合螺旋箍或连续复合矩形螺旋箍，其中任一种并满足规定构送要求时，轴压比限值可采用 1.0。在柱截面中部附加芯柱并满足规定要求时轴压比限值可采用 0.95。以上措施共用时，轴压比限值可采用 1.05。

框架-抗震墙结构中的框架柱的轴压比限值可比框架结构柱轴压比限分别增加 0.05，但最大仍不超过 1.05。

(9) 柱箍筋加密区的箍筋最小配箍特征值（表 8-11）

柱箍筋加密区的箍筋最小配箍特征值 λ_v 表 8-11

箍筋形式	柱轴压比								
	0.3	0.4	0.5	0.6	0.7	0.8	0.9	1.0	1.05
普通箍、复合箍	0.06	0.07	0.09	0.11	0.13	0.15	0.17	0.20	0.22
螺旋箍、复合螺旋箍连续复合矩形螺旋箍	0.05	0.06	0.07	0.09	0.11	0.13	0.15	0.18	0.20

8. 四级框架结构和框架的计算与细部配筋构造

(1) 框架梁的构造要求

梁端纵向受拉钢筋的配筋率不应大于 2.5%。梁端箍筋加密区范围取 max（1.5h_b,

500mm)，h_b 为梁高，箍筋最大间距 min（$h_b/4$，$8d$，150mm），箍筋最小直径 6mm。

沿梁全长顶面和底面的配筋不应小于 2ϕ12，梁端箍筋加密区箍筋肢距不宜大于 300mm。

（2）柱箍筋

柱箍筋加密区的箍筋间距取 min（$8d$，150mm），d 为纵筋直径，柱根处箍筋间距用 100mm。箍筋直径用 6mm，柱根处用 8mm。箍筋肢距不宜大于 300mm。剪跨比不大于 2 的柱，箍筋直径不应小于 8mm，箍筋间距不应大于 100mm。箍筋加密区的体积配箍率不应小于 0.4%。

（3）柱截面纵向钢筋的最小总配筋率

中柱和边柱不小于 0.6%，角柱不小于 0.8%。

三、框支层框架的抗震设计

框支层框架指承托不落地抗震墙，不多于 2 层的框架（图 8-23）。框支层框架的抗震设计，除本节的规定外，应符合上节关于一般框架的设计要求。为了避免或减小框支柱在地震作用下的扭转影响，框支梁中线与框支柱中线宜重合，抗震等级为一级时，框支梁不宜采用带较大洞口的深梁。

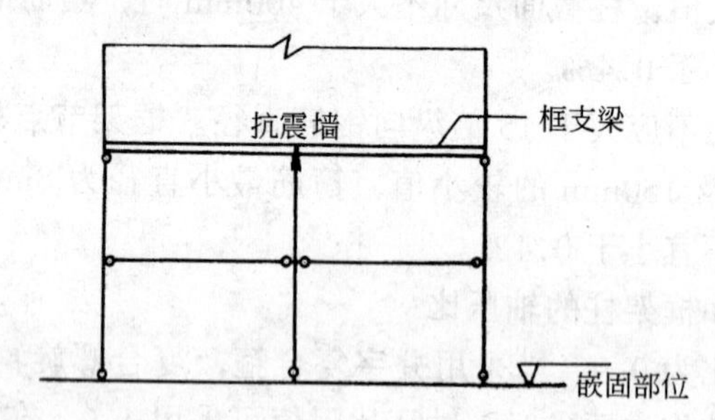

图 8-23 框支层示意图

1. 框支层框架的内力调整

框支层框架在地震作用下，框架柱的最上端与最下端，将出现塑性铰，为了推迟塑性铰的出现，特别是与框支梁相连的柱端，需要加强柱端的受弯承载力，也就是增大有调整后的框支层剪力求得的柱截面组合的弯矩设计值。框支层框架为一级时，上层柱顶和下层柱底弯矩增大系数均取 1.5，二级时弯矩增大系数均取 1.25，中间层可按一、二级框架结构进行设计。

在地震作用下由于落地抗震墙刚度退化，将增大框支柱的地震作用，一、二级框支柱由地震作用引起的附加（或减小）轴力分别为 50% 或 20%，柱截面纵筋应按调整后的弯矩和轴力最不利情况进行设计，计算框支柱的轴压比可不考虑轴力增大。

框支柱均应按调整后的柱弯矩，考虑强剪弱弯进行剪力计算及斜截面设计。

框支层的角柱，其弯矩、剪力均应在上述调整基础上再乘以增大系数 1.1。

2. 框支柱的最小地震剪力

框支柱多于 10 根时，框支柱承受的地震剪力之和不应小于该楼层地震剪力的 20%，当少于 10 根时，每根框支柱承受的地震剪力不应小于该层地震剪力的 2%。框支脚柱应乘以增大系数1.1。

3. 框支柱的细部构造要求

(1) 一、二级框支柱纵筋最小总配筋率分别不应小于1.2%和1%，一级且剪跨比不大于2的柱，每侧纵筋配筋率不应大于1.2%。框支柱上端纵筋锚入框支梁及板内应有足够锚固长度，并应设加密箍筋（图8-24）。

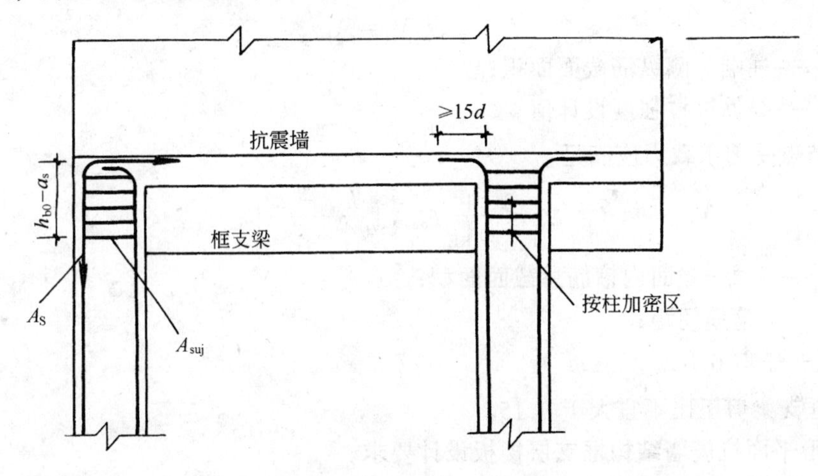

图8-24　框支梁柱节点构造

(2) 框支柱的箍筋加密区范围取全高，当剪跨比不大于2时，箍筋间距不应大于100mm，剪跨比大于2时，箍筋间距及最小直径同一般框架柱。柱箍筋肢距不宜大于200mm。

(3) 一、二级框支柱轴压比限值分别不宜大于0.6和0.7。剪跨比不大于2时，分别取0.55和0.65。

(4) 框支柱宜采用复合螺旋箍或井字复合箍，剪跨比不大于2的框支柱宜采用内加核芯柱的构造措施。

(5) 框支柱的最小配箍特征值，见表8-12。

框支柱的最小配箍特征值　　　　**表8-12**

	箍筋形式	轴压比						
		0.3	0.4	0.5	0.6	0.7	0.8	0.85
一级	井字复合箍	0.12	0.13	0.15	0.17	0.19	0.22	0.24
	螺旋箍复合或连续复合矩形螺旋箍	0.10	0.11	0.13	0.15	0.17	0.20	0.22
二级	井字复合箍	0.10	0.11	0.13	0.15	0.17	0.19	0.20
	螺旋箍复合或连续复合矩形螺旋箍	0.08	0.09	0.11	0.13	0.15	0.17	0.18

注：体积配箍率ρ_v不宜小于1.5%。

4. 框支梁的细部构造要求

(1) 框支梁截面宽度不宜小于上部抗震墙厚度的2倍，且不宜小于400mm，也不宜小于柱截面宽度的1/2。梁截面高度不应小于计算跨度的1/6。非墙梁的框支梁上应避免开洞。

(2) 框支梁的内力分析及配筋构造应考虑梁与上部抗震墙的共同作用及在地震作用下

的不利影响，抗震墙与框支梁交接面应验算滑移。当框支梁截面出现小偏心受拉时，应适当增加框支梁的截面高度，并进行裂缝控制验算。

(3) 框支梁在边支座处，为了避免柱端塑性铰形成之前，节点部位产生脆性劈裂，应验算节点部位剪力，配置必要的箍筋。

(4) 节点剪力：

$$一级\ V_j = 1.5A_s f_y \tag{8-42}$$

$$二级\ V_j = A_s f_y \tag{8-43}$$

式中 A_s——柱端一侧纵筋截面面积；

f_y——纵筋抗拉强度设计值。

(5) 节点受剪承载力应满足：

$$V_j \leqslant \frac{1}{\gamma_{RE}} f_{yv} A_{svj} \frac{h_{b0} - a'_s}{s} \tag{8-44}$$

式中 A_{svj}——同一截面内箍筋总截面面积；

s——箍筋间距；

γ_{RE}——取 0.85。

(6) 框支梁剪压比不宜大于 0.15。

5. 矩形平面抗震墙结构框支层楼板设计要求。

(1) 框支层应采用现浇楼板，厚度不宜小于 180mm，混凝土强度等级不宜低于 C30，应采用双层双向配筋，且每层每个方向的配筋率不应小于 0.25%。

(2) 部分框支抗震结构的框支层楼板剪力设计值，应符合下列要求：

$$V_f \leqslant \frac{1}{\gamma_{RE}}(0.1 f_c b_f t_f) \tag{8-45}$$

式中 V_f——由不落地抗震墙传到落地抗震墙处，按刚性楼板计算的框支层楼板组合的剪力设计值，8 度时应乘以增大系数 2，7 度时乘以增大系数 1.5，验算落地抗震墙时不考虑此项增大系数；

b_f、t_f——分别为框支层楼板的宽度和厚度；

γ_{RE}——可采取 0.85。

(3) 部分框支抗震墙结构的框支层楼板与落地抗震墙相交截面的横向受剪承载力，应按下式验算（图 8-25）：

$$V_f \leqslant \frac{1}{\gamma_{RE}}(f_y A_s) \tag{8-46}$$

式中 A_s——穿过落地震墙的楼板（包括梁和板）的全部钢筋的截面面积。

(4) 框支层楼板的边缘和较大洞口周边应设置边梁，其宽度不宜小于板厚的 2 倍，纵向钢筋配筋率不应小于边梁截面的 1%，钢筋接头宜采用机械连接或焊接，楼板的钢筋应锚固在边梁内。

(5) 对建筑平面较长或不规则及各抗震墙内力相差较大的框支层，必要时可采用简化方法验算楼板平面内的受弯受剪承载力。

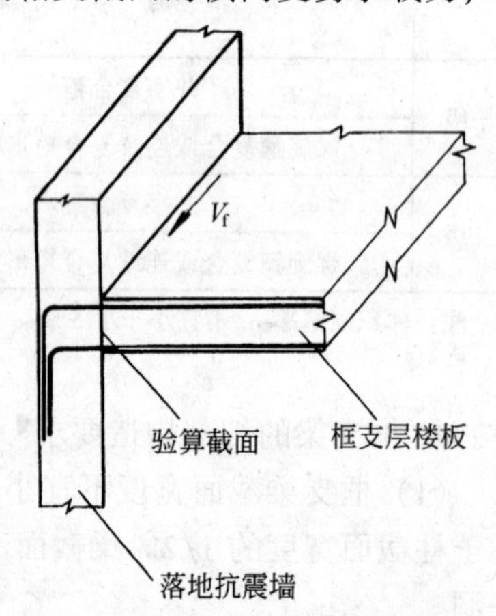

图 8-25 框支层楼板抗剪验算

四、板柱抗震墙结构设计要求

1. 板柱-抗震墙结构的结构布置

震害和试验研究都证明板柱节点是抗震的不利部位，应利用抗震墙减轻板柱框架的地震作用。抗震墙的布置宜避免偏心扭转。

抗震墙之间的楼、屋盖长宽比，6、7度时不宜大于3，8度时不宜大于2，房屋的周边和楼、电梯口周边应采用有梁框架，房屋的屋盖和地下一层顶板宜采用梁板结构。

2. 板柱-抗震墙结构的计算分析

板柱-抗震墙结构的抗震墙，应承担结构的全部地震作用，各层板柱部分应满足计算要求，并应能承担不少于各层全部地震作用的20%。

板柱-抗震墙结构中的有梁框架应满足一般框架的抗震设计要求。板柱结构在地震作用下按等代平面框架分析时，其等代梁的宽度宜采用垂直于等代平面框架方向柱距的50%。

无柱帽平板在柱上板带范围宜设暗梁，暗梁宽度可取柱宽及柱两侧各1.5倍板厚。暗梁支座上部钢筋面积应不小于柱上板带钢筋面积的50%，暗梁下部钢筋不宜小于上部钢筋的1/2。

板柱框架按等代框架分析应遵守一般框架的抗震设计原则，框架梁可取等代梁截面，当柱的反弯点不在柱的层高范围内时，柱端的弯矩设计值应乘以弯矩增大系数，一级取1.4，二级取1.2，三级取1.1。

房屋周边的边梁应考虑垂直于边梁的柱上板带在竖向荷载及地震作用下引起的扭矩。

3. 板柱-抗震墙结构的构造要求

8度时宜采用有托板或柱帽的板柱节点，托板或柱帽根部的厚度（包括板厚）不宜小于柱纵筋直径的16倍。托板或柱帽的边长不宜小于4倍板厚及柱截面对应边长之和。托板底部配筋应弯起锚入板内。

板柱-抗震墙结构的抗震墙应符合框架-抗震墙结构的抗震墙构造要求。柱（包括抗震墙端柱）的抗震构造措施应符合一般框架柱及框架-抗震墙结构中抗震墙端柱的构造要求。

无柱帽柱上板带的板底钢筋，宜在距柱面为2倍纵筋锚固长度以外搭接，钢筋端部宜有垂直于板面的弯钩。

沿两个主轴方向通过柱截面的板底连续钢筋的总截面面积，应符合式（8-47）要求：

$$A_s \geqslant N_G / f_y \tag{8-47}$$

式中 A_s——板底连续钢筋总截面面积；

N_G——在该层楼板重力荷载代表值作用下的柱轴压力；

f_y——楼板钢筋的抗拉强度设计值。

五、预应力混凝土结构抗震设计规定

1. 应用范围

2001规范的规定适用于6、7、8度时先张法和后张有粘结预应力混凝土结构的抗震设计，9度时应进行专门研究。对采用无粘结预应力筋解决平板结构的挠度问题，本节也提出若干要求。

预应力混凝土强度等级不宜低于C40也不宜高于C70。

抗震设计时，框架的后张预应力梁、柱构件宜采用有粘结预应力筋。

2. 地震作用及荷载效应组合

预应力混凝土结构按弹性计算时阻尼比可取3%，按此调整水平地震影响系数曲线，预应力混凝土结构构件的截面抗震验算，采用下列设计表达式：

$$S + \gamma_p S_{pk} \leqslant R/\gamma_{RE} \tag{8-48}$$

式中 S——地震作用效应和其他荷载效应组合的设计值；

S_{pk}——预应力标准值的作用效应，按扣除相应阶段预应力损失后的预应力钢筋的合力N_P计算；

γ_p——预应力分项系数，当预应力效应对结构有利时取1.0，不利时取1.2；

R——预应力结构构件的承载力设计值；

γ_{RE}——承载力抗震调整系数。当仅考虑竖向地震作用组合时，取$\gamma_{RE}=1.0$。

3. 预应力框架

(1) 预应力框架梁

梁高宜为$\left(\frac{1}{12}\sim\frac{1}{18}\right)$计算跨度。当采用预应力混凝土扁梁时，扁梁的跨高比不宜大于25，梁高宜大于板厚的2倍且不应小于16倍柱的纵筋直径；扁梁宽度不宜大于b_c+h_b，一级框架结构的扁梁宽度不宜大于柱宽。

后张预应力混凝土框架梁中应采用预应力和非预应力筋混合配筋方式，按式(8-49)计算的预应力强度比，一级不宜大于0.55；二、三级不宜大于0.75。

$$\lambda = \frac{A_p f_{py}}{A_p f_{py} + A_s f_y} \tag{8-49}$$

式中 λ——预应力强度比；

A_p、A_s——分别为受拉区预应力筋和非预应力筋截面面积；

f_{py}——预应力筋的抗拉强度设计值；

f_y——非预应力筋的抗拉强度设计值。

预应力混凝土框架梁端纵向受拉钢筋按非预应力钢筋抗拉强度设计值换算的配筋率不应大于2.5%，考虑受压钢筋的梁端混凝土受压区高度和梁有效高度之比，一级不应大于0.25，二、三级不应大于0.35。

梁端截面的底面和顶面非预应力钢筋配筋量的比值，除按计算确定外，一级不应小于1.0，二、三级不应小于0.8，同时，底面非预应力钢筋配筋量不应低于毛截面面积的0.2%。

(2) 预应力混凝土悬臂梁

悬臂梁的根部加强段指自梁根部算起四分之一跨长、截面高度及500mm三者的较大值，该段受弯配筋按梁根部配筋，加强段箍筋应满足箍筋加密区的要求。预应力混凝土长悬臂梁应考虑竖向地震作用。预应力混凝土悬臂梁应采用预应力筋和非预应力筋混合配筋方式，预应力强度比及考虑受压钢筋的混凝土受压区高度和有效高度之比可按预应力框架梁考虑。

悬臂梁底面和梁顶面非预应力筋配筋量的比值除按计算确定外，尚不应小于1.0，底面非预应力配筋量不应低于构件毛截面面积的0.2%。

(3) 预应力混凝土框架柱

预应力混凝土框架柱主要用于多层大跨度框架顶层的边柱，可以减小柱截面尺寸，减少钢筋用量，并有利于柱的抗裂，对于偏心弯矩较大的柱宜采用非对称配筋，一侧采用混合配筋，另一侧仅配普通钢筋，并应符合有关构造要求。预应力柱的箍筋应沿全高加密。预应力框架柱应满足强柱弱梁、强剪弱弯要求。

(4) 预应力梁柱节点

预应力钢筋穿过节点核芯区的中部有利于提高节点的受剪承载力和抗裂度，施加预应力后受剪承载力提高值 V_p 为：

$$V_p = 0.4N_p \tag{8-50}$$

式中 N_p——作用在节点核芯中部预应力筋的有效预应力合力。

后张预应力筋的锚具不应设置在柱节点核芯区。

4. 预应力混凝土板柱-抗震墙结构

在柱上板带平板截面承载力计算中，板端受压区高度应符合下列要求：

8度设防：　$x/h_0 \leqslant 0.25$

低于8度设防：$x/h_0 \leqslant 0.35$

受拉纵筋按非预应力钢筋抗拉强度设计值折算的配筋率不宜大于2.5%，柱上板带板端预应力筋按强度比计算的含量宜符合以下要求：

$$\frac{A_p f_{py}}{A_p f_{py} + A_s f_y} < 0.75 \tag{8-51}$$

沿两个方向通过柱截面的预应力和非预应力连续钢筋总截面面积应符合

$$A_s f_y + A_p f_{py} \geqslant N_G \tag{8-52}$$

式中 A_s——通过柱截面的两个方向连续非预应力筋总截面面积；

A_p——通过柱截面的两个方向连续预应力筋总截面面积；

f_y——非预应力钢筋的抗拉强度设计值；

f_{py}——预应力钢筋的抗拉强度设计值；

N_G——对应于该层楼板重力荷载代表值作用下的柱轴压力。

连续预应力钢筋宜布置在板柱节点上部然后向下进入板跨中。

连续非预应力筋应布置在板柱节点下部及预应力筋的下方。

预应力悬挑平板的顶面和底面均应配置受弯钢筋。

5. 用无粘结预应力解决平板结构挠度问题

无粘结预应力混凝土宜用于跨度较大的平板楼盖，解决挠度及裂缝限制。用预应力平衡部分竖向荷载，用非预应力筋承担其余竖向荷载及水平地震作用。

对多跨预应力连续单向板应考虑任一跨预应力束由于地震作用失效时，可能引起多跨结构中其他各跨连续破坏，为避免发生这种破坏现象，宜将无粘结预应力分段锚固，或增设中间锚固点，并应满足《无粘结预应力混凝土结构技术规程》（JGJ/T 92—93）第4.2.1条规定，单向板非预应力钢筋的截面面积 A_s 应满足下式要求：

$$A_s \geqslant 0.002bh \tag{8-53}$$

式中 b——截面宽度；

h——截面高度。

非预应力钢筋直径不应小于8mm，其间距不应大于200mm。

六、高强度混凝土结构抗震设计

1. 高强度混凝土的优缺点

高强度混凝土用于房屋建筑的主要好处是：由于强度高，可以减小柱子截面尺寸，扩大柱网间距，增加使用面积，降低结构自重；由于早强，可以加快施工进度，由于徐变小、弹性模量高，可以减小柱的压缩和增大结构的刚度。

高强混凝土的主要不足是：受压破坏时呈高度脆性，延性差，且其脆性随强度提高而愈加严重。因此，对不同设防烈度的混凝土结构，宜对高强混凝土的强度等级予以相应的限制。如果柱的轴压比很低，或柱的实际承载力比作用效应值高得多，设计取用的混凝土强度等级也可适当提高。

为了保证地震作用下高强混凝土构件的延性，必须对框架梁端加密区的配箍、柱的轴压比限值、柱的纵筋和箍筋的最小配筋量等作更严格的要求。

2. 轴压比限值

轴压比对高强混凝土柱的极限变形能力的影响最为显著。混凝土强度高，柱的延性和抗震性能差，即使配箍特征值比较高，高轴压比的高强混凝土柱也不能达到普通混凝土柱的延性。从总体上看，试验轴压比不大于0.2时，配置一般箍筋的高强混凝土柱的变形能力能满足要求；当轴压比接近或达到0.55～0.6时，只有配箍特征值非常高时，延性系数能接近或达到3.0。高强混凝土柱的轴压比不宜大于0.4～0.45，否则很难满足地震作用下对极限变形能力的要求。将轴压比试验值换算成设计值，大体为0.65～0.70。普通混凝土一级框架结构柱的轴压比限值为0.7。因此，2001规范对一级框架柱，C50～C60取0.7，C65～C70取0.65，C75～C80取0.6。按同样规律可确定二、三级框架柱的轴压比限值的要求。

3. 配筋要求

高强混凝土柱宜采用约束比较好的复合箍、复合螺旋箍或连续复合矩形螺旋箍，同时，提高配箍特征值。2001规范规定，轴压比不大于0.6和大于0.6时，配箍特征值宜分别比普通混凝土柱大0.02和0.03，由于高强混凝土的轴心抗压强度高，为了获得较大的配箍特征值而箍筋不过于密集，可使用强度等级较高的钢种。当混凝土强度等级大于C60时，柱纵筋的最小配筋率应比普通混凝土柱增大0.1%。

高强混凝土框架梁受拉钢筋配筋率不宜大于3%（HRB335级钢筋）和2.6%（HRB400级钢筋）。梁端加密区箍筋的最小直径应比普通混凝土梁的箍筋最小直径增大2mm，但梁纵筋配筋率大于2%时不再增大箍筋直径；当混凝土强度等级大于C60时，抗震墙约束边缘构件的配箍特征值宜比轴压比相同的普通混凝土抗震墙增加0.02。

4. 验算要求

结构构件截面剪力设计值的限值中，含有混凝土轴心抗压强度设计值（f_c）的项应乘以混凝土强度影响系数（β_c）。其值，混凝土强度等级为C50时，取1.0，C80时取0.8，介于C50和C80之间时取其内插值。

结构构件受压区高度计算和承载力验算时，公式中含有混凝土轴心抗压强度设计值（f_c）的项也应乘以相应的混凝土强度影响系数。

第九讲　钢筋混凝土抗震墙设计

抗震墙广泛用于多层和高层钢筋混凝土房屋，2001 规范规定的 7 种现浇钢筋混凝土房屋结构类型中，除框架结构外，其余 6 种结构体系都有抗震墙或抗震墙组成的筒体。抗震墙之所以是主要的抗震结构构件，是因为：抗震墙的刚度大，容易满足小震作用下结构尤其是高层建筑结构的位移限值；地震作用下抗震墙的变形小，破坏程度低；可以设计成延性抗震墙，大震时通过连梁和墙肢底部塑性铰范围的塑性变形，耗散地震能量；与其他结构（如框架）同时使用时，抗震墙吸收大部分地震作用，降低其他结构构件的抗震要求。设防烈度较高地区（8 度及以上）的高层建筑采用抗震墙，其优点更为突出。

抗震墙由墙肢和连梁两种构件组成。设计抗震墙应遵循强墙弱梁、强剪弱弯的原则，即连梁屈服先于墙肢屈服，连梁和墙肢应为弯曲屈服。

与 89 规范相比，2001 规范在抗震墙的设计方面、特别是在抗震构造措施方面有比较大的变化，主要有：①底部加强部位的高度；②墙肢截面组合的弯矩、剪力设计值和连梁组合的剪力设计值；③分布钢筋的最小配筋率；④增加了抗震墙的轴压比限值；⑤将边缘构件分为约束边缘构件和构造边缘构件，两种边缘构件的构造不同，加强了应该加强的部位，放松了可以放松的部位，使抗震墙具有更合理的抗震性能。2001 规范取消了 89 规范中“弱连梁”和“小墙肢”这两个术语，代之以连梁的跨高比和墙肢的长度和厚度的比值。虽然 89 规范对弱连梁联肢墙作了规定，但在设计中难以确定什么是弱连梁。

一、抗震墙基于位移设计方法简介

1．研究概况

2001 规范对抗震墙轴压比限值和边缘构件方面的规定，主要是吸取了基于位移的设计方法和近年来的研究成果。

自 20 世纪 70 年代抗震墙成为房屋建筑的主要抗侧力构件以来，抗震墙的设计采用的是基于承载力的方法。20 世纪 90 年代初，美国加州工程师协会（SEAOC）提出了一种抗震墙设计新方法：基于位移的设计方法。1994 年美国统一建筑法规（UBC—94）采用了这一方法；UBC—97 对这一方法作了改进；随后，1999 年的美国混凝土建筑结构规范（ACI 318—99）和 2000 年的国际建筑法规（IBC—2000）也采用了基于位移的方法设计抗震墙。ACI 318—99 的设计步骤比 UBC—97 简单些，除了高轴压比的情况外，两者的结果基本相同；IBC—2000 的设计步骤与 ACI 318—99 基本相同。与基于承载力的设计方法（如 UBC—91）相比，新的设计方法放松了大部分抗震墙的构造要求。

抗震墙基于位移的设计方法的提出，始于对 1985 年智利地震抗震墙房屋结构震害的分析研究。智利地震中，300 多幢有抗震墙的房屋建筑破坏，除了强地面运动的持续时间比较长以外，主要原因是边缘构件的构造弱、配箍少、对混凝土没有约束。分析结果还表明，有的抗震墙破坏轻微，主要是因为结构体系的刚度大、变形小。随后，进一步的研究工作集中在建立抗震墙的基于位移的设计方法。

抗震墙基于位移的设计为：以抗震墙顶点最大弹塑性位移为目标位移，根据弹性和非弹性变形沿墙高度的近似分布，建立顶点位移和墙底截面曲率的关系；由墙底截面的曲率和受压区高度，得到混凝土最外缘纤维的压应变；根据约束混凝土的应力-应变关系，确定需要配置箍筋的边缘构件的长度和配箍量。抗震墙实施基于位移设计的关键之一，是计算顶点弹塑性位移，即地震中抗震墙顶点可能达到的最大弹塑性位移。

2. 基本步骤

UBC-97 的抗震墙基于位移的设计用于地震 3 区和 4 区，其步骤如下：

(1) 计算顶点最大弹塑性位移 Δ_M

$$\Delta_M = 0.7R\Delta_S \tag{9-1}$$

最大弹塑性位移 Δ_M 为设计地面运动作用下抗震墙的顶点位移。设计地面运动是指 50 年内超越概率为 10% 的地震地面运动，与我国的中震相当，美国 3、4 区的地面运动的峰值加速度分别为 $0.3g$ 和 $0.4g$。

Δ_S 为设计位移，即结构在设计地震力作用下的弹性顶点位移，采用静力弹性方法或反应谱振型分解法计算。计算中，考虑 P-Δ 效应，考虑混凝土开裂，截面的弯曲刚度和剪切刚度，不超过其弹性刚度的 1/2。

R 为考虑抗侧力结构承载力超强和结构整体延性的一个系数。

用弹性方法计算抗震墙的弹塑性顶点位移，是基于所谓“等位移原理”。大量计算分析表明，基本周期不短于 0.5s 的“长周期”结构，其弹塑性顶点最大位移反应与其弹性顶点位移反应接近，可以用弹性方法计算其弹塑性顶点位移；基本周期低于 0.5s 的“短周期”结构，其弹塑性顶点最大位移反应与结构的承载力有关，大于弹性顶点最大位移反应。

若计算弹性顶点位移时不考虑截面开裂，则弹塑性顶点位移可以取 $2\Delta_M$；Δ_M 也可以用非线性时程分析得到。

(2) 计算抗震墙屈服时的顶点位移 Δ_y

UBC—97 规定，Δ_y 为抗震墙受拉纵筋屈服时的顶点位移，可以用式 (9-2) 计算：

$$\Delta_y = (M'_n/M_E)\Delta_E \tag{9-2}$$

式中，M'_n 为恒载、活载和地震作用效应（荷载分项系数分别为 1.2、0.5 和 1.0）组合的轴力作用下抗震墙底部截面的受弯承载力；Δ_E 为设计地震作用下不考虑截面开裂抗震墙弹性顶点位移；M_E 为顶点位移为 Δ_E 时墙底截面的弯矩。

(3) 计算抗震墙顶点位移为 Δ_M 时墙底截面的曲率 ϕ_i

抗震墙在水平力作用下的弹塑性顶点位移由屈服位移和非弹性位移组成，即：

$$\Delta_M = \Delta_y + \Delta_i \tag{9-3}$$

抗震墙顶点位移为 Δ_M 时，墙底截面的总曲率为 ϕ_t，ϕ_t 为屈服曲率 ϕ_y 和非弹性曲率 ϕ_i 之和，即：

$$\phi_t = \phi_y + \phi_i \tag{9-4}$$

UBC—97 用下式计算墙肢的屈服曲率 ϕ_y：

$$\phi_y = 0.003/l_w \tag{9-5}$$

Δ_i 与墙底截面曲率 ϕ_i 的近似关系为：

$$\Delta_i = \phi_i l_p(h_w - l_p/2) \tag{9-6}$$

因此，ϕ_t 为：

$$\phi_t = \phi_y + \Delta_i/[l_p(h_w - l_p/2)] \tag{9-7}$$

式中 h_w——抗震墙的高度；

l_p——抗震墙塑性铰沿墙高度的长度；

l_p 的取值对墙底截面的总曲率 ϕ_t 影响很大。l_p 愈大，则 ϕ_t 愈小，抗震墙可能不安全。因此，l_p 的长度取小一些，是偏于安全的。UBC—97 取 l_p 为抗震墙墙肢截面长度 l_w 的 1/2，即 $l_p=0.5l_w$。

(4) 计算抗震墙底部截面的曲率为 ϕ_t 时截面受压区高度 c'_u

可以通过计算截面的弯矩-曲率关系得到，也可以近似取截面达到受弯承载力 M'_n 时的受压区高度。计算中，轴力取组合的设计值，计入包括端部纵筋和分布纵筋在内的所有纵筋，并假设受拉区纵筋全部受拉屈服、受压区纵筋全部受压屈服。

(5) 计算底部截面混凝土最大压应变 ε_{max}

$$\varepsilon_{max} = \phi_t c'_u \tag{9-8}$$

UBC—97 规定，ε_{max}不大于 0.015。

(6) 确定端部是否需要约束边缘构件

采用应变平截面分布的假定，中和轴处应变为零，受压区边缘的压应变为 ε_{max}。若 ε_{max}不超过 0.003，则不需要约束边缘构件；否则，压应变超过 0.003 的抗震墙部分，需要设置约束边缘构件。

(7) 约束边缘构件的构造要求

构造要求包括 4 个方面：长度和高度，箍筋面积、间距，水平分布筋在约束边缘构件内的锚固，纵筋面积、搭接等。

UBC—97 还给出了一种根据墙肢轴压比确定是否需要设置约束边缘构件、约束边缘构件长度的方法。

二、抗震墙设计的一般要求

1. 抗震墙布置

抗震墙是主要抗侧力构件，合理布置抗震墙是结构具有良好的整体抗震性能的基础。抗震墙的布置除应对称、均匀、连续外，还要注意以下几点。

(1) 长墙分成墙段

抗震墙结构和部分框支抗震墙结构，若内纵墙很长，且连梁的跨高比小、刚度大，则墙的整体性好，在水平地震作用下，墙的剪切变形较大，墙肢的破坏高度可能超过底部加强部位的高度。2001 规范规定（6.1.9 条 1 款），将长墙分成长度较均匀的若干墙段，使墙段的高宽比大于 2。墙段由墙肢和连梁组成。89 规范也有相同的规定（第 6.1.13 条）。区别在于：连接墙段的连梁，89 规范为“弱连梁”，2001 规范为跨高比不小于 6 的连梁。

目的是设置刚度和承载力比较小的连梁，地震作用下有可能先开裂、屈服，使墙段成为抗震单元，且墙段以弯曲变形为主。

(2) 避免墙肢长度突变

抗震墙结构和部分框支抗震墙结构的墙肢截面长度，沿高度不宜有突变；抗震墙的洞口比较大时，以及一、二级抗震墙的底部加强部位，不宜有错洞墙。

2. 框支层墙体布置

(1) 框支层刚度要求

部分框支抗震墙结构的框支层，抗震墙减少，侧向刚度降低，地震中有可能变形集中在框支层，框支层是结构具有良好抗震性能的关键部位。对于矩形平面的部分框支抗震墙结构，为了避免框支层形成薄弱层或软弱层，2001 规范规定（6.1.9 条 3 款）框支层的侧向刚度不应小于上一层非框支层侧向刚度的 50%。取消了 89 规范框支层落地墙数量的规定。

(2) 框支层落地墙间距不宜过大

框支层的水平地震剪力主要由落地抗震墙承担。作用在与框支层相邻的上一层不落地抗震墙上的水平力，通过框支层楼板传到落地墙。为保证楼板有足够大的平面内刚度传递水平力，2001 规范规定（规范 6.1.9 条 3 款），落地墙的间距不宜大于 24m。取消了 89 规范落地墙间距不宜大于四开间的规定。89 规范和 2001 规范对框支层楼板都提出了具体的设计要求（附录 E.1）。

(3) 一部分落地墙宜设置成筒体，以增大抗扭刚度和抗侧刚度。

3. 框架-抗震墙结构的抗震墙布置

框架-抗震墙结构布置的要点是抗震墙的数量和位置。抗震墙的数量以满足刚度即层间位移限值为宜；位置可以灵活布置，但宜符合以下要求（6.1.8 条，6.1.5 条）：

(1) 沿房屋高度，抗震墙宜连续布置，贯通全高，避免切断，洞口宜上下对齐，避免墙肢截面长度突变；

(2) 不宜开大洞口，避免削弱抗震墙的刚度，取消了 89 规范洞口面积的限制；

(3) 洞边距柱端不宜小于 300mm，以保证端柱作为边缘构件的作用以及保证约束边缘构件的长度；

(4) 两个方向都布置抗震墙，纵横向抗震墙相连，成为有翼缘的抗震墙，不但可以加大刚度，还有利于提高塑性变形能力；

(5) 房屋较长时，刚度较大的纵向墙不宜设置在房屋的端开间，以避免温度应力对抗震墙的不利影响；

(6) 一、二级抗震墙的洞口连梁，跨高比不宜大于 5，且梁截面高度不宜小于 400mm，连梁有比较大的刚度，使墙的整体性较好并增大耗能能力。

(7) 柱中线与墙中线、梁中线与柱中线之间的偏心距不宜大于柱宽的 1/4，以减小地震作用对柱的扭转效应；偏心距超过 1/4 柱宽时，应采取有效措施，如加强柱的箍筋、采用水平加腋梁等。

4. 抗震墙、连梁截面尺寸

2001 规范与 89 规范相同，对抗震墙和连梁的截面尺寸有最大剪压比限值的要求，对抗震墙还有最小墙厚的要求，但具体数值与 89 规范并不完全相同。

(1) 剪压比限值

2001 规范规定，剪跨比大于 2 的抗震墙和跨高比大于 2.5 的连梁，其剪压比不应大于 0.20；剪跨比不大于 2 的抗震墙和跨高比不大于 2.5 的连梁，89 规范没有规定剪压比限值，2001 规范规定剪压比不应大于 0.15（6.2.9 条），原因是剪跨比小的墙和连梁，其剪切变形较大，甚至以剪切变形为主，对剪压比的要求应更严。

试验研究表明，墙、梁截面的剪压比超过一定值时，将过早出现斜裂缝，采用增加水平筋和箍筋的方法并不能提高其受剪承载力，很可能在水平筋和箍筋尚未屈服的情况下，混凝土在剪压的共同作用下破碎。

墙、梁若不满足剪压比限值的要求，可以提高混凝土强度等级或加厚墙、梁，或加长墙的截面，但不宜加高连梁截面。

计算抗震墙墙肢的剪跨比时，弯矩和剪力都取地震作用效应组合的计算值；楼层上下端截面的弯矩计算值不同时（反弯点不在层高的 1/2 处，或反弯点不在本层层高内），取弯矩较大的值。

(2) 抗震墙最小厚度

为防止抗震墙在轴力和地震水平力作用下发生平面外失稳破坏，抗震墙应满足最小厚度的规定。

框架-抗震墙结构底部加强部位的墙厚不应小于 200mm 且不应小于层高的1/16（89 规范无此规定）；其他部位的墙厚（规范 6.5.1 条）不应小于 160mm 且不应小于层高的 1/20（与 89 规范同）；墙的周边应设置梁或暗梁和端柱组成的边框。

其他结构的墙厚（规范 6.4.1 条），一、二级不应小于 160mm 且不应小于层高的 1/20；三、四级不应小于 140mm 且不应小于层高的 1/25；一、二级抗震墙底部加强部位的墙厚不宜小于 200mm 且不宜小于层高的 1/16，无端柱或翼墙时不应小于层高的 1/12。2001 规范二级抗震墙的厚度比 89 规范要求高；增加了对四级抗震墙的厚度和一、二级抗震墙底部加强部位墙厚的要求。

三、底部加强部位的高度和翼墙有效长度

1. 底部加强部位高度

抗震墙的底部加强部位，是指在抗震墙底部的一定高度内，适当提高承载力和加强抗震构造措施。弯曲型和弯剪型结构的抗震墙，塑性铰一般在墙肢的底部，将塑性铰范围及其以上的一定高度范围作为加强部位，对于避免墙肢剪切破坏、改善整个结构的抗震性能，是非常有效的。

89 规范抗震墙底部加强部位的高度与墙肢的总高度和墙肢截面长度有关（第 6.1.14 条），由于墙肢截面长度不同，导致加强部位高度不完全相同。2001 规范的底部加强部位高度只考虑了高度因素（6.1.10 条）。对于部分框支抗震墙结构，考虑了不落地墙在框支层以上屈服的可能。

2. 翼墙有效长度

无门窗洞，较低的抗震墙，当横墙间距较大，翼墙的有效长度将由高度控制。参考 UBC—97，定为抗震墙的墙面两侧各为抗震墙高度的 15%。此外，取消了 89 规范中“墙

厚加两侧各 6 倍翼墙厚度”的规定。

四、墙肢内力设计值和承载力验算

抗震墙墙肢和连梁的承载力验算，抗震规范未作具体规定，应按混凝土结构设计规范执行，抗震规范仅对承载力验算中与地震内力组合设计值的调整问题作了规定。

1. 墙肢弯矩设计值

各种结构类型的一级抗震墙弯矩设计值按下述方法进行调整（6.2.7 条 1 款）：底部加强部位及以上一层，采用墙底截面的组合弯矩设计值；以上部位组合弯矩设计值乘以增大系数 1.2。与 89 规范（第 6.2.11 条）相比较，简化了底部加强部位以上的弯矩设计值的取值。

地震作用下，墙肢首先在底截面屈服；随着变形增大，屈服部位向上发展，形成塑性铰区。提高潜在塑性铰区的弯矩设计值，一方面可以推迟塑性铰区的形成，另一方面可以将塑性变形限制在底部一定范围。

新西兰和欧洲规范采用类似的弯矩设计值分布：底部一定高度内采用底截面的弯矩，以上的弯矩分布为线性。

2. 墙肢剪力设计值

按强剪弱弯要求，抗震墙底部加强部位的剪力设计值要根据墙肢的实际受弯承载力确定。

89 规范一级抗震墙按墙肢的实际受弯承载力计算剪力设计值，二级抗震墙采用组合的剪力计算值与增大系数的乘积作为设计值（第 8.2.7 条）。2001 规范一、二级墙底部加强部位都采用组合的剪力计算值与增大系数的乘积作为剪力设计值，增加了三级墙的增大系数；9 度时，除应采用增大系数外，还要按墙肢实际受弯承载力计算相应的剪力，取大者作为组合的剪力设计值（6.2.8 条）。底部加强部位以外，采用组合的剪力设计值验算受剪承载力。

3. 偏心受拉墙肢

抗震墙墙肢为压弯构件，破坏形态有大、小偏压和大、小偏拉；大偏压破坏的墙肢，延性和耗能能力大，优于小偏压破坏；大偏拉破坏的墙肢，延性和耗能能力差，小偏拉破坏墙肢的抗震性能更差。

如果一个墙肢出现拉力，该墙肢会较早出现裂缝，钢筋较早屈服，地震剪力向未开裂的或未屈服的墙肢转移，使这些墙肢的剪力加大，可能引起过早的剪切破坏。部分框支抗震墙结构的落地抗震墙是保证框支层良好抗震性能的关键，因此，2001 规范规定（6.2.7 条 2 款），这些墙肢不宜出现小偏心受拉。89 规范无此规定。

双肢墙的一个墙肢为小偏心受拉时，墙肢全截面开裂，刚度降低，另一墙肢的地震水平剪力增大，使之也破坏，双肢墙的抗震性能退化。因此，应避免双肢墙的墙肢出现小偏拉。双肢墙的一个墙肢为大偏拉时，另一受压墙肢的弯矩、剪力设计值应乘以增大系数 1.25（6.2.7 条 3 款），以提高受弯、受剪承载力，推迟其屈服。由于地震为往复作用，因此，两个墙肢的弯矩、剪力设计值都要乘 1.25。2001 规范的规定与 89 规范的规定相同（第 6.2.12 条）。

4. 一级落地墙底部加强部位受剪承载力

部分框支抗震墙结构框支层的抗震墙减少，使落地墙的剪力增大、剪跨比减小，有可能出现剪跨比小于2的矮墙；此外，不落地墙通过楼板向落地墙传递剪力，类似于在落地墙上附加一个水平力，有矮墙效应。为了保证一级落地墙底部加强部位边缘构件以外的混凝土部分在大震下的受剪承载力，2001规范规定（6.2.11条1款），两排钢筋之间拉结筋的直径不小于8mm、间距不大于分布筋间距的2倍和400mm的较小值时，才能计入混凝土的受剪作用。89规范无此规定。

5. 防滑斜筋

无地下室的部分框支抗震墙结构的一级落地墙，当考虑不利荷载组合出现偏心受拉时，为了防止墙与基础交接处产生滑移，除应满足6.2.14条施工缝受剪承载力要求外，宜按总剪力的30%另设45°交叉防滑斜筋（6.2.11条），斜筋可按单排设在墙截面中部，并满足锚固要求。89规范无此规定。

6. 施工缝受剪承载力

抗震墙的水平施工缝处，由于混凝土结合不良，可能形成抗震薄弱部位。2001规范和89规范都规定一级抗震墙要进行水平施工缝处的受剪承载力验算。

验算公式（6.2.14）依据试验资料，不计混凝土的作用，计入轴向压力的摩擦作用和轴向拉力的不利影响。穿过施工缝的钢筋处于复合受力状态，其强度采用0.6的折减系数。还需注意，计算轴向力设计值时，重力荷载分项系数受压时取1.0、受拉时取1.2。

五、连梁内力设计值和承载力验算

1. 刚度折减

联肢抗震墙在水平地震力作用下，连梁两端弯矩相同、反弯点在跨中。连梁的剪跨比较小、刚度大，若按连梁实际刚度进行结构分析，所得连梁剪力值较大，可能超过剪压比限值，使连梁剪切破坏。对于抗震设计，连梁的刚度并不是越大越好，而是要适当降低连梁刚度。2001规范规定，抗震墙连梁的刚度可以折减，折减系数不小于50%（6.2.13条2款）。89规范的折减系数为不小于60%。连梁刚度折减后，使水平地震力产生的梁端约束弯矩降低，同时也降低了连梁的剪力和剪压比，避免剪切破坏，有利于实现强剪弱弯的延性连梁。

2. 连梁剪力设计值

按强剪弱弯的设计原则，连梁的剪力设计值要由其实际的受弯承载力确定。89规范一级抗震墙的连梁即按实际受弯承载力计算连梁剪力设计值（第6.2.5条）。2001规范作了简化，采用增大系数计算连梁组合的剪力设计值，增加了对三级抗震墙连梁的增大系数；9度时，还要按实际的受弯承载力计算剪力设计值，取两者的大者验算受剪承载力（6.2.4条）。

增大系数的取值，主要考虑了材料的实际强度、连梁实配受弯钢筋的面积超过计算所需的面积，以及不同抗震等级对“强剪弱弯”的不同要求。需注意的是，连梁两端弯矩设计值之和为顺时针方向之和及逆时针方向之和两者的较大值。

3. 连梁斜向配筋

跨高比小的连梁容易剪切破坏，即使是按强剪弱弯设计，在梁的两端屈服出现塑性铰后，仍难避免剪切破坏。为了改善跨高比小的连梁的性能，从而改善联肢墙的抗震性能，2001规范增加了连梁斜向配筋的规定。

有两种斜向配筋的方式：有箍筋的交叉钢筋和无箍筋的交叉钢筋。试验研究表明，连梁配置斜向交叉钢筋，可以提高连梁的受剪承载力、剪切变形能力和耗能能力，使抗震墙具有良好的抗震性能。配置无箍筋的交叉斜向钢筋，对连梁的抗震性能也有一定的改善。

2001规范规定，筒中筒结构的一、二级核心筒和内筒的跨高比不大于2的连梁，宜配置斜向交叉暗柱，暗柱承担全部剪力（6.7.5条）；其他结构一、二级抗震墙跨高比不大于2的连梁，除普通箍筋外另设斜向交叉钢筋，作为改善受力性能的构造措施（6.4.10条）。

从施工的角度，连梁厚度较小时，斜向暗柱的施工困难。因此，规范规定配置暗柱的连梁厚度不小于400mm；若连梁厚度小于400mm，则宜配置斜向交叉构造钢筋。

六、墙肢抗震构造措施

1. 分布钢筋

抗震墙分布钢筋的作用是多方面的：受剪、受弯，减少收缩裂缝等。试验研究还表明，分布筋过少，抗震墙会由于纵向钢筋拉断而破坏。UBC—97、ACI318—99等，都有抗震墙分布筋最小配筋率的规定。

2001规范规定，框-墙结构抗震墙的竖向和横向分布筋的最小配筋率为0.25%（6.5.2条），与89规范相同（第6.5.2条）；部分框支抗震墙结构的抗震墙底部加强部位，不小于0.3%（6.4.3条2款），89规范无此规定；其他结构的抗震墙，一、二、三级不小于0.25%，四级不小于0.2%（6.4.3条1款），与89规范不完全相同（第6.4.4条）。分布筋的直径不宜小于8mm，也不宜过粗，规范规定不宜大于墙厚的1/10；分布筋的间距，一、二、三级墙不大于300mm，部分框支墙结构底部加强部位不大于200mm。分布筋的间距小一些好，有利于减少收缩裂缝和减少反复荷载作用下的交叉斜裂缝。

2. 轴压比限值

2001规范规定了抗震墙轴压比的限值，这是89规范没有的。随着建筑结构高度的增加，抗震墙底部加强部位的轴压比也随之增加，统计表明，实际工程中抗震墙在重力荷载代表值作用下的轴压比已超过0.6。

影响压弯构件的延性或屈服后变形能力的因素有：截面尺寸，混凝土强度等级，纵向配筋，轴压比，箍筋量等，主要因素是轴压比和配箍特征值。抗震墙墙肢试验研究表明，轴压比超过一定值，很难成为延性抗震墙。

2001规范6.4.5条规定的轴压比限值适用于各种结构类型的抗震墙墙肢。9度一级墙最严，限值为0.4；8度一级墙次之，限值为0.5；二级墙的限值为0.6。

计算墙肢轴压比时要注意：①只需计算墙肢嵌固端截面的轴压比。抗震墙底部加强部位的弯矩设计值相同，一般情况下，墙的厚度也相同，若嵌固端截面的轴压比不超过限值，以上部位的轴压比也不会超过限值。墙肢的塑性铰在底部加强部位范围内，加强部位以上一般不会出铰，可以不限制轴压比，但也不宜超过限值。②用重力荷载代表值计算轴压比时，只考虑重力荷载和活载的组合，楼层活载按规范5.1.3条规定折减，组合后分项系数取1.2。

UBC—97规定，抗震墙墙肢的轴压力 $P_u \leqslant 0.35P_0$。式中，$P_0 = 0.85f'_c(A - A_s) + A_s f_y$，轴压力 P_u 由恒载、活载和地震作用产生，分项系数分别为1.2、0.5和1.0，即 $P_u = 1.2D + 0.5L + E$。若取 $f'_c = 0.8f_{cu}$，$f_c = 0.5f_{cu}$，$f_y = 310MPa$，$A_s = 0.3\%A$，C40混凝土，则可换算为 $P_u \leqslant 0.49Af_c$，即轴压比限值为0.49。2001规范与UBC—97相比，有的墙肢UBC—97的轴压力大，有的墙肢2001规范的轴压力大。大体上，2001规范8度一级抗震墙墙肢的轴压比限值，与UBC—97的墙肢轴压比限值相当。

2001规范规定，墙肢长度小于墙厚的3倍时（89规范的小墙肢），应按框架柱的要求设计（6.4.9条）。箍筋应沿柱全高加密。

3. 约束边缘构件

2001规范规定，抗震墙墙肢两端应设置边缘构件，边缘构件分为约束边缘构件和构造边缘构件两类。约束边缘构件是指用箍筋约束的暗柱、端柱和翼墙，其混凝土用箍筋约束，有比较大的变形能力；构造边缘构件的混凝土约束较差或没有约束。

墙肢在轴压力和弯矩共同作用下，破坏时受压区混凝土压碎，墙肢的延性与受压区混凝土的变形能力与箍筋约束有关。轴压比越大的墙肢，为达到较高的延性，受压区混凝土所需的约束程度越高。箍筋对混凝土的约束程度，2001规范用配箍特征值表示，既考虑了体积配箍率，又考虑了箍筋的屈服强度和混凝土的强度。

下列墙肢应设置约束边缘构件（6.4.6条）：除一、二级部分框支抗震墙结构底部各墙肢外，各种结构类型的一、二级抗震墙底截面的轴压比超过下列值的墙肢：9度一级为0.1，8度一级为0.2，二级为0.3，计算轴压比用的轴压力由重力荷载代表值产生，不考虑地震作用效应组合。

约束边缘构件的形式（6.4.7条，6.7.2条）：约束边缘构件可以是暗柱（矩形端）、端柱和翼墙，端柱截面边长不小于2倍墙厚，翼墙长度不小于其3倍厚度，不足时视为无端柱和无翼墙；部分框支抗震墙结构，一、二级落地墙的底部加强部位及以上一层，墙的两端应有端柱或翼墙，以保证其有足够大的变形能力。不落地墙的约束边缘构件顶部高度同落地墙。

约束边缘构件的高度（6.4.6条，6.7.2条）：沿墙肢的高度一般为底部加强部位及以上一层，筒体结构核心筒或内筒角部宜沿结构全高设置约束边缘构件。

约束边缘构件沿墙肢的长度（6.4.7条，6.7.2条）：矩形端，9度一级 $0.25h_w$，8度一级 $0.2h_w$，二级 $0.2h_w$；有翼墙或端柱，9度一级 $0.2h_w$，8度一级 $0.15h_w$，二级 $0.15h_w$；筒体结构核心筒或内筒角部，$0.25h_w$；且不小于 $1.5b_w$ 和450mm，不小于翼墙厚度或端柱截面高度加300mm。

约束边缘构件的配筋（6.4.7条）：配箍特征值为0.2，箍筋间距一级不大于100mm、二级不大于150mm，箍筋边长比不大于3、相互搭接长度不小于箍筋长边的1/3；一、二级墙的纵筋截面面积，分别不小于2001规范图6.4.7阴影面积的1.2%和1.0%。

研究表明，约束边缘构件的长度和配箍特征值，与墙肢的轴压比有关，为达到同样大的延性，轴压比大的墙肢，所需的长度和配箍特征值也大。2001规范的约束边缘构件长度和配箍与墙肢轴压比无关，长度与设防烈度和抗震等级有关，而配箍特征值都一样，筒化了设计。

4. 构造边缘构件

下列抗震墙墙肢设置构造边缘构件（6.4.6 条）：除部分框支抗震墙结构外，一、二级抗震墙底截面的轴压比不大于：9 度一级 0.1、8 度一级 0.2、二级 0.3 的墙肢；一、二级抗震墙和部分框支抗震墙的底部约束边缘构件以上的部位；三、四级抗震墙的所有墙肢。

构造边缘构件的长度和配筋（6.4.8 条）：构造边缘构件的长度按 2001 规范图 6.4.8 采用，矩形端取墙厚与 400mm 的大者，有翼墙时为翼墙厚加 300mm，有端柱时为端柱。配筋按 2001 规范表 6.4.8，底部加强部位和其他部位分别对待，纵向钢筋的最小量不同，水平筋的量和形式也不同，底部加强部位用箍筋，而其他部位可用拉筋，但转角处宜用箍筋。

七、筒 体 结 构

2001 规范增加了框架核心筒及筒中筒结构的有关内容：

1. 一般要求

(1) 框架-核心筒结构的核心筒、筒中筒结构的内筒，都是由抗震墙组成，也都是结构的主要抗侧力竖向构件，其抗震墙的抗震构造措施应符合 6.4 节抗震墙结构抗震措施及 6.5 节框架-抗震墙结构的抗震构造措施的有关规定。包括墙体厚度，分布钢筋的配筋率，轴压比限值、边缘构件和连梁构造等，以使筒体有良好的抗震性能。

(2) 筒体底部加强部位及相邻上一层不应改变墙体厚度。

(3) 筒体角部的抗震构造措施应予加强，约束边缘构件宜沿全高设置。一般筒体的连梁跨高比较小，墙肢的整体作用大，为此适当增大约束构件长度，在底部加强部位，约束构件沿墙肢的长度不小于墙肢截面高度的 1/4，且在约束边缘构件范围内，均应采用箍筋。在底部加强部位以上，按规范中图 6.4.7 的 L 形墙，约束范围仍按墙肢长度的 1/4，非角部的底部加强部位抗震墙按抗震墙结构约束边缘构件设置。

(4) 一、二级筒体结构中，跨高比不大于 2.5 的连梁，当梁截面宽度不小于 400mm，宜采用交叉暗柱配筋。全部剪力由暗柱配筋承担，并按构造要求设普通箍筋。

(5) 核心筒体分布配筋按框架-抗震墙结构的抗震要求设置。

(6) 筒体的抗震墙，底部加强部位在重力荷载代表值作用下墙肢的轴压比，9 度不宜超过 0.4，8 度一级不宜超过 0.5，二级不宜超过 0.6，底部加强部位以上的轴压比不应高于底部加强部位的轴压比。

2. 筒体结构外筒

(1) 外筒为梁、柱式框架或框筒时，宜采用非结构幕墙；采用钢筋混凝土裙墙时，裙墙与柱连接处应设受剪控制缝，以免出现短柱。

(2) 外筒为壁式筒体时，裙墙与窗间墙连接处设受剪控制缝，外筒可按联肢抗震墙设计。

(3) 三级外筒采用壁式筒体，外筒可按壁式框架设计。壁式框架柱除满足计算要求外，尚应满足规范 6.4.8 条构造要求。

（4）支承大梁的壁式筒体宜设壁柱。一级时由大梁传来的轴力应全部由壁柱承担，验算轴压比时仍按全部截面。

（5）受剪控制缝如图 9-1 所示。

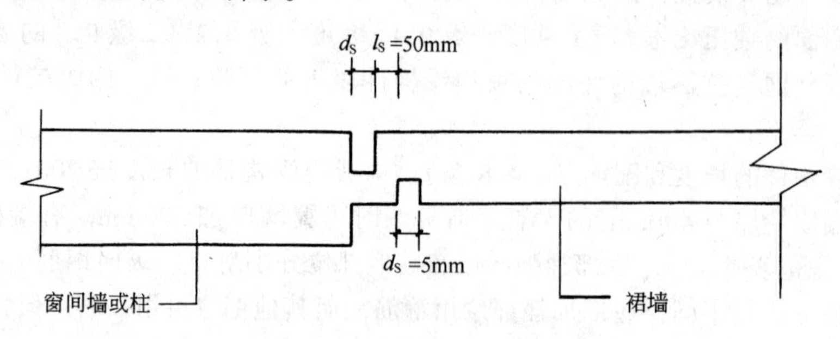

图 9-1 裙墙受剪控制缝

3. 框架-核心筒结构

（1）框架-核心筒结构的核心筒与周边框架之间宜采用梁板结构，由于各层梁对核心筒有约束作用，可有效减少核心筒的侧向变形，以满足结构的变形要求；

（2）梁与核心筒连接应避开核心筒的连梁；

（3）当核心筒较柔，地震作用下不能满足变形要求，或筒体由于受弯产生拉力时，宜设置加强层，其部位应结合建筑功能设置；

（4）加强层的大梁或桁架应与核心筒内的墙体贯通；

（5）为避免加强层周边框架柱在地震作用下由于强梁带来的不利影响，加强层与周边框架不宜刚性连接，而宜采用铰接或半刚性连接；

（6）加强层及其相邻层楼盖刚度、配筋应加强；

（7）6、7 度区带加强层的框架核心筒结构，外框架与核心筒之间常采用无梁平板。这种体系应考虑框架柱稳定及边梁受扭，不宜用于高烈度地区。地下室顶板及屋顶板应采用有梁体系；

（8）9 度时不应采用加强层；

（9）结构整体分析应考虑加强层结构变形的影响；

（10）核心筒的轴心压缩及外框架的竖向温度变形对加强层产生很大的附加内力，为减小附加内力，可在加强与周边框架之间采取必要的后浇连接及有效的外保温措施；

（11）加强层及其相邻层的框架柱和核心筒抗震墙的抗震等级应提高一级采用；

（12）抗震设计时，对带加强层高层建筑结构，加强层及其相邻层的框架柱，箍筋应沿全高加密，体积配箍率不小于 1.6%，轴压比不应大于 0.7。

4. 筒中筒结构

（1）为了减小外框筒在水平地震作用下的剪力滞后效应，外框筒各梁、柱节点处，宜使梁的线刚度之和不小于柱的线刚度之和，当框架的柱距不等时，宜按梁的线刚度相等原则调整梁的截面宽度，在地震作用下角柱受拉对抗震不利，为此应合理的调整内筒和外框筒的刚度或采取其他有效措施，避免或减小柱拉力；

（2）内筒的门洞不宜靠近转角；

（3）楼层梁不宜集中支承在内筒转角处，也不宜支承在洞口梁上；

(4) 楼层大梁与内筒交接处宜设暗柱，暗柱宽度不宜小于墙厚的两倍与梁宽之和；

(5) 筒中筒结构的外框筒应满足一般框架强柱弱梁、强剪弱弯要求，外框筒存在短柱时，应加强内筒刚度，使外框筒短柱的剪压比小于0.15；

(6) 外框筒的角柱不宜出现小偏心受拉；

(7) 当外框筒在首层抽柱时，应通过转换梁及加强柱刚度保持抽柱后，楼层侧向刚度基本不变。

5. 筒体结构转换层

(1) 转换层上下的结构质量中心宜接近重合（不包括裙房），转换层上下层的侧向刚度比不宜大于2；

(2) 转换层上部的竖向抗侧力构件（墙、柱）宜直接落在转换层的主结构上；

(3) 厚板转换层结构不宜用于7度及7度以上的高层建筑；

(4) 转换层楼盖不应有大洞口，在平面内宜接近刚性；

(5) 转换层楼盖与筒体、抗震墙应有可靠的连接，转换层楼板的抗震验算和构造宜符合框支层楼板的有关规定；

(6) 8度时转换层结构应考虑竖向地震作用；

(7) 9度时不应采用转换层结构。

第十讲　多层砌体房屋的抗震设计

"秦砖汉瓦"曾是我国上千年来的传统墙体材料，以粘土烧结的普通粘土砖一直是我国主要的墙体材料，而且沿用至今仍占有我国建筑业的绝大市场。但是，我国人多地少，可耕地面积随着经济建设的发展、人口的增加，人均占有量急剧下降。为此，中央于近些年来制订并贯彻了墙体改革与节约能源的政策。作为第一步的目标是，在160个大中城市中先行禁用普通粘土砖，推广或改用粘土多孔砖。最近经贸委又下达了十个省会城市（合肥、成都、西安、太原、郑州、武汉、南昌、银川、乌鲁木齐、昆明）在2003年6月30日前限时禁用普通粘土砖，其他省会城市最迟到2005年底前也要禁用普通粘土砖的通知。这样，就将人口集中的城市中，建筑墙体材料将不再采用实心粘土砖。无疑这将是一次功在当代、造福子孙的历史性决策，也是我国墙体材料革新的一个新里程碑。

但是，我们也看到，除了上百个大中城市以外，广大的中小城镇和农村，目前尚无条件完全不用普通粘土砖。因此，作为面向全国的标准规范，除了要引导尽量采用新型墙体材料之外，也不能不保留目前仍在全国占有相当多的地区的传统性材料，这也就是我们保留烧结普通粘土砖的理由。

砌体结构就广义上讲，包括了各种材质的块材砌筑而成的结构形式，它是我国应用最广泛的一种结构。如烧结类块材、蒸压类块材、石材和生土（土坯）等。另外如近些年来发展的混凝土小型空心砌块，同样也是砌体结构的一种新型材料，它是通过工业化生产的水泥及就地取材的砂、石料制作而成。因此，应当是一种替代粘土类制品的最佳选择。

我国国土面积的2/3以上划定为抗震设防烈度6度及6度以上地区。因此概括了各类砌体结构材料在地震区应用的可能性。建筑材料特别是砌体结构材料的地方性很强，一般必须结合当地的资源情况，根据经济条件，就地取材选用各种砌体材料。但是，同时也必须考虑国家制订的政策导向；从改革墙体材料和节约能源出发，选用符合节约能耗，保护环境和耕地，尽量使用工业废料等要求的材料。为此，我们在此次建筑抗震设计规范砌体结构部分修订之初，就认真讨论和贯彻以上精神，并加以落实。

砌体结构材料一般属脆性材料，砌筑而成的结构也是脆性结构，当然它的抗震性能是很差的，特别是在抵御侧向水平地震作用时，在变形极小的情况就会发生开裂，进而突然倒塌。

近年来的研究证明，用一定方式在砌体结构中配置适量的钢筋或钢筋混凝土构件，能够大大提高砌体结构的变形能力，增强抵抗地震的作用。为此，我们可以将砌体结构划分为无筋砌体、约束砌体和配筋砌体三类。如果用墙体的体积配筋率来大致界定，配筋率在0.2%以上可称为配筋砌体，配筋率在0.07%～0.2%称为约束砌体，而把仅配少量拉结钢筋的砌体结构，划为无筋砌体。

地震作用是一种十分复杂的地面运动引起的振动。应当承认，人们至今仍然未能完全掌握其对结构的破坏机理。而且，目前的试验室条件，包括国内外的各种先进手段，还不足以真实模拟地震对结构的破坏作用。因此，工程抗震设计和研究人员，必须重视对实际发生地震地区的房屋建筑的真实破坏情况。从某种意义上讲，这才是最真实的试验结果。当然由于地震作用的复杂性，各次地震作用的破坏规律也不尽相同，既有一些共同的破坏规律，还有一些特殊破坏规律。这就需要我们不断的、深入地去研究、总结规律，并逐步提高到理论上加以认识。只有这样，才能使我们的抗震研究深入，抗震设计水平得到真正的提高。因此，抗震设计规范中的内容不同于其他结构规范，它更着重于从实际地震中总结得到的普遍规律加以概念化，从而提出抗震概念设计的要求。

1989 年颁布执行的建筑抗震设计规范经过十多年的应用，除了在工程实践中得到了检验和完善之外，十多年来国内外曾发生了一系列强烈地震，对砌体结构更是一种考验。同时，试验研究也有很大的发展。这些，都为此次修订规范工作提供极好的背景材料。

以下就新规范中多层砌体结构房屋主要的修订内容作一介绍。

一、砌体结构适用范围的扩大

本次修订，除沿用了实心粘土砖砌体外，结合墙体改革和节约能源政策的贯彻，重点补充了粘土多孔砖砌体。我国目前允许作为承重墙体材料的多孔砖有两种，一种是已沿用多年的 KP1 型砖，其尺寸为 240mm×115mm×90mm；另一种是模数多孔砖，简称 M 砖，其尺寸为 190mm×190mm×90mm。通过多年来的试验研究和工程实践，特别如 KP1 型砖，还在 1990 年编制了行业标准，设计上已应用多年，积累了丰富的经验。为此，此次纳入国家标准是有把握的，也是符合国家墙体改革政策的。

混凝土小型空心砌块是我国替代普通粘土砖的主导产品。由于其原材料为水泥和砂、石料，水泥为大工业化生产的产品，砂石料可结合当地资源就地取材。而且，混凝土小砌块制作工艺简单，质量可靠，孔洞内可配置一定数量的钢筋等。因此，它的强度和抗震性能都能得到保证，不失为一种新型多层砌体结构的好材料。

89 规范修编时，由于当时我国国内应用尚不普遍，试验研究成果也不多，特别是经过地震考验的小砌块建筑更为少见。因此，在规范中采用时持慎重态度，将小砌块的层数和高度均比普通砖砌体低一层。近十余年，不但科研试验成果大量涌现，而且工程实践的数量也大大增多，目前全国已建成的小砌块建筑，据不完全统计已达 2000 万 m^2 以上。因此，此种材料已逐步在替代过去的普通粘土砖制品。

根据以上情况及研究成果，我们将混凝土小型空心砌块砌体纳入规范，并增加了层数和高度。

此外，考虑到我国墙体改革要求，尽量减少粘土类砖制品，本次修订时将蒸压灰砂砖和蒸压粉煤灰砖砌体也纳入抗震规范。

当然，蒸压类砖砌体比较突出的问题是各地原材料及配比不同，普遍存在砌体抗剪强度低于普通砖砌体的问题，仅有少数地区能够做到抗剪强度与普通砖砌体持平或略高。我们考虑到国家的墙体改革政策的要求及蒸压类砖的抗压强度比较高，目前生产的质量也比较稳定。因此，在此类砖砌体纳入国家标准的同时，也强调和加强了一些必要的措施，以保证在应用此类砌体时的安全性和符合抗震性能要求。

对于采用其他材料烧结的实心砖和多孔砖，如利用煤矸石或页岩粉碎及制作烧结成的非粘土类烧结砖，2001 规范亦留有窗口，只要是有足够的试验数据，此类砖砌体也是可以采用的。

本规范此次修订中取消混凝土中型砌块的内容，其原因是目前国内已基本不再采用中型砌块作为墙体材料。究其原因大致为：一，此类砌体体积大，重量非人工可以搬动，因此施工时需用小型机具施工，不符合目前机械化施工的要求；其二是此类砌块建筑层数和高度限制较严，在同一地区的竞争力小，因此一般都不再采用。根据上述实际情况，实际已经淘汰了此类产品，2001 规范不再列入。

2001 规范还对底层框架-抗震墙结构的应用扩大了范围，增加了层数和高度，并允许在底部设置两层框架-抗震墙结构。

2001 规范考虑单排柱内框架结构本身存在的弱点，即单排柱的两侧梁支承在外部的砌体墙上，地震时墙首先倒塌，此后形成只有一排柱子支承的不稳定结构。因此，对抗震极为不利，决定不再采用此类结构。

总体上看，在多层砌体房屋中，突出了多孔砖的应用和混凝土小型空心砌块的应用。这也是符合国家墙体改革和节约能源政策的大方向。

二、砌体房屋高度和层数的限制

1. 高度和层数限制的基本原则

我们从我国历次地震中已经总结出砌体结构房屋的层数和高度与地震震害成正比的结论，国外的地震也都得到过这样的结果。因此，在多层砌体房屋抗震设计中，将房屋的层数和高度作为强制性条文加以限制，这是十分必要的，不强调控制多层砌体房屋的层数和高度，就难以保证多层砌体房屋在地震时特别是在较强地震时的安全。

作为多层砌体房屋的设计，层数和高度问题也是业主和设计人员最关注的问题。在有限的土地上，建造较多层数的房屋以发挥经济效益是可能理解的。但是，砌体结构的脆性性质又决定了这类材料不可能建造较多层数的房屋。从现有条件看，结合我们目前对地震作用的认识程度，我国规定的多层砌体结构的高层和层数，已经是世界各多地震国家之最。当然这也是基于我国的具体情况所决定的。但是，我们决不可以因此而盲目再提高多层砌体房屋的建造层数和高度，否则就是对人民的缺乏责任心。

2001 规范对普通砖砌体的层数和高度没有改变，仍然保持 89 规范的水平。

2001 新规范增加的多孔砖砌体，结合工程实践及已有设计规程多年的应用经验，7、8、9 度区保持和实心砖砌体同样的层数和高度。对 6 度区则降低为 7 层。其主要原因是多孔砖砌体的试验结果告诉我们它的脆性性质表现更为突出，特别是多孔砖由于壁和肋均较薄，在受到较大轴压力下，极易产生“劈裂”现象，即多孔砖的外壁先崩裂脱落，造成在整体模拟试验时的突然倒塌。因此，对多孔砖砌体应降低其轴压力和承担局部受压的可能性，以避免其产生“劈裂”现象和突然倒塌。

2001 规范对混凝土小型空心砌块的高度和层数均比 89 规范相应提高一层。主要考虑这类材料的强度较高，质量稳定。特别是近十余年来国内进行的大量整体模型和单片墙体试验，得到了大量的科学数据。加之近年来在国内大力推广此类砌体结构，总结了许多有益的经验，使我们有条件将此类砌体结构层数提高到与普通实心砖砌体同样的层数和高度。这应当说是有把握的。特别是近年来在国内掀起研究改变小砌块芯柱结构体系为构造柱结构体系。小砌块中通过孔洞中插入一根竖筋并浇注混凝土的做法，是沿用国外的小砌块建筑的做法。结合我国国情，小砌块芯柱体系存在几个比较突出问题：一是灌注芯柱需用专用混凝土和砌筑砂浆，这在目前国内尚难完全实施。芯柱难以灌注密实势必影响工程质量；二是芯柱灌注程度无法检验，因此给工程质量造成隐患；三是芯柱按照抗震设防要求，需要设置的数量多，并要分二次振捣密实，也给施工带来不便；四是芯柱内每孔一根钢筋，不但连接不好，孔洞清除杂物不易，而且分散配筋的效果，根据试验结果，远不如集中配筋的构造柱体系。即将小砌块建筑中的外墙转角、内外墙连接处及内墙的连接处，均以构造柱的形式集中配置四根钢筋并有箍筋，如此配置的小砌块建筑，其抗震性能、变形能力、延性均远优于仅用芯柱的小砌块建筑。因此，本次修订中除保留了小砌块建筑中的芯柱体系外，同时特别提出，在小砌块多层砌体结构房屋中，也可以采用集中配筋的构造柱小砌块建筑体系。

当然，2001 规范没有对改用构造柱小砌块建筑体系后，提出一系列的构造和计算要求，此部分有待今后补充和完善。

2. 高度和层数计算的注意事项

对于层数和高度的计算方面，2001 规范除了沿用 89 规范中的一些规定以外，亦明确了若干具体规定：

(1) 关于房屋总高度的计算，仍然沿用自室外地坪到主要屋面板板顶标高，或至檐口标高。此地所指室外地面为室外的自然地平面。若高坡地面，则应从低处计算；同时，此地所指檐口为至屋面板的檐口高度，而不是坡屋面的檐口。

(2) 半地下室应从室内地面算起，即半地下室应作为一层考虑。当半地下室开有窗洞设有完整的窗井时，如窗井两侧的墙系由内横墙延伸至室外窗井，并有挡土墙形成封闭的窗井，此时已将半地下室的面积扩大，即可将半地下室视为上部墙体的嵌固端。同时半地下室的楼盖为现浇楼盖。此时可不将半地下室当作一层，总高度可从室外地坪算起。

(3) 全地下室的高度计算，可从室外地坪算起。因为全地下室墙体基本埋于地下，楼盖顶板低于或高于室外地坪，且无窗洞时，可视全地下室在地震作用时与土体共同工作，而无动力放大作用。因此可以不作为一层计算。

(4) 对带阁楼的坡屋面的计算。总高度应计算到阁楼层山尖墙的 1/2 标高处。同时，应将阁楼层当作一层计算。

但阁楼的设置比较复杂，有的阁楼层高度不高，且不住人，只是作为屋架内的一个空间。此时阁楼层可不作为一层考虑。但有的阁楼层空间较高，设计作为居室的一部分，当然这样的阁楼层自然应当作为一层考虑。

亦有的阁楼在顶层屋面上，只占一部分面积，即只有部分阁楼作为居住或活动场所。此时阁楼层是否应作为一层考虑，应区别不同情况对待。如阁楼层占总的顶层面积的百分比、阁楼层的结构形式、阁楼层高度等，根据具体情况区别对待。

(5) 考虑到某些地区要求室内外有较大的高差，主要为防潮或其他用途，此时在总高度计算时有可能超过规定，但层数上不超。因此，对室内外因功能需要而有较大高差达到 600mm 时，则在总层数不变的情况下，总高度可以增加 1.0m。

(6) 对于横墙较少房屋，规范具体规定了在同一层内，凡开间大于 4.2m 的房间面积数超过本层面积的 40%时，此时可认为该建筑为横墙较少的建筑。

对于此类建筑，房屋层数应降低一层，高度降低 3m。

(7) 对于横墙很少的多层砌体房屋，一般指比教学楼等横墙更少的建筑，在整幢建筑中均为会议室或开间很大的办公或其他用房。考虑到此类建筑的结构动力特性的改变，作为砌体结构主要的抗侧力构件——墙体过少。因此，对于此类横墙很少的空旷砌体结构房屋，应根据具体工程情况再适当降低层数和高度。

三、多层砌体房屋的抗震验算

1. 砌体结构受剪承载力计算

多层砌体房屋层数受到限制，一般以剪切变形为主，沿高度方向的刚度变化比较均匀，自振周期较短。因此可以采用底部剪力法，按倒三角形分布地震作用。地震作用下砌体材料的强度指标，因不同于静力，宜单独给出。其中砖砌体强度是按震害调查资料综合估算并参照部分试验给出的。砌块砌体强度则主要依据试验资料。但是，强度设计值和标准值的关系则是针对抗震设计的特点，按《统一标准》可靠度分析得到的，并采用调整静强度设计值的形式。

当前砌体结构受剪承载力的计算，有两种半理论半经验的方法，即主拉和剪摩理论。在砂浆等级＞M2.5，且在 $1<\sigma_0/f_v\leqslant 4$ 时，两种方法结果相近。2001 规范与 89 规范相同，继续采用正应力影响系数的统一表达形式。

对砖砌体，此系数继续沿用 78 规范及 89 规范的方法，采用震害统计基础上的主拉公式得到，以保持规范的连续性：

$$\zeta_N = \frac{1}{1.2}\sqrt{1+0.45\sigma_0/f_v} \tag{10-1}$$

对于混凝土小型空心砌块，其 f_v 较低，σ_0/f_v 相对较大，两种方法差异较大，震害经验又少，根据试验资料，正应力影响系数由剪摩公式得到：

$$\zeta_N = 1+0.25\sigma_0/f_v \quad (\sigma_0/f_v\leqslant 5.0) \tag{10-2a}$$

$$\zeta_N = 2.25+0.17(\sigma_0/f_v-5) \quad (\sigma_0/f_v>5.0) \tag{10-2b}$$

2. 构造柱墙段抗震承载力的验算方法

89 规范中，构造柱的主要作用在于构造，对其有利于地震作用的影响，隐含在受剪承载力计算中，即当墙段两端有构造柱时，抗震承载力调整系数 γ_{RE} 取 0.9；当两端或一端无柱时取 1.0。

通过近些年来的试验研究，当构造柱的截面和配筋满足一定要求后，且构造柱不仅设置在两端，同时还设置在中段，此时墙段的抗震作用明显增强，即可以计入墙中段构造柱的作用。

现行规程及地方标准中，对构造柱的计算有三种方法：其一是换算截面法，根据混凝土和砌体的弹性模量比折算，刚度和承载力均按同一比例换算，并忽略了钢筋的作用；其二是并联叠加法，构造柱与砌体分别计算刚度和承载力，再将二者相加，构造柱的受剪承载力分别考虑了混凝土和钢筋的承载力，砌体的受剪承载力还考虑了小间距构造柱的约束提高作用；其三是混合法，构造柱混凝土的承载力以换算截面并入砌体截面计算受剪承载力，钢筋的作用单独计算后再叠加。在以上三种方法中，对承载力抗震调整系数 γ_{RE}的取值各有不同。由于不同的方法均根据各自的试验结果引入不同的经验修正系数，使计算结果彼此相差不大，但计算基本假定和概念在理论上不够完善。

本次收集了国内有关单位的试验资料，其中，包括两端设构造柱，中间设 1～3 根柱，不同形式的开洞墙体，以及有不同截面、不同配筋、不同材料强度的试验成果，通过对百余片墙体试验结果的统计分析，结合混凝土构件抗剪计算方法，提出了新的抗震承载力简化计算公式。其特点如下：

(1) 墙段两端的构造柱对承载力的影响，仍按 89 规范中以承载力抗震调整系数 γ_{RE} 反映其约束作用，并忽略构造柱对墙段的刚度的影响，仍按门窗洞口划分墙段；

(2) 引入中部设置构造柱参与工作及构造柱间距不大于 2.8m 时的墙体约束修正系数；

(3) 构造柱的承载力分别考虑了混凝土和钢筋的抗剪作用。但不应随意加大构造柱混凝土截面和钢筋的用量。同时，还根据修订后的混凝土规范，在混凝土的受剪承载力表达式中将抗压强度改为抗拉强度表示。

(4) 公式是简化式，计算结果与试验结果相比偏于保守，在必要时才可利用。横墙较少房屋及外纵墙的墙段计入其中部构造柱参与工作的抗震验算，也有所改进。

3. 砌体结构横向配筋的抗剪验算公式

本次修订是根据试验资料的进一步分析，调整了钢筋参与工作系数，由 89 规范中的定值 0.15 改为随墙段高宽比在 0.10～0.15 之间变化。同时明确水平配筋的适用范围是 0.07%～0.17%之间，太大的配筋率是不起作用的。

四、砖砌体房屋的抗震构造措施

1. 钢筋混凝土构造柱

砖砌体中设置构造柱在唐山地震中证明对防止倒塌是有效的。此后国内进行众多的试验研究，也得到一致的结论。因此自 1978 年规范修订中规定采用构造柱作为抗震措施沿用至今。构造柱的主要作用可以概括为下列几点：

(1) 设置在墙段两端的构造柱能够提高砌体的受剪承载力 10%～30%左右，提高的幅度与墙段的高宽比有关，亦与墙段的竖向轴压力和开洞情况有关；

(2) 构造柱对砌体墙起约束作用，使之有较大的变形能力和延性；构造柱的主要作用是在墙体出现开裂后能够阻止墙体破碎倒塌；

(3) 构造柱应当设置在震害较重、连接构造比较薄弱的部位，以及容易产生应力集中的部位；

(4) 构造柱应与墙段砌体一起工作，因此必须有良好的整体性，应先砌墙后浇柱，并设拉结筋和马牙槎。

(5) 构造柱必须与每层圈梁拉结，构造柱的钢筋应通过圈梁内的钢筋。应使在上下层圈梁处作为拉结构造柱的支点。

本次对构造柱设置要求主要有下列修改和补充：

除保持 89 规范中对构造柱设置的烈度、层数、结构部位，及构造要求之外。补充了当房屋高度和层数接近2001规范表7.1.2的限值时，纵横墙内的构造柱间距要求：①横墙内的构造柱间距不大于层高的2倍；下部1/3楼层的构造柱间距要适当减小。②当外纵墙开间大于3.9m时，考虑到开间增大后对墙体的约束亦应增强，因此要求另设加强措施；③对内纵墙的构造柱间距，89规范未曾提出要求，此次补充规定了内纵墙的构造柱间距不宜大于4.2m。当然，根据烈度还可以适当调整。

2. 楼盖圈梁

圈梁的作用是多方面的，在历次地震中亦早已证明其提高抗震能力的效能，是十分有效的抗震措施。

本次修订，取消了89规范中对6、7度区可以隔层设置钢筋混凝土圈梁，而由砖配筋圈梁来替代的做法，一律改为每层均需设置钢筋混凝土圈梁的要求。

现浇楼盖允许不另设圈梁，但应沿楼板周边设置加强钢筋，一方面应与构造柱竖筋相连；同时，也是为了加强现浇板的边肋配筋。一般可以增设2ϕ10～2ϕ12的边肋钢筋。

对于圈梁的构造要求，2001规范基本沿用89规范，仅纵筋直径增大2mm，不再重复。

3. 其他抗震构造措施

（1）砌体房屋楼、屋盖的抗震构造要求，包括楼板搁置长度，楼板与圈梁、墙体的拉结，屋架（梁）与墙、柱的锚固、拉结等等，是保证楼、屋盖与墙体整体性的重要措施。2001规范基本沿用了89规范的规定。

由于砌体材料的特性，较大的房间在地震中会加重破坏程度，需要局部加强墙体的连接构造要求。

（2）历次地震震害表明，楼梯间由于比较空旷常常破坏严重，必须采取一系列有效措施，本次修订也基本上保持89规范的要求。

突出屋顶的楼、电梯间，地震中受到较大的地震作用，因此在构造措施上也应当特别加强。

（3）坡屋顶与平屋顶相比，震害有明显差别。硬山搁檩的做法不利于抗震。屋架的支撑应保证屋架的纵向稳定。出入口处要加强屋盖构件的连接和锚固，以防脱落伤人。

（4）砌体结构中的过梁应采用钢筋混凝土过梁，条件不具备时至少采用配筋过梁，不得采用无筋过梁。

预制的悬挑构件，特别是较大跨度时，需要加强与现浇构件的连接，以增强其稳定性。

（5）房屋的同一独立单元中，基础底面最好处于同一标高，否则易因地面运动传递到基础不同标高处而造成震害。如有困难时，则应设基础圈梁并放坡逐步过渡，不宜有高差上的过大突变。

对于软弱地基上的房屋，按2001规范第3章的原则，应在外墙及所有承重墙下设置基础圈梁以增强抵抗不均匀沉陷和加强房屋基础部分的整体性。

五、横墙较少住宅楼抗震设计方法

对于横墙较少的多层住宅楼，其总高度和层数接近或达到2001规范表7.12规定时，其抗震设计方法大致包括以下方面：

(1) 墙体的布置和开洞大小不妨碍纵横墙的整体连接的要求；

(2) 楼、屋盖结构采用现浇钢筋混凝土板等加强整体性的构造要求；

(3) 增设满足截面和配筋要求的钢筋混凝土构造柱并控制其间距、在房屋底层和顶层沿楼层半高处设置现浇钢筋混凝土带，并增大配筋数量，以形成约束砌体墙段的要求；

(4) 按 7.2.8 条 2 款计入墙段中部钢筋混凝土构造柱的承载力。

第十一讲 混凝土小型空心砌块房屋抗震设计新规定

混凝土小型空心砌块在我国使用、研究已有20多年的历史，随着在全国范围内对普通粘土砖的逐步禁止使用，混凝土小型空心砌块作为一种相对比较成熟的新型墙体材料，在多层和中、高层房屋中，正在越来越广泛的被使用。推广应用混凝土小型空心砌块的意义在于：保护土地资源，利用工业废料，节约能源，推广工厂化生产，提高劳动生产率，科学管理产品质量。而且混凝土小型空心砌块力学性能较好，适用范围较广，在一般工业与民用建筑的多层与高层房屋中都可以使用，有很好地发展前景。但是，由于混凝土小型空心砌块与传统使用的粘土砖相比，无论是在材料本身、砌筑方法、受力性能、破坏机制、构造措施等方面都有较大的不同，因此混凝土小型空心砌块房屋的抗震设计方法与传统砌体房屋就有所不同。近年来，上海、北京、沈阳、南京、长沙、成都、昆明等地的科研单位，对混凝土小型空心砌块房屋的抗震性能和容易出现的裂缝和渗漏等情况，从材料、施工质量控制、结构形式、构造措施等方面展开了深入的试验研究，并取得了相应的成果。这次规范修订中，在总结混凝土小型空心砌块房屋的抗震经验，反映最新科研成果，推广使用混凝土小型空心砌块等方面作了大量的工作，对89规范的一些条文作了修改和补充，并在附录中新增加了配筋混凝土小型空心砌块抗震墙房屋抗震设计要求等新内容。

一、混凝土小型空心砌块多层房屋

1. 一般规定

(1) 混凝土小型空心砌块的材料和外形

混凝土小型空心砌块主要是指砌块外形尺寸为390mm×190mm×190mm、空心率为50%左右的单排孔混凝土空心砌块，是利用混凝土掺加一定量的粉煤灰和外加剂，经蒸压养护而成的混凝土砌块。砌块的截面面积按毛截面计算，砌块的强度等级按单块抗压强度确定。

迄今为止，全国各有关科学研究单位主要是对外形尺寸为390mm×190mm×190mm、空心率为50%左右的单排孔混凝土小型空心砌块进行了大量的试验研究，2001规范的有关规定也主要是反映了这一部分的研究成果。因此，对目前正在探索的其他形式的混凝土小型空心砌块，除非有充分的试验研究基础，否则在使用本抗震规范有关条文时应该慎重。

(2) 高度限制

混凝土小型空心砌块砌体的抗压强度较高，而抗剪强度较低，是混凝土小型空心砌块砌体的公认特点，因此在原来的89规范第5.1.2条中，对混凝土小砌块砌体房屋的高度限值为：6度，21m，7层；7度，18m，6层；8度，15m，5层；9度，不宜采用。根据这些年北京做过的9层加构造柱、芯柱、圈梁的混凝土小型空心砌块房屋模型的振动台试验，上海做过的加芯柱的混凝土小型空心砌块墙片的轴压、偏压、受弯、受剪试验及一幢18层配筋混凝土小型空心砌块房屋的试点工程，南京做过的在墙片中加构造柱和板带的受弯、受剪试验等研究成果以及工程经验来看，混凝土小型空心砌块砌体在采取了适当的增加芯柱、构造柱、圈梁等构造措施后，其砌体的抗剪强度可以得到很大的提高，改善了小砌块房屋的抗震性能。因此，在大量试验研究的基础上，参照行业标准 JGJ/T 14—95 规程的规定，在采取加强措施后，2001 规范在第 7.1.2 条规定，混凝土小砌块砌体房屋的高度限值为：6 度，21m，7 层；7 度，21m，7 层；8 度，18m，6 层；比 89 规范略有提高，但同时规定了小砌块砌体承重房屋的层高不应大于 3.6 米，比原规范略严。

(3) 横墙最大间距

混凝土小型空心砌块房屋的侧向刚度和抗剪能力相对粘土砖砌体房屋而言，要稍弱些，为保证各层地震作用能有效地传递给横墙，参照多层砖房，对混凝土小型空心砌块房屋的横墙间距作了相应的规定，同时明确规定水平刚度较差的木楼、屋盖，不适用于小砌块砌体房屋。

(4) 局部尺寸限值

2001 规范对“承重外墙尽端至门窗洞边的最小距离”在 8 度时规定是 1.2m，比 89 规范 1.5m 的规定略有放松。由于混凝土小型空心砌块砌体可以通过增设芯柱来大幅度提高砌体的抗剪强度，因此在适当的范围内，稍微放松墙体的局部尺寸限值，对小砌块砌体房屋来说，仍是安全的。

2. 计算要点

目前对提高混凝土小砌块墙体的抗剪强度和变形性能有两种不同的方法。一种是利用小砌块的空腔灌混凝土芯柱，这种方法在布置芯柱时比较灵活，砌块墙面没有界面裂缝，施工速度较快，但对灌芯的施工质量要求相对较高，目前世界上使用小砌块建筑的房屋均采用此种方法。另一种方法是采用外加混凝土构造柱，这种方法在浇筑构造柱时可采用普通的施工方法，施工质量比较容易保证，在我国的砌体建筑中被广泛使用。根据我国的大量试验研究结果表明，这两种方法对提高混凝土小砌块墙体的抗剪强度和变形性能都是非常有效的。根据我国已有试点工程的成功经验，灌芯时只要使用和易性好、坍落度大的流动细石混凝土，并有正确的施工方法，砌块芯柱的施工质量还是有保证的。考虑到我国的实际情况，2001 规范增加了有关混凝土小砌块墙体加设混凝土构造柱的内容，但是规定混凝土构造柱对小砌块墙体抗剪强度提高的计算同芯柱。

由于混凝土小砌块墙体的抗剪强度较低，因此在进行抗震设计时，混凝土芯柱或混凝土构造柱对提高墙体的抗剪强度作用比较明显。89 规范中，混凝土小砌块墙体的截面抗剪承载力验算公式是根据小砌块砌体的试验研究资料得到的。由于新修订的混凝土设计规范中，混凝土构件的抗剪承载力表达式中已将混凝土抗压强度设计值改为混凝土抗拉强度设计值。因此，2001 规范在计算混凝土小砌块墙体中芯柱或构造柱对抗剪的贡献时，也将混凝土抗压强度设计值改为混凝土抗拉强度设计值。

3. 抗震构造措施

(1) 芯柱设置的要求

根据试验研究成果，在混凝土小型空心砌块房屋的适当部位增设了混凝土芯柱后，其墙体的抗剪强度和延性等抗震性能都有很大的提高，因此本次修订结合空心砌块可灵活布置芯柱的特点，规定了在墙体的适当部位设置钢筋混凝土芯柱的构造措施，芯柱设置的数量和平面布置要求比89规范略有增加，而且芯柱与墙体的连接要求采用钢筋网片。另外，由于对7度区和8度区建造混凝土小砌块房屋的高度限值有所放松，因此在构造措施上增加了对7度7层和8度6层房屋的芯柱设置要求，并在设置芯柱的间距上作了不宜大于2m的较严规定。

根据我国的实际情况和试验研究结果，在砖砌体房屋中普遍采用的钢筋混凝土构造柱，对提高小砌块房屋的抗剪强度和变形能力同样有效，而且由于构造柱的截面尺寸比芯柱要大，因此在同样情况下对砌块砌体的约束能力也要强得多，对施工的技术要求也不高。所以2001规范还补充规定，在外墙转角、内外墙交接处、楼电梯间四角等部位，可以采用钢筋混凝土构造柱来替代芯柱。

(2) 芯柱的构造要求

2001规范第7.4.2条对89规范中的第5.4.3条作了修订。

由于机械化生产的需要，混凝土小砌块的孔洞往往是带有一定斜度，89规范规定芯柱截面不宜小于130mm×130mm的要求比较难满足。因此，2001规范对此修订为芯柱截面不宜小于120mm×120mm，使之比较符合实际情况。同时2001规范规定：芯柱混凝土强度等级不应小于C20；7度时超过5层、8度时超过4层，插筋不应小于1ϕ14。为提高墙体抗震受剪承载力而设置的芯柱，宜在墙体内均匀布置，最大净距不宜大于2m等。这些要求均比89规范作了更严格的规定。

(3) 构造柱的构造要求

2001规范的7.4.3条是新增加的内容，结合小砌块房屋的特点，规定了替代芯柱的构造柱的一些基本要求，与砖砌体房屋的构造柱规定大致相同。试验研究表明，参照砖砌体房屋的做法，构造柱与砌块墙连接处砌成马牙槎，且在与构造柱相邻的砌块孔洞用混凝土填实，实际上在构造柱旁多增加两孔无插筋芯柱（包括马牙槎部分）的做法，可加强构造柱与墙体的连接，较大程度地提高小砌块砌体的抗剪强度和变形能力以及房屋的整体性。

(4) 增设混凝土带的构造要求

2001规范的7.4.6条是新增加的内容。根据振动台模拟试验的结果，作为砌块房屋的层数和高度增加的加强措施之一，在房屋的底层和顶层，沿楼层的窗台标高处增设一道通长的现浇钢筋混凝土带，对增强房屋的整体性，提高房屋的抗震能力是有效的，同时对限制和减少混凝土小砌块房屋在使用过程中可能发生的裂缝也是有利的。

二、配筋混凝土小砌块抗震墙房屋抗震设计要求

1. 一般规定

(1) 配筋混凝土小砌块抗震墙的定义

配筋混凝土小砌块抗震墙是指使用砌块外形尺寸为390mm×190mm×190mm、空心率为50%左右的单排孔混凝土空心砌块，在砌块的肋部上开有约100mm×100mm的槽口以放置水平钢筋，在砌块的孔洞内按规定的插筋间距要求，插有不小于1ϕ12竖向钢筋，

且配筋砌块肢长一般不小于1m的墙体。目前，对这类墙片的试验研究开展得相对比较多一些，积累了一定的成果和经验，2001规范就是在此基础上，在附录F中增加了“配筋混凝土小砌块抗震墙房屋抗震设计要求”这部分内容。

试验研究表明，配筋混凝土小砌块墙在竖向荷载和水平荷载的作用下，随着墙片高度和肢长的不同，其受力特点和破坏形态表现出明显的压弯、弯剪和受剪特征，孔洞内ϕ28的垂直钢筋和水平槽内2ϕ12的水平钢筋也均能屈服，与一般砌体墙片的受力特点和破坏机理完全不同，而与混凝土墙片比较接近，而且由于配筋混凝土小砌块墙片中有缝隙存在，其变形能力要比混凝土墙大得多。因此配筋混凝土小砌块墙体对一般多层和小高层建筑而言，是一种结构性能比较优越的结构构件，1998年在上海就曾有过18层配筋混凝土小砌块抗震墙住宅房屋试点工程的成功例子。

(2) 房屋高度和高宽比限值

根据试验研究结果，配筋混凝土小砌块抗震墙具有较好的延性，其抗侧强度大于框架结构而其变形能力稍逊于框架，是目前比较理想的结构构件中的一种，因此从安全、经济及与有关规范的协调统一等诸多因素综合考虑，2001规范中的表F.1.1对配筋混凝土小砌块房屋的高度和层数作了规定。当配筋混凝土小砌块房屋的高度超过表F.1.1的规定时，2001规范中的有关条文规定不再适用，如经过专门的试验或研究，在有可靠的技术数据的基础上，采取必要的结构加强措施，则房屋的高度和层数可适当增加。

配筋混凝土小砌块房屋的高宽比限值主要是为了保证房屋的稳定性，防止房屋发生整体弯曲破坏。2001规范中的表F.1.2的规定，是在考虑了配筋混凝土小砌块房屋的抗震性能特点、分析比较了砌体结构和混凝土抗震墙的相关规定后确定的，它比砖砌体结构的限值要大得多，而比混凝土墙结构的限值要严一些。当配筋混凝土小砌块房屋的高宽比限值满足2001规范规定的要求时，即认为已满足稳定要求，可不做整体弯曲验算。

(3) 抗震等级的确定

由于配筋混凝土小砌块房屋的抗震性能接近混凝土抗震墙结构，因此参照钢筋混凝土抗震墙房屋的抗震设计要求，根据建筑抗震设防分类、设防烈度和房屋的高度等因素来划分不同的抗震等级，以此在抗震计算和抗震构造措施上分别对待。根据配筋混凝土小砌块抗震墙的受力性能稍逊于混凝土抗震墙的特点，在确定其抗震等级时，对房屋的高度作了比混凝土抗震墙要严的规定。同时由于目前配筋混凝土小砌块抗震墙主要被使用在住宅房屋中，而且已有的试验研究也主要是针对这类房屋，因此2001规范仅对丙类建筑的抗震等级作了规定，如果其他类别的建筑采用配筋混凝土小砌块抗震墙结构，则应经过专门的试验或研究来确定抗震等级和有关的计算及构造要求，确保房屋的使用安全。

(4) 抗震横墙的最大间距

房屋楼、屋盖平面内的刚度将影响各楼层地震作用在各抗侧力构件之间的分配。因此对房屋而言，不仅需要抗震横墙有足够的承载能力，而且楼屋盖需具有传递水平地震作用给横墙的水平刚度。由于一般配筋混凝土小砌块抗震墙结构主要是被使用于较高的多层和小高层住宅房屋，其横向抗侧力构件就是抗震横墙，间距不会很大，因此2001规范在参照砌体结构房屋的有关条文的基础上，规定了不同设防烈度下抗震横墙的最大间距，即保证了楼、屋盖传递水平地震作用所需要的刚度要求，也能够满足抗震横墙布置的设计要求和房屋灵活分割的使用要求。

对于纵墙承重的房屋，其抗震横墙的间距仍同样应满足规定的要求，以使横向抗震验算时的水平地震作用能够有效地传递到横墙上。

(5) 结构选型

配筋混凝土小砌块抗震墙房屋与其他的房屋一样，对房屋的结构布置在平面上和立面上都力求简单、规则、均匀，以避免房屋有刚度突变、扭转和应力集中等不利于抗震的受力状况。配筋混凝土小砌块抗震墙与混凝土抗震墙的受力特性相似，抗震墙墙段的高宽比越小，就越容易产生剪切破坏。因此，为提高结构的变形能力，将较长的抗震墙分成较均匀的若干墙段，使各墙段的高宽比不小于2，对房屋结构的抗震比较有利。

2. 计算要点

配筋混凝土小砌块房屋的抗震计算分析，包括内力调整和截面验算方法，大多参照钢筋混凝土结构的有关规定，并针对配筋混凝土小砌块砌体的特点做了相应的修正。

(1) 抗震验算

由于2001规范对配筋混凝土小砌块房屋的高度和层数作了较严的规定，因此对于抗震设防烈度为6度的配筋混凝土小砌块房屋在满足最大高度、最大高宽比、抗震横墙最大间距及其他结构布置要求时，可以不做抗震验算，但对高于6度抗震设防烈度的配筋混凝土小砌块房屋仍应按有关规定调整地震作用效应，进行抗震验算。

(2) 连梁、抗震墙剪力设计值调整系数

在配筋混凝土小砌块抗震墙房屋抗震设计计算中，抗震墙底部的荷载作用效应最大，因此应根据计算分析结果，对底部截面的组合剪力设计值采用剪力增大系数的形式进行调整，以使房屋的最不利截面得到加强，防止抗震墙底部在弯曲屈服前出现剪切破坏，确保抗震墙构件的"强剪弱弯"。2001规范根据房屋的抗震等级，规定了不同的剪力增大系数，以对应不同抗震等级的房屋对抗震设计的不同要求。

剪力增大系数的取值主要是参照了钢筋混凝土结构中对抗震墙、连梁的有关规定，以及参照了美国规范对配筋混凝土小砌块抗震墙的有关规定，同时结合考虑了我国配筋混凝土小砌块抗震墙实际的设计情况，确定抗震等级为一、二、三、四的房屋其剪力增大系数分别为1.6、1.5、1.2和1.0。

(3) 抗震墙截面组合的剪力设计值的限值

配筋混凝土小砌块抗震墙结构的受力性能类似于钢筋混凝土抗震墙结构，当截面平均剪应力 $\tau_m > 0.25 f_{gc}$（灌芯小砌块砌体抗压强度设计值）时，容易出现剪切破坏，而且会影响砌体墙内横向钢筋的强度发挥，因此参照钢筋混凝土规范中的有关条文规定，对配筋混凝土小砌块抗震墙的平均剪应力给予限值规定，以保证抗震墙在地震作用下是受弯构件，具有良好的弯曲变形能力。对于剪跨比小于2的抗震墙构件，由于在竖向荷载和水平荷载的共同作用下更容易出现剪切破坏，变形能力更差，因此，对此类构件截面组合的平均剪应力的控制应该更严格一些。

在验算配筋混凝土小砌块抗震墙截面组合的剪力设计值时，应注意取用的是经剪力增大系数调整后的剪力设计值。

(4) 偏心受压抗震墙截面的受剪承载力计算

虽然配筋混凝土小砌块抗震墙的抗震性能与钢筋混凝土抗震墙类似，但是其抗剪强度要低于混凝土抗震墙，2001规范在参照混凝土规范的有关条文基础上，根据试验研究结果，结合我国配筋混凝土小砌块抗震墙的特点，规定了抗震墙截面受剪承载力的计算公式（F2.4-1)。在使用公式计算时应注意，公式中的 f_{gv} 是灌芯小砌块砌体抗剪强度设计值，可取 $f_{gv}=0.2f_{gc}^{0.55}$，f_{gc} 是灌芯小砌块砌体的抗压强度设计值。试验研究结果表明，配筋混凝土小砌块抗震墙在偏心受压状态下的截面实际受剪承载力，完全能够满足公式（F2.4-1）的计算要求，而且有较大的安全储备。2001 规范在规定计算公式（F2.4-1）时，还考虑了与其他相关规范的统一和协调。

配筋混凝土小砌块墙体的受剪承载力由灌芯砌体、竖向力和水平分布钢筋共同承受，但是如果水平分布钢筋布置过少，则在水平荷载作用下，墙体开裂后将无法抵抗外荷载的作用，很快进入下降段，甚至破坏、倒塌，因此为保证配筋混凝土小砌块抗震墙具有良好的受力性能和延性，参照美国的混凝土小砌块设计规范中的有关规定，在公式（F2.4-2）中规定了水平分布钢筋所承担的剪力不应小于截面组合的剪力设计值的一半，实际上是根据剪力设计值的大小，规定了水平分布钢筋的最小配筋率。

(5) 有关连梁的计算规定

配筋混凝土小砌块抗震墙结构的连梁是保证房屋整体性的重要构件，为了保证连梁在与抗震墙节点处在弯曲屈服前不会出现剪切破坏，对跨高比大于 2.5 的连梁应采用受力性能较好的钢筋混凝土连梁，以确保连梁构件的“强剪弱弯”。其截面组合的剪力设计值和截面受剪承载力则应符合混凝土设计规范的有关要求。

3. 抗震构造要求

(1) 灌芯混凝土的要求

配筋混凝土小砌块砌体的芯柱浇捣质量对墙体的受力性能影响很大，因此必须保证芯柱混凝土浇捣密实，没有空洞，而混凝土小砌块的孔洞一般只有 120mm×120mm～130mm×130mm，因此对灌芯混凝土的施工要求比较高。试验研究结果表明，灌芯混凝土应采用坍落度在 22～25 左右，流动性和和易性好并与混凝土小砌块结合良好的自流性细石混凝土，加上正确的施工方法，灌芯的施工质量才有保证。如混凝土的强度等级低于 C20，则很难配出施工性能能够满足灌芯要求的混凝土。

(2) 钢筋布置要求

配筋混凝土小砌块抗震墙的竖向和横向钢筋布置，是砌块抗震墙形成完整的受力构件的保证。如墙体内钢筋布置不足，则在外力作用下，墙体一旦开裂就将很快丧失承载能力，延性也很差，因此规定适用于配筋混凝土小砌块抗震墙钢筋布置的最小直径、最大间距和最小配筋率是必要的。

由于配筋混凝土小砌块抗震墙的施工特点，墙内的钢筋放置无法绑扎搭接，因此 2001 规范对墙内钢筋的搭接长度和锚固长度作了相对混凝土构件较严的规定。

(3) 轴压比控制

根据以往大量的试验研究结果表明，在轴压比比较大的情况下，抗震墙的破坏会表现出剪切破坏的特征，延性较差。另外由于配筋混凝土小砌块砌体是由砌块和灌芯混凝土两部分组成，由于两者的强度匹配、材料取用和成型工艺不尽相同，两者的弹性模量、泊桑比总会略有差别，而且在两者的结合面上也会有细微缝隙存在，所以当砌体在 90% 左右的竖向极限荷载作用下，往往砌块壁会首先出现裂缝，然后砌体被压坏。因此适当控制配筋混凝土小砌块抗震墙的轴压比，对保证砌体在水平荷载作用下的延性性能和强度发挥是必要的。

（4）边缘构件的配筋要求

在钢筋混凝土剪力墙结构中，边缘构件无论是在提高墙体的强度和变形能力方面的作用都是非常明显的，由于配筋混凝土小砌块抗震墙结构的受力性能与混凝土抗震墙结构类似，因此参照混凝土抗震墙结构边缘构件设置的要求，结合混凝土小砌块抗震墙的特点，也对边缘构件的设置和配筋要求作了相应的规定。

（5）连梁的抗震构造措施

配筋混凝土小砌块抗震墙结构中的连梁是保证各段抗震墙共同工作的重要构件，一般应采用钢筋混凝土连梁，因此参照混凝土抗震墙结构的有关规定，结合混凝土小砌块抗震墙的特点，对连梁的抗震构造措施专门作了规定，以确保房屋的整体性和各段墙体的共同工作。

（6）灌芯混凝土强度等级的取用

由于混凝土小砌块的强度等级是按砌块的毛截面计算，而小砌块的空心率在50％左右，因此要使现浇混凝土强度与小砌块强度相一致，就应采用2倍砌块强度的混凝土强度等级。

第十二讲　底部框架-抗震墙、内框架砌体房屋抗震设计新规定

底部框架-抗震墙、内框架砌体房屋是砌体房屋中的一种特殊形式。底部框架砌体结构是由底部框架-抗震墙和上部砌体结构组成；内框架砌体结构由内部梁板柱框架结构和砌体外墙组成。从抗震概念设计原则可以看出，这两种由上下或内外不同材料组成的混合结构，对于抗震性能都是不利的。事实证明，在历次地震震害中，这两类结构的震害都是比较重的。

基于我国的国情，多年来我们从经济状况要求，采用以上两类结构，前者是沿街的底层商店和上部住宅；后者是轻工业或仪器仪表工业等的厂房，或其他公共建筑。随着经济的发展，底层商店类建筑的需求又有提高，提出了在底部设置二层甚至三层框架作为商业用房，上部仍为住宅。在内框架结构中，作为商场、食堂、礼堂等也有一定的数量。

对以上两类结构，在此次修订过程中，考虑到我国经济状况已有所好转的基本条件下，曾打算不列入2001规范作为推荐的结构。因为从结构抗震上而言，确实不值得提倡。而且，在国外的地震区建筑中，也很少见到此类结构。但同时又考虑到我国国土辽阔，地区差别较大，一些发达地区可以不选用此类结构，但对欠发达地区此类结构经济上还有一定的优势，只要在设计中严格遵守规范标准要求，基本安全是有保障的。因此最后决定，对底部框架－抗震墙结构和双排柱内框架结构仍保留，但取消了单排柱内框架结构。

一、层数和高度限值

底部框架-抗震墙砌体房屋和内框架结构的层数和高度限制是我们采取的主要抗震措施。对于这两类结构，震害的规律告诉我们，房屋的层数越多和高度越高，其地震中的破坏也越重，这是客观规律。因此，我们必须限制其建造的层数和高度，而且是作为强制性条文来加以规定。

近10余年来，对底层框架及底部两层框架-抗震墙结构，全国各地进行了多项试验，取得了许多可喜的成绩。而且，这些理论分析和试验得到的结果，均经过正规的鉴定。其中关于底部设置两层框架-抗震墙，上部为砌体房屋的成果更为受到重视，在此次修订中，正式纳入新规范，底层框架扩大到底部可以设置两层框架-抗震墙结构，但对底部两层框架-抗震墙的侧移刚度提出相应要求，以保证底部两层框架和上部砌体结构在沿高度方向的侧移刚度变化是均匀的，而无明显的突变。

在底部增加一层框架后，同时将底框-抗震墙砌体房屋的总高度也放宽了一些，增至与一般普通砖砌体房屋高度和层数相一致。

底部框架-抗震墙砌体房屋层数和高度的增加，我们是十分慎重的。首先国内有众多的试验依据，加之所进行的大量的计算分析工作以及工程实践经验等，使得我们对这类结

构在加强了各项措施后，有把握列入规范。与此同时，我们考虑到近期发生的台湾集集地震中，对上刚下柔建筑的破坏倒塌现象。由此特别规定了对9度区不推荐采用此类底部框架-抗震墙上部砌体结构的房屋。

对底部框架-抗震墙砌体房屋在增加层数和高度后，主要采取下列加强措施，以确保此类结构的抗震安全：

(1) 严格控制底层框架和上部砌体结构的侧移刚度比。按照第二层砌体与底层框架侧向刚度比，6、7度不大于2.5，8度不大于2.0，同时不应小于1.0；底部两层框架时，除底部一、二层框架的侧移刚度应相互接近外，对第三层砌体结构与二层侧移刚度比，6、7度不大于2.0，8度不大于1.5，且均不应小于1.0。

(2) 合理布置上、下楼层的墙体，首先应尽量使上层承重墙体落在下层框架梁上，若有困难时，可以部分落在框架次梁上，但数量不能过多，以利于荷载传递。

(3) 加强托墙梁和过渡楼层的墙体。承托上层砌体墙的托墙梁由于所受的荷载比较集中，在静力作用下可以考虑为墙梁的作用，使墙梁荷载由于内拱作用而有所分散。但是，在地震作用下，尤其是抗震设防原则允许墙体裂而不倒，因此，对其墙梁作用的程度和荷载的大小，在计算上有不同的假设，可以参考有关资料确定。但是应当充分考虑地震作用时的不利情况。

对于与底部框架相连的过渡层，作为刚度变化较大的楼层，理应加强处理，如考虑上下层柱与构造柱的连接，楼板水平刚度的加强，墙体适当配置水平钢筋等措施，以利竖向刚度的渐变。

(4) 提高底部框架及抗震墙的抗震等级。对底部抗震墙，一般要求采用钢筋混凝土墙，缩小了6、7度时采用砖抗震墙的范围。并规定底层砖抗震墙的专门构造要求。

同时，对底部框架-抗震墙的钢筋混凝土部分，原则上都要求符合2001规范第6章的要求。但对抗震墙可按低矮墙或开竖缝设计。抗震等级可比抗震墙结构的框支层有所放宽。

关于内框架结构，考虑此类结构的抗震性能较差，因此，对其层数和高度的控制从严，保持了89规范的原有规定，在横墙间距上，相应减少距离，使之有较多的抗震横墙来承担地震作用。

二、地震作用计算

底框结构属于上刚下柔结构，层数不多，故仍可采用底部剪力法简化计算，但应考虑一系列的地震作用效应调整，使之较符合实际。

1. 底部框架-抗震墙房屋

大地震的震害表明，底层框架砖房在地震时，底层将发生变形集中，出现大的侧移而严重破坏，甚至坍塌。近10多年来，各地进行了许多试验研究和分析计算，对这类结构有进一步的认识，本次修订，放宽了89规范的高度限制，但总体上仍需持谨慎的态度。其抗震计算上需注意：

(1) 继续保持89规范对底层框架-抗震墙房屋地震作用效应调整的要求：按第二层与底层侧移刚度的比例相应地增大底层的地震剪力，比例越大，增加越多，以减少底层的薄弱程度；底层框架砖房，二层以上全部为砖墙承重结构，仅底层为框架-抗震墙结构，水平地震剪力要根据对应的单层的框架-抗震墙结构中各构件的侧移刚度比例，并考虑塑性内力重分布来分配；作用于房屋二层以上的各楼层水平地震力对底层引起的倾覆力矩，将使底层抗震墙产生附加弯短，并使底层框架柱产生附加轴力。倾覆力矩引起构件变形的性质与水平剪力不同，本次修订，考虑实际运算的可操作性，近似地将倾覆力矩在底层框架和抗震墙之间按它们的侧移刚度比例分配。

(2) 增加了底部两层框架-抗震墙的地震作用效应调整规定。

(3) 新增了底部框架房屋托墙梁在抗震设计中的组合弯矩计算方法。

考虑到大震时墙体严重开裂，托墙梁与非抗震的墙梁受力状态有所差异，当按静力的方法考虑有框架柱落地的托梁与上部墙体组合作用时，若计算系数不变会导致不安全，应调整有关计算参数。作为简化计算，偏于安全，在托墙梁上部各层墙体不开洞和跨中 1/3 范围内开一个洞口的情况，也可采用折减荷载的方法：托墙梁弯矩计算时，由重力荷载代表值产生的弯矩，四层以下全部计入组合，四层以上可有所折减，取不小于四层的数值计入组合；对托墙梁剪力计算时，由重力荷载产生的剪力不折减。

(4) 底层框架-抗震墙房屋中采用砖砌体作为抗震墙时，砖墙和框架成为组合的抗侧力构件，直接引用 89 规范在试验和震害调查基础上提出的抗侧力砖填充墙的承载力计算方法。由砖抗震墙-周边框架所承担的地震作用，将通过周边框架向下传递，故底层砖抗震墙周边的框架柱还需考虑砖墙的附加轴向力和附加剪力。

2. 内框架砌体房屋

内框架结构的震害表现为上重下轻的特点，试验也证实了其上部动力反应较大。因此，采用底部剪力法简化计算时，在顶层需附加 20% 的总地震作用集中到上部，其余 80% 按倒三角形分布。经过检验，认为这样的分析结果比较符合内框架结构的受力特征和破坏特点。

对于多排柱内框架房屋内力调整，继续保持 89 规范的规定。

内框架房屋的抗侧力构件有砖墙及钢筋混凝土柱与砖柱组合的混合框架两类构件。砖墙弹性极限变形较小，在水平力作用下，随着墙面裂缝的发展，侧移刚度迅速降低；框架则具有相当大的延性，在较大变形情况下侧移刚度才开始下降，而且下降的速度较缓。

混合框架各种柱子承担的地震剪力公式，是考虑楼盖水平变形、高阶空间振型及砖墙刚度退化的影响，对不同横墙间距、不同层数的大量算例进行统计得到的。

三、抗震构造措施

1. 底部框架砖房

总体上看，底框砖房比多层砖房抗震性能稍弱，因此抗震构造措施要求比多层砖房更严格。

(1) 本次修订，考虑到过渡层刚度变化和应力集中，增加了过渡层构造柱设置的专门要求，包括截面、配筋和锚固等要求。

(2) 底层框架-抗震墙房屋的底层与上部各层的抗侧力结构体系不同，为使楼盖具有传递水平地震力的刚度，要求底层顶板为现浇钢筋混凝土板。

(3) 底层框架-抗震墙和多层内框架房屋的整体性较差，层高较高，又比较空旷，为了增加结构的整体性，要求各装配式楼盖处均设置钢筋混凝土圈梁。现浇楼盖与构造柱的连接要求，同多层砖房。

(4) 底部框架的托墙梁是其重要的受力构件，根据有关试验资料和工程经验，对其构造做了较多的构造规定。

(5) 底框房屋中的钢筋混凝土抗震墙，是底部的主要抗侧力构件，而且往往为低矮抗震墙。对其构造上提出了具体的要求，以加强抗震能力。

(6) 对6、7度时底层仍采用粘土砖抗震墙的底框房屋，补充了砖抗震墙的构造要求，确实加强砖抗震墙的抗震能力，并在使用中不致随意拆除更换。

(7) 针对底框房屋在结构上的特殊性，提出了有别于一般多层房屋的材料强度等级要求。

2. 内框架砖房

多层内框架结构的震害，主要和首先发生在抗震横墙上，其次发生在外纵墙上，故专门规定了外纵墙的抗震措施。

本节保留了89规范7.3节中的有关规定，主要修改是：按照外墙砖柱应有组合砖柱的要求对个别规定作了调整；增加了楼梯间休息板梁支承部位设置构造柱的要求。

第十三讲　多层和高层钢结构房屋抗震设计规定

我国89规范，除单层钢结构厂房外，没有其他构造柱钢结构内容。我国过去钢材产量有限，钢结构在工程中应用很少。随着钢材产量的增加，国家要求积极发展钢结构，2001规范除保留单层钢结构房屋外，还增加了“多层与高层钢结构房屋”一章，使钢结构抗震设计的内容大大充实，以适应钢结构发展的需要。

我国《钢结构设计规范》GBJ17不包含抗震内容。因此，地震区的房屋钢结构设计，除应符合钢结构设计规范外，还应符合抗震规范的有关规定。与行业标准《高层民用建筑钢结构技术规程》JGJ99（以下简称《高钢规程》）相比，2001规范第八章对高层钢结构的设计与施工做出了不少新规定。今后，凡是《高钢规程》中与抗震规范不一致之处，应按抗震规范的规定执行，且不应比其低。但抗震规范中未列入而《高钢规程》中已列入的，在该规程修订前仍可执行。

2001规范在适用的高层钢结构体系中未列入钢框架-混凝土剪力墙（核心筒），是考虑到对这种体系的性能尚未进行系统研究。

1994年的美国北岭（Northridge）地震和1995年的日本阪神地震是两次震害特别严重的地震，尤其是钢结构焊接刚架连接的破坏十分严重。美国该地区的钢框架房屋破坏达100多幢，日本破坏的也不少，震后两国都进行了大量研究，对破坏原因进行了分析，采取了相应措施，制订了新标准。由于美、日是钢结构应用最多的国家，它们的新标准引起了各国钢结构设计、施工和研究人员的关注，在这次我国抗震规范修订中也有若干反映。

对于行业标准《高层民用建筑钢结构技术规程》中已有规定而在2001规范变更不大的内容，只作一般介绍，着重说明2001规范中的新内容。

多层工业建筑钢结构的抗震设计的专门规定，2001规范列入附录，也做适当介绍。

一、钢结构材料

对抗震钢结构钢材的基本要求，是参考美国AISC钢结构房屋抗震规定提出的。这些要求是：①强屈比大于1.2；②有明显的屈服台阶；③伸长率大于20%（标距50mm）；④有良好可焊性。AISC的这些要求，在它的历次规范版本中都是如此，1994年地震后也无变化。我国对抗震钢结构钢材的规定，与美国规定是一致的。

规定的前三条都是关于塑性的要求，它是抗震钢结构对钢材的最主要要求。可焊性当然是钢结构制作所必需的。高层钢结构要用厚钢板，而厚板的可焊性一般较差。当硫的含量较高就会出现焊接裂缝，引起层状撕裂，所以厚钢板要控制硫含量，满足国家标准《厚度方向性能钢板》的要求。《高钢规程》规定厚度50mm以上的钢板要满足上述标准的要求，2001规范考虑我国钢材的实际情况，将50mm以上改为40mm以上。

现在国家冶金工业局已经制订了《高层建筑结构用钢板》YB 4104—2000 标准，它是参考日本 JIS G 3136—1994 建筑结构用钢材标准，结合国内实际情况制订的，与我国现在采用的结构钢相比，降低了硫、磷含量和焊接碳当量，提高了屈服点和冲击功，可保证厚度方向性能 Z15 至 Z35 级。今后可以按该标准选用适合的国产钢材。

二、钢结构体系和最大适用高度

1. 结构体系

规范给出了民用建筑钢结构不同结构体系在各设防烈度时的合理高度限值，与行业标准《高层民用建筑钢结构技术规程》(以下简称《高钢规程》) 中的规定大体一致，补充了目前已在我国采用的巨型框架体系。筒体结构中列入了框架筒、筒中筒、束筒和桁架筒等已在实际工程中采用的各种筒体结构形式。混凝土核心筒-钢框架等混合结构暂不列入。

钢框架-混凝土核心筒（剪力墙）混合结构，1964 年阿拉斯加地震曾出现倒塌事故，美国在地震区不采用，并认为当高度超过 150m（45 层）时是很不经济的。日本的第一幢高层钢结构霞关大厦是 1968 年建成的，日本地震烈度高，也不采用这种体系。为了降低人工费，1992 年建造了两幢混凝土核心筒-钢框架混合结构，其高度分别为 78m 和 107m，结合这两幢工程展开了一些研究，将其列为特种结构，采用要经日本建筑中心评定和建设大臣批准。据报导，至今尚未出现第三幢。

我国自 20 世纪 80 年代在不设防的上海希尔顿大酒店采用混合结构以来，应用较多。由于这种体系主要由混凝土核心筒承担地震作用，国内对其抗震性能和合理高度尚缺乏系统的研究，故本次修订暂不列入（目前可按《高钢规程》规定的高度限值执行，并遵守双重抗侧力体系的有关抗震设计规定）。

为促进多层钢结构的发展，使小高层钢结构设计较方便，又不违背防火规范关于高度划分的规定，对不超过 12 层的建筑的抗震设计适当放宽要求，在 2001 规范条文中采用了不超过 12 层和超过 12 层的划分方法。在结构体系上，规范 8.1.5 条对不超过 12 层的钢结构房屋作了较灵活规定，即可采用框架结构、框架-支撑结构或其他类型的结构。

2. 适用的最大高度

不同结构体系适用的最大高度见表 13-1。

适用的钢结构房屋最大高度（m） **表 13-1**

结构体系	6、7 度	8 度	9 度
框架	110	90	50
框架-支撑（剪力墙板）	220	200	140
筒体（框筒、筒中筒、桁架筒、束筒）和巨型框架	300	200	180

注：适用高度指规则结构的高度，为室外地坪至檐口的高度

钢框架体系的经济高度是 30 层，这在很多文献中都有说明。若取高层建筑平均层高为 3.6m，则为 110m。考虑到框架体系抗震性能很好，对 6、7 度设防和非抗震设防的结构均规定不超过 110m，8、9 度设防时适当减小。框架-支撑（剪力墙板）体系是高层钢结构的常用体系，剪力墙板有与支撑类似的性能，在抗震建筑中可采用延性好的带竖缝墙

板、内藏钢支撑混凝土墙板和钢抗震墙板等。参考我国已建成这种体系的建筑，北京京城大厦（地上52层，高183.5m），京广中心（地上53层，高208m），现规定8度地区高限为200m，对6、7度设防地区适当放宽，9度地区适当减小。各类筒体在超高层建筑中应用较多，世界一批最高的建筑大多采用筒体结构，其中著名的如纽约世界贸易中心（框筒，110层，高411m/413m），芝加哥西尔斯大厦（束筒，110层，443m），芝加哥约翰·汉考克大厦（桁架筒，100层，344m）等。巨形框架适用于大开间要求，典型的如东京市政府大厦（地上48层，243m），高雄国际广场大厦（65层，342.37m）。考虑到我国对超高层建筑经验不多，故本条规定筒体结构和巨型框架的最大适用高度为6、7度地区300m，高烈度区适当减小。以上适用高度限值规定，与《高钢规程》中的规定相同。超过上述高度时，按建设部规定应进行超限审查。

3. 适用的最大高宽比

关于高层钢结构的高宽比，早期的著名建筑中，纽约世界贸易中心6.5是高宽比较大的，也有一定代表性，超过此值的不多。考虑到高宽比太大会使高层钢结构在大风中的位移过大，舒适度难以满足要求，一般不宜放得过宽，特殊情况尚可专门研究。另一方面，在确定合理高宽比方面，随结构体系不同如何确定尚缺少根据。考虑我国实际情况，2001规范8.1.2条暂按抗震设防烈度大致划分，不同结构体系采用统一值，即高宽比限值6、7度取6.5，8度取6.0，9度取5.5。与《高钢规程》相比作了简化和放宽。

4. 结构布置的一般规定

与《高钢规程》相比，主要有以下变更：

(1) 关于楼板，2001规范8.1.7条规定了超过12层的钢结构房屋，宜采用压型钢板组合楼板和现浇或整体式钢筋混凝土楼板，并与钢梁有可靠连接；必要时可设置水平支撑。不超过12层的钢结构房屋，除上述形式外，尚可采用装配整体式钢筋混凝土楼板、装配式楼板或其他轻型楼盖，但强调了应将楼板预埋件与钢梁焊接，或采取其他保证楼盖整体性的措施。

(2) 地下室设置，2001规范8.1.9和8.1.10条规定了超过12层的钢结构房屋应设置地下室，对12层以下的则不作限定。另外，钢结构房屋设置地下室时，规定框架柱至少伸至地下一层；框架-支撑（抗震墙板）结构中，竖向连续布置的支撑或抗震墙板应延伸至基础。与《高钢规程》的规定相比，对于高层钢结构设置地下室时是否用钢骨混凝土结构层不作限定，允许对不同情况作不同处理。

(3) 关于基础埋深，2001规范8.1.10条规定了采用天然地基时不宜小于房屋高度的1/15，采用桩基时承台埋深不宜小于房屋总高度的1/20，后者与《高钢规程》的1/18相比略有放松，是考虑了某些软地基的工程现实。

三、主要计算规定

1. 一般规定

2001规范8.2.1条规定，构件截面和连接的抗震验算时，凡本章未规定者，应符合现行有关结构设计规范的要求。由于钢结构的非抗震设计应符合《钢结构设计规范》，而高层钢结构构件和连接抗震设计的很多方法都在《高钢规程》中有规定，不再重复，故设计时应与这两本标准同时使用。抗震设计时的地震作用效应，考虑到它的短时间作用，除以小于1的承载力抗震调整系数。2001规范第5章表5.4.2对钢结构的承载力抗震调整系数作了调整，对不同类型钢结构采用统一数值，介于89抗震规范和《高钢规程》规定值之间。

2. 结构阻尼比

钢结构在多遇地震下的阻尼比，对超过12层的仍采用0.02，不超过12层的拟采用0.35。钢结构房屋阻尼比，实测表明小于混凝土结构。根据ISO规定，低层建筑阻尼比大于高层建筑，据此作了适当规定。在罕遇地震下的分析，仍采用0.05。

3. 层间位移角限值

美国加州规范规定，基本自振周期大于0.7s的结构，弹性阶段的位移限值为层高的1/250或0.03/Rw（Rw为结构的延性指标）。纯框架结构Rw最大可达12，即限值可为层数的1/400。《高钢规程》参考美国规定采用了上限层高的1/250，是因为该规程反应谱的地震影响系数下限较高，为了避免钢材用量过多，层间位移角限值取了较大值。考虑到长周期建筑的水平地震作用在2001规范中已作了调整，有所降低，第5章5.5节将多、高层钢结构弹性层间位移角限值改为层高的1/300。罕遇地震作用下层间位移限值，在美国ATC3—06中规定为层高1/67,《高钢规程》取层高的1/70，考虑到我国规定的小震与罕遇地震在7度时相差约6倍，位移角限值也须与此相应，该章将弹塑性层间位移角限值调整为1/50。

4. 节点域剪切变形的影响

高层钢框架的特点，是节点域剪切变形对框架位移影响较大，可达10%～20%，通常不能忽略。2001规范8.2.3条1款规定工字形截面柱宜计入腹板剪切变形对框架位移的影响，但对箱型柱不作规定。这是因为，箱形柱有两个腹板，而且每个腹板的厚度一般均较工字形截面柱的腹板为厚，其对框架位移的影响相对较小。为了适应小高层钢结构住宅的发展，考虑到层数较少时影响不大，还规定了对不超过12层的建筑可不计入。计算方法可参见《高层民用建筑钢结构技术规程》，此处不再赘述。节点域剪切变形对框架-支撑体系影响较小，研究表明可忽略不计。

5. 双重体系中钢框架的剪力分配

在多遇地震作用下的结构分析，规定了双重抗侧力体系中框架承担的总地震力不小于结构底部剪力的25%，是参考了美国UBC的规定。UBC的原规定是：“框架应设计成能独立承担至少25%的底部设计剪力”。该规定的目的是发挥框架部分的二道防线作用。但是在设计中在与抗侧力构件组合的情况下，符合该规定很困难。抗震规范审查组建议参照混凝土结构的规定采用双重标准，改为“框架部分按计算得到的地震剪力应乘以调整系数，达到不小于结构底部总地震剪力的25%和框架部分地震剪力最大值1.8倍二者的较小者”。混凝土结构对双重抗侧力体系的规定，相应为不小于地震剪力的20%和框架部分地震剪力最大值的1.5倍，鉴于钢结构要求25%，故规定不大于地震剪力的1.8倍。美国设计单位的做法，是在进行内力分析后，进行二次分析，此时忽略抗侧力构件，只考虑框架，检验它是否能承受25%的底部设计剪力。据悉这样计算时，符合上述要求并不困难。

6. 强柱弱梁验算

2001规范8.2.5条1款对强柱弱梁要求作了规定。通常认为，框架柱屈服后在地震下出现大位移时，柱可能失去侧向抗力，从而导致结构倒塌。美国 AISC 规范指出，这并不是说框架中不能出现任何柱子屈服。过去的设计中，有很多框架柱的塑性铰是首先出现在柱上的，事实表明仍能发挥承载力。而且在设计中要完全消除“强梁弱柱”很难办到。但柱出现过多塑性铰肯定是很不利的。更加重要的是，强柱弱梁设计使柱足够强，可以做到使若干层的框架梁在大震下出现塑性铰，达到耗能的目的。耗能是很重要的，如果结构不能有效地耗能，将使它受到的地震力增大，十分不利。另外，弱柱框架的性能一般欠佳，特别是在弹塑性阶段形成薄弱层，成为结构的抗震薄弱环节，所以柱仍然是保证大震不倒的关键构件。强柱弱梁要求满足下列条件：

$$\Sigma W_{pc}(f_{yc} - N/A_c) \geqslant \eta \Sigma W_{pc} f_{by} \tag{13-1}$$

该式与《高钢规程》中采用的基本相同，是以塑性铰出现在梁端为前提的，所不同的是增加了大于 1 的强柱系数 η。该式要求，交汇于节点的框架柱受弯承载力之和，应大于梁的受弯承载力之和，并乘以系数 η。AISC 在 1997 年以前的规定没有系数 η，我国《高钢规程》参照采用了。北岭地震后美国根据震害情况增加了调整系数，对柱进行了加强，规范组结合我国情况作了相应规定。

对于强柱弱梁公式，需作一点说明。根据钢结构塑性设计的公式，在主平面内受弯的工字形截面压弯构件，其受弯承载力应按式（13-2）计算：

$$M_x \leqslant 1.15 W_{px}(f - N/A) \tag{13-2}$$

该式表明，以上的强柱弱梁表达式中，忽略了系数 1.15 已使柱具有 1.15 倍的安全储备。北岭地震后，1997 年发表的美国 AISC 钢结构房屋抗震设计规定，η 系数取 $1.1R_y$，其中 R_y 是钢材的超强系数，即钢材实际屈服强度与其标准值的比值。增大柱内力是出于下列考虑：①在弹性分析时水平力可能取小了；②计算时对倾覆力估计过低；③未明确规定的竖向加速度会同时出现。美国钢材超强情况由来已久，并已成为 1994 年北岭地震钢框架震害的原因之一，因为连接的承载力没有相应提高。1994 年美国型钢生产商研究会（SSPC）对型钢产品的性能进行了调查，提出了用于抗弯连接计算的平均屈服强度 f_y 的建议值。据此 1997 年规定，R_y 对 A36 钢取 1.5，对 A572 钢取 1.3，对其他钢材取 1.1。对常用钢材 A36 和 A572，强柱调整系数分别达到 1.65 和 1.43，是很可观的。日本用钢材连接系数 α 表示钢材的超强，在 1998 年公布的《钢结构极限状态设计指针》中，对系数 α 也进行了调整，对 SS 400 取 α 为 1.25，对 SM 490、SN 400B、SN 400C、SN 490B、和 SN 490C 取 α 为 1.15。日本过去用的 α 值，对低碳钢取 1.2，对高强度低合金钢取 1.3，这次调整对低碳钢升了，对低合金钢降了，反映材料产品性能的变化。由此可见，该系数的调整并非普遍提高，而是各国考虑了各自钢材的实际情况进行了调整。我国钢结构规范编制组 1998 年对钢材抗力分项系数按国标规定的钢板厚度分级重新进行了统计，其结果与过去采用的 Q235 钢为 1.087 和 16Mn 钢为 1.111 的强度系数在数值上相差不多。《高钢规程》编制时考虑与其他国家的多数规定一致，采用了 1.2，是偏于安全的。剪力计算用 1.3 是计入了局部荷载剪力效应的近似表达。考虑我国情况，强柱弱梁公式中的强柱系数 η 取得太大将使柱钢材用量增加过多，对我国推广钢结构不利，故对 6、7 度取 1.0，对 8 度取 1.05，9 度取 1.15。

抗震规范参考 AISC—1997 的抗震规定，结合我国情况提出，当框架柱所在楼层的受剪承载力比上一层的受剪承载力高出 25%，或当柱轴向力设计值与柱全截面面积与钢材强度设计值乘积的比值不大于 0.4，或当 $N>0.4Af$ 时，若将荷载组合中的地震作用引起的柱轴力加大一倍后，柱轴力 N_1 满足 $N_1 \leqslant \varphi Af$。在这些情况下均可不进行强柱弱梁验算。

单层房屋和多层房屋的顶层，不需要符合强柱弱梁，因为它们在非弹性阶段出现薄弱层没有什么实际意义。

7. 框架节点域的验算

节点域验算包括节点域的稳定性验算、强度验算和屈服强度验算。稳定性验算借鉴美国规范的经验公式，即板域厚度不小于其高度与宽度之和的 1/90。在编制《高钢规程》时，同济大学和哈建大作过试验，结果都表明板域稳定按厚度不小于高、宽度之和的1/70控制较合理。考虑两校所作试验的试件厚度偏小，故高层钢结构构仍按美国规定采用，即不小于其高度与宽度之和的 1/90，但多层钢结构则取 1/70。2001 规范没有对多层下定义，仅规定板域厚度达到 1/70 时不做稳定性验算。

节点域的强度验算，我们采用了日本的表达式，是考虑它较简单且较直观。公式来源参见《高钢规程》的条文说明，此处不再赘述。节点域厚度对钢框架性能影响较大，太薄了会使钢框架的位移增大过多，太厚了会使节点域不能发挥耗能作用。因此既不能太厚也不能太薄。参考日本的研究成果，取节点域屈服弯矩为梁端屈服弯矩之和的 0.7 倍，可使节点域剪切变形对框架位移的影响不太大，同时又能满足耗能要求。考虑到按此规定计算可能使节点域普遍加厚，对于广大的 7 度地区，适当降低了要求，用 0.6 代替 0.7。在强柱弱梁情况下，节点域首先屈服，然后是梁屈服，最后是柱屈服。

8. 中心支撑设计

2001 规范 8.1.6 条规定，支撑框架在两个方向的布置宜基本对称，支撑框架之间楼盖的长宽比不宜大于 3，它指导支撑合理布置，使它的抗侧力作用能较好地发挥。

2001 规范还规定不超过 12 层的钢结构宜采用中心支撑，因为此时地震作用一般不大，中心支撑较简单。当设置门窗要求较大孔口时，可采用人字支撑。

中心支撑的轴线应交汇于梁柱构件轴线的交点。偏离交点不超过支撑杆件宽度时，仍可视为中心支撑，但此时连接应计入由此产生的附加弯矩。中心支撑的计算图形是两端铰接，但在多层和高层建筑中在构造上一般作成刚接。中心支撑的抗震计算，应考虑在循环荷载下承载力的降低，采用与长细比有关的强度降低系数，与《高钢规程》规定的方法相同。

人字支撑的斜杆受压屈曲后承载力急剧降低，在支撑与横梁连接处将出现不平衡力。此不平衡力可取受拉支撑的竖向分量减去受压支撑屈曲压力竖向分量的 30%，这是参考美国有关规定采用的。人字支撑在受压斜杆屈曲时楼板要下陷，V 形支撑斜杆屈曲时楼板要向上隆起，为了防止这种情况出现，横梁设计很重要。横梁设计除应考虑设计内力外，还应按中间无支座的简支梁验算楼面荷载作用下的承载力，因为在弹塑性阶段梁端将出现塑性铰，斜杆屈曲后中间支座将失去支承作用。人字支撑设计时，斜杆内力应乘增大系数 1.5。

9. 偏心支撑设计

偏心支撑具有在弹性阶段接近中心支撑框架，弹塑性阶段的延性和消能能力接近延性框架的特点，是一种良好的抗震结构。按 8、9 度抗震设防的结构宜采用偏心支撑。2001

规范 8.1.6 条规定，偏心支撑框架的每根支撑应至少有一端与框架连接，并在支撑与梁交点与柱之间或同一跨内另一支撑与梁交点之间形成消能梁段。常用的偏心支撑形式如图 13-1 所示。

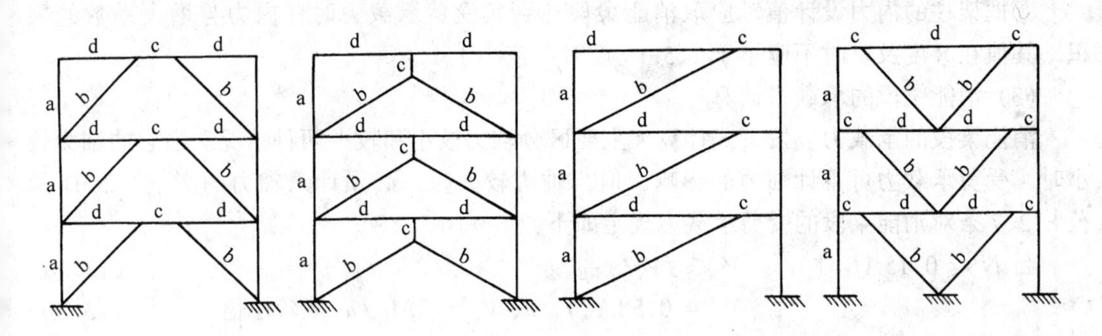

图 13-1　偏心支撑示意图

a—柱；b—支撑；c—消能梁段；d—其他梁段

偏心支撑的设计原则是强柱、强支撑和弱消能梁段，在大震时消能梁段屈服形成塑性铰，支撑斜杆、柱和其余梁段仍保持弹性。消能梁段以本身的屈服耗能保证了结构其他部分的安全，起到了保险丝的作用。与《高钢规程》的规定相比，2001 规范的偏心支撑框架设计计算规定，主要参考 AISC 于 1997 年颁布的《钢结构房屋抗震规程》，并根据我国情况作了适当调整。

偏心支撑框架设计，首先要确定构件的布置，然后计算构件内力。在确定构件内力的设计值时，要对支撑斜杆、柱和其余梁段的内力进行调整，以确保消能梁段屈服并进入应变硬化阶段后，这些构件仍能保持弹性。

偏心支撑框架的侧向刚度，主要取决于消能梁段的长度与梁长度之比。随着消能梁段变短，框架刚度变大，并接近于中心支撑框架的刚度。随着消能梁段的增长，框架柔性增加并接近于纯刚架的刚度。

(1) 偏心支撑框架的消能梁段

设计偏心支撑框架，首先要确定它的形状和消能梁段长度，后者与其截面特性有关。偏心支撑框架形状的选择，应使消能梁段能承受较大剪力。为使框架刚度较大，通常采用较短的消能梁段。支撑的夹角，为了构造方便，通常应为 35°～50°。夹角太小了会使支撑内力增大，并使消能梁段产生很大的轴向分量。当建筑上没有限制时，采用人字支撑取消能梁段的长度为 0.15L 是适合的，L 是梁的总长。消能梁段的长度常用 M_{lp}/V_p 表示，大多数设计中取（1.3～1.6）M_{lp}/V_p，以保证它有良好的剪切屈服性能。这里，M_{lp}表示它的全塑性受弯承载力，其中下标 l 表示消能梁段，p 表示塑性；V_p 表示它的屈服剪力。

(2) 偏心支撑框架构件内力设计值

为了保证偏心支撑框架中，支撑斜杆、柱和其余梁段在消能梁段屈服并进入应变硬化时保持弹性，对这些构件的设计内力必需进行调整。2001 规范承载力抗震调整系数的规定：消能梁段取 0.85，支撑为 0.80，梁、柱为 0.75。据此，对构件内力设计值按下列规定进行了调整。

①支撑斜杆的轴力设计值，应取与支撑斜杆相连的消能梁段达到其受剪承载力时支撑

斜杆轴力与增大系数的乘积，其值在 8 度及以下时应不小于 1.4，9 度时应不小于 1.5。

②位于消能梁段同一跨的框架梁内力设计值，应取消能梁段达到其受剪承载力时框架梁内力与增大系数的乘积．其值在 8 度及以下时不应小于 1.5，9 度时不应小 1.6。

③框架柱的内力设计值，应取消能梁段达到其受剪承载力时柱内力与增大系数的乘积，其值在 8 度及以时不应小于 1.5，9 度时不应小于 1.6。

(3) 消能梁段的承载力计算

消能梁段的承载力应按下式计算，主要区分轴力较小和较大两种情况。当它的轴力较小时，受剪承载力可不计轴力的影响；但当轴力较大时，必须计入轴力的影响。2001 规范 8.2.7 条对消能梁段的受剪承载力规定如下：

当 $N \leqslant 0.15Af$ 时　　$V \leqslant \phi V_l / \gamma_{RE}$　　(13.3a)

$V_l = 0.58A_w f_{ay}$ 或 $V_l = 2M_{lp}/\alpha$，取较小值　　(13.3b)

当 $N > 0.15Af$ 时　　$V \leqslant \phi V_{lc} / \gamma_{RE}$　　(13.3c)

$V_{lc} = 0.58A_w f_{ay}\sqrt{1-[N/(Af)]^2}$

或　$V_{lc} = 2.4M_{lp}[1-N/(Af)]/\alpha$，取较小值　　(13.3d)

式中，系数 ϕ 取 0.9。

(4) 消能梁段的构造要求

消能梁段的钢材屈服强度不应大于 345MPa，因屈服强度太高将降低钢材延性，不能保证屈服。对板件宽厚比也作了较严格规定，翼缘外伸部分宽厚比一律不得大于 8，以保证梁段屈服时的稳定。而且腹板上不得贴焊补强板，不得开洞（图 13-2）。至于偏心支撑框架中的支撑斜杆，因为保持弹性，它对长细比和板件宽厚比要求不高，符合钢结构设计规范的要求就行。

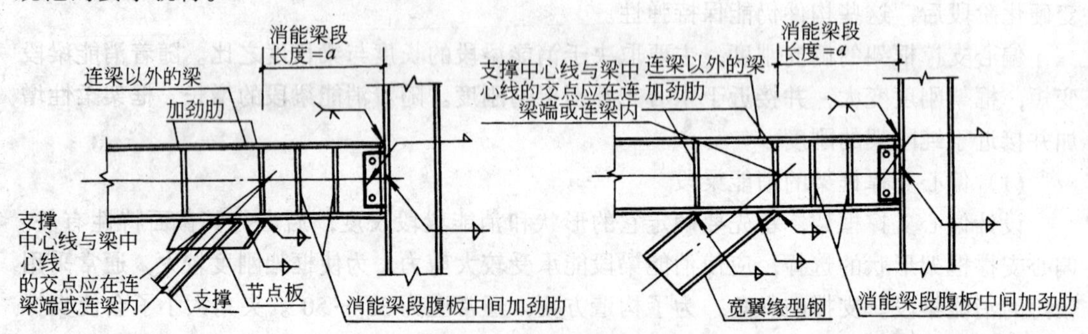

图 13-2　偏心支撑构造

四、构件长细比和板件宽厚比

1. 构件长细比

不同设防烈度下的构件长细比和板件宽厚比要求区别对待，它们都与材料的屈服强度有关。为了方便起见，以下介绍的规定均取屈服强度为 235N/mm² 时的值。不同屈服强度时的值可进行简单换算，见规范的表注。

美国对钢框架柱的长细比限值，抗震设计取 60，非抗震设计取 120。2001 规范 8.3.1

条规定，对超过12层的钢框架柱长细比限值，6、7、8、9度分别为120、80、60、60。对不超过12层的，6～8度时不应大于120，9度时不应大于100。与《高钢规程》相比，对低烈度区作了适当放宽，并对12层以下放宽要求。框架柱的最大长细比是为了保证结构在计算中未考虑的作用力，特别是大震时的竖向地震作用下的安全，是至关重要的。2001规范把它列为强制性条款。

应当指出，框架柱的抗震设计还包括应满足强柱弱梁要求等，在很多情况下根据强柱弱梁要求，按长细比限值确定的柱截面可能不够，特别是对12层以下房屋，此时必须增大柱截面。

对抗震钢结构低碳钢中心支撑，美国规定最大长细比为120，日本规定约为32，两国相差较大，与国情有关。支撑长细比越小，它在反复拉压荷载下的承载力降低越少。2001规范规定在6、7、8、9度时分别取中心支撑最大长细比为120、120、80、40，与《高钢规程》的规定相同。

2．板件宽厚比

框架构件板件宽厚比的规定，考虑了强柱弱梁的要求，即塑性铰通常出现在梁上，框架柱一般不出现塑性铰。因此在强震区，梁的板件宽厚比要求满足塑性设计要求，而柱的规定则可适当放宽，但当强柱弱梁不能保证时，应适当从严。与《高钢规程》相比，2001规范突出了板件宽厚比随烈度的变化，特别是对低烈度时有所放宽。框架梁的外伸翼缘最大宽厚比在6、7、8、9度时分别取11、10、9、9（《高钢规程》6度为11，7度及以上为9,）；框架柱的外伸翼缘最大宽厚比在6、7、8、9度时分别取13、11、10、9（《高钢规程》7度为11，8、9度为10，建议强柱弱梁不能保证时将11和10分别改为10和9）；工形框架柱腹板最大宽厚比对不同烈度均规定为43，与《高钢规程》规定相同，但建议强柱弱梁不保证时对6、7度和8、9度分别取40和36；箱型柱壁板最大宽厚比，在6、7、8、9度时分别取39、37、35、33（《高钢规程》7度为37，8、9度为33)。其余不拟一一对比。

支撑板件的宽厚比，根据近年国内外的研究成果作了当调整。中心支撑外伸翼缘最大宽厚比，《高钢规程》一律取8，2001规范为6、7、8、9度时分别取为9、8、8、7。

五、节点构造

2001规范的节点设计与《高钢规程》相比，是修改较多的一部分。一方面，是因为1994年北岭地震和1995年阪神地震使焊接钢框架节点遭受严重破坏，破坏的范围很广，涉及节点设计中的很多重要方面，需要借鉴他们的经验，采取相应措施。另一方面，是因为传统设计方法仅计算节点连接在地震下的实际极限承载力，不作弹性阶段下连接的抗震计算，且计算方法存在不安全因素，美、日等国都是如此。我们以前沿用国际上的做法，多少认为极限状态都能经受，小震更没有问题了。现在注意到，极限状态计算的连接按弹性阶段的内力设计不一定没有问题，原因是两个状态的要求不同。例如，高强度螺栓在弹性阶段要求摩擦面不滑动，而在极限状态下要求螺栓不剪断。焊缝在弹性阶段要求应力不大于强度设计值，而在极限状态下不断裂就行。考虑到在弹性阶段高强度螺栓出现滑移不符合钢结构设计规定，而按以往规定梁端螺栓计算方法与实际情况相差太大，得出的螺栓数往往太少，成为不安全因素，故此作了修改。

1.美、日震害的经验和教训

(1) 震害情况

1994年美国北岭地震和1995年日本阪神地震，使钢框架梁-柱连接节点遭受广泛和严重破坏，美国在调查的1000多幢中，破坏100多幢。破坏的特点是梁下翼缘裂缝占80%～95%，上翼缘裂缝15%～20%；裂缝起源于焊缝的占90%～99%，而且主要起源于下翼缘焊缝中部，起源于母材的只占1%～10%；不少裂缝向柱子扩展，严重的将柱裂穿；有的向梁扩展；有的沿连接螺栓线扩展。检查修复费用高，每条裂缝检查费用至少800～1000美元。美国成立了专门机构SAC进行调查研究和开展试验，发表了大量文献。

日本关于破坏情况的报导没有美国系统，有一些梁端部断裂，少数柱子脆性断裂，也发现很多裂缝起源于下翼缘焊缝，较多的是梁端焊接孔断裂。主要涉及梁翼缘焊接、腹板用螺栓连接的混合连接。

(2) 对节点破坏原因的分析

① 焊缝金属冲击韧性低；

② 焊缝存在缺陷，特别是下翼缘梁端现场焊缝中部，因腹板妨碍焊接和检查，出现不连续；

③ 梁翼缘端部全熔透坡口焊的衬板边缘形成人工缝，在竖向力作用下扩大；

④ 梁端焊缝通过孔边缘出现应力集中，引发裂缝，向平材扩展；

⑤ 裂缝主要出现在下翼缘，是因为梁上翼缘有楼板加强，且上翼缘焊缝无腹板妨碍施焊。

此外，还有一些其他原因，如美国认为现在采用的构造，梁端出现三轴应力状态，不能形成塑性铰，日本则未提出这种看法；美国钢材实际屈服点过高，使连接的实际承载力偏低；节点域较弱，影响腹板连接承载力的发挥，导致翼缘连接超载，也是原因之一。

(3) 两国的构造差异.

两国梁-柱节点构造虽大同小异，但仍有若干差异，如：

① 美国习惯采用工字形柱，日本主要采用箱形柱；

②美国在梁翼缘对应位置的柱加劲肋厚度按传递设计内力的需要确定，一般为梁翼缘厚度之半，并认为节点域弱一点，有利于调整地震内力；而日本取梁翼缘厚度加一个等级，认为在这里多用一点钢材是值得的。

③两国梁端腹板焊缝通过孔形状不同，它与焊接是否方便以及受力性能有一定关系。

④美国对梁腹板与连接板的连接的抗剪用焊缝加强，日本规定腹板螺栓不少于2～3列，用增加螺栓数量来加强；以上构造差异特别是前3项，与破坏情况有明显关系。

2.美、日的改进措施

震后，在节点构造方面，日本改进了梁端的焊缝通过孔构造，以便减小应力集中和破坏，在1996年就发表了新工法。美国作了试验研究，认为现行节点构造大震时不能在梁端出现塑性铰，采取了将塑性铰外移的措施。推荐的典型构造是将梁翼缘局部削弱的所谓骨式连接（dog-bone），如图13-3。这种连接是台湾地区早些时候提出的，现在台湾地区也采用。

在消除梁下翼缘焊缝焊接衬板边缘的人工缝方面，两国都很重视。日本规定了衬板在不同情况下的形式和焊接要求。美国对下翼缘采用焊后切除衬板，清根补作焊根的方法，认为这样还可消除焊缝缺陷。为了节省费用，对上翼缘焊缝采取保留衬板焊接边缘的方法。

对节点域，美国提出了加强的想法。

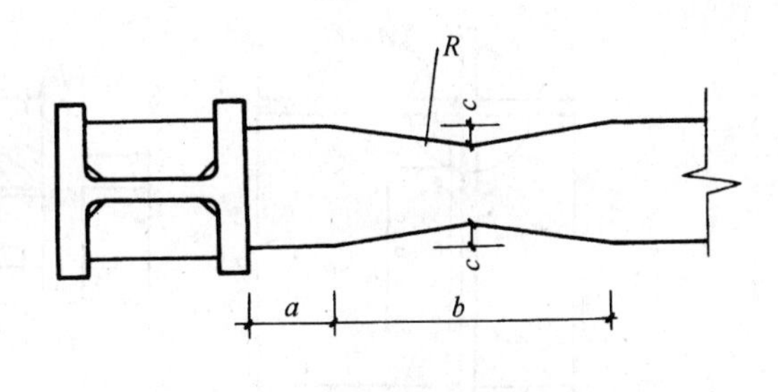

图 13-3　美国的骨式连接

3．我国抗震规范采取的对策

（1）2001 抗震规范 8.3.4 条 2 款规定，梁翼缘与柱翼缘间的全熔透焊缝，“8 度乙类建筑和 9 度时，应检验 V 形切口的冲击韧性，其恰帕冲击值在 −20℃ 时不低于 27J”。北岭地震后，美国研究发现，框架节点破坏的首要因素是关键部位焊缝的冲击韧性太低，并规定应改用优质焊条，使焊缝的冲击韧性不低于 −29℃ 时 27J。考虑到我国在高层钢结构施工中，过去没有要求过检验焊缝冲击韧性。若要求关键部位焊缝普遍符合上述规定，在我国目前情况下设计施工人员都难以接受，故仅要求在高烈度和重要结构的上述情况下执行。至于由 −29℃ 改为 −20℃，是因为我国钢材标准规定检验 −20℃ 和 −40℃ 下的冲击韧性，与美国规定相比较虽降低了要求，但符合我国习惯。

（2）在构造改进方面，总体上参考了日本的规定，一般情况不采用将塑性铰外移的方法。这是因为，我国高层建筑钢结构初期由日本设计的较多，《高钢规程》规定的节点构造基本上是参考日本规定，表现在：普遍采用箱形柱；梁翼缘处的柱加劲肋与梁翼缘等厚，梁端用的扇形切角形式都是按日本规定采用的等等。

①结合我国国情，2001 规范 8.3.4 条 3 款规定：“柱在梁对应位置应设置横向加劲肋，且加劲肋厚度不应小于梁翼缘厚度”。与《高钢规程》规定相比，将与梁翼缘等厚改为不小于梁翼缘厚度，是考虑到它的重要性。

②2001 规范 8.3.4 条 3 款还规定：“当梁翼缘的塑性截面模量小于梁全截面塑性截面模量的 70％时，梁腹板与柱的连接螺栓不得少于二列；当计算仅需一列时，应布置二列，且此时螺栓总数不得少于计算数的 1.5 倍”。该规定综合参考美国和日本的规定采用。我国《高钢规程》缺少类似规定，使梁-柱混合连接的腹板螺栓数量偏少，这是 2001 规范作出的改进。现除采取了上述规定外，还补充规定了腹板抗剪连接不得小于腹板的屈服受剪承载力，即此时要求

$$V_{\mathrm{u}} \geqslant 1.3(2M_{\mathrm{p}}/l_{\mathrm{n}}) \quad 且\ V_{\mathrm{u}} \geqslant 0.58 h_{\mathrm{w}} t_{\mathrm{w}} f_{\mathrm{ay}}$$

③焊缝通过孔的改进，主要参考了日本 1996 年公布的《钢结构工程技术指针—工场制作篇》中的“新技术和新工法”，选取了一种开口较小的构造（图 13-4）。

④2001 规范 8.3.4 条 5 款列入了梁-柱刚性连接也可采用带悬臂梁段的方法。悬臂梁段的翼缘和腹板与柱应预先分别用全熔透焊缝和角焊缝连接，梁的现场拼接可采用翼缘焊接腹板栓接（图 13-5（a））或全部螺栓连接（图 13-5（b））。这种连接方式，日本应用较多，国内在多项工程应用过，研究表明，具有较好的抗震性能。

⑤考虑到美国和台湾地区采用的骨式连接（图 13-3）虽然抗震性能较好，能实现塑性铰外移，但要求多用钢材。根据我国国情，该款规定在 8 度Ⅲ、Ⅳ类场地和 9 度时采用。

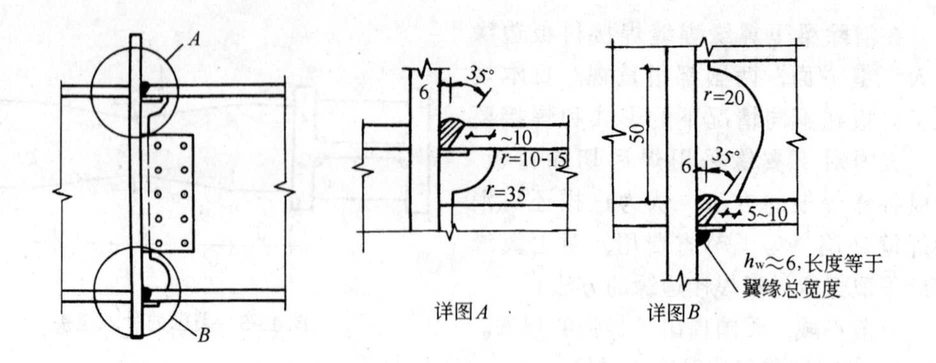

图 13-4　框架梁与柱的现场连接

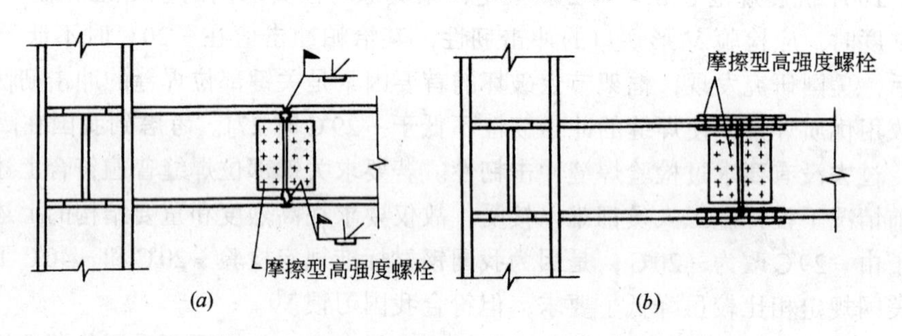

图 13-5　框架梁与柱通过梁悬臂段的连接

⑥ 为了消除梁翼缘焊缝焊接衬板边缘缺口效应的危害，根据我国情况，上翼缘因有楼板加强，震害较少，不作处理，仅规定对梁下翼缘焊接衬板边缘施焊（图 13-4）。

（3）梁-柱连接进行弹性阶段抗震设计

钢结构节点的抗震设计，国际上在规范中提出的方法是只按极限状态设计，保证在构件出现塑性铰时连接不破坏，未列入弹性阶段设计。此外，为了简化计算，梁-柱连接的抗震设计采用弯矩由翼缘承受和剪力由腹板承受的所谓常用设计法，按梁端出现塑铰时的弯矩和剪力设计。这种做法隐藏的问题，一是不作连接弹性设计会引起弹性阶段连接承载力不足，不符合弹性阶段的设计要求，出现螺栓连接滑移等问题。二是腹板连接仅承受剪力不承受弯矩，与实际情况不符，使腹板连接太弱，连接螺栓太少，将导致严重不安全。

2001 规范 8.2.8 条规定了“钢构件连接应按地震组合内力进行弹性设计，并应按极限承载力计算”，即首先要进行弹性设计．并在该条 3 款做出了具体规定。这样从几方面下手，将从根本上解决了梁-柱连接较弱的问题，也是对美、日大震后加强节点的回应。

4．角焊缝和高强度螺栓的极限承载力

（1）角焊缝的抗剪强度，根据国内外的试验，都大于母材的抗剪强度。1998 年日本发表的《钢结构极限状态设计指针》采用了在设计中取角焊缝的强度不大于母材抗剪强度的规定，这与我国《高钢规程》中过去参考日本的做法采用的规定相同。

日本对角焊缝连接的最大承载力，根据试验结果用统计方法得出了下列计算公式：

正面角焊缝
$$V_u = 1.4A_w f_u / \sqrt{3} \tag{13-4a}$$

侧面角焊缝
$$V_u = A_w f_u / \sqrt{3} \tag{13-4b}$$

式中　f_u——被连接构件母材的抗拉强度；

A_w——角焊缝的有效截面。

《钢结构极限状态设计指针》还给出了其他作者用不同方法得出的公式。如日本仲、加藤、森田等用应力函数进行应力分析得出了下列承载力公式：

$$V_u = 1.46\Sigma A_w f_u/\sqrt{3} \tag{13-4c}$$

A.G.Kamtekar 假定焊脚应力状态为平均应力，由平衡条件导出下列承载力公式：

$$V_u = \sqrt{2}\Sigma A_w f_u/\sqrt{3} \tag{13-4d}$$

以上公式中的 ΣAw 包含正面焊缝和侧面焊缝的有效截面。可见不同来源得出的计算公式是接近的。斜角焊缝的最大承载力介于正面焊缝与侧面焊缝承载力之间，《指针》提出了下列计算公式：

$$V_u = (1 + 0.4\sin\theta)\Sigma A_w f_u/\sqrt{3} \tag{13-4e}$$

参考日本的上述规定，2001 规范中取角焊缝的最大受剪承载力为

$$V_u = 0.58 A_w f_u \tag{13-5}$$

对于正面焊缝，考虑到承载力提高幅度较大，予以单列，根据我国《钢结构设计规范》GBJ 17 的规定，承载力乘增大系数 1.22。

(2) 高强度螺栓极限受剪承载力

一个高强螺栓的极限受剪承载力，根据哈尔滨建筑大学的试验研究，其最小值为极限受拉承载力的 0.59 倍，日本在 1998 年的《钢结构极限状态设计指针》中公布的试验结果与此完全相同。当高强螺栓位于板叠中，即在螺栓连接中时，日本得出的螺栓极限受剪承载力为：

$$f_{vu}^b = 0.62 nm A_e^b f_u^b$$

式中，n、m 分别为连接中的剪切面数和螺栓数，A_e^b 为螺栓螺纹处的净截面面积，f_u^b 为螺栓钢材的抗拉强度。据此，日本取一个高强螺栓的极限受剪承载力为

$$V_u^b = 0.60\ nA_b f_u^b \tag{13-6a}$$

式中　A_b——螺栓杆的截面面积。

日本对在该式中采用螺栓杆截面面积而不是螺纹处的净截面面积的解释是：高强螺栓自身的强度很高，螺栓剪切破坏只有在连接构件的板厚相当大时才有可能。考虑到螺纹的长度和板厚度的关系，连接的剪切面位于螺纹处的很少。设计上可取高强螺栓的剪切破坏出现在螺杆上。

一个高强螺栓的屈服承载力，日本根据试验结果按下式计算：

$$V_{vy}^b = 0.75\ nA_b f_y^b \tag{13-6b}$$

我国《高钢规程》编制时，根据当时得到的参考文献，将该式作为螺栓受剪时的极限受剪承载力公式，现在应以日本 1998 年版《指针》的最新解释为准，需作更正。根据哈建大的试验研究结果，2001 规范 8.2.8 条 6 款取一个高强螺栓的受剪承载力为

$$V_{vu}^b = 0.58 nA_e^b f_u^b \tag{13-7}$$

式中　A_e^b——螺栓螺纹处的净截面面积。

2001 规范规定，用于检验的螺栓连接最大受剪承载力，应取螺栓受剪和钢板承压二者中之较小值。

5. 中心支撑的节点构造

2001 规范规定，支撑端部至节点板嵌固点在沿支撑杆件方向的距离（由节点板与框架件间焊缝的起点垂直于支撑杆轴线的直线至支撑端部的距离），不应小于节点板厚度的二倍（图 13-6），是参考 AISC—1997 的抗震规定取用的。试验表明，这个不大的间隙允许节点板在强震时有少许屈曲，能显著减少支撑连接的破坏，有积极作用。

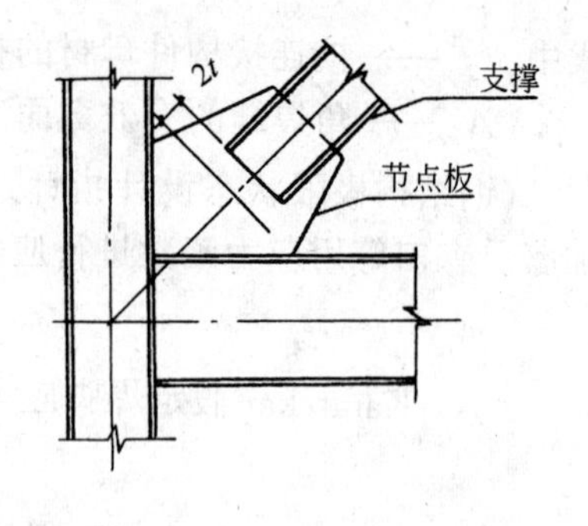

图 13-6　中心支撑节点的连接构造

六、多层钢结构厂房的专门规定

1. 一般规定

多层钢结构厂房的抗震规定是新增加的，是考虑到在厂房中有一部分是采用多层钢结构的。这部分的规定适应于单跨、多跨的全钢结构多层厂房，通常为框架支撑体系，不适用于上层为钢结构下层为钢筋混土结构的混合型结构厂房。冷弯薄壁型钢作主要承重结构的房屋，因构件截面小自重轻，2001 规范的规定不适用。

多层钢结构厂房的抗震设计要求与高层钢结构有许多相近之处，相同部分不再重复。

多层钢结构房屋可设置或不设置地下室，当设置地下室时，钢框架柱宜伸至地下一层。当不设吊车时，地震作用比较小，可采用较经济的柔性交叉支撑。

2. 计算要点

2001 规范对工业建筑设备布置时与结构的关系作了规定。例如，规定了设备或料斗穿过楼层时的支承条件，以避免地震时层间位移对设备、料斗产生附加效应。

针对多层钢结构厂房的特点，对结构计算原则提出了规定。例如，规定了直接支承有振动设备的结构，应同时考虑地震效应和动力作用效应，而间接承受动力作用的构件，抗震计算中可不考虑设备的动力作用。

对结构抗震计算要求提出了规定。例如，对楼面的检修荷载最小标准值、重力荷载代表值和组合值系数，设备（或设备支架）共同工作时的水平地震作用分配，楼板横隔作用的考虑方法，构件连接的设计等，均提出了规定。

对于楼盖水平支撑的设置原则和构造要求，针对不同楼面结构和楼面荷载值做出了规定。对于柱间支撑的布置、最大长细比及支撑板件宽厚比作了规定。

3. 构造措施

梁-柱连接扇形切角考虑不好施工，可采用圆弧切角。

第十四讲　单层厂房抗震设计新规定

单层厂房包括单层钢筋混凝土厂房、单层砖柱厂房和单层钢结构厂房。2001 规范与 89 规范相比，主要有下列改进：

(1) 结构布置上增加了过渡跨、平台、上吊车铁梯布置和结构形式的要求；

(2) 补充了屋架和排架的选型要求；

(3) 对钢筋混凝土柱厂房的抗震分析，优先采用多质点空间结构分析法；

(4) 修改了大柱网厂房双向水平地震作用组合方法；

(5) 适当补充了屋盖支撑布置的规定；

(6) 补充了排架柱箍筋肢距和大柱网柱轴压比限值的要求；

(7) 新增了抗风柱的验算及纵筋、箍筋的构造要求；

(8) 明确有关砖柱厂房的规定仅适用于普通粘土砖；

(9) 明确了密铺望板瓦木屋盖考虑空间工作的方法；

(10) 新增砖柱厂房纵向计算的简化分析方法；

(11) 取消双曲砖拱屋盖的有关规定，并增加了砖柱的构造要求；

(12) 补充了的钢结构厂房结构体系的规定；

(13) 提出钢结构厂房按平面结构简化计算的条件；

(14) 修改了长细比和宽厚比的规定，且柱长细比不按轴压比区分；

(15) 新增了插入式钢柱脚的设计方法。

一、钢筋混凝土柱厂房

1．结构布置与选型

(1) 厂房总体布置

①历次地震的震害表明，不等高多跨厂房有高振型反应，不等长多跨厂房有扭转效应，破坏较严重，对抗震不利，故多跨厂房宜采用等高和等长。

②唐山地震的震害表明，单层厂房的毗邻建筑任意布置是不利的，在厂房纵墙与山墙交汇的角部不允许布置。在地震作用下，防震缝处排架柱的侧移量大，当有毗邻建筑时，相互碰撞或变位受约束的情况严重，唐山地震中有不少倒塌、严重破坏等加重震害的震例。因此，在防震缝附近不宜布置毗邻建筑。

③大柱网厂房和其他不设柱间支撑的厂房，在地震作用下侧移量较设置柱间支撑的厂房大，防震缝的宽度需适当加大，一般可采用 100～150mm。

④地震作用下，相邻两个独立的主厂房的振动变形可能不同步协调，与之相连接的过渡跨的屋盖常倒塌破坏。为此过渡跨至少应有一侧采用防震缝与主厂房脱开。

⑤上吊车的铁梯，晚间停放吊车时，增大该处排架侧移刚度，加大局部的地震反应，

特别是多跨厂房各跨上吊车的铁梯集中在同一横向轴线时，使吊车停放在同一轴线内，导致震害破坏。

⑥工作平台或刚性内隔墙与厂房主体结构连接时，改变了主体结构的工作性状，加大地震反应，导致应力集中，还可能造成短柱效应。不仅影响排架柱，也可能涉及柱顶的连接和相邻的屋盖结构。由于计算和加强措施均较困难，故工作平台宜与厂房主体结构脱开。

⑦不同形式的结构，振动特性不同，材料强度不同，侧移刚度不同。在地震作用下，往往由于荷载、位移、强度的不均衡，而造成结构破坏。山墙承重和中间有横墙承重的单层钢筋混凝土柱厂房和端砖壁承重的天窗架，在唐山地震中均有较重破坏。为此，厂房的一个结构单元内，不宜采用不同的结构形式。

⑧两侧为嵌砌墙，中柱列设柱间支撑；一侧为外贴墙或嵌砌墙，另一侧为开敞；一侧为嵌砌墙，另一侧为外贴墙等各柱列纵向刚度严重不均匀的厂房，由于各柱列的地震作用分配不均匀，变形不协调，常导致柱列和屋盖的纵向破坏，在7度区就有这种震害反映，在8度和大于8度区，破坏就更普遍且严重，不少厂房产生倒塌，在设计中应避免各柱列的侧移刚度不均匀。

（2）天窗架的选型

①突出屋面的天窗架对厂房的抗震带来很不利的影响，因此宜采用突出屋面较小的避风型天窗。采用下沉式天窗的屋盖有良好的抗震性能，唐山地震中甚至经受了10度地震区的考验，有条件时均可采用。

②第二开间起开设天窗，将使端开间每块屋面板与屋架无法焊接或焊连的可靠性大大降低而导致地震时掉落，同时也大大降低屋面纵向水平刚度。所以，如果山墙能够开窗，或者采光要求不太高时，尽可能从天窗的第三开间起设置。2001规范规定：8、9度时天窗宜从第三开间设置，这主要是考虑到天窗架从厂房单元端第三柱间开始设置，虽增强屋面纵向水平刚度，但对建筑通风、采光不利，6度和7度区的地震作用效应较小，且很少有屋盖破坏的震例，本次修订改为：对6度和7度区不做此要求。

③历次地震经验表明，天窗屋盖、端壁板和天窗侧板采用轻型板材，对抗震有利，规范对此做了补充规定。

（3）屋架的选型

①轻型大型屋面板无檩屋盖和钢筋混凝土有檩屋盖的抗震性能好，经过8～10度地震区考验，有条件时可采用。

②唐山地震震害统计分析表明，层盖的震害破坏程度与屋盖承重结构的形式密切相关，根据8～11度地震区的震害调查统计发现：梯形屋架屋盖共调查91跨：全部或大部倒塌41跨，部分或局部倒塌11跨，共计52跨，占56.7%拱形屋架屋盖共调查151跨；全部或大部倒塌13跨：部分或局部倒塌16跨，共计29跨，占19.2%。屋面梁屋盖共调查168跨：全部或大部倒塌11跨，部分或局部倒塌17跨，共计28跨，占16.7%。

另外，采用梭形下沉式屋架的屋盖，经8～10度地震区的考验，没有破坏的震例。为此，提出厂房宜采用低重心的屋盖承重结构。

③拼块式的预应力混凝土和钢筋混凝土屋架（屋面梁）的结构整体性差，在唐山地震中其破坏率和破坏程度均较整榀式重得多。因此，在地震区不宜采用。

④预应力混凝土和钢筋混凝土空腹桁架的腹杆及其上弦节点均较薄弱，在天窗两侧竖

向支撑的附加地震作用下，容易产生节点破坏，腹杆折断的严重破坏。因此，不宜采用有突出屋面天窗架的空腹桁架屋盖。

(4) 柱子的选型

厂房柱宜采用矩形、工字形截面柱或斜腹杆双肢柱。薄壁工字形柱，腹板开孔工字形柱的抗侧移刚度弱，存在抗震薄弱环节，地震时破坏普通较重，因此 2001 规范规定不宜采用。

2. 抗震计算规定

单层厂房的抗震计算包括横向和纵向两个方面。当采取规范的抗震构造措施时，7 度 Ⅰ、Ⅱ类场地，柱高不超过 10m 且结构单元两端均有墙的单跨及等高多跨厂房（锯齿形厂房除外），可不进行横向及纵向的截面抗震验算。

(1) 横向抗震验算

单层钢筋混凝土柱厂房的横向抗震验算，应采用下列方法：

①混凝土有檩和无檩屋盖厂房，一般情况下宜考虑屋盖的横向弹性变形，按多质点空间结构分析。分析时可采用考虑屋盖弹性剪切变形和山墙刚度退化的空间力学模型，由水平剪切梁联系的空间结构模型以及把连续分布质量离散化为串并联多质点系的空间计算模型。

在横向空间分析时，屋盖的基本刚度对于钢筋混凝土无檩屋盖可取 2×10^4kN/m，对于钢筋混凝土有檩屋盖可取 0.6×10^4kN/m。

②有檩和无檩屋盖，当符合 2001 规范附录 H 的条件时，可按平面排架计算，但对计算的基本自振周期，排架柱的剪力和弯矩要进行调整，排架柱的地震剪力和弯矩的调整有以下特点：

a. 适用于 7～8 度柱顶标高不超过 15m 且砖墙刚度较大等情况的厂房，9 度时砖墙开裂严重，空间工作影响明显减弱，一般不考虑调整。

b. 计算地震作用时，采用经过调整的排架计算周期。

c. 调整系数采用了考虑屋盖平面内剪切刚度、扭转和砖墙开裂后刚度下降影响的空间模型，用振型分解法进行分析，取不同屋盖类型、各种山墙间距、各种厂房跨度、高度和单元长度，得出了统计规律，给出了较为合理的调整系数。因排架计算周期偏长，地震作用偏小，当山墙间距较大或仅一端有山墙时，按排架分析的地震力需要增大而不是减小。对一端山墙的厂房，所考虑的排架一般指无山墙端的第二榀，而不是端榀。

d. 研究发现，对不等高厂房高低跨交接处支承低跨屋盖牛腿以上的中柱截面，其地震作用效应的调整系数随高、低跨屋盖重力的比值是线性下降，要由公式计算。公式中的空间工作影响系数与其他各截面（包括上述中柱的下柱截面）的作用效应调整系数含义不同，分别列于不同的表格，以避免混淆。

e. 唐山地震中，吊车桥架造成了厂房局部的严重破坏。为此，把吊车桥架作为移动质点，进行了大量的多质点空间结构分析，并与平面排架简化分析比较，得出其放大系数。使用时，只乘以吊车桥架重力荷载在吊车梁顶标高处产生的地震作用，而不乘以截面的总地震作用。

③轻型屋盖厂房，柱距相等时，可按平面排架计算。

(2) 纵向抗震验算

单层钢筋混凝土柱厂房的纵向抗震验算，应采用下列方法：

①混凝土无檩和有檩屋盖及有完整支撑系统的轻型屋盖厂房，一般情况下，宜考虑屋盖的纵向弹性变形，围护墙与隔墙的有效刚度，不对称时尚宜考虑扭转的影响，按多质点进行空间结构分析。所采用的计算模型，反映的实际震害是：

a. 砌体砖围护墙的单层厂房柱间支撑震害的调查统计，天津 8 度区内，边柱列上、下柱支撑的破坏率分别为 3% 和 11%，而中柱列上、下柱支撑的破坏率分别上升为 20% 和 65%，后者是前者的 6 倍。唐山 10 度区内，边柱列上、下柱支撑的破坏率分别为 38% 和 46%，而中柱列上、下柱支撑的破坏率均上升为 95%，后者是前者的 2 倍多。中柱列支撑的震害率远大于边柱列，说明中柱列支撑实际承担的地震力，要比按刚度分配的大。这只能是地震时整个屋盖在其自身平面内产生了变形，地震时中柱列的侧移大于边柱列侧移。

b. 屋架上弦沿厂房纵向的折断，屋面板与屋架连接焊缝的剪断，屋架端部支承屋面板小立柱的剪断，以及屋架沿厂房纵向的倾斜，天窗架沿纵向歪斜甚至倾倒等震害等特征，都反映了厂房屋盖沿纵向是变形的。

c. 纵墙不仅明显地减轻了边柱列的柱子和支撑的纵向震害，也对整个厂房的动力特征和地震作用产生直接影响。

d. 不等高厂房高跨与低跨的纵向侧移刚度差异较大，厂房沿纵向成为非对称结构，在地震作用下产生扭转振动反应，加重了厂房屋盖和柱列的震害。

在纵向空间分析时，屋盖的基本刚度与横墙相同，纵墙参与工作的有效刚度，对 7、8、9 度分别取折减系数 0.6、0.4、0.2。

②混凝土土无檩和有檩屋盖及有完整支撑系统的轻型屋盖厂房，当柱顶标高不大于 15m 且平均跨度不大于 30m 的单跨和等高多跨厂房，可继续采用 89 规范规定的修正刚度法计算。

修正刚度法基本思路是：厂房柱列所承担的地震力 F 与柱列侧移刚度 K 和侧移 ΔU 的乘积成正比。刚性屋盖各柱列侧移相同，地震力仅与侧移刚度成正比；屋盖有变形，用实际侧移 ΔU 与平均侧移 ΔU_{m} 的比值作为修正系数，得到调整后的柱列侧移刚度 $K_{\mathrm{a}} = (\Delta u/\Delta u_{\mathrm{m}})K$，地震力可按调整后的侧移刚度分配，即 $F = K_{\mathrm{a}}\Delta u_{\mathrm{m}} = K\Delta u$。于是，简化方法的计算公式为

$$F_i = \alpha_1 G_{\mathrm{eq}} \frac{K_{\mathrm{a}i}}{\Sigma K_{\mathrm{a}i}} \tag{14-1}$$

$$K_{\mathrm{a}i} = \varphi_3 \cdot \varphi_4 \cdot K_i \tag{14-2}$$

式中 G_{eq}——按底部剪力相等原则换算集中到柱顶处的柱列总等效重力荷载代表值；

K_i——i 柱列柱顶的侧移刚度；

$K_{\mathrm{a}i}$——调整后的柱列侧移刚度；

φ_3——柱列侧移刚度的围护墙影响系数。

φ_4——柱列侧移刚度的柱间支撑影响系数。

③纵墙对称布置的单跨厂房和轻型屋盖的多跨厂房，可按柱列分片独立计算，不考虑其空间共同作用。

(3) 突出屋面天窗抗震验算。

地震震害表明，没有考虑抗震设防的一般钢筋混凝土天窗架，其横向受损并不明显，而纵向破坏却相当普遍。计算分析表明，常用的钢筋混凝土带斜腹杆的天窗架，横向刚度很大，基本上随屋盖平移，可以直接采用底部剪力法的计算结果，但纵向则要按跨数和位置调整。

有斜撑杆的三铰拱式钢天窗架的横向刚度也较厂房屋盖的横向刚度大很多，也是基本上随屋盖平移，故其横向抗震计算方法可与混凝土天窗架一样采用底部剪力法。由于钢天窗架的强度和延性优于混凝土天窗架，且可靠度高。故当跨度大于9m或9度时，钢天窗架的地震作用效应不必乘以增大系数1.5。

本次修订，明确关于突出屋面天窗架简化计算的适用范围为有斜杆的三铰拱式天窗架，避免与其他桁架式天窗架混淆。

(4) 柱间支撑地震作用效应计算

震害和试验研究表明：交叉支撑杆件的最大长细比小于200时，斜拉杆和斜压杆在支撑桁架中是共同工作的。支撑中的最大作用相当于单压杆的临界状态值。据此，在2001规范的附录J中继续保持89规范所规定了柱间支撑的设计原则和简化方法：

①支撑侧移的计算：按剪切构件考虑，支撑任一点的侧移等于该点以下各节间相对侧移值的叠加。它可用以确定厂房纵向柱列的侧移刚度及上、下支撑地震作用的分配。

②支撑斜杆抗震验算：试验结果发现，支撑的水平承载力，相当于拉杆承载力与压杆承载力乘以折减系数之和的水平分量。此折减系数即条文中的“压杆卸载系数”，可以线性内插，亦可直接用下列公式确定斜拉杆的净截面 A_n：

$$A_{\mathrm{n}} \geqslant \gamma_{\mathrm{RE}} l_i V_{\mathrm{b}i} / [(1+\varphi_{\mathrm{c}} \phi_i) s_{\mathrm{c}} f_{\mathrm{at}}]$$

③唐山地震中，单层钢筋混凝土柱厂房的柱间支撑虽有一定数量的破坏，但这些厂房大多数未考虑抗震设防的。据计算分析，抗震验算的柱间支撑斜杆内力大于非抗震设计的内力几倍。

(5) 柱间支撑与柱连接节点的验算

柱间支撑与柱的连接节点在地震反复荷载作用下承受拉弯剪和压弯剪，试验表明其承载力比单调荷载作用下有所降低；在抗震安全性综合分析基础上，提出了锚筋预埋件和角钢预埋件连接节点的验算方法。

①柱间支撑与柱连接节点预埋件的锚件采用锚筋时，继续保持89规范的截面抗震承载力验算方法。

②间支撑与柱连接节点预埋件的锚件采用角钢加端板时，2001规范规定，其截面抗震承载力宜按下列公式验算：

$$N \leqslant \frac{0.7}{\gamma_{\mathrm{RE}}\left(\frac{\sin\theta}{V_{\mathrm{uo}}} + \frac{\cos\theta}{\psi N_{\mathrm{uo}}}\right)} \tag{14-3}$$

$$V_{\mathrm{uo}} = 3n\zeta_{\mathrm{r}}\sqrt{W_{\min} b f_{\mathrm{a}} f_{\mathrm{c}}} \tag{14-4}$$

$$N_{\mathrm{uo}} = 0.8 n f_{\mathrm{a}} A_{\mathrm{s}} \tag{14-5}$$

式中 n——角钢根数；

b——角钢肢宽；

W_{min}——与剪力方向垂直的角钢最小截面模量；

A_s——一根角钢的截面面积；

f_a——角钢抗拉强度设计值。

(6) 2001 规范对抗震计算的其他补充规定

①唐山地震震害表明：8 度和 9 度区，不少抗风柱的上柱和下柱根部开裂、折断，导致山尖墙倒塌，严重时抗风柱连同山墙全部向外倾倒。抗风柱虽非单层厂房的主要承重构件，但它却是厂房纵向抗震中的重要构件，对保证厂房的纵向抗震安全，具有不可忽视的作用，补充规定 8、9 度时需进行平面外的截面抗震验算。

②当抗风柱与屋架下弦相连接时，虽然此类厂房均在厂房两端第一开间设置下弦横向支撑，但当厂房遭到地震作用时，高大山墙引起的纵向水平地震作用具有较大的数值。由于阶形抗风柱的下柱刚度远大于上柱刚度，大部分水平地震作用将通过下柱的上端直接传至屋架下弦，但屋架下弦支撑的强度和刚度往往不能满足要求，从而导致屋架下弦支撑杆件压曲。1996 年邢台地震 6 度区、1975 年海城地震 8 度区均出现过这种震害。故要求进行相应的抗震验算。

③当工作平台、刚性内隔墙与厂房主体结构相连时，将提高排架的侧移刚度，改变其动力特性，加大地震作用，还可能造成应力和变形集中，加重厂房的震害。唐山地震中由此造成排架柱折断或屋盖倒塌，其严重程度因具体条件而异，很难做出统一规定。因此抗震计算时，需采用符合实际的结构计算简图，并采取相应的措施。

④震害表明，上弦有小立柱的拱形和折线形屋架及上弦节间长和节间矢高较大的屋架，在地震作用下屋架上弦将产生附加扭矩，导致屋架上弦破坏。为此，8、9 度在这种情况下需进行截面抗扭验算。

3. 抗震构造规定

(1) 屋盖构件连接与支撑布置

①89 规范所指的有檩屋盖，主要是波形瓦（包括石棉瓦与槽瓦）屋盖。这类屋盖只要设置保证整体刚度的支撑体系，屋面瓦与檩条间以及檩条与屋架间有牢固的拉结，一般均具有一定的抗震能力，甚至在唐山 10 度地震区也基本完好地保存下来。但是，如果屋面瓦与檩条或檩条与屋架拉结不牢，在 7 度地震区也会出现严重震害，海城地震和唐山地震中均有这种例子。

本次修订增加了对压型钢板有檩体系的要求。

②无檩屋盖指的是各类不用檩条的钢筋混凝土屋面板与屋架（梁）组成的屋盖。屋盖的各构件相互间连成整体是厂房抗震的重要保证，这是根据唐山、海城震害经验提出的总要求。鉴于我国大量采用钢筋混凝土大型屋面板，故重点对大型屋面板与屋架（梁）焊连的屋盖体系作了具体规定。

这些规定中，屋面板和屋架（梁）可靠焊连是第一道防线，为保证焊连强度，要求屋面板端头底面预埋件和屋架端部顶面预埋件均应加强锚固；相邻屋面板吊钩或四角顶面预埋铁件间的焊连是第二道防线；当制作非标准屋面板时，也应采用相应的措施。

③设置屋盖支撑是保证屋盖整体性的重要抗震措施，在进一步总结唐山地震经验的基础上，2001 规范对屋盖支撑布置的规定作下列补充规定：

a. 根据震害经验，补充了 8 度区天窗跨度等于或大于 9m 和 9 度区天窗架宜设置上

弦横向支撑的规定。

b. 天窗开洞范围内，在屋架脊点处应设上弦通长水平压杆。

c. 屋架跨中竖向支撑在跨度方向的间距，6～8度时不大于15m，9度时不大于12m；当仅在跨中设一道时，应设在跨中屋架层脊处；当设二道时，应在跨度方向均匀布置。

d. 屋架上、下弦通长水平系杆与竖向支撑宜配合设置。

e. 柱距不小于12m且屋架间距6m的厂房，托架（梁）区段及其相邻开间应设下弦纵向水平支撑。

f. 屋盖支撑杆件宜用型钢。

(2) 厂房柱的构造要求

①排架柱的抗震构造：

a. 柱子在变位受约束的部位容易出现剪切破坏，要增加箍筋。变位受约束的部位包括：设有柱间支撑的部位、嵌砌内隔墙、侧边贴建披屋、靠山墙的角柱、平台连接处等。

b. 唐山地震震害表明：当排架柱的变位受平台，刚性横隔墙等约束，其影响的严重程度和部位，因约束条件而异，有的仅在约束部位的柱身出现裂缝；有的造成屋架上弦折断、屋盖塌落（如天津拖接机厂冲压车间）；有的导致柱头和连接破坏屋盖倒塌（如天津第一机床厂铸工车间配砂间）。必须区别情况从设计计算和构造上采取相应的有效措施，不能统一采用局部加强排架柱的箍筋，如高低跨柱的上柱的剪跨比较小时就应全高加密箍筋，并加强柱头与屋架的连接。

c. 为了保证排架柱箍筋加密区的延性和抗剪强度，除箍施的最小直径和最大间距外，2001增加对箍筋最大肢距的要求。

d. 在地震作用下，排架柱的柱头由于构造上的原因，不是完全的铰接，而是处于压弯剪的复杂受力状态。在高烈度地区，这种情况更为严重。唐山地震中高烈度地区的排架柱头破坏较重，加密区的箍筋直径需适当加大。

e. 厂房角柱的柱头处于双向地震作用，侧向变形受约束和压弯剪的复杂受力状态，其抗震强度和延性较中间排架柱头弱得多，唐山地震中，6度区就有角柱顶开裂的破坏；8度和大于8度时，震害就更多，严重的柱头折断，端屋架塌落。为此，2001规范规定厂房角柱的柱头加密箍筋宜提高一度配置。

②山墙抗风性的构造。唐山地震中，抗风柱的柱头和上、下柱的根部都有产生裂缝、甚至折断的震害，另外，柱肩产生劈裂的情况也不少。为此，柱头和上、下柱根部需加强箍筋的配置，并在柱肩处设置纵向受拉钢筋，以提高其抗震能力。

2001规范对抗风柱的配筋提出以下要求：

a. 抗风柱柱顶以下300mm和牛腿（柱肩）面以上300mm范围内的箍筋，直径不宜小于6mm，间距不应大于100mm，肢距不宜大于250mm。

b. 抗风柱的变截面牛腿（柱肩）处，宜设置纵向受拉钢筋。

③大柱网厂房柱。大柱网厂房的抗震性能是唐山地震中发现的新问题，其震害特征是：柱根出现对角破坏，混凝土酥碎剥落，纵筋压曲，说明主要是纵、横两个方向或斜向地震作用的影响，柱根的强度和延性不足；中柱的破坏率和破坏程度均大于边柱，说明与柱的轴压比有关。

89规范对大柱网厂房的抗震验算作了规定。本次修订，进一步补充了轴压比和相应的箍筋构造要求。其中的轴压比限值，考虑到柱子承受双向压弯剪和 $P\text{-}\Delta$ 效应的影响，受力复杂，参照了钢筋混凝土框支柱的轴压比要求，以保证延性；大柱网厂房柱仅承受屋盖（包括屋面、屋架、托架、悬挂吊车）和柱的自重，尚不致因控制轴压比而给设计带来困难。大柱网厂房柱的构造应符合下列要求：

a. 柱截面宜采用正方形或接近正方形的矩形，边长不宜小于柱全高的 1/18～1/16。

b. 重屋盖厂房地震组合的柱轴压比，6、7 度时不宜大于 0.8，8 度时不宜大于 0.7，9 度地不应大于 0.6。

c. 纵向钢筋宜沿柱截面周边对称配置，间距不宜大于 200mm，角柱宜配置直径较大的钢筋。

d. 柱头和柱根的箍筋应加密，并应符合下列要求：

柱根自基础顶面至室内地坪以上 1m 且不小于柱全高的 1/6，柱头取柱顶以下 500mm 且不小于柱截面长边尺寸的范围内，箍筋应加密。箍筋直径、间距和肢距，应符合排架柱的要求。

(3) 柱间支撑的构造要求

柱间支撑的抗震构造，2001 规范比 89 规范做了以下改进：

①支撑杆件的长细比限制随烈度和场地类别而变化，见表 14-1。

交叉支撑斜杆的最大长细比 **表 14-1**

位 置	烈度和场地			
	6 度和 7 度Ⅰ、Ⅱ类场地	7 度Ⅲ、Ⅳ类场地和 8 度Ⅰ、Ⅱ类场地	8 度Ⅲ、Ⅳ类场地和 9 度Ⅰ、Ⅱ类场地	9 度Ⅲ、Ⅳ类场地
上柱支撑	250	250	200	150
下柱支撑	200	200	150	150

②进一步明确了支撑与柱子连接节点的位置和相应构造。柱间支撑是单层钢筋混凝土柱厂房的纵向主要抗侧力构件，当厂房单元较长或 8 度Ⅲ、Ⅳ类场地和 9 度时，纵向地震作用效应较大，设置一道下柱支撑不能满足要求时，可设置两道下柱支撑，但应注意：两道下柱支撑宜设置在厂房单元中间 1/3 区段内，不宜设置在厂房单元的两端，以避免温度应力过大；在满足工艺条件的前提下，两者靠近设置时，温度应力小；在厂房单元中部 1/3 区段内，适当拉开设置则有利于缩短地震作用的传递路线，设计中可根据具体情况确定。

③增加了关于交叉支撑节点板及其连接的构造要求。交叉式柱间支撑的侧移刚度大，对保证单层钢筋混凝土柱厂房在纵向地震作用下的稳定性有良好的效果，但在与下柱连接的节点处理时，会遇到一些困难。

交叉支撑在交叉点应设置节点板，其厚度不应小于 10mm，斜杆与交叉节点板应焊接，与端节点板宜焊接。

(4) 连接节点的构造要求

①柱顶与屋架采用钢板铰，在前苏联的地震中经受了考验，效果较好；建议在 9 度时采用。

②为加强柱牛腿（柱肩）预埋板的锚固，要把相当于承受水平拉力的纵向钢筋与预埋

板焊连。

③在设置柱间支撑的截面处（包括柱顶、柱底等），为加强锚固，发挥支撑的作用，提出了节点预埋件采用角钢加端板锚固的要求，埋板与锚件的焊接，通常用埋弧焊或开锥形孔塞焊。

④抗风柱的柱顶与屋架上弦的连接节点，要具有传递纵向水平地震力的承载力和延性。抗风柱柱顶与屋架（屋面梁）上弦可靠连接，不仅保证抗风柱的强度和稳定，同时也保证山墙产生的纵向地震作用的可靠传递，但连接点必须在上弦横向支撑与屋架的连接点，否则将使屋架上弦产生附加的节间平面外弯矩。由于现在的预应力混凝土和钢筋混凝土屋架，一般均不符合抗风柱布置间距的要求，故补充规定以引起注意，当遇到这样情况时，可以采用在屋架横向支撑中加设次腹杆或型钢横梁，使抗风柱顶的水平力传递至上弦横向支撑的节点。

二、单层钢结构厂房

单层钢结构厂房与屋盖采用钢结构的单层钢筋混凝土柱厂房有很多相似之处。

1. 结构布置与选型

(1) 结构布置要求

钢结构厂房的总体布置要求，基本上与钢筋混凝土柱厂房相同。总原则仍是：结构的质量和刚度要均匀分布，使厂房受力均匀，变形协调。

厂房的围护墙，7 度和 8 度时，宜采用与柱柔性连接的方案。无论是墙板或砖围护墙，均应采取措施，使墙体不妨碍厂房柱列沿纵向的水平位移，以减小纵向地震作用和厂房柱列的纵向变形。嵌砌砖墙不应在钢结构厂房中采用。

(2) 钢结构厂房的结构体系

①厂房的横向抗侧力体系，可采用屋盖横梁与柱顶刚接或铰接的框架、门式刚架、悬臂柱或其他结构体系。厂房纵向抗侧力体系宜采用柱间支撑，受建筑等条件限制时也可采用刚架结构。

②构件在可能产生塑性铰的最大应力区内，应避免焊接接头；对于厚度较大无法采用螺栓连接的构件，可采用全熔透对接焊缝等强度连接，但要遵守厚板的焊接工艺，确保焊接质量。不应采用角焊缝和部分熔透的对接焊缝，以避免严重的应力集中。

③屋盖横梁与柱顶铰接时，宜采用螺栓连接。刚接框架的屋架上弦与柱相连的连接板，不应出现塑性变形，否则由于构件产生过大的变形，导致房屋出现使用上的功能障碍。当横梁为实腹梁时，应符合抗震连接的一般要求，梁与柱的连接以及梁与梁拼接的受弯、受剪极限承载力，应能分别承受梁全截面屈服时受弯、受剪承载力的 1.2 倍。

④柱间支撑杆件应采用整根材料，超过材料最大长度规格时可采用对焊接等强拼接；柱间支撑与构件的连接，不应小于支撑杆件塑性承载力的 1.2 倍。

2. 抗震计算规定

新规范对钢结构厂房的抗震计算规定，只适用于钢柱和钢屋架承重的单跨和等高多跨钢结构厂房，不适用于单层轻型钢结构厂房。其计算方法从总体上都可以参照钢筋混凝土柱厂房的有关规定。

（1）计算厂房地震作用时，围护墙的自重和刚度的取值

①轻质墙板或与柱柔性连接的预制钢筋混凝土墙板，应考虑墙体的全部自重，但不考虑刚度影响；

②与柱贴砌且与柱拉结的砌体围护墙，应计入全部自重，在平行于墙体方向计算时可计入等效刚度，其等效系数可采用0.4。

（2）横向抗震验算

单层钢结构厂房的横向抗震计算，大体上与钢筋混凝土柱厂房相同，但因围护墙类型较多，故分别对待。横向抗震验算可采用下列方法；

①一般情况下，宜计入屋盖变形进行空间分析。

②采用轻型屋盖时，可按平面排架或框架计算。

（3）纵向抗震验算

等高多跨钢结构厂房的纵向抗震计算，与钢筋混凝土厂房不同，主要由于厂房的围护墙与柱是柔性连接或不妨碍柱子侧移，各纵向柱列变位基本相同。纵向抗震验算可采用下列方法：

①采用轻质墙板或与柱柔性连接的大型墙板的厂房，可按单质点计算，各柱列的地震作用应按以下原则分配：

——钢筋混凝土无檩屋盖可按柱列刚度比例分配；

——轻型屋盖可按柱列承受的重力荷载代表值的比例分配；

——钢筋混凝土有檩屋盖可取上述两种分配结果的平均值。

②采用与柱贴砌的烧结普通粘土砖围护墙厂房，可按钢筋混凝土柱厂房的规定执行。

（4）支撑系统的计算

①屋盖支撑系统。对于按长细比决定截面的支撑构件，其与弦杆的连接可不要求等强连接，只要不小于构件的内力即可，要求屋盖竖向支撑桁架的腹杆应能承受和传递屋盖的水平地震作用，其连接的承载力应大于腹杆的内力，并满足构造要求。屋盖竖向支撑承受的作用力包括屋盖自重产生的地震作用，还要将其传给主框架，杆件截面应由计算确定。

②柱间交叉支撑。柱间交叉支撑的地震作用及验算可按2001规范附录J.2的规定按拉杆计算，并考虑相交受压杆的影响。交叉支撑端部的连接，对单角钢支撑应考虑强度折减，8、9度时不得采用单面偏心连接；交叉支撑有一杆中断时，交叉节点板应予以加强，其承载力不小于1.1倍杆件承载力。

3. 抗震构造规定

（1）柱的长细比

按钢结构的设计规定，长细比限值与柱的轴压比无关，但与材料的屈服强度有关。

2001规范规定：柱的长细比不应大于120 $\sqrt{235/f_{ay}}$。采用这种表示方式与《钢结构设计规范》相一致。

（2）梁柱板件的宽厚比限制

单层厂房柱、梁的板件宽厚比，应较静力弹性设计为严。参考冶金部门的设计规定，通过试算和工程经验分析得出的。其中，考虑到梁可能出现塑性铰，按《钢结构设计规范》中关于塑性设计的要求控制。圆钢管的径厚比来自日本资料，见表14-2。

有时厂房构件尺寸较宽，其腹板按板件宽厚比限值要求过厚，可通过设置纵向加劲肋

减小。

单层钢结构厂房板件宽厚比限值 表 14-2

构件		板件名称	7度	8度	9度
柱	工形 槽形 箱形	翼缘外伸部分	13	11	10
		两腹板间翼缘	38	36	36
		腹板（$N_c/Af<0.25$）	70	65	60
		腹板（$N_c/Af\geqslant0.25$）	58	52	48
	管形	径壁	60	55	50
梁	工形 槽形 箱形	翼缘外伸部分	11	10	9
		两腹板间翼缘	36	32	30
		腹板（$N_b/Af<0.37$）	$85-120\rho$	$80-110\rho$	$72-100\rho$
		腹板（$N_b/Af\geqslant0.37$）	40	39	35

注：1. 表列数值适用于 Q235 钢，当材料为其他钢号时，应乘以 $\sqrt{235/f_{ay}}$；

2. N_c、N_b 分别为柱、梁轴向力；A 为相应构件截面面积；f 为钢材抗拉强度设计值。

3. ρ 指 N_b/Af。

(3) 柱脚的构造

柱脚应采取保证能传递柱身承载力的构造。如插入式或外包式柱脚。6、7 度时亦可采用外露式刚性柱脚，但柱脚螺栓的组合弯矩设计值应乘以增大系数 1.2。底板与基础顶面间需用无收缩砂浆进行二次灌浆，剪力较大时需设置抗剪键。

插入式柱脚近年来在钢结构厂房设计中应用较多，其构造简单。实腹式钢柱采用插入式柱脚的埋入深度，不得小于钢柱截面高度的 2 倍；根据日本的设计规定和英国的设计手册，尚应满足下式要求：

$$d \geqslant \sqrt{6M/b_f f_c} \tag{14-6}$$

式中 d——柱脚埋深；

M——柱脚全截面屈服时的极限弯矩；

b_f——柱在受弯方向截面的翼缘宽度；

f_c——基础混凝土轴心受压强度设计值。

(4) 柱间支撑的构造

①有吊车时，应在厂房单元中部设置上下柱间支撑，并应在厂房单元两端增设上柱支撑；其目的是避免吊车梁等纵向构件的温度应力，7 度时结构单元长度大于 120m，8、9 度时结构单元长度大于 90mm，宜在单元中部 1/3 区段内设置两道上下柱间支撑。上柱支撑按受拉配置，其截面一般较小，设在两端对纵向构件胀缩影响不大，无论烈度大小均需设置。

无吊车厂房纵向构件截面较小，柱间支撑不一定必需设在中部。

②柱间交叉支撑的长细比、支撑斜杆与水平面的夹角、支撑斜杆交叉点的节点板厚度，应符合钢筋混凝土厂房的有关规定。

③有条件时，可采用消能支撑。

三、单层砖柱厂房

1. 结构布置与选型

(1) 适用范围

震害表明，单层砖柱厂房受砖结构的材料特性限制，抗震能力差，破坏率相当高，而且破坏严重。因此，为保障抗震安全，2001 规范对单层砖柱厂房抗震设计的规定，沿用 89 规范的规定，只限于一般中小型厂房，且由烧结普通粘土砖砌筑而成。对于超出规范规定范围的单层砖柱厂房，应当采取比规范更有效的抗震措施。

(2) 结构体系

①6～8 度时，宜采用轻型屋盖，9 度时，应采用轻型屋盖。

②6 度和 7 度时，可采用十字形截面的无筋砖柱；8 度和 9 度时应采用组合砖柱，且中柱在 8 度Ⅲ、Ⅳ类场地和 9 度时宜采用钢筋混凝土柱。

③震害表明，单层砖柱厂房的纵向也要有足够的强度和刚度，单靠独立砖柱是不够的，象钢筋混凝土柱厂房那样设置交叉支撑也不妥，因为支撑吸引来的地震剪力很大，将会剪断砖柱。比较经济有效的办法是，在柱间砌筑与柱整体连接的纵向砖墙并设置砖墙基础，以代替柱间支撑加强厂房的纵向抗震能力。

砖抗震墙应与柱同时咬搓砌筑，并应设置基础；非砖抗震墙的柱顶，应设通长水平压杆。

④纵、横向内隔墙宜做成抗震墙，目的在于充分利用墙体的功能，并避免非承重墙对柱及屋架与柱连接点的不利影响。非承重横隔墙和非整体砌筑且不到顶的纵向隔墙宜采用轻质墙，当采用非轻质墙时，应考虑隔墙对柱及其与屋架（梁）连接节点的附加地震剪力。独立的纵、横内隔墙应采取措施保证其平面外的稳定性，且顶部应设置现浇钢筋混凝土压顶梁。

⑤本次修订规定，屋盖设置天窗时，天窗不应通到端开间，以免过多削弱屋盖的整体性。天窗采用端砖壁时，地震中较多严重破坏，甚至倒塌，不应采用。

(3) 防震缝的设置

①轻型屋盖厂房，可不设防震缝。

②钢筋混凝土屋盖厂房与贴建的建（构）筑物间宜设防震缝，其宽度可采用于 50～70mm。

③防震缝处应设置双柱或双墙，以保证结构的整体稳定性和刚度。

轻型屋盖指木屋盖和轻钢屋架、压型钢板、瓦楞铁、石棉瓦屋面的屋盖。

2. 抗震计算规定

(1) 可不进行截面抗震验算的范围

按规范规定采取抗构造措施的单层砖柱厂房，当符合下列条件时，可不进行横向或纵向截面抗震验算。

①7 度Ⅰ、Ⅱ类场地，柱顶标高不超过 4.5m，且结构单元两端均有山墙的单跨及等高多跨砖柱厂房，可不进行横向和纵向抗震验算。

②7 度Ⅰ、Ⅱ类场地，标顶标高不超过 6.6m，两侧设有厚度不小于 240mm 且开洞截

面面积不超过50%的外纵墙，结构单元两端均有山墙的单跨厂房，可不进行纵向抗震验算。

（2）横向抗震验算

根据国家标准《砌体结构设计规范》的规定：密铺望板瓦木屋盖与钢筋混凝土有檩屋盖属于同一种屋盖类型。静力计算中，符合刚弹性方案的条件时（20～48m）均可考虑空间工作。但89抗震规范规定：钢筋混凝土有檩屋盖可以考虑空间工作，而密铺望板的瓦木屋盖不考虑空间工作，二者是不协调的。

①辽南地震和唐山地震表明：不少密铺望板瓦木屋盖单层砖柱厂房反映了明显的空间工作特性。

②根据有关研究分析：不仅仅钢筋混凝土无檩屋盖和有檩屋盖（大波瓦、槽瓦）厂房，即是石棉瓦和粘土瓦屋盖厂房在地震作用下，也有明显的空间工作。

③从具有木望板的瓦木屋盖单层砖柱厂房的实测可以看出：实测厂房的基本周期均比按排架计算周期为短，同时其横向振型与钢筋混凝土屋盖的振型基本一致。

④山楼墙间距小于24m时，其空间工作更明显，且排架柱的剪力和弯矩的折减有更大的趋势，而单层砖柱厂房山、楼墙间距小于24m的情况，在工程建设中也是常见的。

⑤根据以上分析，单层砖柱厂房的横向抗震验算，2001规范做以下修订：

——轻型屋盖厂房可按平面排架进行计算。

——钢筋混凝土屋盖厂房和密铺望板的瓦木屋盖厂房可按平面排架进行计算并考虑空间工作，按规范附录 *H* 调整地震作用效应。

（3）纵向抗震验算

①钢筋混凝土屋盖厂房宜采用振型分解反谱法进行计算。

②钢筋混凝土屋盖的等高多跨砖柱厂房可按2001规范规定的修正刚度法进行计算。

③纵墙对称布置的单跨厂房和轻型屋盖的多跨厂房，可采用柱列分片独立进行计算。

（4）纵向抗震计算的修正刚度法

单层砖柱厂房纵向抗震计算的修正刚度法是2001规范新增补的内容，适用于钢筋混凝土无檩或有檩屋盖等高多跨单层砖柱厂房。

①单层砖柱厂房的纵向基本自振周期可按下式计算：

$$T = 2\psi_{\mathrm{T}} \sqrt{\frac{\Sigma G_{\mathrm{s}}}{\Sigma K_{\mathrm{s}}}} \tag{14-7}$$

式中 ψ_{T}——周期修正系数，按表14-3采用；

G_{s}——第 s 柱列的集中重力荷载，包括柱列左右各半跨的屋盖和山墙重力荷载，及按动能等效原则换算集中到柱顶或墙顶处的墙、柱重力荷载。

K_{s}——第 s 柱列的侧移刚度

厂房纵向基本自振周期修正系数 **表14-3**

屋盖类型	钢筋混凝土无檩屋盖		钢筋混凝土有檩屋盖	
	边跨无天窗	边跨有天窗	边跨无天窗	边跨有天窗
周期修正系数	1.3	1.35	1.4	1.45

②单层砖柱厂房纵向总水平地震作用标准值可按式（14-8）计算：

$$F_{EK}=\alpha_1\Sigma G_s \tag{14-8}$$

式中 α_1——相应于单层砖柱厂房纵向基本自振周期 T_1 的地震影响系数；

G_s——按照柱列底部剪力相等原则，第 s 柱列换算集中到墙顶处的重力荷载代表值。

③沿厂房纵向第 s 柱列上端的水平地震作用可按式（14-9）计算：

$$F_s=\frac{\psi_s K_s}{\Sigma\psi_s K_s}F_{EK} \tag{14-9}$$

式中 ψ_s——反映屋盖水平变形影响的柱列刚度调整系数，根据屋盖类型和各柱列的纵墙设置情况，按表 14-4 采用。

柱列刚度调整系数 **表 14-4**

纵墙设置情况		屋盖类型			
		钢筋混凝土无檩屋盖		钢筋混凝土有檩屋盖	
		边柱列	中柱列	边柱列	中柱列
砖柱敞棚		0.95	1.1	0.9	1.6
各柱列均为带壁柱砖墙		0.95	1.1	0.9	1.2
边柱列为带壁柱砖墙	中柱列的纵墙不少于 4 开间	0.7	1.4	0.75	1.5
	中柱列的纵墙少于 4 开间	0.6	1.8	0.65	1.9

3．抗震构造规定

2001 规范对单层砖柱厂房的抗震构造做了以下补充：

（1）砖柱的构造要求

①砖的强度等级不应低于 MU10，砂浆的强度等级不应低于 M5，组合砖柱中的混凝土强度等级应采用 C20。

②砖柱的防潮层应采用防水砂浆。

（2）砖墙的构造要求

①8 度和 9 度时，钢筋混凝土无檩屋盖砖柱厂房，砖围护墙顶部宜沿墙长每隔 1m 埋入 1ϕ8 竖向钢筋，并插入顶部圈梁内。

②7 度且墙顶高度大于 4.8m 或 8 度和 9 度时，外墙转角及承重内横墙与外纵墙交接处，当不设置构造柱时，应沿墙高每 500mm 配置 2ϕ6 钢筋，每边伸入墙内不小于 1m。

（3）构造柱的要求

钢筋混凝土屋盖单层砖柱厂房，在横向水平地震作用下，由于空间工作的因素，山墙、横墙将负担较大的水平地震剪力。为了减轻山墙、横墙的剪切破坏，保证房屋的空间工作，对山墙、横墙的开洞面积加以限制，钢筋混凝土屋盖的砖柱厂房，山墙开洞的水平截面面积不宜超过总截面面积的 50%；8 度时，应在山、横墙两端设置钢筋混凝土构造柱；9 度时，应在山、横墙两端及高大的门洞两侧设置钢筋混凝土构造柱。

钢筋混凝土构造柱的截面尺寸，可采用 240mm×240mm；当为 9 度且山、横墙的厚度为 370mm 时，其截面宽度宜取 370mm；构造柱的竖向钢筋，8 度时不应少于 4ϕ12，9

度时不应少于4ϕ14；箍筋可采用ϕ6，间距宜为250～300mm。

(4) 屋架与柱或墙顶锚固的要求

①震害表明：屋架（屋面梁）和柱子可用螺栓连接，也可采用焊接连接。

②对垫块的厚度和配筋作了具体规定：柱顶垫块应现浇，其厚度不应小于240mm，并应配置两层直径不小于ϕ8间距不大于100mm的钢筋网；墙顶圈梁应与柱顶垫块整浇。垫块厚度太薄或配筋太少时，本身可能局部承压破坏，且埋件锚固不足。

③9度时屋盖的地震作用及位移较大，圈梁与垫块相连的部位要受到较大的扭转作用，故9度时，在垫块两侧各500mm范围内，圈梁的箍筋间距不应大于100mm。

第十五讲　建筑隔震与消能减震设计规定

近几年来的大地震经验证实，建筑隔震与消能减震对于减少结构地震反应，减轻建筑结构的地震破坏，保持建筑的使用功能是非常有效的。作为减轻建筑结构地震灾害的一种新技术和基于性能抗震设计技术的一个组成部分，2001 规范对建筑的隔震设计和消能减震设计作了原则的规定，主要包括使用范围、设防目标、隔震和消能减震部件的要求、隔震的水平方向减震系数、隔震层设计、隔震结构的抗震构造，以及消能部件的附加阻尼和设计方法等。

一、隔震与消能减震概念及其适用性

1. 隔震设计概念

地震释放的能量是以震动波为载体向地球表面传播。

通常的建筑物和基础牢牢地连接在一起，地震波携带的能量通过基础传递到上部结构，进入到上部结构的能量被转化为结构的动能和变形能。在此过程中，当结构的总变形能超越了结构自身的某种承受极限时，建筑物便发生损坏甚至倒塌。

隔震，即隔离地震。在建筑物基础与上部结构之间设置由隔震器、阻尼器等组成的隔震层，隔离地震能量向上部结构传递，减少输入到上部结构的地震能量，降低上部结构的地震反应，达到预期的防震要求。地震时，隔震结构的震动和变形均可控制在较轻微的水平，从而使建筑物的安全得到更可靠的保证。表 15-1 列出了隔震设计和传统抗震设计在设计理念上的区别。

隔震房屋和抗震房屋设计理念对比　　表 15-1

	抗　震　房　屋	隔　震　房　屋
结构体系	上部结构和基础牢牢连接	削弱上部结构与基础的有关连接
科学思想	提高结构自身的抗震能力	隔离地震能量向结构的输入
方法措施	强化结构刚度和延性	滤波

隔震器的作用是支承建筑物重量、调频滤波，阻尼器的作用是消耗地震能量、控制隔震层变形。隔震器的类型很多。目前，在我国比较成熟的是“橡胶隔震支座”。因此，2001 规范所指隔震器系橡胶隔震支座（2001 规范第 12.1.1 条注 1）。在隔震设计中采用其他类型隔震器时，应作专门研究。

2. 消能减震概念

在建筑物的抗侧力结构中设置消能部件（由阻尼器、连接支撑等组成），通过阻尼器局部变形提供附加阻尼，吸收与消耗地震能量，称为消能减震设计。

采用消能减震设计时，输入到建筑物的地震能量一部分被阻尼器所消耗，其余部分仍转换为结构的动能和变形能。因此，也可以达到降低结构地震反应的目的。阻尼器有粘弹性阻尼器、粘滞阻尼器、金属阻尼器、电流变阻尼器、磁流变阻尼器等。

3. 隔震和消能减震设计的主要优点

隔震体系能够减小结构的水平地震作用，已被理论和国外强震记录所证实。国内外的大量试验和工程经验表明："隔震"一般可使结构的水平地震作用降低至60%左右，从而消除或有效地减轻结构和非结构的地震损坏，提高建筑物及其内部设施、人员在地震时的安全性，增加震后建筑物继续使用的能力。

采用消能方案可以减少结构在风作用下的位移已是公认的事实，对减少结构水平和竖向地震反应也是有效的。

4. 隔震和消能减震设计的适用范围

(1) 隔震设计的适用范围

2001规范12.1.3条对隔震结构提出了一些使用要求。根据研究：

隔震结构主要用于体型基本规则的低层和多层建筑结构。日本和美国的经验表明，不隔震时基本周期小于1.0s的建筑结构减震效果与经济性均最好，对于高层建筑效果较差。

国外对隔震建筑工程的较多考察资料表明：硬土场地较适合于隔震建筑；软弱场地滤掉了地震波的中高频分量，延长结构的周期有可能增大而不是减小其地震反应。墨西哥地震就是一个典型的例子。日本"隔震结构设计技术标准"（草案）规定，隔震建筑适用于一、二类场地。我国Ⅰ、Ⅱ、Ⅲ类场地的反应谱周期均较小，故都可建造隔震建筑。

隔震设计中对风荷载和其他非地震作用的水平荷载给予一些限制（2001规范12.1.3条3款），是为了保证隔震结构具有可靠的抗倾覆能力。

就使用功能而论，隔震结构可用于：医院、银行、保险、通讯、警察、消防、电力等重要建筑；首脑机关、指挥中心以及放置贵重设备、物品的房屋；图书馆和纪念性建筑；一般工业与民用建筑；建筑物的抗震加固。

(2) 消能设计的适用范围

消能部件的置入，不改变主体承载结构的体系，又可减少结构的水平和竖向地震作用，不受结构类型和高度的限制，在新建和建筑抗震加固中均可采用。

二、隔震与消能减震设计基本要求

1. 设计方案

建筑结构的隔震和消能减震设计，应根据建筑抗震设防类别、抗震设防烈度、场地条件、建筑结构方案和建筑使用要求，与建筑抗震设计的设计方案进行技术、经济可行性的对比分析后，确定其设计方案。

隔震与消能减震设计第一次纳入我国《建筑抗震设计规范》(GB50011—2001)，为积极、稳妥起见，应认真做好方案比较、论证工作。

2. 设防目标

采用隔震和消能减震设计的房屋建筑，其抗震设防目标应高于抗震建筑（2001规范第3.8.2条）。

（1）在水平地震方面，表 15-2、15-4 及 2001 规范第 12.2.6、12.2.9 条等保证了隔震结构具有比抗震结构至少高 0.5 个设防烈度的抗震安全储备。

（2）2001 规范规定：消能减震结构的层间弹塑性位移角限值比非消能结构提高，对框架宜不大于 1/80，提高了对框架及多高层钢结构等的弹塑性层间位移角限值要求。

3. 隔震与消能部件

设计文件上应注明对隔震部件和消能部件的性能要求；隔震和消能减震部件的设计参数和耐久性应由试验确定；并在安装前对工程中所用各种类型和规格的消能部件原型进行抽样检测，每种类型和每一规格的数量都不应少于 3 个，抽样检测的合格率应为 100%；设置隔震和消能减震部件的部位，除按计算确定外，应采取便于检查和替换的措施。

消能部件应对结构提供足够的附加阻尼，尚应根据其结构类型分别符合本规范相应章节的设计要求。

三、隔震设计要点

2001 规范的隔震设计条文提出了分部设计法和水平向减震系数，在设计方法上建立起了一座联系抗震设计和隔震设计之间的桥梁，力图使设计人员已经熟悉的抗震设计知识、抗震技术在隔震设计中得到应用，这是 2001 规范的重大特色。

1. 分部设计方法

把整个隔震结构体系分成上部结构（隔震层以上结构）、隔震层、隔震层以下结构和基础四部分，分别进行设计。

2. 上部结构设计

应用“水平向减震系数”设计上部结构。

（1）水平向减震系数概念

公式（15-1）及其符号解释，描述了 2001 规范提出的“水平向减震系数”概念。

$$\psi = (\psi_i)_{max}/0.7 \tag{15-1a}$$

$$\psi_i = V_i/V_0 \tag{15-1b}$$

式中 ψ——水平向减震系数。

$(\psi_i)_{max}$——设防烈度下，相应于结构隔震与非隔震时各层层间剪力比的最大值。

ψ_i——设防烈度下，结构隔震时第 i 层层间剪力与非隔震时第 i 层层间剪力的比值。

V_i——设防烈度下，结构隔震时第 i 层层间剪力。

V_0——设防烈度下，结构非隔震时第 i 层层间剪力。

（2）水平向减震系数计算与取值

计算水平向减震系数的结构简图可采用剪切型结构模型，见图 15-1。当上部结构的质心与隔震层刚度中心不重和时，宜计入扭转变形的影响。

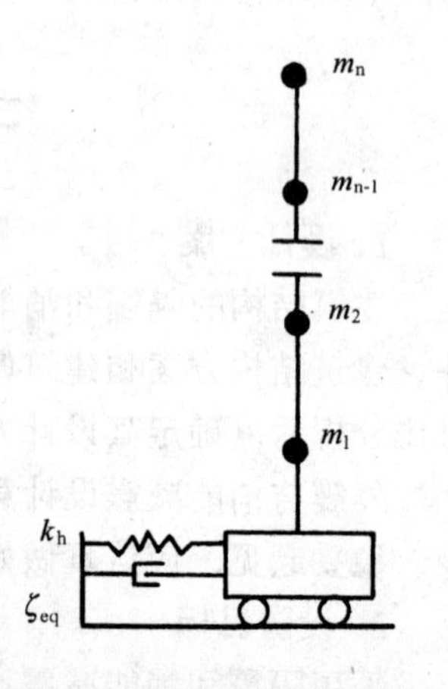

图 15-1 隔震结构计算简图

分析对比结构隔震与非隔震两种情况下各层最大层间剪

力，宜采用多遇地震下的时程分析。输入地震波的反应谱特性和数量，应符合2001规范5.1.2条规定。计算结果宜取其平均值。当处于发震断层10km以内时，若输入地震波未考虑近场影响，对甲、乙类建筑，计算结果尚应乘以近场影响系数：5km以内取1.5，5～10km取1.25。

砌体结构及基本周期与其相当的结构可按2001规范附录L简化计算。

当结构隔震后各层最大层间剪力与非隔震时对应层最大层间剪力的比值 $(\psi_i)_{max}$ 不大于表15-2中第一行各栏的数值时，可按该表确定水平向减震系数。

层间剪力最大比值与水平向减震系数的对应关系 **表15-2**

层间剪力最大比值	0.53	0.35	0.26	0.18
水平向减震系数	0.75	0.50	0.38	0.25

减震系数计算和取值涉及上部结构的安全，涉及2001规范规定的隔震结构抗震设防目标的实现。因此，减震系数不应取得比表15-2列出的值低。

(3) 上部结构水平地震作用计算—水平向减震系数应用

①水平地震影响系数的最大值可取规范5.1.4条规定的水平地震影响系数最大值(即，非隔震时的值）和水平向减震系数的乘积。

水平向减震系数不宜低于0.25，且隔震后结构的总水平地震作用不得低于非隔震时6度设防的总水平地震作用；各层的地震剪力系数也不得低于2001规范5.2.5条规定的最小值。

②隔震后，地震时上部结构各层基本处于整体平动状态。因此，上部结构水平地震作用沿高度可采用矩形分布，不再采用非隔震结构的倒三角形分布。

(4) 上部结构竖向地震作用计算

9度时及8度且水平向减震系数为0.25时，上部结构应进行竖向地震作用计算；8度且水平向减震系数不大于0.5时，宜进行竖向地震作用计算。

竖向地震作用标准值 F_{Evk}，8度和9度时分别不应小于隔震层以上结构总重力荷载代表值的20%和40%。各楼层可视为质点，按2001规范式（5.3.1-2）计算其竖向地震作用标准值沿高度的分布，即倒三角形分布。

(5) 隔震构造措施

①隔震建筑应采取不阻碍隔震层在罕遇地震下发生大变形的下列措施：

上部结构的周边应设置防震缝，缝宽不宜小于各隔震支座在罕遇地震下的最大水平位移值的1.2倍；

上部结构（包括与其相连的任何构件）与地面（包括地下室和与其相连的构件）之间，应设置明确的水平隔离缝；当设置水平隔离缝确有困难时，应设置可靠的水平滑移垫层；

在走廊、楼梯、电梯等部位，应无任何障碍物。

②丙类建筑上部结构的抗震措施，当水平向减震系数为0.75时不应降低非隔震时的要求；水平向减震系数不大于0.50时，可适当降低规范有关章节对非隔震建筑的要求，但与抵抗竖向地震作用有关的抗震构造措施不应降低。

③ 砌体结构，按 2001 规范附录 L 采取抗震构造措施。

④ 钢筋混凝土结构，柱和墙肢的轴压比控制仍应按非隔震的有关规定采用；其他计算和构造措施要求，可按表 15-3 划分抗震等级，再按 2001 规范 6 章的有关规定采用。

隔震后现浇钢筋混凝土结构的抗震等级 **表 15-3**

结构类型		7 度		8 度		9 度	
框架	高度（m）	<20	>20	<20	>20	<15	>15
	一般框架	四	三	三	二	二	一
抗震墙	高度（m）	<25	>25	<25	>25	<20	>20
	一般抗震墙	四	三	三	二	二	一

3. 隔震层设计

(1) 隔震层布置

隔震层设计应根据预期的水平向减震系数和位移控制要求，选择适当的隔震支座、阻尼器以及抵抗地基微震动与风荷载提供初刚度的部件组成隔震层。

隔震层位置宜设置在第一层以下部位。当位于第一层及以上时，结构体系的特点与普通隔震结构可有较大差异，隔震层以下的结构设计计算也更复杂，需作专门研究。隔震层的平面布置应力求具有良好的对称性，以提高分析计算结果的可靠性。

(2) 隔震支座竖向承载力验算

隔震支座应进行竖向承载力验算。隔震层设计原则是罕遇地震不坏。

橡胶隔震支座平均压应力限值和拉应力规定是隔震层承载力设计的关键。2001 规范规定：隔震支座在永久荷载和可变荷载作用下组合的竖向平均压应力设计值不应超过表 15-4 列出的限值。在罕遇地震作用下，不宜出现拉应力。

橡胶隔震支座平均压应力限值 **表 15-4**

建筑类别	甲类建筑	乙类建筑	丙类建筑
平均压应力（MPa）	10	12	15

注：1. 对需验算倾覆的结构，平均压应力设计值应包括水平地震作用效应组合；对需进行竖向地震作用计算的结构，平均压应力设计值应包括竖向地震作用效应组合；

2. 当橡胶支座的第二形状系数小于 5.0 时，应降低平均压应力限值：不小于 4 时，降低 20%，小于 4 而不小于 3 时，降低 40%；

3. 有效直径小于 300mm 的橡胶支座，其平均压应力限值对丙类建筑为 12MPa。

隔震支座的基本性能之一是“稳定地支承建筑物重力”。表 15-4 列出的平均压应力限值，保证了隔震层在罕遇地震时的强度及稳定性，并以此初步选取隔震支座的直径。

根据 Haringx 弹性理论，按屈曲要求，以压缩荷载下使叠层橡胶的水平刚度为零的压应力作为屈曲应力 σ_{cr}，该屈曲应力取决于橡胶的硬度、钢板厚度与橡胶厚度的比值、第一形状系数 S_1 和第二形状系数 S_2 等。这里，第一形状系数指叠层橡胶有效直径 D 与其中央孔径 D_0 之差 $D-D_0$ 对 4 倍橡胶层厚度 $4t_r$ 的比值；第二形状系数指有效直径 D 对橡胶层总厚度 nt_r 的比值。

通常，隔震支座中间钢板厚度是单层橡胶厚度之半，比值取为 0.5。对硬度为 30～60 共七种橡胶，以及 $S_1=11$、13、15、17、19、20 和 $S_2=3$、4、5、6、7，累计 210 种组合进行了计算。结果表明：满足 $S_1 \geqslant 15$、$S_2 \geqslant 5$ 且橡胶硬度不小于 40 时，最小的屈曲应力值为 34.0MPa。考虑橡胶支座在罕遇地震下发生容许的最大剪切变形为 $0.55D$（D—支座有效直径），取支座有效受压面积为 0.45 倍的初始面积，以该有效受压面积的平均压应力达到屈曲应力作为控制橡胶隔震支座在罕遇地震时保持稳定的条件，则得规定的最大平均压应力

$$\sigma_{max} = 0.45\sigma_{cr} = 15.3\text{MPa} \tag{15-2}$$

对 $S_2 < 5$ 且橡胶硬度不小于 40 的支座，

当 $S_2 = 4.0$ 时，$\sigma_{max} = 12.1\text{MPa}$；

$S_2 = 3.0$ 时，$\sigma_{max} = 9.3\text{MPa}$

支座最大容许位移下的屈曲试验表明，上述规定是合适的。

规定隔震支座中不宜出现拉应力，主要考虑了下列三个因素：

①橡胶受拉后内部出现损伤，降低了支座的弹性性能。

②震层中支座出现拉应力，意味着上部结构存在倾覆危险。

③橡胶隔震支座在拉伸应力下滞回特性的实物试验尚不充分。

(3) 罕遇地震下隔震支座水平位移验算

隔震支座在罕遇地震作用下的水平位移应符合下列要求：

$$u_i \leqslant [u_i] \tag{15-3a}$$

$$u_i = \beta_i u_c \tag{15-3b}$$

式中 u_i——罕遇地震作用下第 i 个隔震支座的水平位移；

$[u_i]$——第 i 个隔震支座水平位移限值，不应超过该支座有效直径的 0.55 倍和支座橡胶总厚度的 3.0 倍二者的较小值；

u_c——罕遇地震下隔震层质心处或不考虑扭转时的水平位移；

β_i——隔震层扭转影响系数，应取考虑扭转和不考虑扭转时支座计算位移的比值；当上部结构质心与隔震层刚度中心在两个主轴方向均无偏心时，边支座的扭转影响系数不应小于 1.15。

(4) 隔震支座水平剪力计算

隔震支座的水平剪力应根据隔震层在罕遇地震下的水平剪力按各隔震支座的水平刚度进行分配。

(5) 隔震层力学性能计算

设计者从橡胶隔震支座产品性能获得的是单个支座的力学特性。然而，在水平向减震系数及罕遇地震下隔震支座水平位移计算中，需要用到的是隔震层的力学性能。

设，隔震层中隔震支座和单独设置的阻尼器的总数为 n。

k_j、ζ_j——第 j 个隔震支座、阻尼器的水平刚度、阻尼比。

k_h、ζ_{eq}——隔震层的等效水平刚度、等效阻尼比。

由单质点系统复阻尼理论

按隔震层特性，有 $$m\ddot{u} + (1 + 2\zeta_{eq} i)\, k_j u = 0$$

按隔震支座特性，有 $$m\ddot{u} + \sum_{j=1}^{n} (1 + 2\zeta_j i)\, k_j u = 0$$

等价条件 $(1+2\zeta_{eq}i)\ k_h = \sum_{j=1}^{n}(1+2\zeta_j i)\ k_j$

令实部相等，得隔震层等效水平刚度

$$k_h = \sum_{j=1}^{n} k_j \tag{15-4a}$$

令虚部相等，得隔震层等效阻尼比

$$\zeta_{eq} = \frac{\sum_{j=1}^{n} k_j \zeta_j}{k_h} \tag{15-4b}$$

（6）隔震部件的性能要求

①隔震支座承载力、极限变形与耐久性能应符合《建筑隔震橡胶支座》产品标准(JG 118—2000）要求；

②隔震支座在表15-4所列压力下的极限水平变位；应大于有效直径的0.55倍和支座橡胶总厚度3倍二者的较大值。

③在经历相应设计基准期的耐久试验后，刚度、阻尼特性变化不超过初期值的±20%；徐变量不超过支座橡胶总厚度的0.05倍且小于10.0mm。

④隔震支座的设计参数应通过试验确定。在竖向荷载保持表15-4所列平均压应力限值的条件下，验算多遇地震时，宜采用水平加载频率为0.3Hz且隔震支座剪切变形为50%时的水平动刚度和等效粘滞阻尼比；验算罕遇地震时，直径小于600mm的隔震支座宜采用水平加载频率为0.1Hz且隔震支座剪切变形为250%时的水平动刚度和等效粘滞阻尼比；直径不小于600mm的隔震支座可采用水平加载频率为0.2Hz且隔震支座剪切变形为100%时的水平动刚度和等效粘滞阻尼比。

（7）隔震层与上部结构、隔震层以下结构的连接

① 隔震层顶部应设置梁板式楼盖，且应符合下列要求：

应采用现浇或装配整体式钢筋混凝土板。现浇板厚度不宜小于140mm，当采用装配整体式钢筋混凝土板时，配筋现浇面层厚度不宜小于50mm；隔震支座上方的纵、横梁应采用现浇钢筋混凝土结构。

隔震层顶部梁板体系的刚度和承载力，宜大于一般楼面的梁板刚度和承载力。

隔震支座附近的梁、柱应考虑冲切和局部承压，加密箍筋并根据需要配置网状钢筋。

② 隔震支座和阻尼器的连接构造，应符合下列要求：

隔震支座和阻尼器应安装在便于维护人员接近的部位；

隔震支座与上部结构、基础结构之间的连接件，应能传递罕遇地震下支座的最大水平剪力；

抗震墙下隔震支座的间距不宜大于2.0m；

外露的预埋件应有可靠的防锈措施。预埋件的锚固钢筋应与钢板牢固连接。锚固钢筋的锚固长度宜大于20倍锚固钢筋直径，且不应小于250mm。

③ 穿过隔震层的设备配管、配线，宜采用柔性连接等适应隔震层的罕遇地震水平位移的措施；采用钢筋或刚架接地的避雷设备，宜设置跨越隔震层的柔性接地配线。

4. 隔震层以下结构设计

当隔震层置于地下室顶部时，隔震层以下墙、柱的地震作用和抗震验算，应采用罕遇地震下隔震支座底部的竖向力、水平力和力矩进行计算。

5. 地基基础设计

隔震建筑地基基础的抗震验算和地基处理仍应按本地区抗震设防烈度进行，甲、乙类建筑的抗液化措施应按提高一个液化等级确定，直至全部消除液化沉陷。

四、消能减震设计要点

1. 消能减震部件及其布置

消能减震设计时，应根据罕遇地震下的预期结构位移控制要求，设置适当的消能部件。消能部件可由消能器及斜撑、墙体、梁或节点等支承构件组成。消能器可采用速度相关型、位移相关型或其他类型。

消能部件可根据需要沿结构的两个主轴方向分别设置。消能部件宜设置在层间变形较大的位置，其数量和分布应通过综合分析合理确定，并有利于提高整体结构的消能能力，形成均匀合理的受力体系。

消能部件附加给结构的有效阻尼比宜大于5%，超过20%时，宜按20%计算。

2. 消能减震设计计算要点

(1) 由于加上消能部件后不改变主体结构的基本形式，除消能部件外的结构设计仍应符合规范相应类型结构的要求。因此，计算消能减震结构的关键是确定结构的总刚度和总阻尼。

(2) 一般情况下，计算消能减震结构宜采用静力非线性分析或非线性时程分析方法。对非线性时程分析法，宜采用消能部件的恢复力模型计算；对静力非线性分析法，可采用消能部件附加给结构的有效阻尼比和有效刚度计算。

(3) 当主体结构基本处于弹性工作阶段时，可采用线性分析方法作简化估算，并根据结构的变形特征和高度等，按2001规范5.1节的规定分别采用底部剪力法、振型分解反应谱法和时程分析法。其地震影响系数可根据消能减震结构的总阻尼比按2001规范5.1.5条的规定采用。

(4) 消能减震结构的总刚度为结构刚度和消能部件有效刚度的总和。

(5) 消能减震结构的总阻尼比为结构阻尼比和消能部件附加给结构的有效阻尼比的总和。

3. 消能部件附加给结构的有效阻尼比和有效刚度确定

(1) 附加有效阻尼比估算

① 估算公式：

$$\xi_a = W_c/(4\pi W_s) \tag{15-5}$$

式中 ξ_a——消能减震结构的附加有效阻尼比；

W_c——所有消能部件在结构预期位移下往复一周所消耗的能量；

W_s——设置消能部件的结构在预期位移下的总应变能。

②设置消能部件的结构在预期位移下的总应变能 W_s：

不考虑扭转影响时，可按下式估算：

$$W_s = (\Sigma F_i u_i)/2 \tag{15-6}$$

式中　F_i——质点 i 的水平地震作用标准值；

u_i——质点 i 对应于水平地震作用标准值的位移。

③所有消能部件在结构预期位移下往复一周所消耗的能量 W_c：

a. 速度线性相关型消能部件。水平地震作用下所消耗的能量，可按式（15-7）估算：

$$W_c = (2\pi^2/T_1)\Sigma C_j \cos^2\theta_j \Delta u_j^2 \tag{15-7}$$

式中　T_1——消能减震结构的基本自振周期；

C_j——第 j 个消能部件的线性阻尼系数；

θ_j——第 j 个消能部件的消能方向与水平面的夹角；

Δu_j——第 j 个消能部件两端的相对水平位移。

当消能部件的阻尼系数和有效刚度与结构振动周期有关时，可取相应于消能减震结构基本自振周期的值。

b. 位移相关型、速度非线性相关型和其他类型消能部件。水平地震作用下所消耗的能量，可按式（15-8）估算：

$$W_c = \Sigma A_j \tag{15-8}$$

式中　A_j——第 j 个消能部件的滞回环在相对水平位移 Δu_j 时的面积。

(2) 消能部件的有效刚度估算

消能部件的有效刚度可取消能部件的恢复力滞回环在相对水平位移 Δu_j 时的割线刚度。

4. 消能器与斜撑、填充墙或梁等支承构件组成消能部件时，对支承构件刚度或恢复力

滞回模型的要求

(1) 速度线性相关型消能器

支承构件在消能器消能方向的刚度应符合下式要求：

$$K_p \geqslant (6\pi/T_1)C_v \tag{15-9}$$

式中　K_p——支承构件在消能方向的刚度；

C_v——由试验确定的相应于结构基本自振周期的消能器的线性阻尼系数；

T_1——消能减震结构的基本自振周期。

(2) 位移相关型消能器

消能部件恢复力滞回模型的参数宜符合下列要求：

$$\Delta u_{py}/\Delta u_{sy} \leqslant 2/3 \tag{15-10}$$

$$(K_p/K_s)(\Delta u_{py}/\Delta u_{sy}) \geqslant 0.8 \tag{15-11}$$

式中　K_p——消能部件在水平方向的初始刚度；

Δu_{py}——消能部件的屈服位移；

K_s——设置消能部件的结构楼层侧向刚度；

Δu_{sy}——设置消能部件的结构层间屈服位移。

5. 消能部件的连接

(1) 消能器与斜撑、填充墙、梁或节点的连接，应符合钢构件连接或钢与钢筋混凝土

构件连接的构造要求，并能承担消能器施加给连接节点的最大作用力。

(2) 与消能部件相连的结构构件，应计入消能部件传递的附加内力，并将其传递到基础。

(3) 消能器及其连接构件应具有耐久性能和较好的易维护性。

五、隔震设计简化计算和砌体结构隔震措施

1. 简化计算

(1) 隔震支座扭转影响系数简化计算

此简化计算适合于各种隔震结构，包括采用隔震设计的砌体结构、钢筋混凝土结构和其他结构。

①仅考虑单向地震作用时：

假定隔震层顶板是平面内刚性的。由几何关系（图 15-2），第 i 支座的水平位移可写为：$u_i = \sqrt{(u_c + u_{ti}\sin\alpha_i)^2 + (u_{ti}\cos\alpha_i)^2} = \sqrt{u_c^2 + 2u_c u_{ti}\sin\alpha_i + u_{ti}^2}$ (15-12)

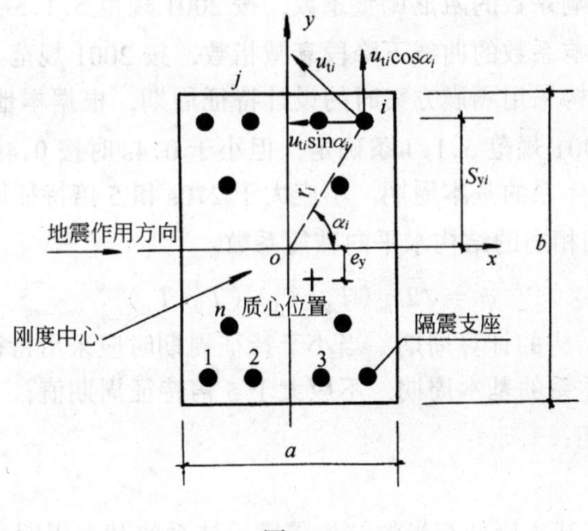

图 15-2

略去高阶微量，可得

$$u_i = \beta_i u_c$$

$$\beta_i = 1 + (u_{ti}/u_c)\sin\alpha_i \tag{15-13}$$

另一方面，在水平地震下 i 支座的附加水平位移可根据楼层的扭转角与支座至隔震层刚度中心的距离得到，再将隔震层平移刚度与扭转刚度之比用其顶板的几何尺寸之间的关系替代，可得

$$u_{ti}/u_c = 12r_i e/(a^2 + b^2)$$

$$\beta_i = 1 + 12es_i/(a^2 + b^2) \tag{15-14}$$

式中 e——上部结构质心与隔震层刚度中心在垂直于地震作用方向的偏心距；

s_i——第 i 个隔震支座与隔震层刚度中心在垂直于地震作用方向的距离；

a、b——隔震层平面的两个边长。

对边支座，扭转影响系数不宜小于1.15；当隔震层和上部结构采取有效的抗扭措施

后或扭转周期小于平动周期的70%，扭转影响系数可取1.15。

② 同时考虑双向地震作用时：

扭转影响系数可仍按式（15-14）计算，但其中偏心距（e）应采用下列公式中的较大值替代

$$e = \sqrt{e_x^2 + (0.85e_y)^2} \tag{15-15a}$$

$$e = \sqrt{e_y^2 + (0.85e_x)^2} \tag{15-15b}$$

式中 e_x——y 方向地震作用的偏心距；

e_y——x 方向地震作用的偏心距。

对边支座，扭转影响系数不宜小于1.2。

（2）砌体结构及与其基本周期相当的结构简化计算

① 多层砌体结构水平向减震系数：

$$\psi = \sqrt{2}\eta_2(T_{gm}/T_1)^{\gamma} \tag{15-16a}$$

式中 ψ——水平向减震系数；

η_2——地震影响系数的阻尼调整系数，按2001规范5.1.5条确定；

γ——地震影响系数的曲线下降段衰减指数，按2001规范5.1.5条确定；

T_{gm}——砌体结构采用隔震方案时的设计特征周期，根据本地区所属的设计地震分组按2001规范5.1.4条确定，但小于0.4s时按0.4s采用；

T_1——隔震后体系的基本周期，不应大于2.0s和5倍特征周期的较大值。

②与砌体结构周期相当的结构水平向减震系数

$$\psi = \sqrt{2}\eta_2(T_g/T_1)^{\gamma}(T_0/T_g)^{0.9} \tag{15-16b}$$

式中 T_0——非隔震结构的计算周期，当小于特征周期时应采用特征周期值的数值；

T_1——隔震后体系的基本周期，不应大于5倍特征周期值；

T_g——特征周期；

其余符号同上。

③砌体结构及与其基本周期相当的结构隔震后体系的基本周期

$$T_1 = 2\pi\sqrt{G/K_h g} \tag{15-17}$$

式中 G——隔震层以上结构的重力荷载代表值；

K_h——隔震层的水平动刚度，可按2001规范12.2.3条的规定计算；

g——重力加速度。

④砌体结构及与其基本周期相当的结构，罕遇地震下隔震层水平剪力计算

$$V_c = \lambda_s \alpha_1(\zeta_{eq})G \tag{15-18}$$

式中 V_c——隔震层在罕遇地震下的水平剪力。

⑤砌体结构及与其基本周期相当的结构，罕遇地震下隔震层刚度中心处水平位移计算

$$u_c = \lambda_s \alpha_1(\zeta_{eq})G/K_h \tag{15-19}$$

式中 u_c——隔震层刚度中心处水平位移；

λ_s——近场系数；甲、乙类建筑距发震断层5km以内取1.5；5～10km取1.25；10km以远取1.0；丙类建筑取1.0。

α_1（ζ_{eq}）——罕遇地震下的地震影响系数值，可根据隔震层参数，按 2001 规范 5.1.4 条的规定进行计算；

K_h——罕遇地震下隔震层的水平动刚度，应按 2001 规范 12.2.3 条的有关规定采用。

⑥ 砌体结构按 2001 规范 12.2.4 条规定进行竖向地震作用下的抗震验算时，砌体抗震抗剪强度的正应力影响系数，宜按减去竖向地震作用效应后的平均压应力取值。

⑦ 砌体结构的隔震层顶部各纵、横梁均可按受均布荷载的单跨简支梁或多跨连续梁计算。均布荷载可按 2001 规范 7.2.5 条关于底部框架砖房的钢筋混凝土托墙梁的规定取值；当按连续梁算出的正弯矩小于单跨简支梁跨中弯矩的 0.8 倍时，应按 0.8 倍单跨简支梁跨中弯矩配筋。

2. 砌体结构的隔震措施

(1) 层数、总高度和高宽比

当水平向减震系数不大于 0.50 时，丙类建筑的多层砌体结构房屋的层数、总高度和高宽比限值，可按 2001 规范 7.1 节中降低一度的有关规定采用。

(2) 隔震层构造

①多层砌体房屋的隔震层位于地下室顶部时，隔震支座不宜直接放置在砌体墙上，并应验算砌体的局部承压；

② 上部结构为砌体结构时，隔震层顶部纵、横梁的构造均应符合 2001 规范 7.5.4 条关于底部框架砖房的钢筋混凝土托墙梁的要求。

(3) 丙类建筑抗震构造措施

① 承重外墙尽端至门窗洞边的最小距离和圈梁的配筋构造，仍应符合 2001 规范 7.1 节和 7.3 节的有关规定。

② 多层烧结普通粘土砖和烧结多孔粘土砖房屋的钢筋混凝土构造柱设置，水平向减震系数为 0.75 时，仍应符合 2001 规范表 7.3.1 的规定；7～9 度、水平向减震系数为 0.5 和 0.38 时，应符合表 15-5 的规定；水平向减震系数为 0.25 时，宜符合 2001 规范表 7.3.1 降低一度时的规定。

隔震后砖房构造柱设置要求　　表 15-5

<table>
<tr><th colspan="3">房屋层数</th><th colspan="2" rowspan="2">设置部位</th></tr>
<tr><th>7度</th><th>8度</th><th>9度</th></tr>
<tr><td>三、四</td><td>二、三</td><td></td><td rowspan="4">楼、电梯间四角，外墙四角，错层部位横墙与外纵墙交接处，较大洞口两侧，大房间内外墙交接处</td><td>每隔 15m 或单元横墙与外墙交接处</td></tr>
<tr><td>五</td><td>四</td><td>二</td><td>每隔三开间的横墙与外墙交接处</td></tr>
<tr><td>六、七</td><td>五</td><td>三、四</td><td>隔开间横墙（轴线）与外墙交接处，山墙与内纵墙交接处；9 度四层，外纵墙与内墙（轴线）交接处</td></tr>
<tr><td>八</td><td>六、七</td><td>五</td><td>内墙（轴线）与外墙交接处，内墙局部较小墙垛处，8 度七层内纵墙与隔开间横墙交接处，9 度时，内纵墙与横墙（轴线）交接处</td></tr>
</table>

③ 混凝土小型空心砌块房屋芯柱的设置，水平向减震系数为 0.75 时，仍应符合 2001

规范表 7.4.1 的规定；7～9 度，当水平向减震系数为 0.5 和 0.38 时，应符合表 15-6 的规定；当水平向减震系数为 0.25 时，宜符合 2001 规范的 7.4.1 降低一度的有关规定。

④其他抗震构造措施，水平向减震系数为 0.75 时仍按 2001 规范第 7 章的相应规定采用；7～9 度，水平向减震系数为 0.5 和 0.38 时，可按 2001 规范第 7 章降低一度的相应规定采用；水平向减震系数为 0.25 时，可按 2001 规范第 7 章降低 2 度且不低于 6 度的相应规定采用。

隔震后混凝土小型空心砌块房屋芯柱设置要求 表 15-6

房屋层数			设置部位	设置数量
7度	8度	9度		
三、四	二、三		外墙转角，楼梯间四角，大房间内外墙交接处；每隔 15m 或单元横墙与外墙交接处	外墙转角，灌实 3 个孔；内外墙交接处灌实 4 个孔
五	四	二	外墙转角，楼梯间四角，大房间内外墙交接处；山墙与内纵墙交接处，隔三开间横墙（轴线）与外墙交接处	
六	五	三	外墙转角，楼梯间四角，大房间内外墙交接处；隔开间横墙（轴线）与外纵墙交接处，山墙与内纵墙交接处；8、9 度时，外纵墙与横墙（轴线）交接处，大洞口两侧	外墙转角，灌实 5 个孔；内外墙交接处灌实 4 个孔；洞口两侧各灌实 1 个孔
七	六	四	外墙转角，楼梯间四角，各内墙（轴线）与外纵墙交接处；内纵墙与横墙（轴线）交接处；8、9 度时，洞口两侧	外墙转角，灌实 7 个孔；内外墙交接处灌实 4 个孔；内墙交接处灌实 4～5 个孔；洞口两侧各灌实 1 个孔

第十六讲　非结构构件抗震设计规定

抗震设计中的非结构构件通常包括建筑非结构构件和固定于建筑结构的建筑附属机电设备的支架。建筑非结构构件指建筑中除承重骨架体系以外的固定构件和部件，主要包括非承重墙体，附着于楼面和屋面结构的构件、装饰构件和部件、固定于楼面的大型储物架等；建筑附属机电设备指与建筑使用功能有关的附属机械、电气构件、部件和系统，主要包括电梯，照明和应急电源、通信设备，管道系统，空气调节系统，烟火监测和消防系统，公用天线等。

在 GB 50011—2001 建筑抗震设计规范中，作为强制性条文，要求非结构构件应进行抗震设计，以满足规定的抗震设防目标。

非结构构件抗震设计所涉及的设计领域较多，一般由相应的建筑设计、室内装修设计、建筑设备专业等有关工种的设计人员分别完成。目前已有玻璃幕墙、电梯等的设计规程，一些相关专业的设计标准也将陆续编制和发布。因此，在建筑抗震设计规范中，主要规定了主体结构体系设计中与非结构有关的要求。

一、抗震设防目标

非结构构件抗震设计时，其抗震设防目标要与主体结构体系的三水准设防目标相协调，容许非结构构件的损坏程度略大于主体结构，但不得危及生命。其抗震设防分类，各国的抗震规范、标准有不同的规定。我国 2001 抗震规范将采用不同的计算系数和抗震措施来表征，把非结构构件的抗震设防目标，大致分为高、中、低三个层次：

高要求时，外观可能损坏而不影响使用功能和防火能力，安全玻璃可能裂缝；

中等要求时，使用功能基本正常或可很快恢复，耐火时间减少 1/4，强化玻璃破碎，其他玻璃无下落；

一般要求，多数构件基本处于原位，但系统可能损坏，需修理才能恢复功能，耐火时间明显降低，容许玻璃破碎下落。

二、基本计算要求

世界各国的抗震规范、规定中，有 60％规定了要对非结构构件的地震作用进行计算，而仅有 28％对非结构的构造措施做出规定。

我国 89 规范主要对出屋面女儿墙、长悬臂附属构件（雨篷等）的抗震计算做了规定。2001 抗震规范对非结构抗震计算方面规定的内容较多，尽可能全面地反映各种必需的计算，包括：结构体系计算时如何计入非结构的影响，非结构构件地震作用的基本计算方法、非结构构件地震作用效应组合和抗震验算。

1. 非结构对结构整体计算的影响

在结构体系抗震计算时，与非结构有关的规定是：

(1) 结构体系计算地震作用时，应计入支承于结构构件的建筑构件和建筑附属机电设备的重力。

(2) 对柔性连接的建筑构件，可不计入其刚度对结构体系的影响；对嵌入抗侧力构件平面内的刚性建筑构件，可采用周期调整系数等简化方法计入其刚度影响；当有专门的构造措施时，尚可按规定计入其抗震承载力。

(3) 对需要采用楼面谱计算的建筑附属机电设备，应采用合适的简化计算模型计入设备与结构体系的相互作用。

(4) 结构体系中，支承非结构构件的部位，应计入非结构构件地震作用效应所产生的附加作用。

2. 非结构自身的计算要求

对于非结构自身设计时，有关的计算规定是：

(1) 非结构构件自身的地震力应施加于其重心，水平地震力应沿任一水平方向。

(2) 非结构构件自身重力产生的地震作用，一般只考虑水平方向，采用等效侧力法；当建筑附属机电设备（含支架）的体系自振周期大于0.1s，且其重力超过所在楼层重力的1%，或建筑附属机电设备的重力超过所在楼层重力的10%时，如巨大的高位水箱、出屋面的大型塔架等，则采用楼面反应谱方法。

(3) 非结构构件的地震作用，除了自身质量产生的惯性力外，还有地震时支座间相对位移产生的附加作用，二者需同时组合计算。

非结构构件因支承点相对水平位移产生的内力，可按该构件在位移方向的刚度乘以规定的支承点相对水平位移计算。

非结构构件在位移方向的刚度，应根据其端部的实际连接状态，分别采用刚接、铰接、弹性连接或滑动连接等简化的力学模型。

相邻楼层的相对水平位移，可按规定的限值采用；防震缝两侧的相对水平位移，宜根据使用要求确定。

3. 关于等效侧力法计算

当采用等效侧力法时，非结构的水平地震作用标准值按公式（16-1）计算：

$$F = \gamma\eta\zeta_1\zeta_2\alpha_{\max}G \tag{16-1}$$

式中 F——沿最不利方向施加于非结构构件重心处的水平地震作用标准值；

γ——非结构构件功能系数，取决于建筑抗震设防类别和使用要求，由相关标准根据建筑设防类别和使用要求等确定，一般分为1.4、1.0、0.6三档；

η——非结构构件类别系数，取决于构件材料性能等因素，由相关标准根据构件材料性能等因素确定，一般在0.6～1.2范围内取值；

ζ_1——状态系数；对预制建筑构件、悬臂类构件、支承点低于质心的任何设备和柔性体系宜取2.0，其余情况可取1.0；

ζ_2——位置系数，建筑的顶点宜取2.0，底部宜取1.0，沿高度线性分布；对规范要求采用时程分析法补充计算的结构，应按其计算结果调整；

$\alpha_{\max}$——地震影响系数最大值；可按多遇地震的规定采用；

G——非结构构件的重力，应包括运行时有关的人员、容器和管道中的介质及储物柜中物品的重力。

表 16-1 所列建筑非结构构件的类别系数和功能系数和表 16-2 建筑附属设备构件的类别系数和功能系数，可供参考：

建筑非结构构件的类别系数和功能系数 **表 16-1**

构件、部件名称	类别系数	功能系数	
		乙类建筑	丙类建筑
非承重外墙：			
围护墙	0.9	1.4	1.0
玻璃幕墙等	0.9	1.4	1.4
连接：			
墙体连接件	1.0	1.4	1.0
饰面连接件	1.0	1.0	0.6
防火顶棚连接件	0.9	1.0	1.0
非防火顶棚连接件	0.6	1.0	0.6
附属构件：			
标志或广告牌等	1.2	1.0	1.0
高于 2.4m 储物柜支架：			
货架（柜）文件柜	0.6	1.0	0.6
文物柜	1.0	1.4	1.0

建筑附属设备构件的类别系数和功能系数 **表 16-2**

构件、部件所属系统	类别系数	功能系数	
		乙类建筑	丙类建筑
应急电源的主控系统、发电机，冷冻机等	1.0	1.4	1.4
电梯的支承结构，导轨、支架，轿厢导向构件等	1.0	1.0	1.0
悬挂式或摇摆式灯具	0.9	1.0	0.6
其他灯具	0.6	1.0	0.6
柜式设备支座	0.6	1.0	0.6
水箱、冷却塔支座	1.2	1.0	1.0
锅炉、压力容器支座	1.0	1.0	1.0
公用天线支座	1.2	1.0	1.0

4. 关于楼面谱计算

“楼面谱”对应于结构设计所用“地面反应谱”，即反映支承非结构构件的结构自身动力特性、非结构构件所在楼层位置，以及结构和非结构阻尼特性对地面地震运动的放大作用。当采用楼面反应谱法时，非结构通常采用单质点模型，其水平地震作用标准值按公式（16-2）计算：

$$F = \gamma\eta\beta_s G \tag{16-2}$$

式中 β_s——非结构构件的楼面反应谱值，取决于设防烈度、场地条件、非结构构件与结构体系之间的周期比、质量比和阻尼，以及非结构构件在结构的支承位置、数量和连接性质。

对支座间有相对位移的非结构构件则采用多支点体系，按专门方法计算。

计算楼面谱的基本方法是随机振动法和时程分析法。当非结构构件的材料与结构体系相同时，可直接利用一般的时程分析软件得到；当非结构构件的质量较大，或材料阻尼特性明显不同，或在不同楼层上有支点，需采用第二代楼面谱的方法进行验算。此时，可考虑非结构与主体结构的相互作用，包括“吸振效应”，计算结果更加可靠。采用时程分析法和随机振动法计算楼面谱需有专门的计算软件。

北京长富宫为地上 25 层的钢结构，前六个自振周期为 3.45s，1.15s，0.66s，0.48s，0.46s，0.35s。采用随机振动法计算的顶层楼面反应谱如图 16-1 所示，可以看到多个峰值。

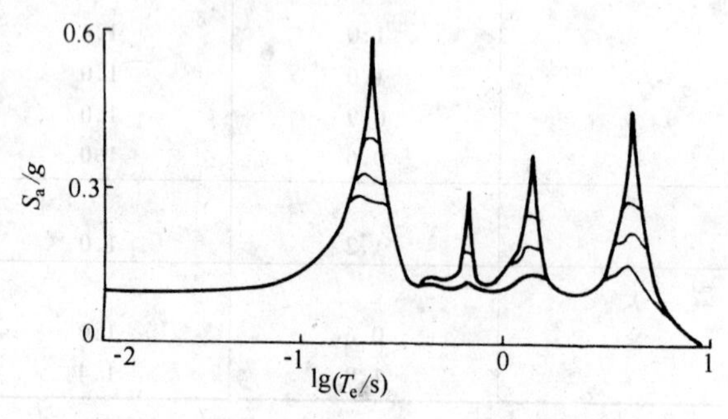

图 16-1　长富宫顶层的楼面反应谱

5. 非结构构件地震作用效应组合和验算

非结构构件的地震作用效应（包括自身重力产生的效应和支座相对位移产生的效应）和其他荷载效应的基本组合，一般应按结构构件的规定计算；幕墙需计算地震作用效应与风荷载效应的组合；容器类尚应计及设备运转时的温度、工作压力等产生的作用效应。

非结构构件抗震验算时，摩擦力不得作为抵抗地震作用的抗力；承载力抗震调整系数，连接件可采用 1.0，其余可按相关标准的规定采用。

建筑装修的非结构构件，其变形能力相差较大。砌体材料制成的非结构构件，由于变形能力较差而限制在要求高的场所使用，国外的规范也只有构造要求而不要求进行抗震计算；金属幕墙和高级装修材料具有较大的变形能力，国外通常由生产厂家按结构体系设计的变形要求提供相应的材料，而不是由非结构的材料决定结构体系的变形要求；对玻璃幕墙，《建筑幕墙》标准中已明确规定其平面内变形分为五个等级，最大为 1/100，最小为 1/400。

三、建筑非结构构件的基本抗震措施

2001 规范对建筑非结构构件的布置和选型做了基本规定，并将 89 规范各章中有关建筑非结构构件的构造要求汇总在一起，包括：

1. 结构体系相关部位的要求

设置连接建筑构件的预埋件、锚固件的部位，应采取加强措施，以承受建筑构件传给结构体系的地震作用。

2. 非承重墙体的材料、选型和布置要求

应根据设防烈度、房屋高度、建筑体型、结构层间变形、墙体抗侧力性能的利用等因素，经综合分析后确定。应优先采用轻质墙体材料，采用刚性非承重墙体时，其布置应避免使结构形成刚度和强度分布上的突变。

楼梯间和公共建筑的人流通道，其墙体的饰面材料要有限制，避免地震时塌落堵塞通道。天然的或人造的石料和石板，仅当嵌砌于墙体或用钢锚件固定于墙体，才可作为外墙体的饰面。

3. 墙体与结构体系的拉结要求

墙体应与结构体系有可靠的拉结，应能适应不同方向的层间位移；8、9度时结构体系有较大的变形，墙体的拉结应具有可适应层间变位的变形能力或适应结构构件转动变形的能力。

4. 砌体墙的构造措施

砌体墙主要包括砌体结构中的后砌隔墙、框架结构中的砌体填充墙、单层钢筋混凝土柱厂房的砌体围护墙和隔墙、多层钢结构房屋的砌体隔墙、砌体女儿墙等，应采取措施(如柔性连接等）减少对结构体系的不利影响，并按要求设置拉结筋、水平系梁、圈梁、构造柱等加强自身的稳定性和与结构体系的可靠拉结。有关的具体要求，继续保留了89规范的相应规定。

5. 顶棚和雨篷的构造措施

各类顶棚、雨篷与主体结构的连接件，应有满足要求的连接承载力，足以承担非结构自身重力和附加地震作用。

6. 幕墙的构造措施

玻璃幕墙、预制墙板等的抗震构造，应符合专门的规定。

四、建筑附属机电设备支架的基本抗震措施

附属于建筑的机电设备和设施与结构体系的连接构件和部件，在地震时造成破坏的原因主要是：①电梯配重脱离导轨；②支架间相对位移导致管道接头损坏；③后浇基础与主体结构连接不牢或固定螺栓强度不足，造成设备移位或从支架上脱落；④悬挂构件强度不足，导致电气灯具坠落；⑤不必要的隔振装置，加大了设备的振动或发生共振，反而降低了抗震性能等。

机电设备和设施的抗震措施，应根据抗震设防烈度、建筑使用功能、房屋的高度、结构类型和变形特征、附属设备所处的位置和运转要求等，经综合分析后确定。基本要求是：

1. 小型设备无抗震设防要求

参照美国统一建筑规范 UBC 的规定，下列附属机电设备的支架可无抗震设防要求：

(1) 重力不超过 1.5kN 的设备；

(2) 内径小于 25mm 的煤气管道和内径小于 60 mm 的电气配管；

(3) 矩形截面面积小于 $0.38m^2$ 和圆形直径小于 0.70m 的风管；

(4) 吊杆计算长度不超过300mm的吊杆悬挂管道。

2. 建筑附属设备的布置

不应设置在可能导致使用功能发生障碍等二次灾害的部位；对于有隔振装置的设备，应注意强烈振动对连接件的影响，并防止设备和建筑结构发生共振现象。

对丙类建筑，应使建筑附属设备在遭遇设防烈度地震影响后能迅速恢复运转。

3. 管道

地震时各种管道的破坏，主要是其支架之间或支架与设备相对移动造成接头损坏。合理设计各种支架、支座及其连接，包括采取增加接头变形能力的措施是有效的。

管道和设备与结构体系的连接，应能允许二者间有一定的相对变位。

管道、电缆、通风管和设备的大洞口布置不合理，将削弱主要承重结构构件的抗震能力，必须予以防止；对一般的洞口，其边缘应有补强措施。

4. 机座和连接件

建筑附属机电设备的支架应具有足够的刚度和强度，其与结构体系应有可靠的连接和锚固；建筑附属机电设备的基座或连接件应能将设备承受的地震作用全部传递到结构上。结构体系中，用以固定建筑附属机电设备预埋件、锚固件的部位，应采取加强措施，以承受附属机电设备传给结构体系的地震作用。

5. 高位水箱

建筑内的高位水箱应与所在结构可靠连接，高烈度时尚应考虑其对结构体系产生的附加地震作用效应。

6. 重要设施

在设防烈度地震下需要连续工作的建筑附属设备，包括烟火检测和消防系统，其支架应能保证在设防烈度地震时正常工作，重量较大的宜设置在结构地震反应较小的部位；相关部位的结构构件应采取相应的加强措施。

建筑抗震设计规范

(GB 50011—2001)

1 总 则

1.0.1 为贯彻执行《中华人民共和国建筑法》和《中华人民共和国防震减灾法》并实行以预防为主的方针，使建筑经抗震设防后，减轻建筑的地震破坏，避免人员伤亡，减少经济损失，制定本规范。

按本规范进行抗震设计的建筑，其抗震设防目标是：当遭受低于本地区抗震设防烈度的多遇地震影响时，一般不受损坏或不需修理可继续使用，当遭受相当于本地区抗震设防烈度的地震影响时，可能损坏，经一般修理或不需修理仍可继续使用，当遭受高于本地区抗震设防烈度预估的罕遇地震影响时，不致倒塌或发生危及生命的严重破坏。

1.0.2 抗震设防烈度为6度及以上地区的建筑，必须进行抗震设计。

1.0.3 本规范适用于抗震设防烈度为6、7、8和9度地区建筑工程的抗震设计及隔震、消能减震设计。抗震设防烈度大于9度地区的建筑和行业有特殊要求的工业建筑，其抗震设计应按有关专门规定执行。

注：本规范一般略去“抗震设防烈度”字样，如“抗震设防烈度为6度、7度、8度、9度”，简称为“6度、7度、8度、9度”。

1.0.4 抗震设防烈度必须按国家规定的权限审批、颁发的文件（图件）确定。

1.0.5 一般情况下，抗震设防烈度可采用中国地震动参数区划图的地震基本烈度(或与本规范设计基本地震加速度值对应的烈度值)。对已编制抗震设防区划的城市，可按批准的抗震设防烈度或设计地震动参数进行抗震设防。

1.0.6 建筑的抗震设计，除应符合本规范要求外，尚应符合国家现行的有关强制性标准的规定。

2 术语和符号

2.1 术 语

2.1.1 抗震设防烈度 seismic fortification intensity

按国家规定的权限批准作为一个地区抗震设防依据的地震烈度。

2.1.2 抗震设防标准 seismic fortification criterion

衡量抗震设防要求的尺度，由抗震设防烈度和建筑使用功能的重要性确定。

2.1.3 地震作用 earthquake action

由地震动引起的结构动态作用，包括水平地震作用和竖向地震作用。

2.1.4 设计地震动参数 design parameters of ground motion

抗震设计用的地震加速度（速度、位移）时程曲线、加速度反应谱和峰值加速度。

2.1.5 设计基本地震加速度 design basic acceleration of ground motion

50 年设计基准期超越概率 10%的地震加速度的设计取值。

2.1.6 设计特征周期 design characteristic period of ground motion

抗震设计用的地震影响系数曲线中，反映地震震级、震中距和场地类别等因素的下降段起始点对应的周期值。

2.1.7 场地 site

工程群体所在地，具有相似的反应谱特征。其范围相当于厂区、居民小区和自然村或不小于 1.0km^2 的平面面积。

2.1.8 建筑抗震概念设计 seismic concept design of buildings

根据地震灾害和工程经验等所形成的基本设计原则和设计思想，进行建筑和结构总体布置并确定细部构造的过程。

2.1.9 抗震措施 seismic fortification measures

除地震作用计算和抗力计算以外的抗震设计内容，包括抗震构造措施。

2.1.10 抗震构造措施 details of seismic design

根据抗震概念设计原则，一般不需计算而对结构和非结构各部分必须采取的各种细部要求。

2.2 主 要 符 号

2.2.1 作用和作用效应

F_{Ek}、F_{Evk}——结构总水平、竖向地震作用标准值；

G_E、G_{eq}——地震时结构（构件）的重力荷载代表值、等效总重力荷载代表值；

w_k——风荷载标准值；

S_E——地震作用效应（弯矩、轴向力、剪力、应力和变形）；

S——地震作用效应与其他荷载效应的基本组合；

S_k——作用、荷载标准值的效应；

M——弯矩；

N——轴向压力；

V——剪力；

p——基础底面压力；

u——侧移；

θ——楼层位移角。

2.2.2 材料性能和抗力

K——结构（构件）的刚度；

R——结构构件承载力；

f、f_k、f_E——各种材料强度（含地基承载力）设计值、标准值和抗震设计值；

$[\theta]$——楼层位移角限值。

2.2.3 几何参数

A——构件截面面积；

A_s——钢筋截面面积；

B——结构总宽度；

H——结构总高度、柱高度；

L——结构（单元）总长度；

a——距离；

a_s、a_s'——纵向受拉钢筋合力点至截面边缘的最小距离；

b——构件截面宽度；

d——土层深度或厚度，钢筋直径；

h——计算楼层层高，构件截面高度；

l——构件长度或跨度；

t——抗震墙厚度、楼板厚度。

2.2.4 计算系数

α——水平地震影响系数；

α_{max}——水平地震影响系数最大值；

α_{vmax}——竖向地震影响系数最大值；

γ_G、γ_E、γ_w——作用分项系数；

γ_{RE}——承载力抗震调整系数；

ζ——计算系数；

η——地震作用效应（内力和变形）的增大或调整系数；

λ——构件长细比，比例系数；

ξ_y——结构（构件）屈服强度系数；

ρ——配筋率，比率；

φ——构件受压稳定系数；

ψ——组合值系数，影响系数。

2.2.5 其他

T——结构自振周期；

N——贯入锤击数；

I_{lE}——地震时地基的液化指数；

X_{ji}——位移振型坐标（j 振型 i 质点的 x 方向相对位移）；

Y_{ji}——位移振型坐标（j 振型 i 质点的 y 方向相对位移）；

n——总数，如楼层数、质点数、钢筋根数、跨数等；

v_{se}——土层等效剪切波速；

Φ_{ji}——转角振型坐标（j 振型 i 质点的转角方向相对位移）。

3 抗震设计的基本要求

3.1 建筑抗震设防分类和设防标准

3.1.1 建筑应根据其使用功能的重要性分为甲类、乙类、丙类、丁类四个抗震设防类别。甲类建筑应属于重大建筑工程和地震时可能发生严重次生灾害的建筑，乙类建筑应属于地震时使用功能不能中断或需尽快恢复的建筑，丙类建筑应属于除甲、乙、丁类以外的一般建筑，丁类建筑应属于抗震次要建筑。

3.1.2 建筑抗震设防类别的划分，应符合国家标准《建筑抗震设防分类标准》GB 50223的规定。

3.1.3 各抗震设防类别建筑的抗震设防标准，应符合下列要求：

1. 甲类建筑，地震作用应高于本地区抗震设防烈度的要求，其值应按批准的地震安全性评价结果确定；抗震措施，当抗震设防烈度为6～8度时，应符合本地区抗震设防烈度提高一度的要求，当为9度时，应符合比9度抗震设防更高的要求。

2. 乙类建筑，地震作用应符合本地区抗震设防烈度的要求；抗震措施，一般情况下，当抗震设防烈度为6～8度时，应符合本地区抗震设防烈度提高一度的要求，当为9度时，应符合比9度抗震设防更高的要求；地基基础的抗震措施，应符合有关规定。

对较小的乙类建筑，当其结构改用抗震性能较好的结构类型时，应允许仍按本地区抗震设防烈度的要求采取抗震措施。

3. 丙类建筑，地震作用和抗震措施均应符合本地区抗震设防烈度的要求。

4. 丁类建筑，一般情况下，地震作用仍应符合本地区抗震设防烈度的要求；抗震措施应允许比本地区抗震设防烈度的要求适当降低，但抗震设防烈度为6度时不应降低。

3.1.4 抗震设防烈度为6度时，除本规范有具体规定外，对乙、丙、丁类建筑可不进行地震作用计算。

3.2 地 震 影 响

3.2.1 建筑所在地区遭受的地震影响，应采用相应于抗震设防烈度的设计基本地震加速度和设计特征周期或本规范第1.0.5条规定的设计地震动参数来表征。

3.2.2 抗震设防烈度和设计基本地震加速度取值的对应关系，应符合表3.2.2的规定。设计基本地震加速度为0.15g和0.30g地区内的建筑，除本规范另有规定外，应分别按抗震设防烈度7度和8度的要求进行抗震设计。

抗震设防烈度和设计基本地震加速度值的对应关系 表3.2.2

抗震设防烈度	6	7	8	9
设计基本地震加速度值	0.05g	0.10（0.15）g	0.20（0.30）g	0.40g

注：g 为重力加速度。

3.2.3 建筑的设计特征周期应根据其所在地的设计地震分组和场地类别确定。本规范的设计地震共分为三组。对Ⅱ类场地，第一组、第二组和第三组的设计特征周期，应分别按0.35s、0.40s和0.45s采用。

注：本规范一般把“设计特征周期”简称为“特征周期”。

3.2.4 我国主要城镇（县级及县级以上城镇）中心地区的抗震设防烈度、设计基本地震加速度值和所属的设计地震分组，可按本规范附录A采用。

3.3 场地和地基

3.3.1 选择建筑场地时，应根据工程需要，掌握地震活动情况、工程地质和地震地质的有关资料，对抗震有利、不利和危险地段做出综合评价。对不利地段，应提出避开要求；当无法避开时应采取有效措施；不应在危险地段建造甲、乙、丙类建筑。

3.3.2 建筑场地为Ⅰ类时，甲、乙类建筑应允许仍按本地区抗震设防烈度的要求采取抗震构造措施；丙类建筑应允许按本地区抗震设防烈度降低一度的要求采取抗震构造措施，但抗震设防烈度为6度时仍应按本地区抗震设防烈度的要求采取抗震构造措施。

3.3.3 建筑场地为Ⅲ、Ⅳ类时，对设计基本地震加速度为$0.15g$和$0.30g$的地区，除本规范另有规定外，宜分别按抗震设防烈度8度（$0.20g$）和9度（$0.40g$）时各类建筑的要求采取抗震构造措施。

3.3.4 地基和基础设计应符合下列要求：

1. 同一结构单元的基础不宜设置在性质截然不同的地基上；
2. 同一结构单元不宜部分采用天然地基部分采用桩基；
3. 地基为软弱粘性土、液化土、新近填土或严重不均匀土时，应估计地震时地基不均匀沉降或其他不利影响，并采取相应的措施。

3.4 建筑设计和建筑结构的规则性

3.4.1 建筑设计应符合抗震概念设计的要求，不应采用严重不规则的设计方案。

3.4.2 建筑及基抗侧力结构的平面布置宜规则、对称，并应具有良好的整体性；建筑的立面和竖向剖面宜规则，结构的侧向刚度宜均匀变化，竖向抗侧力构件的截面尺寸和材料强度宜自下而上逐渐减小，避免抗侧力结构的侧向刚度和承载力突变。

当存在表3.4.2-1所列举的平面不规则类型或表3.4.2-2所列举的竖向不规则类型时，应符合本章第3.4.3条的有关规定。

平面不规则的类型　　表3.4.2-1

不规则类型	定　义
扭转不规则	楼层的最大弹性水平位移（或层间位移），大于该楼层两端弹性水平位移（或层间位移）平均值的1.2倍
凹凸不规则	结构平面凹进的一侧尺寸，大于相应投影方向总尺寸的30%
楼板局部不连续	楼板的尺寸和平面刚度急剧变化，例如，有效楼板宽度小于该层楼板典型宽度的50%，或开洞面积大于该层楼面面积的30%，或较大的楼层错层

竖向不规则的类型 表 3.4.2-2

不规则类型	定　义
侧向刚度不规则	该层的侧向刚度小于相邻上一层的 70%，或小于其上相邻三个楼层侧向刚度平均值的 80%；除顶层外，局部收进的水平向尺寸大于相邻下一层的 25%
竖向抗侧力构件不连续	竖向抗侧力构件（柱、抗震墙、抗震支撑）的内力由水平转换构件（梁、桁架等）向下传递
楼层承载力突变	抗侧力结构的层间受剪承载力小于相邻上一楼层的 80%

3.4.3 不规则的建筑结构，应按下列要求进行水平地震作用计算和内力调整，并应对薄弱部位采取有效的抗震构造措施：

1. 平面不规则而竖向规则的建筑结构，应采用空间结构计算模型，并应符合下列要求：

1）扭转不规则时，应计及扭转影响，且楼层竖向构件最大的弹性水平位移和层间位移分别不宜大于楼层两端弹性水平位移和层间位移平均值的 1.5 倍；

2）凹凸不规则或楼板局部不连续时，应采用符合楼板平面内实际刚度变化的计算模型，当平面不对称时尚应计及扭转影响。

2. 平面规则而竖向不规则的建筑结构，应采用空间结构计算模型，其薄弱层的地震剪力应乘以 1.15 的增大系数，应按本规范有关规定进行弹塑性变形分析，并应符合下列要求：

1）竖向抗侧力构件不连续时，该构件传递给水平转换构件的地震内力应乘以 1.25～1.5 的增大系数；

2）楼层承载力突变时，薄弱层抗侧力结构的受剪承载力不应小于相邻上一楼层的 65%；

3. 平面不规则且竖向不规则的建筑结构，应同时符合本条 1、2 款的要求。

3.4.4 砌体结构和单层工业厂房的平面不规则性和竖向不规则性，应分别符合本规范有关章节的规定。

3.4.5 体型复杂、平立面特别不规则的建筑结构，可按实际需要在适当部位设置防震缝，形成多个较规则的抗侧力结构单元。

3.4.6 防震缝应根据抗震设防烈度、结构材料种类、结构类型、结构单元的高度和高差情况，留有足够的宽度，其两侧的上部结构应完全分开。

当设置伸缩缝和沉降缝时，其宽度应符合防震缝的要求。

3.5 结构体系

3.5.1 结构体系应根据建筑的抗震设防类别、抗震设防烈度、建筑高度、场地条件、地基、结构材料和施工等因素，经技术、经济和使用条件综合比较确定。

3.5.2 结构体系应符合下列各项要求：

1. 应具有明确的计算简图和合理的地震作用传递途径。

2. 应避免因部分结构或构件破坏而导致整个结构丧失抗震能力或对重力荷载的承载

能力。

3. 应具备必要的抗震承载力，良好的变形能力和消耗地震能量的能力。

4. 对可能出现的薄弱部位，应采取措施提高抗震能力。

3.5.3 结构体系尚宜符合下列各项要求：

1. 宜有多道抗震防线。

2. 宜具有合理的刚度和承载力分布，避免因局部削弱或突变形成薄弱部位，产生过大的应力集中或塑性变形集中。

3. 结构在两个主轴方向的动力特性宜相近。

3.5.4 结构构件应符合下列要求：

1. 砌体结构应按规定设置钢筋混凝土圈梁和构造柱、芯柱，或采用配筋砌体等。

2. 混凝土结构构件应合理地选择尺寸、配置纵向受力钢筋和箍筋，避免剪切破坏先于弯曲破坏、混凝土的压溃先于钢筋的屈服、钢筋的锚固粘结破坏先于构件破坏。

3. 预应力混凝土的抗侧力构件，应配有足够的非预应力钢筋。

4. 钢结构构件应合理控制尺寸，避免局部失稳或整个构件失稳。

3.5.5 结构各构件之间的连接，应符合下列要求：

1. 构件节点的破坏，不应先于其连接的构件。

2. 预埋件的锚固破坏，不应先于连接件。

3. 装配式结构构件的连接，应能保证结构的整体性。

4. 预应力混凝土构件的预应力钢筋，宜在节点核心区以外锚固。

3.5.6 装配式单层厂房的各种抗震支撑系统，应保证地震时结构的稳定性。

3.6 结 构 分 析

3.6.1 除本规范特别规定者外，建筑结构应进行多遇地震作用下的内力和变形分析，此时，可假定结构与构件处于弹性工作状态，内力和变形分析可采用线性静力方法或线性动力方法。

3.6.2 不规则且具有明显薄弱部位可能导致地震时严重破坏的建筑结构，应按本规范有关规定进行罕遇地震作用下的弹塑性变形分析。此时，可根据结构特点采用静力弹塑性分析或弹塑性时程分析方法。

当本规范有具体规定时，尚可采用简化方法计算结构的弹塑性变形。

3.6.3 当结构在地震作用下的重力附加弯矩大于初始弯矩的10%时，应计入重力二阶效应的影响。

注：重力附加弯矩指任一楼层以上全部重力荷载与该楼层地震层间位移的乘积；初始弯矩指该楼层地震剪力与楼层层高的乘积。

3.6.4 结构抗震分析时，应按照楼、屋盖在平面内变形情况确定为刚性、半刚性和柔性的横隔板，再按抗侧力系统的布置确定抗侧力构件间的共同工作并进行各构件间的地震内力分析。

3.6.5 质量和侧向刚度分布接近对称且楼、屋盖可视为刚性横隔板的结构，以及本规范有关章节有具体规定的结构，可采用平面结构模型进行抗震分析。其他情况，应采用空间结构模型进行抗震分析。

3.6.6 利用计算机进行结构抗震分析，应符合下列要求：

1. 计算模型的建立，必要的简化计算与处理，应符合结构的实际工作状况。

2. 计算软件的技术条件应符合本规范及有关标准的规定，并应阐明其特殊处理的内容和依据。

3. 复杂结构进行多遇地震作用下的内力和变形分析时，应采用不少于两个不同的力学模型，并对其计算结果进行分析比较。

4. 所有计算机计算结果，应经分析判断确认其合理、有效后方可用于工程设计。

3.7 非结构构件

3.7.1 非结构构件，包括建筑非结构构件和建筑附属机电设备，自身及其与结构主体的连接，应进行抗震设计。

3.7.2 非结构构件的抗震设计，应由相关专业人员分别负责进行。

3.7.3 附着于楼、屋面结构上的非结构构件，应与主体结构有可靠的连接或锚固，避免地震时倒塌伤人或砸坏重要设备。

3.7.4 围护墙和隔墙应考虑对结构抗震的不利影响，避免不合理设置而导致主体结构的破坏。

3.7.5 幕墙、装饰贴面与主体结构应有可靠连接，避免地震时脱落伤人。

3.7.6 安装在建筑上的附属机械、电气设备系统的支座和连接，应符合地震时使用功能的要求，且不应导致相关部件的损坏。

3.8 隔震和消能减震设计

3.8.1 隔震和消能减震设计，应主要应用于使用功能有特殊要求的建筑及抗震设防烈度为8、9度的建筑。

3.8.2 采用隔震或消能减震设计的建筑，当遭遇到本地区的多遇地震影响、抗震设防烈度地震影响和罕遇地震影响时，其抗震设防目标应高于本规范第1.0.1条的规定。

3.9 结构材料与施工

3.9.1 抗震结构对材料和施工质量的特别要求，应在设计文件上注明。

3.9.2 结构材料性能指标，应符合下列最低要求：

1. 砌体结构材料应符合下列规定：

1）烧结普通粘土砖和烧结多孔粘土砖的强度等级不应低于MU10，其砌筑砂浆强度等级不应低于M5；

2）混凝土小型空心砌块的强度等级不应低于MU7.5，其砌筑砂浆强度等级不应低于M7.5。

2. 混凝土结构材料应符合下列规定：

1）混凝土的强度等级，框支梁、框支柱及抗震等级为一级的框架梁、柱、节点核芯区，不应低于C30；构造柱、芯柱、圈梁及其他各类构件不应低于C20；

2）抗震等级为一、二级的框架结构，其纵向受力钢筋采用普通钢筋时，钢筋的抗拉强度实测值与屈服强度实测值的比值不应小于1.25；且钢筋的屈服强度实测值与强度标准值的比值不应大于1.3。

3. 钢结构的钢材应符合下列规定：

1）钢材的抗拉强度实测值与屈服强度实测值的比值不应小于1.2；

2）钢材应有明显的屈服台阶，且伸长率应大于20%；

3）钢材应有良好的可焊性和合格的冲击韧性。

3.9.3 结构材料性能指标，尚宜符合下列要求：

1. 普通钢筋宜优先采用延性、韧性和可焊性较好的钢筋；普通钢筋的强度等级，纵向受力钢筋宜选用HRB400级和HRB335级热轧钢筋，箍筋宜选用HRB335、HRB400和HPB235级热轧钢筋。

注：钢筋的检验方法应符合现行国家标准《混凝土结构工程施工及验收规范》GB 50204的规定。

2. 混凝土结构的混凝土强度等级，9度时不宜超过C60，8度时不宜超过C70。

3. 钢结构的钢材宜采用Q235等级B、C、D的碳素结构钢及Q345等级B、C、D、E的低合金高强度结构钢；当有可靠依据时，尚可采用其他钢种和钢号。

3.9.4 在施工中，当需要以强度等级较高的钢筋替代原设计中的纵向受力钢筋时，应按照钢筋受拉承载力设计值相等的原则换算，并应满足正常使用极限状态和抗震构造措施的要求。

3.9.5 采用焊接连接的钢结构，当钢板厚不小于40mm且承受沿板厚方向的拉力时，受拉试件板厚方向截面收缩率，不应小于国家标准《厚度方向性能钢板》GB 50313关于Z15级规定的容许值。

3.9.6 钢筋混凝土构造柱、芯柱和底部框架-抗震墙砖房中砖抗震墙的施工，应先砌墙后浇构造柱、芯柱和框架梁柱。

3.10 建筑的地震反应观测系统

3.10.1 抗震设防烈度为7、8、9度时，高度分别超过160m，120m，80m的高层建筑，应设置建筑结构的地震反应观测系统，建筑设计应留有观测仪器和线路的位置。

4 场地、地基和基础

4.1 场　地

4.1.1 选择建筑场地时，应按表4.1.2划分对建筑抗震有利、不利和危险的地段。

有利、不利和危险地段的划分　　**表4.1.1**

地段类别	地质、地形、地貌
有利地段	稳定基岩，竖硬土，开阔、平坦、密实、均匀的中硬土等
不利地段	软弱土，液化土，条状突出的山嘴，高耸孤立的山丘，非岩质的陡坡，河岸和边坡的边缘，平面分布上成因、岩性、状态明显不均匀的土层（如故河道、疏松的断层破碎带、暗埋的塘浜沟谷和半填半挖地基）等
危险地段	地震时可能发生滑坡、崩塌、地陷、地裂、泥石流等及发震断裂带上可能发生地表位错的部位

4.1.2 建筑场地的类别划分，应以土层等效剪切波速和场地覆盖层厚度为准。

4.1.3 土层剪切波速的测量，应符合下列要求：

1．在场地初步勘察阶段，对大面积的同一地质单元，测量土层剪切波速的钻孔数量，应为控制性钻孔数量的1/3～1/5，山间河谷地区可适量减少，但不宜少于3个。

2．在场地详细勘察阶段，对单幢建筑，测量土层剪切波速的钻孔数量不宜少于2个，数据变化较大时，可适量增加；对小区中处于同一地质单元的密集高层建筑群，测量土层剪切波速的钻孔数量可适量减少，但每幢高层建筑下不得少于一个。

3．对丁类建筑及层数不超过10层且高度不超过30m的丙类建筑，当无实测剪切波速时，可根据岩土名称和性状，按表4.1.3划分土的类型，再利用当地经验在表4.1.3的剪切波速范围内估计各土层的剪切波速。

土的类型划分和剪切波速范围 **表4.1.3**

土的类型	岩土名称和性状	土层剪切波速范围（m/s）
坚硬土或岩石	稳定岩石，密实的碎石土	$v_s > 500$
中硬土	中密、稍密的碎石土，密实、中密的砾、粗、中砂，$f_{ak} > 200$的粘性土和粉土，坚硬黄土	$500 \geqslant v_s > 250$
中软土	稍密的砾、粗、中砂，除松散外的细、粉砂，$f_{ak} \leqslant 200$的粘性土和粉土，$f_{ak} > 130$的填土，可塑黄土	$250 \geqslant v_s > 140$
软弱土	淤泥和淤泥质土，松散的砂，新近沉积的粘性土和粉土，$f_{ak} \leqslant 130$的填土，流塑黄土	$v_s \leqslant 140$

注：f_{ak}为由载荷试验等方法得到的地基承载力特征值（kPa）；v_s为岩土剪切波速。

4.1.4 建筑场地覆盖层厚度的确定，应符合下列要求：

1．一般情况下，应按地面至剪切波速大于500m/s的土层顶面的距离确定。

2．当地面5m以下存在剪切波速大于相邻上层土剪切波速2.5倍的土层，且其下卧岩土的剪切波速均不小于400m/s时，可按地面至该土层顶面的距离确定。

3．剪切波速大于500m/s的孤石、透镜体，应视同周围土层。

4．土层中的火山岩硬夹层，应视为刚体，其厚度应从覆盖土层中扣除。

4.1.5 土层的等效剪切波速，应按下列公式计算：

$$v_{se} = d_0 / t \qquad (4.1.5\text{-}1)$$

$$t = \sum_{i=1}^{n} (d_i / v_{si}) \qquad (4.1.5\text{-}2)$$

式中 v_{se}——土层等效剪切波速（m/s）；

d_0——计算深度（m）；取覆盖层厚度和20m二者的较小值；

t——剪切波在地面至计算深度之间的传播时间；

d_i——计算深度范围内第i土层的厚度（m）；

v_{si}——计算深度范围内第i土层的剪切波速（m/s）；

n——计算深度范围内土层的分层数。

4.1.6 建筑的场地类别，应根据土层等效剪切波速和场地覆盖层厚度按表 4.1.6 划分为四类。当有可靠的剪切波速和覆盖层厚度且其值处于表 4.1.6 所列场地类别的分界线附近时，应允许按插值方法确定地震作用计算所用的设计特征周期。

各类建筑场地的覆盖层厚度（m） **表 4.1.6**

等效剪切波速（m/s）	场地类别			
	Ⅰ	Ⅱ	Ⅲ	Ⅳ
$v_{se}>500$	0			
$500\geqslant v_{se}>250$	<5	≥5		
$250\geqslant v_{se}>140$	<3	3～50	>50	
$v_{se}\leqslant 140$	<3	3～15	>15～80	>80

4.1.7 场地内存在发震断裂时，应对断裂的工程影响进行评价，并应符合下列要求：

1. 对符合下列规定之一的情况，可忽略发震断裂错动对地面建筑的影响：

1）抗震设防烈度小于 8 度；

2）非全新世活动断裂；

3）抗震设防烈度为 8 度和 9 度时，前第四纪基岩隐伏断裂的土层覆盖厚度分别大于 60m 和 90m。

2. 对不符合本条 1 款规定的情况，应避开主断裂带。其避让距离不宜小于表 4.1.7 对发震断裂最小避让距离的规定。

发震断裂的最小避让距离（m） **表 4.1.7**

烈 度	建筑抗震设防类别			
	甲	乙	丙	丁
8	专门研究	300	200	—
9	专门研究	500	300	—

4.1.8 当需要在条状突出的山嘴、高耸孤立的山丘、非岩石的陡坡、河岸和边坡边缘等不利地段建造丙类及丙类以上建筑时，除保证其在地震作用下的稳定性外，尚应估计不利地段对设计地震动参数可能产生的放大作用，其地震影响系数最大值应乘以增大系数。其值可根据不利地段的具体情况确定，但不宜大于 1.6。

4.1.9 场地岩土工程勘察，应根据实际需要划分对建筑有利、不利和危险的地段，提供建筑的场地类别和岩土地震稳定性（如滑坡、崩塌、液化和震陷特性等）评价，对需要采用时程分析法补充计算的建筑，尚应根据设计要求提供土层剖面、场地覆盖层厚度和有关的动力参数。

4.2 天然地基和基础

4.2.1 下列建筑可不进行天然地基及基础的抗震承载力验算：

1. 砌体房屋。

2. 地基主要受力层范围内不存在软弱粘性土层的下列建筑：

1）一般的单层厂房和单层空旷房屋；

2）不超过 8 层且高度在 25m 以下的一般民用框架房屋；

3）基础荷载与 2）项相当的多层框架厂房。

3. 本规范规定可不进行上部结构抗震验算的建筑。

注：软弱粘性土层指 7 度、8 度和 9 度时，地基承载力特征值分别小于 80、100 和 120kPa 的土层。

4.2.2 天然地基基础抗震验算时，应采用地震作用效应标准组合，且地基抗震承载力应取地基承载力特征值乘以地基抗震承载力调整系数计算。

4.2.3 地基抗震承载力应按下式计算：

$$f_{aE} = \zeta_a f_a \tag{4.2.3}$$

式中 f_{aE}——调整后的地基抗震承载力；

ζ_a——地基抗震承载力调整系数，应按表 4.2.3 采用；

f_a——深宽修正后的地基承载力特征值，应按现行国家标准《建筑地基基础设计规范》GB 50007 采用。

地基土抗震承载力调整系数 **表 4.2.3**

岩土名称和性状	ζ_a
岩石，密实的碎石土，密实的砾、粗、中砂，$f_{ak} \geqslant 300$ 的粘性土和粉土	1.5
中密、稍密的碎石土，中密和稍密的砾、粗、中砂，密实和中密的细、粉砂，$150 \leqslant f_{ak} < 300$ 的粘性土和粉土，坚硬黄土	1.3
稍密的细、粉砂，$100 \leqslant f_{ak} < 150$ 的粘性土和粉土，可塑黄土	1.1
淤泥、淤泥质土，松散的砂，杂填土，新近堆积黄土及流塑黄土	1.0

4.2.4 验算天然地基地震作用下的竖向承载力时，按地震作用效应标准组合的基础底面平均压力和边缘最大压力应符合下列各式要求：

$$p \leqslant f_{aE} \tag{4.2.4-1}$$

$$p_{max} \leqslant 1.2 f_{aE} \tag{4.2.4-2}$$

式中 p——地震作用效应标准组合的基础底面平均压力；

p_{max}——地震作用效应标准组合的基础边缘的最大压力。

高宽比大于 4 的高层建筑，在地震作用下基础底面不宜出现拉应力；其他建筑，基础底面与地基土之间零应力区面积不应超过基础底面面积的 15%。

4.3 液化土和软土地基

4.3.1 饱和砂土和饱和粉土（不含黄土）的液化判别和地基处理，6 度时，一般情况下可不进行判别和处理，但对液化沉陷敏感的乙类建筑可按 7 度的要求进行判别和处理，7～9 度时，乙类建筑可按本地区抗震设防烈度的要求进行判别和处理。

4.3.2 存在饱和砂土和饱和粉土（不含黄土）的地基，除 6 度设防外，应进行液化判别；存在液化土层的地基，应根据建筑的抗震设防类别、地基的液化等级，结合具体情况采取相应的措施。

4.3.3 饱和的砂土或粉土（不含黄土），当符合下列条件之一时，可初步判别为不液化或可不考虑液化影响：

1. 地质年代为第四纪晚更新世（Q_3）及其以前时，7、8度时可判为不液化。

2. 粉土的粘粒（粒径小于0.005mm的颗粒）含量百分率，7度、8度和9度分别不小于10、13和16时，可判为不液化土。

注：用于液化判别的粘粒含量系采用六偏磷酸钠作为散剂测定，采用其他方法时应按有关规定换算。

3. 天然地基的建筑，当上覆非液化土层厚度和地下水位深度符合下列条件之一时，可不考虑液化影响：

$$d_u > d_0 + d_b - 2 \tag{4.3.3-1}$$

$$d_w > d_0 + d_b - 3 \tag{4.3.3-2}$$

$$d_u + d_w > 1.5d_0 + 2d_b - 4.5 \tag{4.3.3-3}$$

式中 d_w——地下水位深度（m），宜按设计基准期内年平均最高水位采用，也可按近期内年最高水位采用；

d_u——上覆盖非液化土层厚度（m），计算时宜将淤泥和淤泥质土层扣除；

d_b——基础埋置深度（m），不超过2m时应采用2m；

d_0——液化土特征深度（m），可按表4.3.3采用。

液化土特征深度（m） **表4.3.3**

饱和土类别	7度	8度	9度
粉　土	6	7	8
砂　土	7	8	9

4.3.4 当初步判别认为需进一步进行液化判别时，应采用标准贯入试验判别法判别地面下15m深度范围内的液化；当采用桩基或埋深大于5m的深基础时，尚应判别15～20m范围内土的液化。当饱和土标准贯入锤击数（未经杆长修正）小于液化判别标准贯入锤击数临界值时，应判为液化土。当有成熟经验时，尚可采用其他判别方法。

在地面下15m深度范围内，液化判别标准贯入锤击数临界值可按下式计算：

$$N_{cr} = N_0[0.9 + 0.1(d_s - d_w)]\sqrt{3/\rho_c}\,(d_s \leqslant 15) \tag{4.3.4-1}$$

在地面下15～20m范围内，液化判别标准贯入锤击数临界值可按下式计算：

$$N_{cr} = N_0(2.4 - 0.1d_s)\sqrt{3/\rho_c}\,(15 \leqslant d_s \leqslant 20) \tag{4.3.4-2}$$

式中 N_{cr}——液化判别标准贯入锤击数临界值；

N_0——液化判别标准贯入锤击数基准值，应按表4.3.4采用；

d_s——饱和土标准贯入点深度（m）；

ρ_c——粘粒含量百分率，当小于3或为砂土时，应采用3。

标准贯入锤击数基准值 **表4.3.4**

设计地震分组	7度	8度	9度
第一组	6（8）	10（13）	16
第二、三组	8（10）	12（15）	18

注：括号内数值用于设计基本地震加速度为0.15g和0.30g的地区。

4.3.5 对存在液化土层的地基，应探明各液化土层的深度和厚度，按下式计算每个钻孔的液化指数，并按表 4.3.5 综合划分地基的液化等级：

$$I_{lE} = \sum_{i=1}^{n}\left(1 - \frac{N_i}{N_{cri}}\right)d_i W_i \tag{4.3.5}$$

式中 I_{lE}——液化指数；

n——在判别深度范围内每一个钻孔标准贯入试验点的总数；

N_i、N_{cri}——分别为 i 点标准贯入锤击数的实测值和临界值，当实测值大于临界值时应取临界值的数值；

d_i——i 点所代表的土层厚度（m），可采用与该标准贯入试验点相邻的上、下两标准贯入试验点深度差的一半，但上界不高于地下水位深度，下界不深于液化深度；

W_i——i 土层单位土层厚度的层位影响权函数值（单位为 m^{-1}）。若判别深度为 15m，当该层中点深度不大于 5m 时应采用 10，等于 15m 时应采用零值，5～15m时应按线性内插法取值；若判别深度为 20m，当该层中点深度不大于 5m 时应采用 10，等于 20m 时应采用零值，5～20m 时应按线性内插法取值。

液 化 等 级 表 4.3.5

液化等级	轻 微	中 等	严 重
判别深度为 15m 时的液化指数	$0 < I_{lE} \leqslant 5$	$5 < I_{lE} \leqslant 15$	$I_{lE} > 15$
判别深度为 20m 时的液化指数	$0 < I_{lE} \leqslant 6$	$6 < I_{lE} \leqslant 18$	$I_{lE} > 18$

4.3.6 当液化土层较平坦且均匀时，宜按表 4.3.6 选用地基抗液化措施；尚可计入上部结构重力荷载对液化危害的影响，根据液化震陷量的估计适当调整抗液化措施。

不宜将未经处理的液化土层作为天然地基持力层。

抗 液 化 措 施 表 4.3.6

建筑抗震设防类别	地基的液化等级		
	轻 微	中 等	严 重
乙 类	部分消除液化沉陷，或对基础和上部结构处理	全部消除液化沉陷，或部分消除液化沉陷且对基础和上部结构处理	全部消除液化沉陷
丙 类	基础和上部结构处理，亦可不采取措施	基础和上部结构处理，或更高要求的措施	全部消除液化沉陷，或部分消除液化沉陷且对基础和上部结构处理
丁 类	可不采取措施	可不采取措施	基础和上部结构处理，或其他经济的措施

4.3.7 全部消除地基液化沉陷的措施，应符合下列要求：

1. 采用桩基时，桩端伸入液化深度以下稳定土层中的长度（不包括桩尖部分），应按计算确定，且对碎石土，砾、粗、中砂，坚硬粘性土和密实粉土尚不应小于 0.5m，对其他非岩石土尚不宜小于 1.5m。

2. 采用深基础时，基础底面应埋入液化深度以下的稳定土层中，其深度不应小于 0.5m。

3. 采用加密法（如振冲、振动加密、挤密碎石桩、强夯等）加固时，应处理至液化深度下界；振冲或挤密碎石桩加固后，桩间土的标准贯入锤击数不宜小于本节第 4.3.4 条规定的液化判别标准贯入锤击数临界值。

4. 用非液化土替换全部液化土层。

5. 采用加密法或换土法处理时，在基础边缘以外的处理宽度，应超过基础底面下处理深度的 1/2 且不小于基础宽度的 1/5。

4.3.8 部分消除地基液化沉陷的措施，应符合下列要求：

1. 处理深度应使处理后的地基液化指数减少，当判别深度为 15m 时，其值不宜大于 4，当判别深度为 20m 时，其值不宜大于 5；对独立基础和条形基础，尚不应小于基础底面下液化土特征深度和基础宽度的较大值。

2. 采用振冲或挤密碎石桩加固后，桩间土的标准贯入锤击数不宜小于按本节第 4.3.4 条规定的液化判别标准贯入锤击数临界值。

3. 基础边缘以外的处理宽度，应符合本节第 4.3.7 条 5 款的要求。

4.3.9 减轻液化影响的基础和上部结构处理，可综合采用下列各项措施：

1. 选择合适的基础埋置深度。

2. 调整基础底面积，减少基础偏心。

3. 加强基础的整体性和刚度，如采用箱基、筏基或钢筋混凝土交叉条形基础，加设基础圈梁等。

4. 减轻荷载，增强上部结构的整体刚度和均匀对称性，合理设置沉降缝，避免采用对不均匀沉降敏感的结构形式等。

5. 管道穿过建筑处应预留足够尺寸或采用柔性接头等。

4.3.10 液化等级为中等液化和严重液化的故河道、现代河滨、海滨，当有液化侧向扩展或流滑可能时，在距常时水线约 100m 以内不宜修建永久性建筑，否则应进行抗滑动验算、采取防土体滑动措施或结构抗裂措施。

注：常时水线宜按设计基础期内年平均最高水位采用，也可按近期年最高水位采用。

4.3.11 地基主要受力层范围内存在软弱粘性土层与湿陷性黄土时，应结合具体情况综合考虑，采用桩基、地基加固处理或本节第 4.3.9 条的各项措施，也可根据软土震陷量的估计，采取相应措施。

4.4 桩　基

4.4.1 承受竖向荷载为主的低承台桩基，当地面下无液化土层，且桩承台周围无淤泥、淤泥质土和地基承载力特征值不大于 100kPa 的填土时，下列建筑可不进行桩基抗震承载力验算：

1. 本章第 4.2.1 条之 1、3 款规定的建筑；

2. 7 度和 8 度时的下列建筑：

1）一般的单层厂房和单层空旷房屋；

2）不超过8层且高度在25m以下的一般民用框架房屋；

3）基础荷载与2）项相当的多层框架厂房。

4.4.2 非液化土中低承台桩基的抗震验算，应符合下列规定：

1. 单桩的竖向和水平向抗震承载力特征值，可均比非抗震设计时提高25%。

2. 当承台周围的回填土夯实至干密度不小于《建筑地基基础设计规范》对填土的要求时，可由承台正面填土与桩共同承担水平地震作用；但不应计入承台底面与地基土间的摩擦力。

4.4.3 存在液化土层的低承台桩基抗震验算，应符合下列规定：

1. 对一般浅基础，不宜计入承台周围土的抗力或刚性地坪对水平地震作用的分担作用。

2. 当桩承台底面上、下分别有厚度不小于1.5m、1.0m的非液化土层或非软弱土层时，可按下列两种情况进行桩的抗震验算，并按不利情况设计：

1）桩承受全部地震作用，桩承载力按本节第4.4.2条取用，液化土的桩周摩阻力及桩水平抗力均应乘以表4.4.3的折减系数。

土层液化影响折减系数 **表4.4.3**

实际标贯锤击数/临界标贯锤击数	深度 d_s（m）	折减系数
≤0.6	$d_s \leqslant 10$	0
	$10 < d_s \leqslant 20$	1/3
>0.6～0.8	$d_s \leqslant 10$	1/3
	$10 < d_s \leqslant 20$	2/3
>0.8～1.0	$d_s \leqslant 10$	2/3
	$10 < d_s \leqslant 20$	1

2）地震作用按水平地震影响系数最大值的10%采用，桩承载力仍按本节第4.4.2条1款取用，但应扣除液化土层的全部摩阻力及桩承台下2m深度范围内非液化土的桩周摩阻力。

3. 打入式预制桩及其他挤土桩，当平均桩距为2.5～4倍桩径且桩数不少于5×5时，可计入打桩对土的加密作用及桩身对液化土变形限制的有利影响。当打桩后桩间土的标准贯入锤击数值达到不液化的要求时，单桩承载力可不折减，但对桩尖持力层作强度校核时，桩群外侧的应力扩散角应取为零。打桩后桩间土的标准贯入锤击数宜由试验确定，也可按下式计算：

$$N_1 = N_p + 100\rho(1 - e^{-0.3N_p}) \tag{4.4.3}$$

式中 N_1——打桩后的标准贯入锤击数；

ρ——打入式预制桩的面积置换率；

N_p——打桩前的标准贯入锤击数。

4.4.4 处于液化土中的桩基承台周围，宜用非液化土填筑夯实，若用砂土或粉土则应使土层的标准贯入锤击数不小于本章第4.3.4条规定的液化判别标准贯入锤击数临界值。

4.4.5 液化土中桩的配筋范围，应自桩顶至液化深度以下符合全部消除液化沉陷所要求的深度，其纵向钢筋应与桩顶部相同，箍筋应加密。

4.4.6 在有液化侧向扩展的地段，距常时水线100m范围内的桩基除应满足本节中的其他规定外，尚应考虑土流动时的侧向作用力，且承受侧向推力的面积应按边桩外缘间的宽度计算。

5 地震作用和结构抗震验算

5.1 一 般 规 定

5.1.1 各类建筑结构的地震作用，应符合下列规定：

1. 一般情况下，应允许在建筑结构的两个主轴方向分别计算水平地震作用并进行抗震验算，各方向的水平地震作用应由该方向抗侧力构件承担。

2. 有斜交抗侧力构件的结构，当相交角度大于15°时，应分别计算各抗侧力构件方向的水平地震作用。

3. 质量和刚度分布明显不对称的结构，应计入双向水平地震作用下的扭转影响；其他情况，应允许采用调整地震作用效应的方法计入扭转影响。

4. 8、9度时的大跨度和长悬臂结构及9度时的高层建筑，应计算竖向地震作用。

注：8、9度时采用隔震设计的建筑结构，应按有关规定计算竖向地震作用。

5.1.2 各类建筑结构的抗震计算，应采用下列方法：

1. 高度不超过40m、以剪切变形为主且质量和刚度沿高度分布比较均匀的结构，以及近似于单质点体系的结构，可采用底部剪力法等简化方法。

2. 除1款外的建筑结构，宜采用振型分解反应谱法。

3. 特别不规则的建筑、甲类建筑和表5.1.2-1所列高度范围的高层建筑，应采用时程分析法进行多遇地震下的补充计算，可取多条时程曲线计算结果的平均值与振型分解反应谱法计算结果的较大值。

采用时程分析法时，应按建筑场地类别和设计地震分组选用不少于二组的实际强震记录和一组人工模拟的加速度时程曲线，其平均地震影响系数曲线应与振型分解反应谱法所采用的地震影响系数曲线在统计意义上相符，其加速度时程的最大值可按表5.1.2-2采用。弹性时程分析时，每条时程曲线计算所得结构底部剪力不应小于振型分解反应谱法计算结果的65%，多条时程曲线计算所得结构底部剪力的平均值不应小于振型分解反应谱法计算结果的80%。

采用时程分析的房屋高度范围 表5.1.2-1

烈度、场地类别	房屋高度范围（m）
8度Ⅰ、Ⅱ类场地和7度	>100
8度Ⅲ、Ⅳ类场地	>80
9 度	>60

时程分析所用地震加速度时程曲线的最大值（cm/s^2） **表 5.1.2-2**

地震影响	6度	7度	8度	9度
多遇地震	18	35（55）	70（110）	140
罕遇地震	—	220（310）	400（510）	620

注：括号内数值分别用于设计基本地震加速度为0.15g和0.30g的地区。

4. 计算罕遇地震下结构的变形，应按本章第5.5节规定，采用简化的弹塑性分析方法或弹塑性时程分析法。

注：建筑结构的隔震和消能减震设计，应采用本规范第12章规定的计算方法。

5.1.3 计算地震作用时，建筑的重力荷载代表值应取结构和构配件自重标准值和各可变荷载组合值之和。各可变荷载的组合值系数，应按表5.1.3采用。

组合值系数 **表 5.1.3**

可变荷载种类		组合值系数
雪荷载		0.5
屋面积灰荷载		0.5
屋面活荷载		不计入
按实际情况计算的楼面活荷载		1.0
按等效均布荷载计算的楼面活荷载	藏书库、档案库	0.8
	其他民用建筑	0.5
吊车悬吊物重力	硬钩吊车	0.3
	软钩吊车	不计入

注：硬钩吊车的吊重较大时，组合值系数应按实际情况采用。

5.1.4 建筑结构的地震影响系数应根据烈度、场地类别、设计地震分组和结构自振周期以及阻尼比确定。其水平地震影响系数最大值应按表5.1.4-1采用；特征周期应根据场地类别和设计地震分组按表5.1.4-2采用，计算8、9度罕遇地震作用时，特征周期应增加0.05s。

注：1. 周期大于6.0s的建筑结构所采用的地震影响系数应专门研究；

2. 已编制抗震设防区划的城市，应允许按批准的设计地震动参数采用相应的地震影响系数。

水平地震影响系数最大值 **表 5.1.4-1**

地震影响	6度	7度	8度	9度
多遇地震	0.04	0.08（0.12）	0.16（0.24）	0.32
罕遇地震	—	0.50（0.72）	0.90（1.20）	1.40

注：括号中数值分别用于设计基本地震加速度为0.15g和0.30g的地区。

特征周期值（s） **表 5.1.4-2**

设计地震分组	场地类别			
	Ⅰ	Ⅱ	Ⅲ	Ⅳ
第一组	0.25	0.35	0.45	0.65
第二组	0.30	0.40	0.55	0.75
第三组	0.35	0.45	0.65	0.90

5.1.5 建筑结构地震影响系数曲线（图 5.1.5）的阻尼调整和形状参数应符合下列要求：

1. 除有专门规定外，建筑结构的阻尼比应取 0.05，地震影响系数曲线的阻尼调整系数应按 1.0 采用，形状参数应符合下列规定：

1）直线上升段，周期小于 0.1s 的区段。

2）水平段，自 0.1s 至特征周期区段，应取最大值（α_{max}）。

3）曲线下降段，自特征周期至 5 倍特征周期区段，衰减指数应取 0.9。

4）直线下降段，自 5 倍特征周期至 6s 区段，下降斜率调整系数应取 0.02。

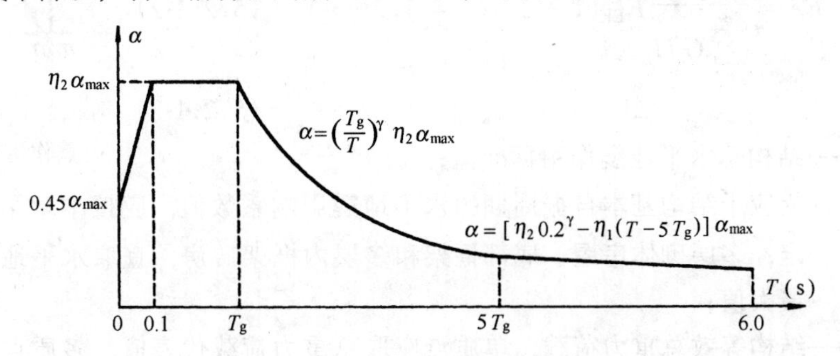

图 5.1.5 地震影响系数曲线

α—地震影响系数；α_{max}—地震影响系数最大值；η_1—直线下降段的下降斜率调整系数；γ—衰减指数；T_g—特征周期；η_2—阻尼调整系数；T—结构自振周期

2. 当建筑结构的阻尼比按有关规定不等于 0.05 时，地震影响系数曲线的阻尼调整系数和形状参数应符合下列规定：

1）曲线下降段的衰减指数应按下式确定：

$$\gamma = 0.9 + \frac{0.05 - \zeta}{0.5 + 5\zeta} \qquad (5.1.5\text{-}1)$$

式中 γ——曲线下降段的衰减指数；

ζ——阻尼比。

2）直线下降段的下降斜率调整系数应按下式确定：

$$\eta_1 = 0.02 + (0.05 - \zeta)/8 \qquad (5.1.5\text{-}2)$$

式中 η_1——直线下降段的下降斜率调整系数，小于 0 时取 0。

3）阻尼调整系数应按下式确定：

$$\eta_2 = 1 + \frac{0.05 - \zeta}{0.06 + 1.7\zeta} \qquad (5.1.5\text{-}3)$$

式中 η_2——阻尼调整系数，当小于 0.55 时，应取 0.55。

5.1.6 结构抗震验算，应符合下列规定：

1. 6 度时的建筑（建造于Ⅳ类场地上较高的高层建筑除外），以及生土房屋和木结构房屋等，应允许不进行截面抗震验算，但应符合有关的抗震措施要求。

2. 6 度时建造于Ⅳ类场地上较高的高层建筑，7 度和 7 度以上的建筑结构（生土房屋和木结构房屋等除外），应进行多遇地震作用下的截面抗震验算。

注：采用隔震设计的建筑结构，其抗震验算应符合有关规定。

5.1.7 符合本章第5.5节规定的结构，除按规定进行多遇地震作用下的截面抗震验算外，尚应进行相应的变形验算。

5.2 水平地震作用计算

5.2.1 采用底部剪力法时，各楼层可仅取一个自由度，结构的水平地震作用标准值，应按下列公式确定（图 5.2.1）：

$$F_{\mathrm{Ek}} = \alpha_1 G_{\mathrm{eq}} \tag{5.2.1-1}$$

$$F_i = \frac{G_i H_i}{\sum_{j=1}^{n} G_j H_j} F_{\mathrm{Ek}}(1-\delta_{\mathrm{n}})(i=1,2\cdots n) \tag{5.2.1-2}$$

$$\Delta F_{\mathrm{n}} = \delta_{\mathrm{n}} F_{\mathrm{Ek}} \tag{5.2.1-3}$$

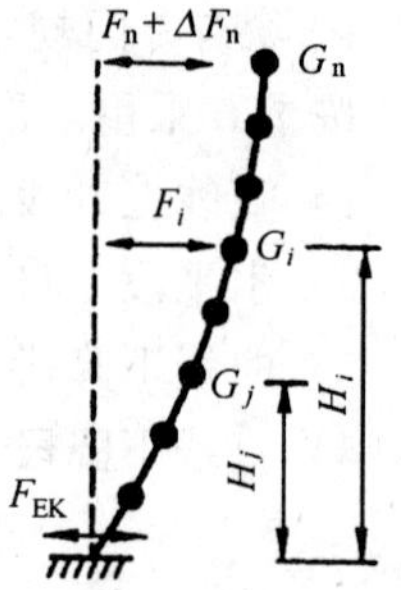

$F_{\mathrm{n}}+\Delta F_{\mathrm{n}}$ G_{n} F_i G_i G_j H_i H_j F_{EK}

图 5.2.1 结构水平地震作用计算简图

式中 F_{Ek}——结构总水平地震作用标准值；

α_1——相应于结构基本自振周期的水平地震影响系数值，应按本章第 5.1.4 条确定，多层砌体房屋、底部框架和多层内框架砖房，宜取水平地震影响系数最大值；

G_{eq}——结构等效总重力荷载，单质点应取总重力荷载代表值，多质点可取总重力荷载代表值的 85%；

F_i——质点 i 的水平地震作用标准值；

G_i，G_j——分别为集中于质点 i、j 的重力荷载代表值，应按本章第 5.1.3 条确定；

H_i，H_j——分别为质点 i，j 的计算高度；

δ_{n}——顶部附加地震作用系数，多层钢筋混凝土和钢结构房屋可按表 5.2.1 采用，多层内框架砖房可采用 0.2，其他房屋可采用 0.0；

ΔF_{n}——顶部附加水平地震作用。

顶部附加地震作用系数 **表 5.2.1**

T_{g} (s)	$T_1 > 1.4T_{\mathrm{g}}$	$T_1 \leqslant 1.4T_{\mathrm{g}}$
≤0.35	$0.08T_1+0.07$	
<0.35~0.55	$0.08T_1+0.01$	0.0
>0.55	$0.08T_1-0.02$	

注：T_1 为结构基本自振周期。

5.2.2 采用振型分解反应谱法时，不进行扭转耦联计算的结构，应按下列规定计算其地震作用和作用效应：

1. 结构 j 振型 i 质点的水平地震作用标准值，应按下列公式确定：

$$F_{ji} = \alpha_j \gamma_j X_{ji} G_i (i=1,2,\cdots n, j=1,2,\cdots m) \tag{5.2.2-1}$$

$$\gamma_j = \sum_{i=1}^{n} X_{ji} G_i \Big/ \sum_{i=1}^{n} X_{ji}^2 G_i \tag{5.2.2-2}$$

式中 F_{ji}——j 振型 i 质点的水平地震作用标准值；

α_j——相应于 j 振型自振周期的地震影响系数，应按本章第 5.1.4 条确定；

X_{ji}——j 振型 i 质点的水平相对位移；

γ_j——j 振型的参与系数。

2. 水平地震作用效应（弯矩、剪力、轴向力和变形），应按下式确定：

$$S_{Ek} = \sqrt{\Sigma S_j^2} \tag{5.2.2-3}$$

式中 S_{Ek}——水平地震作用标准值的效应；

S_j——j 振型水平地震作用标准值的效应，可只取前 2～3 个振型，当基本自振周期大于 1.5s 或房屋高宽比大于 5 时，振型个数应适当增加。

5.2.3 建筑结构估计水平地震作用扭转影响时，应按下列规定计算其地震作用和作用效应：

1. 规则结构不进行扭转耦联计算时，平行于地震作用方向的两个边榀，其地震作用效应应乘以增大系数。一般情况下，短边可按 1.15 采用，长边可按 1.05 采用；当扭转刚度较小时，宜按不小于 1.3 采用。

2. 按扭转耦联振型分解法计算时，各楼层可取两个正交的水平位移和一个转角共三个自由度，并应按下列公式计算结构的地震作用和作用效应。确有依据时，尚可采用简化计算方法确定地震作用效应。

1）j 振型 i 层的水平地震作用标准值，应按下列公式确定：

$$F_{xji} = \alpha_j \gamma_{tj} X_{ji} G_i$$
$$F_{yji} = \alpha_j \gamma_{tj} Y_{ji} G_i (i = 1,2,\cdots n, j = 1,2,\cdots, m)$$
$$F_{tji} = \alpha_j \gamma_{tj} r_i^2 \varphi_{ji} G_i$$

(5.2.3-1)

式中 F_{xji}、F_{yji}、F_{tji}——分别为 j 振型 i 层的 x 方向、y 方向和转角方向的地震作用标准值；

X_{ji}、Y_{ji}——分别为 j 振型 i 层质心在 x、y 方向的水平相对位移；

φ_{ji}——j 振型 i 层的相对扭转角；

r_i——i 层转动半径，可取 i 层绕质心的转动惯量除以该层质量的商的正二次方根；

γ_{tj}——计入扭转的 j 振型的参与系数，可按下列公式确定：

当仅取 x 方向地震作用时

$$\gamma_{tj} = \sum_{i=1}^{n} X_{ji} G_i \Big/ \sum_{i=1}^{n} (X_{ji}^2 + Y_{ji}^2 + \varphi_{ji}^2 r_i^2) G_i \tag{5.2.3-2}$$

当仅取 y 方向地震作用时

$$\gamma_{tj} = \sum_{i=1}^{n} Y_{ji} G_i \Big/ \sum_{i=1}^{n} (X_{ji}^2 + Y_{ji}^2 + \varphi_{ji}^2 r_i^2) G_i \tag{5.2.3-3}$$

当取与 x 方向斜交的地震作用时，

$$\gamma_{tj} = \gamma_{xj} \cos\theta + \gamma_{yj} \sin\theta \tag{5.2.3-4}$$

式中 γ_{xj}、γ_{yj}——分别由式（5.2.3-2）、（5.2.3-3）求得的参与系数；

θ——地震作用方向与 x 方向的夹角。

2）单向水平地震作用的扭转效应，可按下列公式确定：

$$S_{Ek}=\sqrt{\sum_{j=1}^{m}\sum_{k=1}^{m}\rho_{jk}S_jS_k} \tag{5.2.3-5}$$

$$\rho_{jk}=\frac{8\zeta_j\zeta_k(1+\lambda_T)\lambda_T^{1.5}}{(1-\lambda_T^2)^2+4\zeta_j\zeta_k(1+\lambda_T)^2\lambda_T} \tag{5.2.3-6}$$

式中 S_{Ek}——地震作用标准值的扭转效应；

S_j、S_k——分别为 j、k 振型地震作用标准值的效应，可取前9～15个振型；

ζ_j、ζ_k——分别为 j、k 振型的阻尼比；

ρ_{jk}——j 振型与 k 振型的耦联系数；

λ_T——k 振型与 j 振型的自振周期比。

3）双向水平地震作用的扭转效应，可按下列公式中的较大值确定：

$$S_{Ek}=\sqrt{S_x^2+(0.85S_y)^2} \tag{5.2.3-7}$$

或

$$S_{Ek}=\sqrt{S_y^2+(0.85S_x)^2} \tag{5.2.3-8}$$

式中 S_x、S_y 分别为 x 向、y 向单向水平地震作用按式（5.2.3-5）计算的扭转效应。

5.2.4 采用底部剪力法时，突出屋面的屋顶间、女儿墙、烟囱等的地震作用效应，宜乘以增大系数3，此增大部分不应往下传递，但与该突出部分相连的构件应予计入；采用振型分解法时，突出屋面部分可作为一个质点；单层厂房突出屋面天窗架的地震作用效应的增大系数，应按本规范9章的有关规定采用。

5.2.5 抗震验算时，结构任一楼层的水平地震剪力应符合下式要求：

$$V_{Eki}>\lambda\sum_{j=i}^{n}G_j \tag{5.2.5}$$

式中 V_{Eki}——第 i 层对应于水平地震作用标准值的楼层剪力；

λ——剪力系数，不应小于表5.2.5规定的楼层最小地震剪力系数值，对竖向不规则结构的薄弱层，尚应乘以1.15的增大系数；

G_j——第 j 层的重力荷载代表值。

楼层最小地震剪力系数值 表5.2.5

类 别	7度	8度	9度
扭转效应明显或基本周期小于3.5s的结构	0.016（0.024）	0.032（0.048）	0.064
基本周期大于5.0s的结构	0.012（0.018）	0.024（0.032）	0.040

注：1. 基本周期介于3.5s和5s之间的结构，可插入取值；

2. 括号内数值分别用于设计基本地震加速度为0.15g和0.30g的地区。

5.2.6 结构的楼层水平地震剪力，应按下列原则分配：

1. 现浇和装配整体式混凝土楼、屋盖等刚性楼盖建筑，宜按抗侧力构件等效刚度的比较分配。

2. 木楼盖、木屋盖等柔性楼盖建筑，宜按抗侧力构件从属面积上重力荷载代表值的比例分配。

3. 普通的预制装配式混凝土楼、屋盖等半刚性楼、屋盖的建筑，可取上述两种分配结果的平均值。

4. 计入空间作用、楼盖变形、墙体弹塑性变形和扭转的影响时，可按本规范各有关规定对上述分配结果作适当调整。

5.2.7 结构抗震计算，一般情况下可不计入地基与结构相互作用的影响；8 度和 9 度时建造于Ⅲ、Ⅳ类场地，采用箱基、刚性较好的筏基和桩箱联合基础的钢筋混凝土高层建筑，当结构基本自振周期处于特征周期的 1.2 倍至 5 倍范围时，若计入地基与结构动力相互作用的影响，对刚性地基假定计算的水平地震剪力可按下列规定折减，其层间变形可按折减后的楼层剪力计算。

1. 高宽比小于 3 的结构，各楼层水平地震剪力的折减系数，可按下式计算：

$$\psi = \left(\frac{T_1}{T_1 + \Delta T}\right)^{0.9} \tag{5.2.7}$$

式中 ψ——计入地基与结构动力相互作用后的地震剪力折减系数；

T_1——按刚性地基假定确定的结构基本自振周期（s）；

ΔT——计入地基与结构动力相互作用的附加周期（s），可按表 5.2.7 采用。

附加周期（s） **表 5.2.7**

烈度	场地类别	
	Ⅲ类	Ⅳ类
8	0.08	0.20
9	0.10	0.25

2. 高宽比不小于 3 的结构，底部的地震剪力按 1 款规定折减，顶部不折减，中间各层按线性插入值折减。

3. 折减后各楼层的水平地震剪力，应符合本章第 5.2.5 条的规定。

5.3 竖向地震作用计算

5.3.1 9度时的高层建筑，其竖向地震作用标准值应按下列公式确定（图 5.3.1）；楼层的竖向地震作用效应可按各构件承受的重力荷载代表值的比例分配，并宜乘以增大系数 1.5。

$$F_{\mathrm{Evk}} = \alpha_{\mathrm{vmax}} G_{\mathrm{eq}} \tag{5.3.1-1}$$

$$F_{\mathrm{v}i} = \frac{G_i H_i}{\Sigma G_j H_j} F_{\mathrm{Evk}} \tag{5.3.1-2}$$

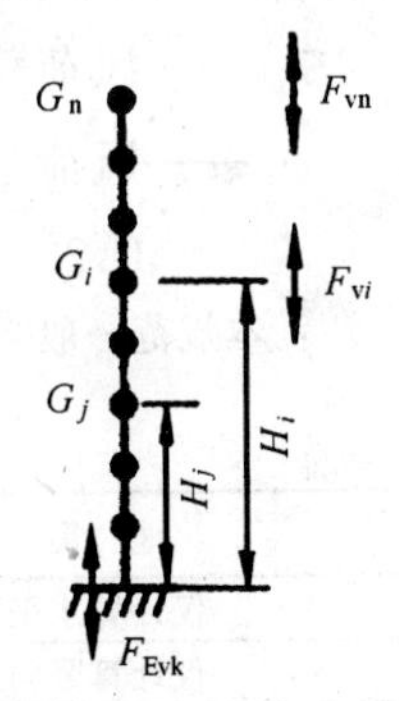

图 5.3.1 结构竖向地震作用计算简图

式中 F_{Evk}——结构总竖向地震作用标准值；

$F_{\mathrm{v}i}$——质点 i 的竖向地震作用标准值；

α_{vmax}——竖向地震影响系数的最大值，可取水平地震影响系数最大值的 65%；

G_{eq}——结构等效总重力荷载，可取其重力荷载代表值的 75%。

5.3.2 平板型网架屋盖和跨度大于24m 屋架的竖向地震作用标准值，宜取其重力荷载代表值和竖向地震作用系数的乘积；竖向地震作用系数可按表 5.3.2 采用。

竖向地震作用系数 **表 5.3.2**

结构类型	烈 度	场地类别		
		Ⅰ	Ⅱ	Ⅲ、Ⅳ
平板型网架、钢屋架	8	可不计算（0.10）	0.08（0.12）	0.10（0.15）
	9	0.15	0.15	0.20
钢筋混凝土屋架	8	0.10（0.15）	0.13（0.19）	0.13（0.19）
	9	0.20	0.25	0.25

注：括号中数值分别用于设计基本地震加速度为 0.15g 和 0.30g 的地区。

5.3.3 长悬臂和其他大跨度结构的竖向地震作用标准值，8 度和 9 度可分别取该结构、构件重力荷载代表值的 10% 和 20%，设计基本地震加速度为 0.30g 时，可取该结构、构件重力荷载代表值的 15%。

5.4 截面抗震验算

5.4.1 结构构件的地震作用效应和其他荷载效应的基本结合，应按下式计算：

$$S = \gamma_G S_{GE} + \gamma_{Eh} S_{Ehk} + \gamma_{Ev} S_{Evk} + \psi_w \gamma_w S_{wk} \quad (5.4.1)$$

式中 S——结构构件内力组合的设计值，包括组合的弯矩、轴向力和剪力设计值；

γ_G——重力荷载分项系数，一般情况应采用 1.2，当重力荷载效应对构件承载能力有利时，不应大于 1.0；

γ_{Eh}、γ_{Ev}——分别为水平、竖向地震作用分项系数，应按表 5.4.1 采用；

γ_w——风荷载分项系数，应采用 1.4；

S_{GE}——重力荷载代表值的效应，有吊车时，尚应包括悬吊物重力标准值的效应；

S_{Ehk}——水平地震作用标准值的效应，尚应乘以相应的增大系数或调整系数；

S_{Evk}——竖向地震作用标准值的效应，尚应乘以相应的增大系数或调整系数；

S_{wk}——风荷载标准值的效应；

ψ_w——风荷载组合值系数，一般结构取 0.0，风荷载起控制作用的高层建筑应采用 0.2。

注：本规范一般略去表示水平方向的下标。

地震作用分项系数 **表 5.4.1**

地 震 作 用	γ_{Eh}	γ_{Ev}
仅计算水平地震作用	1.3	0.0
仅计算竖向地震作用	0.0	1.3
同时计算水平与竖向地震作用	1.3	0.5

5.4.2 结构构件的截面抗震验算，应采用下列设计表达式：

$$S \leqslant R/\gamma_{RE} \quad (5.4.2)$$

式中 γ_{RE}——承载力抗震调整系数，除另有规定外，应按表 5.4.2 采用；

R——结构构件承载力设计值。

承载力抗震调整系数　　表 5.4.2

材　料	结构构件	受力状态	γ_{RE}
钢	柱，梁		0.75
	支撑		0.80
	节点板件，连接螺栓		0.85
	连接焊缝		0.90
砌体	两端均有构造柱、芯柱的抗震墙	受剪	0.9
	其他抗震墙	受剪	1.0
混凝土	梁	受弯	0.75
	轴压比小于 0.15 的柱	偏压	0.75
	轴压比不小于 0.15 的柱	偏压	0.80
	抗　震　墙	偏压	0.85
	各类构件	受剪、偏拉	0.85

5.4.3　当仅计算竖向地震作用时，各类结构构件承载力抗震调整系数均宜采用 1.0。

5.5　抗震变形验算

5.5.1　表5.5.1所列各类结构应进行多遇地震作用下的抗震变形验算，其楼层内最大的弹性层间位移应符合下式要求：

$$\Delta u_e \leqslant [\theta_e] h \tag{5.5.1}$$

式中　Δu_e——多遇地震作用标准值产生的楼层内最大的弹性层间位移；计算时，除以弯曲变形为主的高层建筑外，可不扣除结构整体弯曲变形；应计入扭转变形，各作用分项系数均应采用 1.0；钢筋混凝土结构构件的截面刚度可采用弹性刚度；

$[\theta_e]$——弹性层间位移角限值，宜按表 5.5.1 采用；

h——计算楼层层高。

弹性层间位移角限值　　表 5.5.1

结　构　类　型	$[\theta_e]$
钢筋混凝土框架	1/550
钢筋混凝土框架-抗震墙、板柱-抗震墙、框架-核心筒	1/800
钢筋混凝土抗震墙、筒中筒	1/1000
钢筋混凝土框支层	1/1000
多、高层钢结构	1/300

5.5.2　结构在罕遇地震作用下薄弱层的弹塑性变形验算，应符合下列要求：

1. 下列结构应进行弹塑性变形验算：

1）8 度Ⅲ、Ⅳ类场地和 9 度时，高大的单层钢筋混凝土柱厂房的横向排架；

2）7～9 度时楼层屈服强度系数小于 0.5 的钢筋混凝土框架结构；

3）高度大于 150m 的钢结构；

4）甲类建筑和 9 度时乙类建筑中的钢筋混凝土结构和钢结构；

5）采用隔震和消能减震设计的结构。

2. 下列结构宜进行弹塑性变形验算：

1）表 5.1.2-1 所列高度范围且属于表 3.4.2-2 所列竖向不规则类型的高层建筑结构；

2）7 度Ⅲ、Ⅳ类场地和 8 度时乙类建筑中的钢筋混凝土结构和钢结构；

3）板柱-抗震墙结构和底部框架砖房；

4）高度不大于 150m 的高层钢结构。

注：楼层屈服强度系数为按构件实际配筋和材料强度标准值计算的楼层受剪承载力和按罕遇地震作用标准值计算的楼层弹性地震剪力的比值；对排架柱，指按实际配筋面积、材料强度标准值和轴向力计算的正截面受弯承载力与按罕遇地震作用标准值计算的弹性地震弯矩的比值。

5.5.3 结构在罕遇地震作用下薄弱层（部位）弹塑性变形计算，可采用下列方法：

1. 不超过 12 层且层刚度无突变的钢筋混凝土框架结构、单层钢筋混凝土柱厂房可采用本节第 5.5.4 条的简化计算法；

2. 除 1 款以外的建筑结构，可采用静力弹塑性分析方法或弹塑性时程分析法等；

3. 规则结构可采用弯剪层模型或平面杆系模型，属于本规范第 3.4 节规定的不规则结构应采用空间结构模型。

5.5.4 结构薄弱层（部位）弹塑性层间位移的简化计算，宜符合下列要求：

1. 结构薄弱层（部位）的位置可按下列情况确定：

1）楼层屈服强度系数沿高度分布均匀的结构，可取底层；

2）楼层屈服强度系数沿高度分布不均匀的结构，可取该系数最小的楼层（部位）和相对较小的楼层，一般不超过 2～3 处；

3）单层厂房，可取上柱。

2. 弹塑性层间位移可按下列公式计算：

$$\Delta u_p = \eta_p \Delta u_e \tag{5.5.4-1}$$

或

$$\Delta u_p = \mu \Delta u_y = \frac{\eta_p}{\xi_y} \Delta u_y \tag{5.5.4-2}$$

式中 Δu_p——弹塑性层间位移；

Δu_y——层间屈服位移；

μ——楼层延性系数；

Δu_e——罕遇地震作用下按弹性分析的层间位移；

η_p——弹塑性层间位移增大系数，当薄弱层（部位）的屈服强度系数不小于相邻层（部位）该系数平均值的 0.8 时，可按表 5.5.4 采用。当不大于该平均值的 0.5 时，可按表内相应数值的 1.5 倍采用；其他情况可采用内插法取值；

ξ_y——楼层屈服强度系数。

弹塑性层间位移增大系数　　表 5.5.4

结构类型	总层数 n 或部位	ξ_y		
		0.5	0.4	0.3
多层均匀框架结构	2～4	1.30	1.40	1.60
	5～7	1.50	1.65	1.80
	8～12	1.80	2.00	2.20
单层厂房	上　柱	1.30	1.60	2.00

5.5.5 结构薄弱层（部位）弹塑性层间位移应符合下式要求：

$$\Delta u_{\mathrm{p}} \leqslant [\theta_{\mathrm{p}}]h \tag{5.5.5}$$

式中 $[\theta_{\mathrm{p}}]$——弹塑性层间位移角限值，可按表5.5.5采用；对钢筋混凝土框架结构，当轴压比小于0.40时，可提高10%；当柱子全高的箍筋构造比本规范表6.3.12条规定的最小配箍特征值大30%时，可提高20%，但累计不超过25%。

h——薄弱层楼层高度或单层厂房上柱高度。

弹塑性层间位移角限值 表5.5.5

结 构 类 型	$[\theta_{\mathrm{p}}]$
单层钢筋混凝土柱排架	1/30
钢筋混凝土框架	1/50
底部框架砖房中的框架-抗震墙	1/100
钢筋混凝土框架-抗震墙、板柱-抗震墙、框架-核心筒	1/100
钢筋混凝土抗震墙、筒中筒	1/120
多、高层钢结构	1/50

6 多层和高层钢筋混凝土房屋

6.1 一 般 规 定

6.1.1 本章适用的现浇钢筋混凝土房屋的结构类型和最大高度应符合表6.1.1的要求。平面和竖向均不规则的结构或建造于Ⅳ类场地的结构，适用的最大高度应适当降低。

注：本章的“抗震墙”即国家标准《混凝土结构设计规范》GB 50010中的剪力墙。

现浇钢筋混凝土房屋适用的最大高度（m） 表6.1.1

结构类型	烈度			
	6	7	8	9
框 架	60	55	45	25
框架-抗震墙	130	120	100	50
抗震墙	140	120	100	60
部分框支抗震墙	120	100	80	不应采用
框架-核心筒	150	130	100	70
筒中筒	180	150	120	80
板柱-抗震墙	40	35	30	不应采用

注：1. 房屋高度指室外地面到主要屋面板板顶的高度（不包括局部突出屋顶部分）；

2. 框架-核心筒结构指周边稀柱框架与核心筒组成的结构；

3. 部分框支抗震墙结构指首层或底部两层框支抗震墙结构；

4. 乙类建筑可按本地区抗震设防烈度确定适用的最大高度；

5. 超过表内高度的房屋，应进行专门研究和论证，采取有效的加强措施。

6.1.2 钢筋混凝土房屋应根据烈度、结构类型和房屋高度采用不同的抗震等级，并应符合相应的计算和构造措施要求。丙类建筑的抗震等级应按表 6.1.2 确定。

现浇钢筋混凝土房屋的抗震等级 **表 6.1.2**

<table>
<tr><th colspan="3" rowspan="2">结构类型</th><th colspan="7">烈　度</th></tr>
<tr><th colspan="2">6</th><th colspan="2">7</th><th colspan="2">8</th><th>9</th></tr>
<tr><td rowspan="3">框架结构</td><td colspan="2">高　度（m）</td><td>≤30</td><td>>30</td><td>≤30</td><td>>30</td><td>≤30</td><td>>30</td><td>≤25</td></tr>
<tr><td colspan="2">框　架</td><td>四</td><td>三</td><td>三</td><td>二</td><td>二</td><td>一</td><td>一</td></tr>
<tr><td colspan="2">剧场、体育馆等大跨度公共建筑</td><td colspan="2">三</td><td colspan="2">二</td><td colspan="2">一</td><td>一</td></tr>
<tr><td rowspan="3">框架-抗震墙结构</td><td colspan="2">高　度（m）</td><td>≤60</td><td>>60</td><td>≤60</td><td>>60</td><td>≤60</td><td>>60</td><td>≤50</td></tr>
<tr><td colspan="2">框　架</td><td>四</td><td>三</td><td>三</td><td>二</td><td>二</td><td>一</td><td>一</td></tr>
<tr><td colspan="2">抗震墙</td><td colspan="2">三</td><td colspan="2">二</td><td>一</td><td>一</td><td>一</td></tr>
<tr><td rowspan="2">抗震墙结构</td><td colspan="2">高　度（m）</td><td>≤80</td><td>>80</td><td>≤80</td><td>>80</td><td>≤80</td><td>>80</td><td>≤60</td></tr>
<tr><td colspan="2">抗震墙</td><td>四</td><td>三</td><td>三</td><td>二</td><td>二</td><td>一</td><td>一</td></tr>
<tr><td rowspan="2">部分框支抗震墙结构</td><td colspan="2">抗震墙</td><td>三</td><td>二</td><td colspan="2">二</td><td>一</td><td rowspan="2"></td><td rowspan="2"></td></tr>
<tr><td colspan="2">框支层框架</td><td colspan="2">二</td><td>二</td><td>一</td><td>一</td></tr>
<tr><td rowspan="4">筒体结构</td><td rowspan="2">框架-核心筒</td><td>框　架</td><td colspan="2">三</td><td colspan="2">二</td><td colspan="2">一</td><td>一</td></tr>
<tr><td>核心筒</td><td colspan="2">二</td><td colspan="2">二</td><td colspan="2">一</td><td>一</td></tr>
<tr><td rowspan="2">筒中筒</td><td>外　筒</td><td colspan="2">三</td><td colspan="2">二</td><td colspan="2">一</td><td>一</td></tr>
<tr><td>内　筒</td><td colspan="2">三</td><td colspan="2">二</td><td colspan="2">一</td><td>一</td></tr>
<tr><td rowspan="2">板柱-抗震墙结构</td><td colspan="2">板柱的柱</td><td colspan="2">三</td><td colspan="2">二</td><td colspan="2">一</td><td rowspan="2"></td></tr>
<tr><td colspan="2">抗 震 墙</td><td colspan="2">二</td><td colspan="2">二</td><td colspan="2">二</td></tr>
</table>

注：1. 建筑场地为Ⅰ类时，除 6 度外可按表内降低一度所对应的抗震等级采取抗震构造措施，但相应的计算要求不应降低；

2. 接近或等于高度分界时，应允许结合房屋不规则程度及场地、地基条件确定抗震等级；

3. 部分框支抗震墙结构中，抗震墙加强部位以上的一般部位，应允许按抗震墙结构确定其抗震等级。

6.1.3 钢筋混凝土房屋抗震等级的确定，尚应符合下列要求：

1. 框架-抗震墙结构，在基本振型地震作用下，若框架部分承受的地震倾覆力矩大于结构总地震倾覆力矩的 50%，其框架部分的抗震等级应按框架结构确定，最大适用高度可比框架结构适当增加。

2. 裙房与主楼相连，除应按裙房本身确定外，不应低于主楼的抗震等级；主楼结构在裙房顶层及相邻上下各一层应适当加强抗震构造措施。裙房与主楼分离时，应按裙房本身确定抗震等级。

3. 当地下室顶板作为上部结构的嵌固部位时，地下一层的抗震等级应与上部结构相同，地下一层以下的抗震等级可根据具体情况采用三级或更低等级。地下室中无上部结构的部分，可根据具体情况采用三级或更低等级。

4. 抗震设防类别为甲、乙、丁类的建筑，应按本规范第 3.1.3 条规定和表 6.1.2 确定抗震等级；其中，8 度乙类建筑高度超过表 6.1.2 规定的范围时，应经专门研究采取比一级更有效的抗震措施。

注：本章“一、二、三、四级”即“抗震等级为一、二、三、四级”的简称。

6.1.4 高层钢筋混凝土房屋宜避免采用本规范第3.4节规定的不规则建筑结构方案，不设防震缝；当需要设置防震缝时，应符合下列规定：

1. 防震缝最小宽度应符合下列要求：

1）框架结构房屋的防震缝宽度，当高度不超过15m时可采用70mm；超过15m时，6度、7度、8度和9度相应每增加高度5m、4m、3m和2m，宜加宽20mm。

2）框架-抗震墙结构房屋的防震缝宽度可采用1）项规定数值的70%，抗震墙结构房屋的防震缝宽度可采用1）项规定数值的50%；且均不宜小于70mm。

3）防震缝两侧结构类型不同时，宜按需要较宽防震缝的结构类型和较低房屋高度确定缝宽。

2. 8、9度框架结构房屋防震缝两侧结构高度、刚度或层高相差较大时，可在缝两侧房屋的尽端沿全高设置垂直于防震缝的抗撞墙，每一侧抗撞墙的数量不应少于两道，宜分别对称布置，墙肢长度可不大于一个柱距，框架和抗撞墙的内力应按设置和不设置抗撞墙两种情况分别进行分析，并按不利情况取值。防震缝两侧抗撞墙的端柱和框架的边柱，箍筋应沿房屋全高加密。

6.1.5 框架结构和框架-抗震墙结构中，框架和抗震墙均应双向设置，柱中线与抗震墙中线、梁中线与柱中线之间偏心距不宜大于柱宽的1/4。

6.1.6 框架-抗震墙和板柱-抗震墙结构中，抗震墙之间无大洞口的楼、屋盖的长宽比，不宜超过表6.1.6的规定；超过时，应计入楼盖平面内变形的影响。

抗震墙之间楼、屋盖的长度比 **表6.1.6**

楼、屋盖类型	烈度			
	6	7	8	9
现浇、叠合梁板	4	4	3	2
装配式楼盖	3	3	2.5	不宜采用
框支层和板柱-抗震墙的现浇梁板	2.5	2.5	2	不应采用

6.1.7 采用装配式楼、屋盖时，应采取措施保证楼、屋盖的整体性及其与抗震墙的可靠连接。采用配筋现浇面层加强时，厚度不宜小于50mm。

6.1.8 框架-抗震墙结构中的抗震墙设置，宜符合下列要求：

1. 抗震墙宜贯通房屋全高，且横向与纵向的抗震墙宜相连。

2. 抗震墙宜设置在墙面不需要开大洞口的位置。

3. 房屋较长时，刚度较大的纵向抗震墙不宜设置在房屋的端开间。

4. 抗震墙洞口宜上下对齐；洞边距端柱不宜小于300mm。

5. 一、二级抗震墙的洞口连梁，跨高比不宜大于5，且梁截面高度不宜小于400mm。

6.1.9 抗震墙结构和部分框支抗震墙结构中的抗震墙设置，应符合下列要求：

1. 较长的抗震墙宜开设洞口，将一道抗震墙分成长度较均匀的若干墙段，洞口连梁的跨高比宜大于6，各墙段的高宽比不应小于2。

2. 墙肢的长度沿结构全高不宜有突变；抗震墙有较大洞口时，以及一、二级抗震墙的底部加强部位，洞口宜上下对齐。

3. 矩形平面的部分框支抗震墙结构，其框支层的楼层侧向刚度不应小于相邻非框支层楼层侧向刚度的50%；框支层落地抗震墙间距不宜大于24m，框支层的平面布置尚宜对称，且宜设抗震筒体。

6.1.10 部分框支抗震墙结构的抗震墙，其底部加强部位的高度，可取框支层加框支层以上二层的高度及落地抗震墙总高度的1/8二者的较大值，且不大于15m；其他结构的抗震墙，其底部加强部位的高度可取墙肢总高度的1/8和底部二层二者的较大值，且不大于15m。

6.1.11 框架单独柱基有下列情况之一时，宜沿两个主轴方向设置基础系梁：

1. 一级框架和Ⅳ类场地的二级框架；
2. 各柱基承受的重力荷载代表值差别较大；
3. 基础埋置较深，或各基础埋置深度差别较大；
4. 地基主要受力层范围内存在软弱粘性土层、液化土层和严重不均匀土层；
5. 桩基承台之间。

6.1.12 框架-抗震墙结构中的抗震墙基础和部分框支抗震墙结构的落地抗震墙基础，应有良好的整体性和抗转动的能力。

6.1.13 主楼与裙房相连且采用天然地基，除应符合本规范第4.2.4条的规定外，在地震作用下主楼基础底面不宜出现零应力区。

6.1.14 地下室顶板作为上部结构的嵌固部位时，应避免在地下室顶板开设大洞口，并应采用现浇梁板结构，其楼板厚度不宜小于180mm，混凝土强度等级不宜小于C30，应采用双层双向配筋，且每层每个方向的配筋率不宜小于0.25%；地下室结构的楼层侧向刚度不宜小于相邻上部楼层侧向刚度的2倍，地下室柱截面每侧的纵向钢筋面积，除应满足计算要求外，不应少于地上一层对应柱每侧纵筋面积的1.1倍；地上一层的框架结构柱和抗震墙墙底截面的弯矩设计值应符合本章第6.2.3、6.2.6、6.2.7条的规定，位于地下室顶板的梁柱节点左右梁端截面实际受弯承载力之和不宜小于上下柱端实际受弯承载力之和。

6.1.15 框架的填充墙应符合本规范第13章的规定。

6.1.16 高强混凝土结构抗震设计应符合本规范附录B的规定。

6.1.17 预应力混凝土结构抗震设计应符合本规范附录C的规定。

6.2 计 算 要 点

6.2.1 钢筋混凝土结构应按本节规定调整构件的组合内力设计值，其层间变形应符合本规范第5.5节有关规定；构件截面抗震验算时，凡本章和有关附录未作规定者，应符合现行有关结构设计规范的要求，但其非抗震的构件承载力设计值应除以本规范规定的承载力抗震调整系数。

6.2.2 一、二、三级框架的梁柱节点处，除框架顶层和柱轴压比小于0.15者及框支梁与框支柱的节点外，柱端组合的弯矩设计值应符合下式要求：

$$\Sigma M_c = \eta_c \Sigma M_b \tag{6.2.2-1}$$

一级框架结构及9度时尚应符合

$$\Sigma M_c = 1.2\Sigma M_{bua} \tag{6.2.2-2}$$

式中 ΣM_c——节点上下柱端截面顺时针或反时针方向组合的弯矩设计值之和，上下柱端的弯矩设计值，可按弹性分析分配；

ΣM_{b}——节点左右梁端截面反时针或顺时针方向组合的弯矩设计值之和，一级框架节点左右梁端均为负弯矩时，绝对值较小的弯矩应取零；

ΣM_{bua}——节点左右梁端截面反时针或顺时针方向实配的正截面抗震受弯承载力所对应的弯矩值之和，根据实配钢筋面积（计入受压筋）和材料强度标准值确定；

η_{c}——柱端弯矩增大系数，一级取 1.4，二级取 1.2，三级取 1.1。

当反弯点不在柱的层高范围内时，柱端截面组合的弯矩设计值可乘以上述柱端弯矩增大系数。

6.2.3 一、二、三级框架结构的底层，柱下端截面组合的弯矩设计值，应分别乘以增大系数 1.5、1.25 和 1.15。底层柱纵向钢筋宜按上下端的不利情况配置。

注：底层指无地下室的基础以上或地下室以上的首层。

6.2.4 一、二、三级的框架梁和抗震墙中跨高比大于 2.5 的连梁，其梁端截面组合的剪力设计值应按下式调整：

$$V = \eta_{vb}(M_{b}^{l} + M_{b}^{r})/l_{n} + V_{Gb} \tag{6.2.4-1}$$

一级框架结构及 9 度时尚应符合

$$V = 1.1(M_{bua}^{l} + M_{bua}^{r})/l_{n} + V_{Gb} \tag{6.2.4-2}$$

式中 V——梁端截面组合的剪力设计值；

l_{n}——梁的净跨；

V_{Gb}——梁在重力荷载代表值（9 度时高层建筑还应包括竖向地震作用标准值）作用下，按简支梁分析的梁端截面剪力设计值；

M_{b}^{l}、M_{b}^{r}——分别为梁左右端截面反时针或顺时针方向组合的弯矩设计值，一级框架两端弯矩均为负弯矩时，绝对值较小的弯矩应取零；

M_{bua}^{l}、M_{bua}^{r}——分别为梁左右端截面反时针或顺时针方向实配的正截面抗震受弯承载力所对应的弯矩值，根据实配钢筋面积（计入受压筋）和材料强度标准值确定；

η_{vb}——梁端端力增大系数，一级取 1.3，二级取 1.2，三级取 1.1。

6.2.5 一、二、三级的框架柱和框支柱组合的剪力设计值应按下式调整：

$$V = \eta_{vc}(M_{c}^{b} + M_{c}^{t})/H_{n} \tag{6.2.5-1}$$

一级框架结构及 9 度时尚应符合

$$V = 1.2(M_{cua}^{b} + M_{cua}^{t})/H_{n} \tag{6.2.5-2}$$

式中 V——柱端截面组合的剪力设计值；框支柱的剪力设计值尚应符合本节第 6.2.10 条的规定；

H_{n}——柱的净高；

M_{c}^{t}、M_{c}^{b}——分别为柱的上下端顺时针或反时针方向截面组合的弯矩设计值，应符合本节第 6.2.2、6.2.3 条的规定；框支柱的弯矩设计值尚应符合本节第 6.2.10 条的规定；

M_{cua}^{t}、M_{cua}^{b}——分别为偏心受压柱的上下端顺时针或反时针方向实配的正截面抗震受弯承载力所对应的弯矩值，根据实配钢筋面积、材料强度标准值和轴压力等确定；

η_{vc}——柱剪力增大系数，一级取 1.4，二级取 1.2，三级取 1.1。

6.2.6 一、二、三级框架的角柱，经本节第 6.2.2、6.2.3、6.2.5、6.2.10 条调整后的组合弯矩设计值、剪力设计值尚应乘以不小于 1.10 的增大系数。

6.2.7 抗震墙各墙肢截面组合的弯矩设计值，应按下列规定采用：

1. 一级抗震墙的底部加强部位及以上一层，应按墙肢底部截面组合弯矩设计值采用；其他部位，墙肢截面的组合弯矩设计值应乘以增大系数，其值可采用 1.2。

2. 部分框支抗震墙结构的落地抗震墙墙肢不宜出现小偏心受拉。

3. 双肢抗震墙中，墙肢不宜出现小偏心受拉；当任一墙肢为大偏心受拉时，另一墙肢的剪力设计值、弯矩设计值应乘以增大系数 1.25。

6.2.8 一、二、三级的抗震墙底部加强部位，其截面组合的剪力设计值应按下式调整：

$$V = \eta_{vw} V_w \tag{6.2.8-1}$$

9 度时尚应符合

$$V = 1.1 \frac{M_{wua}}{M_w} V_w \tag{6.2.8-2}$$

式中 V——抗震墙底部加强部位截面组合的剪力设计值；

V_w——抗震墙底部加强部位截面组合的剪力计算值；

M_{wua}——抗震墙底部截面实配的抗震受弯承载力所对应的弯矩值，根据实配纵向钢筋面积、材料强度标准值和轴力等计算；有翼墙时应计入墙两侧各一倍翼墙厚度范围内的纵向钢筋；

M_w——抗震墙底部截面组合的弯矩设计值；

η_{vw}——抗震墙剪力增大系数，一般为 1.6，二级为 1.4，三级为 1.2。

6.2.9 钢筋混凝土结构的梁、柱、抗震墙和连梁，其截面组合的剪力设计值应符合下列要求：

跨高比大于 2.5 的梁和连梁及剪跨比大于 2 的柱和抗震墙：

$$V \leqslant \frac{1}{\gamma_{RE}}(0.20 f_c b h_0) \tag{6.2.9-1}$$

跨度比不大于 2.5 的连梁、剪跨比不大于 2 的柱和抗震墙、部分框支抗震墙结构的框支柱和框支梁以及落地抗震墙的底部加强部位：

$$V \leqslant \frac{1}{\gamma_{RE}}(0.15 f_c b h_0) \tag{6.2.9-2}$$

剪跨比应按下式计算：

$$\lambda = M^c/(V^c h_0) \tag{6.2.9-3}$$

式中 λ——剪跨比，应按柱端或墙端截面组合的弯矩计算值 M^c、对应的截面组合剪力计算值 V^c 及截面有效高度 h_0 确定，并取上下端计算结果的较大值；反弯点位于柱高中部的框架柱可按柱净高与 2 倍柱截面高度之比计算；

V——按本节第 6.2.5、6.2.6、6.2.8、6.2.10 条等规定调整后的柱端或墙端截面组合的剪力设计值；

f_c——混凝土轴心抗压强度设计值；

b——梁、柱截面宽度或抗震墙墙肢截面宽度、圆形截面柱可按面积相等的方形截面计算；

h_0——截面有效高度，抗震墙可取墙肢长度。

6.2.10 部分框支抗震墙结构的框支柱尚应满足下列要求：

1. 框支柱承受的最小地震剪力，当框支柱的数目多于10根时，柱承受地震剪力之和不应小于该楼层地震剪力的20%；当少于10根时，每根柱承受的地震剪力不应小于该楼层地震剪力的2%。

2. 一、二级框支柱由地震作用引起的附加轴力应分别乘以增大系数1.5、1.2；计算轴压比时，该附加轴力可不乘以增大系数。

3. 一、二级框支柱的顶层柱上端和底层柱下端，其组合的弯矩设计值应分别乘以增大系数1.5和1.25，框支柱的中间节点应满足本节第6.2.2条的要求。

4. 框支梁中线宜与框支柱中线重合。

6.2.11 部分框支抗震墙结构的一级落地抗震墙底部加强部位尚应满足下列要求：

1. 验算抗震墙受剪承载力时不宜计入混凝土的受剪作用，若需计入混凝土的受剪作用，则墙肢在边缘构件以外的部位在两排钢筋间应设置直径不小于8mm的拉结筋，且水平和竖向间距分别不大于该方向分布筋间距两倍和400mm的较小值。

2. 无地下室且墙肢底部截面出现偏心受拉时，宜在墙肢与基础交接面另设交叉防滑斜筋，防滑斜筋承担的拉力可按交接面处剪力设计值的30%采用。

6.2.12 部分框支抗震墙结构的框支层楼板应符合本规范附录E.1的规定。

6.2.13 钢筋混凝土结构抗震计算时，尚应符合下列要求：

1. 侧向刚度沿竖向分布基本均匀的框架-抗震墙结构，任一层框架部分的地震剪力，不应小于结构底部总地震剪力的20%和按框架-抗震墙结构分析的框架部分各楼层地震剪力中最大值1.5倍二者的较小值。

2. 抗震墙连梁的刚度可折减，折减系数不宜小于0.50。

3. 抗震墙结构、部分框支抗震墙结构、框架-抗震墙结构、筒体结构、板柱-抗震墙结构计算内力和变形时，其抗震墙应计入端部翼墙的共同工作。翼墙的有效长度，每侧由墙面算起可取相邻抗震墙净间距的一半、至门窗洞口的墙长度及抗震墙总高度的15%三者的最小值。

6.2.14 一级抗震墙的施工缝截面受剪承载力，应采用下式验算：

$$V_{wj} \leqslant \frac{1}{\gamma_{RE}}(0.6 f_y A_s + 0.8N) \tag{6.2.14}$$

式中 V_{wj}——抗震墙施工缝处组合的剪力设计值；

f_y——竖向钢筋抗拉强度设计值；

A_s——施工缝处抗震墙的竖向分布钢筋、竖向插筋和边缘构件（不包括边缘构件以外的两侧翼墙）纵向钢筋的总截面面积；

N——施工缝处不利组合的轴向力设计值，压力取正值，拉力取负值。

6.2.15 框架节点核芯区的抗震验算应符合下列要求：

1. 一、二级框架的节点核芯区，应进行抗震验算；三、四级框架节点核芯区，可不进行抗震验算，但应符合抗震构造措施的要求。

2. 核芯区截面抗震验算方法应符合本规范附录D的规定。

6.3 框架结构抗震构造措施

6.3.1 梁的截面尺寸，宜符合下列各项要求：

1. 截面宽度不宜小于200mm；

2. 截面高宽比不宜大于4；

3. 净跨与截面高度之比不宜小于4。

6.3.2 采用梁宽大于柱宽的扁梁时，楼板应现浇，梁中线宜与柱中线重合，扁梁应双向布置，且不宜用于一级框架结构。扁梁的截面尺寸应符合下列要求，并应满足现行有关规范对挠度和裂缝宽度的规定：

$$b_b \leqslant 2b_c \quad (6.3.2\text{-}1)$$

$$b_b \leqslant b_c + h_b \quad (6.3.2\text{-}2)$$

$$h_b \geqslant 16d \quad (6.3.2\text{-}3)$$

式中 b_c——柱截面宽度，圆形截面取柱直径的0.8倍；

b_b、h_b——分别为梁截面宽度和高度；

d——柱纵筋直径。

6.3.3 梁的钢筋配置，应符合下列各项要求：

1. 梁端纵向受拉钢筋的配筋率不应大于2.5%，且计入受压钢筋的梁端混凝土受压区高度和有效高度之比，一级不应大于0.25，二、三级不应大于0.35。

2. 梁端截面的底面和顶面纵向钢筋配筋量的比值，除按计算确定外，一级不应小于0.5，二、三级不应小于0.3。

3. 梁端箍筋加密区的长度、箍筋最大间距和最小直径应按表6.3.3采用，当梁端纵向受拉钢筋配筋率大于2%时，表中箍筋最小直径数值应增大2mm。

梁端箍筋加密区的长度、箍筋的最大间距和最小直径　　表6.3.3

抗震等级	加密区长度（采用较大值）(mm)	箍筋最大间距（采用最小值）(mm)	箍筋最小直径 (mm)
一	$2h_b$，500	$h_b/4$，$6d$，100	10
二	$1.5h_b$，500	$h_b/4$，$8d$，100	8
三	$1.5h_b$，500	$h_b/4$，$8d$，150	8
四	$1.5h_b$，500	$h_b/4$，$8d$，150	6

注：d 为纵向钢筋直径，h_b 为梁截面高度。

6.3.4 梁的纵向钢筋配置，尚应符合下列各项要求：

1. 尚梁全长顶面和底面的配筋，一、二级不应少于$2\phi14$，且分别不应少于梁两端顶面和底面纵向配筋中较大截面面积的1/4，三、四级不应少于$2\phi12$；

2. 一、二级框架梁内贯通中柱的每根纵向钢筋直径，对矩形截面柱，不宜大于柱在该方向截面尺寸的1/20；对圆形截面柱，不宜大于纵向钢筋所在位置柱截面弦长的1/20。

6.3.5 梁端加密区的箍筋肢距，一级不宜大于200mm和20倍箍筋直径的较大值，二、三级不宜大于250mm和20倍箍筋直径的较大值，四级不宜大于300mm。

6.3.6 柱的截面尺寸，宜符合下列各项要求：

1. 截面的宽度和高度均不宜小于300mm；圆柱直径不宜小于350mm。
2. 剪跨比宜大于2。
3. 截面长边与短边的边长比不宜大于3。

6.3.7 柱轴压比不宜超过表6.3.7的规定；建造于Ⅳ类场地且较高的高层建筑，柱轴压比限值应适当减小。

柱轴压比限值 **表6.3.7**

结构类型	抗震等级		
	一	二	三
框架结构	0.7	0.8	0.9
框架-抗震墙，板柱-抗震墙及筒体	0.75	0.85	0.95
部分框支抗震墙	0.6	0.7	—

注：1. 轴压比指柱组合的轴压力设计值与柱的全截面面积和混凝土轴心抗压强度设计值乘积之比值；可不进行地震作用计算的结构，取无地震作用组合的轴力设计值；
2. 表内限值适用于剪跨比大于2、混凝土强度等级不高于C60的柱；剪跨比不大于2的柱轴压比限值应降低0.05；剪跨比小于1.5的柱，轴压比限值应专门研究并采取特殊构造措施；
3. 沿柱全高采用井字复合箍且箍筋肢距不大于200mm、间距不大于100mm、直径不小于12mm，或沿柱全高采用复合螺旋箍、螺旋间距不大于100mm、箍筋肢距不大于200mm、直径不小于12mm，或沿柱全高采用连续复合矩形螺旋箍、螺旋净距不大于80mm、箍筋肢距不大于200mm、直径不小于10mm，轴压比限值均可增加0.10；上述三种箍筋的配箍特征值均应按增大的轴压比由本节表6.3.12确定；
4. 在柱的截面中部附加芯柱，其中另加的纵向钢筋的总面积不少于柱截面面积的0.8%，轴压比限值可增加0.05；此项措施与注3的措施共同采用时，轴压比限值可增加0.15，但箍筋的配箍特征值仍可按轴压比增加0.10的要求确定；
5. 柱轴压比不应大于1.05。

6.3.8 柱的钢筋配置，应符合下列各项要求：

1. 柱纵向钢筋的最小总配筋率应按表6.3.8-1采用，同时每一侧配筋率不应小于0.2%；对建造于Ⅳ类场地且较高的高层建筑，表中的数值应增加0.1。

柱截面纵向钢筋的最小总配筋率（百分率） **表6.3.8-1**

类别	抗震等级			
	一	二	三	四
中柱和边柱	1.0	0.8	0.7	0.6
角柱、框支柱	1.2	1.0	0.9	0.8

注：采用HRB400级热轧钢筋时应允许减少0.1，混凝土强度等级高于C60时应增加0.1。

2. 柱箍筋在规定的范围内应加密，加密区的箍筋间距和直径，应符合下列要求：

1）一般情况下，箍筋的最大间距和最小直径，应按表6.3.8-2采用。

柱箍筋加密区的箍筋最大间距和最小直径　　**表 6.3.8-2**

抗震等级	箍筋最大间距（采用较小值，mm）	箍筋最小直径（mm）
一	$6d$，100	10
二	$8d$，100	8
三	$8d$，150（柱根 100）	8
四	$8d$，150（柱根 100）	6（柱根 8）

注：d 为柱纵筋最小直径；柱根指框架底层柱的嵌固部位。

2）二级框架柱的箍筋直径不小于 10mm，且箍筋肢距不大于 200mm 时，除柱根外最大间距应允许采用 150mm；三级框架柱的截面尺寸不大于 400mm 时，箍筋最小直径应允许采用 6mm；四级框架柱剪跨比不大于 2 时，箍筋直径不应小于 8mm。

3）框支柱和剪跨比不大于 2 的柱，箍筋间距不应大于 100mm。

6.3.9　柱的纵向钢筋配置，尚应符合下列各项要求：

1. 宜对称配置。
2. 截面尺寸大于 400mm 的柱，纵向钢筋间距不宜大于 200mm。
3. 柱总配筋率不应大于 5%。
4. 一级且剪跨比不大于 2 的柱，每侧纵向钢筋配筋率不宜大于 1.2%。
5. 边柱、角柱及抗震墙端柱在地震作用组合产生小偏心受拉时，柱内纵筋总截面面积应比计算值增加 25%。
6. 柱纵向钢筋的绑扎接头应避开柱端的箍筋加密区。

6.3.10　柱的箍筋加密范围，应按下列规定采用：

1. 柱端，取截面高度（圆柱直径），柱净高的 1/6 和 500mm 三者的最大值。
2. 底层柱，柱根不小于柱净高的 1/3；当有刚性地面时，除柱端外尚应取刚性地面上下各 500mm。
3. 剪跨比不大于 2 的柱和因设置填充墙等形成的柱净高与柱截面高度之比不大于 4 的柱，取全高。
4. 框支柱，取全高。
5. 一级及二级框架的角柱，取全高。

6.3.11　柱箍筋加密区箍筋肢距，一级不宜大于 200mm，二、三级不宜大于 250mm 和 20 倍箍筋直径的较大值，四级不宜大于 300mm。至少每隔一根纵向钢筋宜在两个方向有箍筋或拉筋约束；采用拉筋复合箍时，拉筋宜紧靠纵向钢筋并钩住箍筋。

6.3.12　柱箍筋加密区的体积配箍率，应符合下列要求：

$$\rho_v \geqslant \lambda_v f_c / f_{yv} \tag{6.3.12}$$

式中　ρ_v——柱箍筋加密区的体积配箍率，一级不应小于 0.8%，二级不应小于 0.6%，三、四级不应小于 0.4%；计算复合箍的体积配箍率时，应扣除重叠部分的箍筋体积；

f_c——混凝土轴心抗压强度设计值；强度等级低于 C35 时，应按 C35 计算；

f_{yv}——箍筋或拉筋抗拉强度设计值，超过 $360N/mm^2$ 时，应取 $360N/mm^2$ 计算；

λ_v——最小配箍特征值，宜按表 6.3.12 采用。

柱箍筋加密区的箍筋最小配箍特征值 表 6.3.12

抗震等级	箍筋形式	主轴压比								
		≤0.3	0.4	0.5	0.6	0.7	0.8	0.9	1.0	1.05
一	普通箍、复合箍	0.10	0.11	0.13	0.15	0.17	0.20	0.23		
	螺旋箍、复合或连续复合矩形螺旋箍	0.08	0.09	0.11	0.13	0.15	0.18	0.21		
二	普通箍、复合箍	0.08	0.09	0.11	0.13	0.15	0.17	0.19	0.22	0.24
	螺旋箍、复合或连续复合矩形螺旋箍	0.06	0.07	0.09	0.11	0.13	0.15	0.17	0.20	0.22
三	普通箍、复合箍	0.06	0.07	0.09	0.11	0.13	0.15	0.17	0.20	0.22
	螺旋箍、复合或连续复合矩形螺旋箍	0.05	0.06	0.07	0.09	0.11	0.13	0.15	0.18	0.20

注：1. 普通箍指单个矩形箍和单个圆形箍；复合箍指由矩形、多边形、圆形箍或拉筋组成的箍筋；复合螺旋箍指由螺旋箍与矩形、多边形、圆形箍或拉筋组成的箍筋；连续复合矩形螺旋箍指全部螺旋箍为同一根钢筋加工而成的箍筋；

2. 框支柱宜采用复合螺旋箍或井字复合箍，其最小配箍特征值应比表内数值增加 0.02，且体积配箍率不应小于 1.5%；

3. 剪跨比不大于 2 的柱宜采用复合螺旋箍或井字复合箍，其体积配箍率不应小于 1.2%，9 度时不应小于 1.5%；

4. 计算复合螺旋箍的体积配箍率时，其非螺旋箍的箍筋体积应乘以换算系数 0.8。

6.3.13 柱箍筋非加密区的体积配箍率不宜小于加密区的50%；箍筋间距，一、二级框架柱不应大于 10 倍纵向钢筋直径，三、四级框架柱不应大于 15 倍纵向钢筋直径。

6.3.14 框架节点核芯区箍筋的最大间距和最小直径宜按本章6.3.8条采用，一、二、三级框架节点核芯区配箍特征值分别不宜小于 0.12、0.10 和 0.08 且体积配箍率分别不宜小于 0.6%、0.5%和 0.4%。柱剪跨比不大于 2 的框架节点核芯区配箍特征值不宜小于核芯区上、下柱端的较大配箍特征值。

6.4 抗震墙结构抗震构造措施

6.4.1 抗震墙的厚度，一、二级不应小于 160mm 且不应小于层高的 1/20，三、四级不应小于140mm 且不应小于层高的 1/25。底部加强部位的墙厚，一、二级不宜小于 200mm 且不宜小于层高的 1/16；无端柱或翼墙时不应小于层高的 1/12。

6.4.2 抗震墙厚度大于140mm 时，竖向和横向分布钢筋应双排布置；双排分布钢筋间拉筋的间距不应大于 600mm，直径不应小于 6mm；在底部加强部位，边缘构件以外的拉筋间距应适当加密。

6.4.3 抗震墙竖向、横向分布钢筋的配筋，应符合下列要求：

1. 一、二、三级抗震墙的竖向和横向分布钢筋最小配筋率均不应小于 0.25%；四级抗震墙不应小于 0.20%；钢筋最大间距不应大于 300mm，最小直径不应小于 8mm。

2. 部分框支抗震墙结构的抗震墙底部加强部位，竖向及横向分布钢筋配筋率均不应小于 0.3%，钢筋间距不应大于 200mm。

6.4.4 抗震墙竖向、横向分布钢筋的钢筋直径不宜大于墙厚的 1/10。

6.4.5 一级和二级抗震墙，底部加强部位在重力荷载代表值作用下墙肢的轴压比，一级（9 度）时不宜超过 0.4，一级（8 度）时不定超过 0.5，二级不宜超过 0.6。

6.4.6 抗震墙两端和洞口两侧应设置边缘构件，并应符合下列要求：

1. 抗震墙结构，一、二级抗震墙底部加强部位及相邻的上一层应按本章第 6.4.7 条设置约束边缘构件，但墙肢底截面在重力荷载代表值作用下的轴压比小于表 6.4.6 的规定值时可按本章第6.4.8条设置构造边缘构件。

抗震墙设置构造边缘构件的最大轴压比　　表6.4.6

等级或烈度	一级（9度）	一级（8度）	二级
轴压比	0.1	0.2	0.3

2. 部分框支抗震墙结构，一、二级落地抗震墙底部加强部位及相邻的上一层的两端应设置符合约束边缘构件要求的翼墙或端柱，洞口两侧应设置约束边缘构件；不落地抗震墙应在底部加强部位及相邻的上一层的墙肢两端设置约束边缘构件。

3. 一、二级抗震墙的其他部位和三、四级抗震墙，均应按本章6.4.8条设置构造边缘构件。

6.4.7 抗震墙的约束边缘构件包括暗柱、端柱和翼墙（图6.4.7）。约束边缘构件沿墙肢的长度和配箍特征值宜符合表6.4.7的要求，一、二级抗震墙约束边缘构件在设置箍筋范围内（即图6.4.7中阴影部分）的纵向钢筋配筋率，分别不应小于1.2%和1.0%。

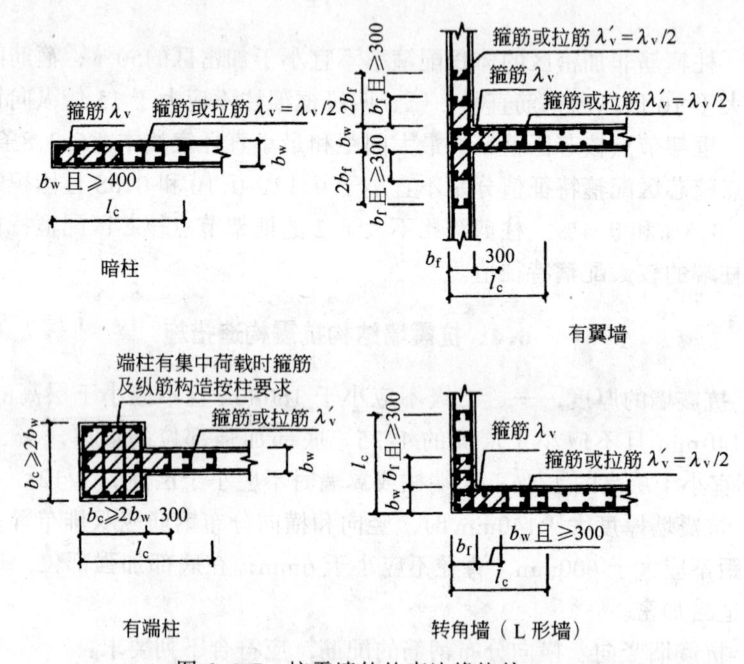

图6.4.7　抗震墙的约束边缘构件

约束边缘构件范围 l_c 及基配箍特征值 λ_v　　表6.4.7

项　　目	一级（9度）	一级（8度）	二　级
λ_v	0.2	0.2	0.2
l_c（暗柱）	$0.25h_w$	$0.20h_w$	$0.20h_w$
l_c（有翼墙或端柱）	$0.20h_w$	$0.15h_w$	$0.15h_w$

注：1. 抗震墙的翼墙长度小于其3倍厚度或端柱截面边长小于2倍墙厚时，视为无翼墙、无端柱；

2. l_c 为约束边缘构件沿墙肢长度，不应小于表内数值、$1.5b_w$ 和450mm三者的最大值；有翼墙或端柱时尚不应小于翼墙厚度或端柱沿墙肢方向截面高度加300mm；

3. λ_v 为约束边缘构件的配箍特征值，计算配箍率时，箍筋或拉筋抗拉强度设计值超过360N/mm^2，应按360N/mm^{2}计算；箍筋或拉筋沿竖向间距，一级不宜大于100mm，二级不宜大于150mm；

4. h_w 为抗震墙墙肢长度。

6.4.8 抗震墙的构造边缘构件的范围，宜按图 6.4.8 采用；构造边缘构件的配筋应满足受弯承载力要求，并宜符合表 6.4.8 的要求。

抗震墙构造边缘构件的配筋要求 **表 6.4.8**

抗震等级	底部加强部位			其他部位		
	纵向钢筋最小值（取较大值）	箍筋		纵向钢筋最小量	拉筋	
		最小直径（mm）	沿竖向最大间距（mm）		最小直径（mm）	沿竖向最大间距（mm）
一	$0.010A_c$，6ϕ16	8	100	6ϕ14	8	150
二	$0.008A_c$，6ϕ14	8	150	6ϕ12	8	200
三	$0.005A_c$，4ϕ12	6	150	4ϕ12	6	200
四	$0.005A_c$，4ϕ12	6	200	4ϕ12	6	250

注：1. A_c 为计算边缘构件纵向构造钢筋的暗柱或端柱面积，即图 6.4.8 抗震墙截面的阴影部分；

2. 对其他部位，拉筋的水平间距不应大于纵筋间距的 2 倍，转角处宜用箍筋；

3. 当端柱承受集中荷载时，其纵向钢筋、箍筋直径和间距应满足柱的相应要求。

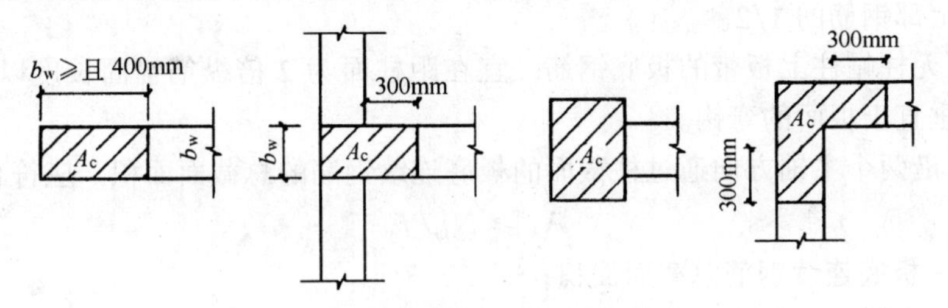

图 6.4.8 抗震墙的构造边缘构件范围

6.4.9 抗震墙的墙肢长度不大于墙厚的3倍时，应按柱的要求进行设计，箍筋应沿全高加密。

6.4.10 一、二级抗震墙跨高比不大于 2 且墙厚不小于 200mm 的连梁，除普通箍筋外宜另设斜向交叉构造钢筋。

6.4.11 顶层连梁的纵向钢筋锚固长度范围内，应设置箍筋。

6.5 框架-抗震墙结构抗震构造措施

6.5.1 抗震墙的厚度不应小于160mm 且不应小于层高的 1/20，底部加强部位的抗震墙厚度不应小于 200mm 且不应小于层高的 1/16，抗震墙的周边应设置梁（或暗梁）和端柱组成的边框；端柱截面宜与同层框架柱相同，并应满足本章第 6.3 节对框架柱的要求；抗震墙底部加强部位的端柱和紧靠抗震墙洞口的端柱宜按柱箍筋加密区的要求沿全高加密箍筋。

6.5.2 抗震墙的竖向和横向分布钢筋，配筋率均不应小于 0.25%，并应双排布置，拉筋间距不应大于 600mm，直径不应小于 6mm。

6.5.3 框架-抗震墙结构的其他抗震构造措施，应符合本章第 6.3 节、6.4 节对框架和抗震墙的有关要求。

6.6 板柱-抗震墙结构抗震设计要求

6.6.1 板柱-抗震墙结构的抗震墙，其抗震构造措施应符合本章第 6.4 节的有关规定，且底部加强部位及相邻上一层应按本章第6.4.7条设置约束边缘构件，其他部位应按第6.4.8条设置构造边缘构件；柱（包括抗震墙端柱）的抗震构造措施应符合本章第6.3节对框架柱的有关规定。

6.6.2 房屋的周边和楼、电梯洞口周边应采用有梁框架。

6.6.3 8度时宜采用有托板或柱帽的板柱节点，托板或柱帽根部的厚度（包括板厚）不宜小于柱纵筋直径的16倍。托板或柱帽的边长不宜小于4倍板厚及柱截面相应边长之和。

6.6.4 房屋的屋盖和地下一层顶板，宜采用梁板结构。

6.6.5 板柱-抗震墙结构的抗震墙，应承担结构的全部地震作用，各层板柱部分应满足计算要求，并应能承担不少于各层全部地震作用的20%。

6.6.6 板柱结构在地震作用下按等代平面框架分析时，其等代梁的宽度宜采用垂直于等代平面框架方向柱距的50%。

6.6.7 无柱帽平板宜在柱上板带中设构造暗梁，暗梁宽度可取柱宽及柱两侧各不大于1.5倍板厚。暗梁支座上部钢筋面积应不小于柱上板带钢筋面积的50%，暗梁下部钢筋不宜少于上部钢筋的1/2。

6.6.8 无柱帽柱上板带的板底钢筋，宜在距柱面为2倍纵筋锚固长度以外搭接，钢筋端部宜有垂直于板面的弯钩。

6.6.9 沿两个主轴方向通过柱截面的板底连续钢筋的总截面面积，应符合下式要求：

$$A_s \geqslant N_G / f_y \tag{6.6.9}$$

式中 A_s——板底连续钢筋总截面面积；

N_G——在该层楼板重力荷载代表值作用下的柱轴压力设计值；

f_y——楼板钢筋的抗拉强度设计值。

6.7 筒体结构抗震设计要求

6.7.1 框架-核心筒结构应符合下列要求：

1. 核心筒与框架之间的楼盖宜采用梁板体系。

2. 低于9度采用加强层时，加强层的大梁或桁架应与核心筒内的墙肢贯通；大梁或桁架与周边框架柱的连接宜采用铰接或半刚性连接。

3. 结构整体分析应计入加强层变形的影响。

4. 9度时不应采用加强层。

5. 在施工程序及连接构造上，应采取措施减小结构竖向温度变形及轴向压缩对加强层的影响。

6.7.2 框架-核心筒结构的核心筒、筒中筒结构的内筒，其抗震墙应符合本章第6.4节的有关规定，且抗震墙的厚度、竖向和横向分布钢筋应符合本章第6.5节的规定；筒体底部加强部位及相邻上一层不应改变墙体厚度。一、二级筒体角部的边缘构件应按下列要求加强：底部加强部位，约束边缘构件沿墙肢的长度应取墙肢截面高度的1/4，且约束边缘构件范围内应全部采用箍筋；底部加强部位以上的全高范围内宜按本章图6.4.7的转角墙设置约束边缘构件，约束边缘构件沿墙肢的长度仍取墙肢截面高度的1/4。

6.7.3 内筒的门洞不宜靠近转角。

6.7.4 楼层梁不宜集中支承在内筒或核心筒的转角处，也不宜支承在洞口连梁上；

内筒或核心筒支承楼层梁的位置宜设暗柱。

6.7.5 一、二级核心筒和内筒中跨高比不大于 2 的连梁；当梁截面宽度不小于 400mm 时，宜采用交叉暗柱配筋；全部剪力应由暗柱的配筋承担，并按框架梁构造要求设置普通箍筋；当梁截面宽度小于 400mm 且不小于 200mm 时，除普通箍筋外，宜另加设交叉的构造钢筋。

6.7.6 筒体结构转换层的抗震设计应符合本规范附录 E.2 的规定。

7 多层砌体房屋和底部框架、内框架房屋

7.1 一 般 规 定

7.1.1 本章适用于烧结普通粘土砖、烧结多孔粘土砖、混凝土小型空心砌块等砌体承重的多层房屋，底层或底部两层框架-抗震墙和多层的多排柱内框架砖砌体房屋。

配筋混凝土小型空心砌块抗震墙房屋的抗震设计，应符合本规范附录 F 的规定。

注：1. 本章中“普通砖、多孔砖、小砌块”即“烧结普通粘土砖、烧结多孔粘土砖、混凝土小型空心砌块”的简称。采用其他烧结砖、蒸压砖的砌体房屋，块体的材料性能应有可靠的试验数据；当砌体抗剪强度不低于粘土砖砌体时，可按本章粘土砖房屋的相应规定执行；

2. 6、7 度时采用蒸压灰砂砖和蒸压粉煤灰砖砌体的房屋，当砌体的抗剪强度不低于粘土砖砌体的 70% 时，房屋的层数应比粘土砖房屋减少一层，高度应减少 3m，且钢筋混凝土构造柱应按增加一层的层数所对应的粘土砖房屋设置，其他要求可按粘土砖房屋的相应规定执行。

7.1.2 多层房屋的层数和高度应符合下列要求：

1. 一般情况下，房屋的层数和总高度不应超过表 7.1.2 的规定。

2. 对医院、教学楼等及横墙较少的多层砌体房屋，总高度应比表 7.1.2 的规定降低 3m，层数相应减少一层；各层横墙很少的多层砌体房屋，还应根据具体情况再适当降低总高度和减少层数。

注：横墙较少指同一楼层内开间大于 4.20m 的房间占该层总面积的 40% 以上。

3. 横墙较少的多层砖砌体住宅楼，当按规定采取加强措施并满足抗震承载力要求时，其高度和层数应允许仍按表 7.1.2 的规定采用。

房屋的层数和总高度限值（m） 表 7.1.2

房屋类别		最小墙厚度（mm）	烈度							
			6		7		8		9	
			高度	层数	高度	层数	高度	层数	高度	层数
多层砌体	普通砖	240	24	8	21	7	18	6	12	4
	多孔砖	240	21	7	21	7	18	6	12	4
	多孔砖	190	21	7	18	6	15	5	—	—
	小砌块	190	21	7	21	7	18	6	—	—
底部框架-抗震墙		240	22	7	22	7	19	6	—	—
多排柱内框架		240	16	5	16	5	13	4	—	—

注：1. 房屋的总高度指室外地面到主要屋面板板顶或檐口的高度，半地下室从地下室室内地面算起，全地下室和嵌固条件好的半地下室应允许从室外地面算起；对带阁楼的坡屋面应算到山尖墙的 1/2 高度处；

2. 室内外高差大于 0.6m 时，房屋总高度应允许比表中数据适当增加，但不应多于 1m；

3. 本表小砌块砌体房屋不包括配筋混凝土小型空心砌块砌体房屋。

7.1.3 普通砖、多孔砖和小砌块砌体承重房屋的层高，不应超过3.6m；底部框架-抗震墙房屋的底部和内框架房屋的层高，不应超过4.5m。

7.1.4 多层砌体房屋总高度与总宽度的最大比值，宜符合表7.1.4的要求。

房屋最大高宽比 **表7.1.4**

烈 度	6	7	8	9
最大高宽比	2.5	2.5	2.0	1.5

注：1. 单面走廊房屋的总宽度不包括走廊宽度；

2. 建筑平面接近正方形时，其高宽比宜适当减小。

7.1.5 房屋抗震横墙的间距，不应超过表7.1.5的要求：

房屋抗震横墙最大间距（m） **表7.1.5**

房屋类别		烈度 6	烈度 7	烈度 8	烈度 9
多层砌体	现浇或装配整体式钢筋混凝土楼、屋盖	18	18	15	11
	装配式钢筋混凝土楼、屋盖	15	15	11	7
	木楼、屋盖	11	11	7	4
底部框架-抗震墙	上部各层	同多层砌体房屋			—
	底层或底部两层	21	18	15	—
多排柱内框架		25	21	18	—

注：1. 多层砌体房屋的顶层，最大横墙间距应允许适当放宽；

2. 表中木楼、屋盖的规定，不适用于小砌块砌体房屋。

7.1.6 房屋中砌体墙段的局部尺寸限值，宜符合表7.1.6的要求：

房屋的局部尺寸限值（m） **表7.1.6**

部 位	6度	7度	8度	9度
承重窗间墙最小宽度	1.0	1.0	1.2	1.5
承重外墙尽端至门窗洞边的最小距离	1.0	1.0	1.2	1.5
非承重外墙尽端至门窗洞边的最小距离	1.0	1.0	1.0	1.0
内墙阳角至门窗洞边的最小距离	1.0	1.0	1.5	2.0
无锚固女儿墙（非出入口处）的最大高度	0.5	0.5	0.5	0.0

注：1. 局部尺寸不足时应采取局部加强措施弥补；

2. 出入口处的女儿墙应有锚固；

3. 多层多排柱内框架房屋的纵向窗间墙宽度，不应小于1.5m。

7.1.7 多层砌体房屋的结构体系，应符合下列要求：

1. 应优先采用横墙承重或纵横墙共同承重的结构体系。

2. 纵横墙的布置宜均匀对称，沿平面内宜对齐，沿竖向应上下连续；同一轴线上的窗间墙宽度宜均匀。

3. 房屋有下列情况之一时宜设置防震缝，缝两侧均应设置墙体，缝宽应根据烈度和房屋高度确定，可采用 50～100mm：

1）房屋立面高差在 6m 以上；

2）房屋有错层，且楼板高差较大；

3）各部分结构刚度、质量截然不同。

4. 楼梯间不宜设置在房屋的尽端和转角处。

5. 烟道、风道、垃圾道等不应削弱墙体；当墙体被削弱时，应对墙体采取加强措施；不宜采用无竖向配筋的附墙烟囱及出屋面的烟囱。

6. 不应采用无锚固的钢筋混凝土预制挑檐。

7.1.8 底部框架-抗震墙房屋的结构布置，应符合下列要求：

1. 上部的砌体抗震墙与底部的框架梁或抗震墙应对齐或基本对齐。

2. 房屋的底部，应沿纵横两方向设置一定数量的抗震墙，并应均匀对称布置对基本均匀对称布置。6、7 度且总层数不超过五层的底层框架-抗震墙房屋，应允许采用嵌砌于框架之间的砌体抗震墙；但应计入砌体墙对框架的附加轴力和附加剪力；其余情况应采用钢筋混凝土抗震墙。

3. 底层框架-抗震墙房屋的纵横两个方向，第二层与底层侧向刚度的比值，6、7 度时不应大于 2.5，8 度时不应大于 2.0，且均不应小于 1.0。

4. 底部两层框架-抗震墙房屋的纵横两个方向，底层与底部第二层侧向刚度应接近，第三层与底部第二层侧向刚度的比值，6、7 度时不应大于 2.0，8 度时不应大于 1.5，且均不应小于 1.0。

5. 底部框架-抗震墙房屋的抗震墙应设置条形基础、筏式基础或桩基。

7.1.9 多层多排柱内框架房屋的结构布置，应符合下列要求：

1. 房屋宜采用矩形平面，且立面宜规则；楼梯间横墙宜贯通房屋全宽。

2. 7 度时横墙间距大于 18m 或 8 度时横墙间距大于 15m，外纵墙的窗间墙宜设置组合柱。

3. 多排柱内框架房屋的抗震墙应设置条形基础、筏式基础或桩基。

7.1.10 底部框架-抗震墙房屋和多层多排柱内框架房屋的钢筋混凝土结构部分，除应符合本章规定外，尚应符合本规范第 6 章的有关要求；此时，底部框架-抗震墙房屋的框架和抗震墙的抗震等级，6、7、8 度可分别按三、二、一级采用；多排柱内框架的抗震等级，6、7、8 度可分别按四、三、二级采用。

7.2 计 算 要 点

7.2.1 多层砌体房屋、底部框架房屋和多层多排柱内框架房屋的抗震计算，可采用底部剪力法，并应按本节规定调整地震作用效应。

7.2.2 对砌体房屋，可只选择从属面积较大或竖向应力较小的墙段进行截面抗震承载力验算。

7.2.3 进行地震剪力分配和截面验算时，砌体墙段的层间等效侧向刚度应按下列原则确定：

1. 刚度的计算应计及高宽比的影响。高宽比小于 1 时，可只计算剪切变形；高宽比不大于 4 且不小于 1 时，应同时计算弯曲和剪切变形；高宽比大于 4 时，等效侧向刚度可取 0.0。

注：墙段的高宽比指层高与墙长之比，对门窗洞边的小墙段指洞净高与洞侧墙宽之比。

2. 墙段宜按门窗洞口划分；对小开口墙段按毛墙面计算的刚度，可根据开洞率乘以表 7.2.3 的洞口影响系数：

墙段洞口影响系数　表 7.2.3

开　洞　率	0.10	0.20	0.30
影响系数	0.98	0.94	0.88

注：开洞率为洞口面积与墙段毛面积之比；窗洞高度大于层高 50％时，按门洞对待。

7.2.4　底部框架-抗震墙房屋的地震作用效应，应按下列规定调整：

1. 对底层框架-抗震墙房屋，底层的纵向和横向地震剪力设计值均应乘以增大系数，其值应允许根据第二层与底层侧向刚度比值的大小在 1.2～1.5 范围内选用。

2. 对底部两层框架-抗震墙房屋，底层和第二层的纵向和横向地震剪力设计值亦均应乘以增大系数，其值应允许根据侧向刚度比在 1.2～1.5 范围内选用。

3. 底层或底部两层的纵向和横向地震剪力设计值应全部由该方向的抗震墙承担，并按各抗震墙侧向刚度比例分配。

7.2.5　底部框架-抗震墙房屋中，底部框架的地震作用效应宜采用下列方法确定：

1. 底部框架柱的地震剪力和轴向力，宜按下列规定调整：

1）框架柱承担的地震剪力设计值，可按各抗侧力构件有效侧向刚度比例分配确定；有效侧向刚度的取值，框架不折减，混凝土墙可乘以折减系数 0.30，砖墙可乘以折减系数 0.20。

2）框架柱的轴力应计入地震倾覆力矩引起的附加轴力，上部砖房可视为刚体，底部各轴线承受的地震倾覆力矩，可近似按底部抗震墙和框架的侧向刚度的比例分配确定。

2. 底部框架-抗震墙房屋的钢筋混凝土托墙梁计算地震组合内力时，应采用合适的计算简图。若考虑上部墙体与托墙梁的组合作用，应计入地震时墙体开裂对组合作用的不利影响，可调整有关的弯矩系数、轴力系数等计算参数。

7.2.6　多层多排柱内框架房屋各柱的地震剪力设计值，宜按下式确定：

$$V_c = \frac{\psi_c}{n_b \cdot n_s}(\zeta_1 + \zeta_2\lambda)V \tag{7.2.6}$$

式中　V_c——各柱地震剪力设计值；

V——抗震横墙间的楼层地震剪力设计值；

ψ_c——柱类型系数，钢筋混凝土内柱可采用 0.012，外墙组合砖柱可采用 0.0075；

n_b——抗震横墙间的开间数；

n_s——内框架的跨数；

λ——抗震横墙间距与房屋总宽度的比值，当小于 0.75 时，按 0.75 采用；

ζ_1、ζ_2——分别为计算系数，可按表 7.2.6 采用：

计 算 系 数 表 7.2.6

房屋总层数	2	3	4	5
ζ_1	2.0	3.0	5.0	7.5
ζ_2	7.5	7.0	6.5	6.0

7.2.7 各类砌体沿阶梯形截面破坏的抗震抗剪强度设计值，应按下式确定：

$$f_{vE} = \zeta_N f_v \tag{7.2.7}$$

式中 f_{vE}——砌体沿阶梯形截面破坏的抗震抗剪强度设计值；

f_v——非抗震设计的砌体抗剪强度设计值；

ζ_N——砌体抗震抗剪强度的正应力影响系数，应按表 7.2.7 采用。

砌体强度的正应力影响系数 表 7.2.7

砌体类别	σ_0/f_v							
	0.0	1.0	3.0	5.0	7.0	10.0	15.0	20.0
普通砖，多孔砖	0.80	1.00	1.28	1.50	1.70	1.95	2.32	
小砌块		1.25	1.75	2.25	2.60	3.10	3.95	4.80

注：σ_0 为对应于重力荷载代表值的砌体截面平均压应力。

7.2.8 普通砖、多孔砖墙体的截面抗震受剪承载力，应按下列规定验算：

1. 一般情况下，应按下式验算：

$$V \leqslant f_{vE}A/\gamma_{RE} \tag{7.2.8-1}$$

式中 V——墙体剪力设计值；

f_{vE}——砖砌体沿阶梯形截面破坏的抗震抗剪强度设计值；

A——墙体横截面面积，多孔砖取毛截面面积；

γ_{RE}——承载力抗震调整系数，承重墙按本规范表 5.4.2 采用，自承重墙按 0.75 采用。

2. 当按式（7.2.8-1）验算不满足要求时，可计入设置于墙段中部、截面不小于 240mm×240mm 且间距不大于 4m 的构造柱对受剪承载力的提高作用，按下列简化方法验算：

$$V \leqslant \frac{1}{\gamma_{RE}}[\eta_c f_{vE}(A - A_c) + \zeta f_t A_c + 0.08 f_y A_s] \tag{7.2.8-2}$$

式中 A_c——中部构造柱的横截面总面积（对横墙和内纵墙，$A_c > 0.15A$ 时，取 $0.15A$；对外纵墙，$A_c > 0.25A$ 时，取 $0.25A$）；

f_t——中部构造柱的混凝土轴心抗拉强度设计值；

A_s——中部构造柱的纵向钢筋截面总面积（配筋率不小于 0.6%，大于 1.4%时取 1.4%）；

f_y——钢筋抗拉强度设计值；

ζ——中部构造柱参与工作系数；居中设一根时取 0.5，多于一根时取 0.4；

η_c——墙体约束修正系数；一般情况取 1.0，构造柱间距不大于 2.8m 时取 1.1。

7.2.9 水平配筋普通砖、多孔砖墙体的截面抗震受剪承载力，应按下式验算：

$$V \leqslant \frac{1}{\gamma_{RE}}(f_{vE}A + \zeta_s f_y A_s) \tag{7.2.9}$$

式中 A——墙体横截面面积，多孔砖取毛截面面积；

f_y——钢筋抗拉强度设计值；

A_s——层间墙体竖向截面的钢筋总截面面积，其配筋率应不小于0.07%且不大于0.17%；

ζ_s——钢筋参与工作系数，可按表7.2.9采用。

钢筋参与工作系数 **表7.2.9**

墙体高宽比	0.4	0.6	0.8	1.0	1.2
ζ_s	0.10	0.12	0.14	0.15	0.12

7.2.10 小砌块墙体的截面抗震受剪承载力，应按下式验算：

$$V \leqslant \frac{1}{\gamma_{RE}}[f_{vE}A + (0.3f_t A_c + 0.05f_y A_s)\zeta_c] \tag{7.2.10}$$

式中 f_t——芯柱混凝土轴心抗拉强度设计值；

A_c——芯柱截面总面积；

A_s——芯柱钢筋截面总面积；

ζ_c——芯柱参与工作系数，可按表7.2.10采用。

注：当同时设置芯柱和构造柱时，构造柱截面可作为芯柱截面，构造柱钢筋可作为芯柱钢筋。

芯柱参与工作系数 **表7.2.10**

填孔率 ρ	$\rho<0.15$	$0.15\leqslant\rho<0.25$	$0.25\leqslant\rho<0.5$	$\rho\geqslant0.5$
ζ_c	0.0	1.0	1.10	1.15

注：填孔率指芯柱根数（含构造柱和填实孔洞数量）与孔洞总数之比。

7.2.11 底层框架-抗震墙房屋中嵌砌于框架之间的普通砖抗震墙，当符合本章第7.5.6条的构造要求时，其抗震验算应符合下列规定：

1. 底层框架柱的轴向力和剪力，应计入砖抗震墙引起的附加轴向力和附加剪力，其值可按下列公式确定：

$$N_f = V_w H_f / l \tag{7.2.11-1}$$

$$V_f = V_w \tag{7.2.11-2}$$

式中 V_w——墙体承担的剪力设计值，柱两侧有墙时可取二者的较大值；

N_f——框架柱的附加轴压力设计值；

V_f——框架柱的附加剪力设计值；

H_f、l——分别为框架的层高和跨度。

2. 嵌砌于框架之间的普通砖抗震墙及两端框架柱，其抗震受剪承载力应按下式验算：

$$V \leqslant \frac{1}{\gamma_{REc}}\Sigma(M_{yc}^{u} + M_{yc}^{l})/H_0 + \frac{1}{\gamma_{REw}}\Sigma f_{vE}A_{w0} \tag{7.2.11-3}$$

式中　V——嵌砌普通砖抗震墙及两端框架柱剪力设计值；

A_{w0}——砖墙水平截面的计算面积，无洞口时取实际截面的1.25倍，有洞口时取截面净面积，但不计入宽度小于洞口高度1/4的墙肢截面面积；

M_{yc}^{u}、M_{yc}^{l}——分别为底层框架柱上下端的正截面受弯承载力设计值，可按现行国家标准《混凝土结构设计规范》GB 50010非抗震设计的有关公式取等号计算；

H_0——底层框架柱的计算高度，两侧均有砖墙时取柱净高的2/3，其余情况取柱净高；

γ_{REc}——底层框架柱承载力抗震调整系数，可采用0.8；

γ_{REw}——嵌砌普通砖抗震墙承载力抗震调整系数，可采用0.9。

7.2.12　多层内框架房屋的外墙组合砖柱，其抗震验算可按本规范第9.3.9条的规定执行。

7.3　多层粘土砖房抗震构造措施

7.3.1　多层普通砖、多孔砖房，应按下列要求设置现浇钢筋混凝土构造柱（以下简称构造柱）：

1. 构造柱设置部位，一般情况下应符合表7.3.1的要求。

2. 外廊式和单面走廊式的多层房屋，应根据房屋增加一层后的层数，按表7.3.1的要求设置构造柱，且单面走廊两侧的纵墙均应按外墙处理。

3. 教学楼、医院等横墙较少的房屋，应根据房屋增加一层后的层数，按表7.3.1的要求设置构造柱；当教学楼、医院等横墙较少的房屋为外廊式或单面走廊式时，应按2款要求设置构造柱，但6度不超过四层、7度不超过三层和8度不超过二层时，应按增加二层后的层数对待。

砖房构造柱设置要求　　　　**表7.3.1**

房屋层数				设置部位	
6度	7度	8度	9度		
四、五	三、四	二、三		外墙四角，错层部位横墙与外纵墙交接处，大房间内外墙交接处，较大洞口两侧	7、8度时，楼、电梯间的四角；隔15m或单元横墙与外纵墙交接处
六、七	五	四	二		隔开间横墙（轴线）与外墙交接处，山墙与内纵墙交接处；7～9度时，楼、电梯间的四角
八	六、七	五、六	三、四		内墙(轴线)与外墙交接处，内墙的局部较小墙垛处；7～9度时，楼、电梯间的四角；9度时内纵墙与横墙(轴线)交接处

7.3.2　多层普通砖、多孔砖房屋的构造柱应符合下列要求：

1. 构造柱最小截面可采用240mm×180mm，纵向钢筋宜采用4ϕ12，箍筋间距不宜大于250mm，且在柱上下端宜适当加密；7度时超过六层、8度时超过五层和9度时，构造柱纵向钢筋宜采用4ϕ14，箍筋间距不应大于200mm；房屋四角的构造柱可适当加大截面及配筋。

2. 构造柱与墙连接处应砌成马牙槎，并应沿墙高每隔500mm设2ϕ6拉结钢筋，每边伸入墙内不宜小于1m。

3. 构造柱与圈梁连接处，构造柱的纵筋应穿过圈梁，保证构造柱纵筋上下贯通。

4. 构造柱可不单独设置基础，但应伸入室外地面下500mm，或与埋深小于500mm的基础圈梁相连。

5. 房屋高度和层数接近本章表7.1.2的限值时，纵、横墙、内构造柱间距尚应符合下列要求：

1) 横墙内的构造柱间距不宜大于层高的二倍；下部1/3楼层的构造柱间距适当减小；

2) 当外纵墙开间大于3.9m时，应另设加强措施。内纵墙的构造柱间距不宜大于4.2m。

7.3.3 多层普通砖、多孔砖房屋的现浇钢筋混凝土圈梁设置应符合下列要求：

1. 装配式钢筋混凝土楼、屋盖或木楼、屋盖的砖房，横墙承重时应按表7.3.3的要求设置圈梁；纵墙承重时每层均应设置圈梁，且抗震横墙上的圈梁间距应比表内要求适当加密。

2. 现浇或装配整体式钢筋混凝土楼、屋盖与墙体有可靠连接的房屋，应允许不另设圈梁，但楼板沿墙体周边应加强配筋并应与相应的构造柱钢筋可靠连接。

砖房现浇钢筋混凝土圈梁设置要求 **表7.3.3**

墙　类	烈　度		
	6、7	8	9
外墙和内纵墙	屋盖处及每层楼盖处	屋盖处及每层楼盖处	屋盖处及每层楼盖处
内横墙	同上；屋盖处间距不应大于7m；楼盖处间距不应大于15m；构造柱对应部位	同上；屋盖处沿所有横墙，且间距不应大于7m；楼盖处间距不应大于7m；构造柱对应部位	同上；各层所有横墙

7.3.4 多层普通砖、多孔砖房屋的现浇钢筋混凝土圈梁构造应符合下列要求：

1. 圈梁应闭合，遇有洞口圈梁应上下搭接。圈梁宜与预制板设在同一标高处或紧靠板底；

2. 圈梁在本节第7.3.3条要求的间距内无横墙时，应利用梁或板缝中配筋替代圈梁；

3. 圈梁的截面高度不应小于120mm，配筋应符合表7.3.4的要求；按本规范第3.3.4条3款要求增设的基础圈梁，截面高度不应小于180mm；配筋不应少于4ϕ12。

砖房圈梁配筋要求 **表7.3.4**

配　筋	烈　度		
	6、7	8	9
最小纵筋	4ϕ10	4ϕ12	4ϕ14
最大箍筋间距（mm）	250	200	150

7.3.5 多层普通砖、多孔砖房屋的楼、屋盖应符合下列要求：

1. 现浇钢筋混凝土楼板或屋面板伸进纵、横墙内的长度，均不应小于 120mm。

2. 装配式钢筋混凝土楼板或屋面板，当圈梁未设在板的同一标高时，板端伸进外墙的长度不应小于 120mm，伸进内墙的长度不应小于 100mm，在梁上不应小于 80mm。

3. 当板的跨度大于 4.8m 并与外墙平行时，靠外墙的预制板侧边应与墙或圈梁拉结。

4. 房屋端部大房间的楼盖，8 度时房屋的屋盖和 9 度时房屋的楼、屋盖，当圈梁设在板底时，钢筋混凝土预制板应相互拉结，并应与梁、墙或圈梁拉结。

7.3.6 楼、屋盖的钢筋混凝土梁或屋架应与墙、柱（包括构造柱）或圈梁可靠连接，梁与砖柱的连接不应削弱柱截面，各层独立砖柱顶部应在两个方向均有可靠连接。

7.3.7 7度时长度大于7.2m 的大房间，及 8 度和 9 度时，外墙转角及内外墙交接处，应沿墙高每隔 500mm 配置 2ϕ6 拉结钢筋，并每边伸入墙内不宜小于 1m。

7.3.8 楼梯间应符合下列要求：

1. 8 度和 9 度时，顶层楼梯间横墙和外墙应沿墙高每隔 500mm 设 2ϕ6 通长钢筋；9 度时其他各层楼梯间墙体应在休息平台或楼层半高处设置 60mm 厚的钢筋混凝土带或配筋砖带，其砂浆强度等级不应低于 M7.5，纵向钢筋不应少于 2ϕ10。

2. 8 度和 9 度时，楼梯间及门厅内墙阳角处的大梁支承长度不应小于 500mm，并应与圈梁连接。

3. 装配式楼梯段应与平台板的梁可靠连接；不应采用墙中悬挑式踏步或踏步竖肋插入墙体的楼梯，不应采用无筋砖砌栏板。

4. 突出屋顶的楼、电梯间，构造柱应伸到顶部，并与顶部圈梁连接，内外墙交接处应沿墙高每隔 500mm 设 2ϕ6 拉结钢筋，且每边伸入墙内不应小于 1m。

7.3.9 坡屋顶房屋的屋架应与顶层圈梁可靠连接，檩条或屋面板应与墙及屋架可靠连接，房屋出入口处的檐口瓦应与屋面构件锚固；8 度和 9 度时，顶层内纵墙顶宜增砌支承山墙的踏步式墙垛。

7.3.10 门窗洞处不应采用无筋砖过梁；过梁支承长度，6～8 度时不应小于 240mm，9 度时不应小于 360mm。

7.3.11 预制阳台应与圈梁和楼板的现浇板带可靠连接。

7.3.12 后砌的非承重砌体隔墙应符合本规范第13.3节的有关规定。

7.3.13 同一结构单元的基础（或桩承台），宜采用同一类型的基础，底面宜埋置在同一标高上，否则应增设基础圈梁并应按 1:2 的台阶逐步放坡。

7.3.14 横墙较少的多层普通砖、多孔砖住宅楼的总高度和层数接近或达到表 7.1.2 规定限值，应采取下列加强措施：

1. 房屋的最大开间尺寸不宜大于 6.6m。

2. 同一结构单元内横墙错位数量不宜超过横墙总数的 1/3，且连续错位不宜多于两道；错位的墙体交接处均应增设构造柱，且楼、屋面板应采用现浇钢筋混凝土板。

3. 横墙和内纵墙上洞口的宽度不宜大于 1.5m；外纵墙上洞口的宽度不宜大于 2.1m 或开间尺寸的一半；且内外墙上洞口位置不应影响内外纵墙与横墙的整体连接。

4. 所有纵横墙均应在楼、屋盖标高处设置加强的现浇钢筋混凝土圈梁；圈梁的截面高度不宜小于 150mm，上下纵筋各不应少于 3ϕ10，箍筋不小于 ϕ6，间距不大于 300mm。

5. 所有纵横墙交接处及横墙的中部，均应增设满足下列要求的构造柱：在横墙内的柱距不宜大于层高，在纵墙内的柱距不宜大于4.2m，最小截面尺寸不宜小于240mm×240mm，配筋宜符合表7.3.14的要求。

增设构造柱的纵筋和箍筋设置要求 表7.3.14

位置	纵向钢筋			箍筋		
	最大配筋率（%）	最小配筋率（%）	最小直径（mm）	加密区范围（mm）	加密区间距（mm）	最小直径（mm）
角柱	1.8	0.8	14	全高	100	6
边柱	1.8	0.8	14	上端700	100	6
中柱	1.4	0.6	12	下端500	100	6

6. 同一结构单元的楼、屋面板应设置在同一标高处。

7. 房屋底层和顶层的窗台标高处，宜设置沿纵横墙通长的水平现浇钢筋混凝土带；其截面高度不小于60mm；宽度不小于240mm，纵向钢筋不少于3ϕ6。

7.4 多层砌块房屋抗震结构措施

7.4.1 小砌块房屋应按表7.4.1的要求设置钢筋混凝土芯柱，对医院、教学楼等横墙较少的房屋，应根据房屋增加一层后的层数，按表7.4.1的要求设置芯柱。

小砌块房屋芯柱设置要求 表7.4.1

房屋层数			设置部位	设置数量
6度	7度	8度		
四、五	三、四	二、三	外墙转角，楼梯间四角；大房间内外墙交接处；隔15m或单元横墙与外纵墙交接处	外墙转角，灌实3个孔；内外墙交接处，灌实4个孔
六	五	四	外墙转角，楼梯间四角，大房间内外墙交接处，山墙与内纵墙交接处，隔开间横墙（轴线）与外纵墙交接处	外墙转角，灌实3个孔；内外墙交接处，灌实4个孔
七	六	五	外墙转角，楼梯间四角；各内墙（轴线）与外纵墙交接处；8、9度时，内纵墙与横墙（轴线）交接处和洞口两侧	外墙转角，灌实5个孔；内外墙交接处，灌实4个孔；内墙交接处，灌实4～5个孔；洞口两侧各灌实1个孔
	七	六	同上； 横墙内芯柱间距不宜大于2m	外墙转角，灌实7个孔；内外墙交接处，灌实5个孔；内墙交接处，灌实4～5个孔；洞口两侧各灌实1个孔

注：外墙转角、内外墙交接处、楼电梯间四角等部位，应允许采用钢筋混凝土构造柱替代部分芯柱。

7.4.2 小砌块房屋的芯柱，应符合下列构造要求：

1. 小砌块房屋芯柱截面不宜小于120mm×120mm。
2. 芯柱混凝土强度等级，不应低于C20。

3．芯柱的竖向插筋应贯通墙身且与圈梁连接；插筋不应小于1ϕ12，7度时超过五层、8度时超过四层和9度时，插筋不应小于1ϕ14。

4．芯柱应伸入室外地面下500mm或与埋深小于500mm的基础圈梁相连。

5．为提高墙体抗震受剪承载力而设置的芯柱，宜在墙体内均匀布置，最大净距不宜大于2.0m。

7.4.3 小砌块房屋中替代芯柱的钢筋混凝土构造柱，应符合下列构造要求：

1．构造柱最小截面可采用190mm×190mm，纵向钢筋宜采用4ϕ12，筋筋间距不宜大于250mm，且在柱上下端宜适当加密；7度时超过五层、8度时超过四层，构造柱纵向钢筋宜采用4ϕ14，箍筋间距不应大于200mm；外墙转角的构造柱可适当加大截面及配筋。

2．构造柱与砌块墙连接处应砌成马牙槎，与构造柱相邻的砌块孔洞，6度时宜填实，7度时应填实，8度时应填实并插筋；沿墙高每隔600mm应设拉结钢筋网片，每边伸入墙内不宜小于1m。

3．构造柱与圈梁连接处，构造柱的纵筋应穿过圈梁，保证构造柱纵筋上下贯通。

4．构造柱可不单独设置基础，但应伸入室外地面下500mm，或与埋深小于500mm的基础圈梁相连。

7.4.4 小砌块房屋的现浇钢筋混凝土圈梁应按表7.4.4的要求设置，圈梁宽度不应小于190mm，配筋不应少于4ϕ12，箍筋间距不应大于200mm。

小砌块房屋现浇钢筋混凝土圈梁设置要求 表7.4.4

墙　类	烈　度	
	6、7	8
外墙和内纵墙	屋盖处及每层楼盖处	屋盖处及每层楼盖处
内横墙	同上；屋盖处沿所有横墙；楼盖处间距不应大于7m；构造柱对应部位	同上；各层所有横墙

7.4.5 小砌块房屋墙体交接处或芯柱与墙体连接处应设置拉结钢筋网片，网片可采用直径4mm的钢筋点焊而成，沿墙高每隔600mm设置，每边伸入墙内不宜小于1m。

7.4.6 小砌块房屋的层数，6度时七层、7度时超过五层、8度时超过四层，在底层和顶层的窗台标高处，沿纵横墙应设置通长的水平现浇钢筋混凝土带；其截面高度不小于60mm，纵筋不少于2ϕ10，并应有分布拉结钢筋；其混凝土强度等级不应低于C20。

7.4.7 小砌块房屋的其他抗震构造措施，应符合本章第7.3.5条至7.3.13条有关要求。

7.5 底部框架-抗震墙房屋抗震构造措施

7.5.1 底部框架-抗震墙房屋的上部应设置钢筋混凝土构造柱，并应符合下列要求：

1．钢筋混凝土构造柱的设置部位，应根据房屋的总层数按本章第7.3.1条的规定设置。过渡层尚应在底部框架柱对应位置处设置构造柱。

2．构造柱的截面，不宜小于240mm×240mm。

3. 构造柱的纵向钢筋不宜少于4ϕ14，箍筋间距不宜大于200mm。

4. 过渡层构造柱的纵向钢筋，7度时不宜少于4ϕ16，8度时不宜少于6ϕ16。一般情况下，纵向钢筋应锚入下部的框架柱内；当纵向钢筋锚固在框架梁内时，框架梁的相应位置应加强。

5. 构造柱应与每层圈梁连接，或与现浇楼板可靠拉结。

7.5.2 上部抗震墙的中心线宜同底部的框架梁、抗震墙的轴线相重合；构造柱宜与框架柱上下贯通。

7.5.3 底部框架-抗震墙房屋的楼盖应符合下列要求：

1. 过渡层的底板应采用现浇钢筋混凝土板，板厚不应小于120mm；并应少开洞、开小洞，当洞口尺寸大于800mm时，洞口周边应设置边梁。

2. 其他楼层，采用装配式钢筋混凝土楼板时均应设现浇圈梁，采用现浇钢筋混凝土楼板时应允许不另设圈梁，但楼板沿墙体周边应加强配筋并应与相应的构造柱可靠连接。

7.5.4 底部框架-抗震墙房屋的钢筋混凝土托墙梁，其截面和构造应符合下列要求：

1. 梁的截面宽度不应小于300mm，梁的截面高度不应小于跨度的1/10。

2. 箍筋的直径不应小于8mm，间距不应大于200mm；梁端在1.5倍梁高且不小于1/5梁净跨范围内，以及上部墙体的洞口处和洞口两侧各500mm且不小于梁高的范围内，箍筋间距不应大于100mm。

3. 沿梁高应设腰筋，数量不应少于2ϕ14，间距不应大于200mm。

4. 梁的主筋和腰筋应按受拉钢筋的要求锚固在柱内，且支座上部的纵向钢筋在柱内的锚固长度应符合钢筋混凝土框支梁的有关要求。

7.5.5 底部的钢筋混凝土抗震墙，其截面和构造应符合下列要求：

1. 抗震墙周边应设置梁（或暗梁）和边框柱（或框架柱）组成的边框；边框梁的截面宽度不宜小于墙板厚度的1.5倍，截面高度不宜小于墙板厚度的2.5倍；边框柱的截面高度不宜小于墙板厚度的2倍。

2. 抗震墙墙板的厚度不宜小于160mm，且不应小于墙板净高的1/20；抗震墙宜开设洞口形成若干墙段，各墙段的高宽比不宜小于2。

3. 抗震墙的竖向和横向分布钢筋配筋率均不应小于0.25%，并应采用双排布置；双排分布钢筋间拉筋的间距不应大于600mm，直径不应小于6mm。

4. 抗震墙的边缘构件可按本规范第6.4节关于一般部位的规定设置。

7.5.6 底层框架-抗震墙房屋的底层采用普通砖抗震墙时，其构造应符合下列要求：

1. 墙厚不应小于240mm，砌筑砂浆强度等级不应低于M10，应先砌墙后浇框架。

2. 沿框架柱每隔500mm配置2ϕ6拉结钢筋，并沿砖墙全长设置；在墙体半高处尚应设置与框架柱相连的钢筋混凝土水平系梁。

3. 墙长大于5m时，应在墙内增设钢筋混凝土构造柱。

7.5.7 底部框架-抗震墙房屋的材料强度等级，应符合下列要求：

1. 框架柱、抗震墙和托墙梁的混凝土强度等级，不应低于C30。

2. 过渡层墙体的砌筑砂浆强度等级，不应低于M7.5。

7.5.8 底部框架-抗震墙房屋的其他抗震构造措施，应符合本章第7.3.5条至7.3.14条有关要求。

7.6 多排柱内框架房屋抗震构造措施

7.6.1 多层多排柱内框架房屋的钢筋混凝土构造柱设置，应符合下列要求：

1. 下列部位应设置钢筋混凝土构造柱：

1）外墙四角和楼、电梯间四角；楼梯休息平台梁的支承部位；

2）抗震墙两端及未设置组合柱的外纵墙、外横墙上对应于中间柱列轴线的部位。

2. 构造柱的截面，不宜小于240mm×240mm。

3. 构造柱的纵向钢筋不宜少于4ϕ14，箍筋间距不宜大于200mm。

4. 构造柱应与每层圈梁连接，或与现浇楼板可靠拉结。

7.6.2 多层多排柱内框架房屋的楼、屋盖，应采用现浇或装配整体式钢筋混凝土板。采用现浇钢筋混凝土楼板时应允许不设圈梁，但楼板沿墙体周边应加强配筋并应与相应的构造柱可靠连接。

7.6.3 多排柱内框架梁在外纵墙、外横墙上的搁置长度不应小于300mm，且梁端应与圈梁或组合柱、构造柱连接。

7.6.4 多排柱内框架房屋的其他抗震构造措施应符合本章第7.3.5条至7.3.13条有关要求。

8 多层和高层钢结构房屋

8.1 一 般 规 定

8.1.1 本章适用的钢结构民用房屋的结构类型和最大高度应符合表8.1.1的规定。平面和竖向均不规则或建造于Ⅳ类场地的钢结构，适用的最大高度应适当降低。

注：多层钢结构厂房的抗震设计，应符合本规范附录G的规定。

钢结构房屋适用的最大高度（m） 表8.1.1

结 构 类 型	6、7度	8度	9度
框架	110	90	50
框架-支撑（抗震墙板）	220	·200	140
筒体（框筒，筒中筒，桁架筒，束筒）和巨型框架	300	260	180

注：1. 房屋高度指室外地面到主要屋面板板顶的高度（不包括局部突出屋顶部分）；

2. 超过表内高度的房屋，应进行专门研究和论证，采取有效的加强措施。

8.1.2 本章适用的钢结构民用房屋的最大高宽比不宜超过表8.1.2的规定。

钢结构民用房屋适用的最大高宽比 表8.1.2

烈 度	6、7	8	9
最大高宽比	6.5	6.0	5.5

注：计算高宽比的高度从室外地面算起。

8.1.3 钢结构房屋应根据烈度、结构类型和房屋高度，采用不同的地震作用效应调整系数，并采取不同的抗震构造措施。

8.1.4 钢结构房屋宜避免采用本规范第3.4节规定的不规则建筑结构方案，不设防震缝；需要设置防震缝时，缝宽应不小于相应钢筋混凝土结构房屋的1.5倍。

8.1.5 不超过12层的钢结构房屋可采用框架结构、框架-支撑结构或其他结构类型；超过12层的钢结构房屋，8、9度时，宜采用偏心支撑、带竖缝钢筋混凝土抗震墙板、内藏钢支撑钢筋混凝土墙板或其他消能支撑及筒体结构。

8.1.6 采用框架-支撑结构时，应符合下列规定：

1. 支撑框架在两个方向的布置均宜基本对称，支撑框架之间楼盖的长宽比不宜大于3。

2. 不超过12层的钢结构宜采用中心支撑，有条件时也可采用偏心支撑等消能支撑。超过12层的钢结构采用偏心支撑框架时，顶层可采用中心支撑。

3. 中心支撑框架宜采用交叉支撑，也可采用人字支撑或单斜杆支撑，不宜采用K形支撑；支撑的轴线应交汇于梁柱构件轴线的交点，确有困难时偏离中心不应超过支撑杆件宽度，并应计入由此产生的附加弯矩。

4. 偏心支撑框架的每根支撑应至少有一端与框架梁连接，并在支撑与梁交点和柱之间或同一跨内另一支撑与梁交点之间形成消能梁段。

8.1.7 钢结构的楼盖宜采用压型钢板现浇钢筋混凝土组合楼板或非组合楼板。对不超过12层的钢结构尚可采用装配整体式钢筋混凝土楼板，亦可采用装配式楼板或其他轻型楼盖；对超过12层的钢结构，必要时可设置水平支撑。

采用压型钢板钢筋混凝土组合楼板和现浇钢筋混凝土楼板时，应与钢梁有可靠连接。采用装配式、装配整体式或轻型楼板时，应将楼板预埋件与钢梁焊接，或采取其他保证楼盖整体性的措施。

8.1.8 超过12层的钢框架-筒体结构，在必要时可设置由筒体外伸臂或外伸臂和周边桁架组成的加强层。

8.1.9 钢结构房屋设置地下室时，框架-支撑（抗震墙板）结构中竖向连续布置的支撑（抗震墙板）应延伸至基础；框架柱应至少延伸至地下一层。

8.1.10 超过12层的钢结构应设置地下室。其基础埋置深度，当采用天然地基时不宜小于房屋总高度的1/15；当采用桩基时，桩承台埋深不宜小于房屋总高度的1/20。

8.2 计 算 要 点

8.2.1 钢结构应按本节规定调整地震作用效应，其层间变形应符合本规范第5.5节的有关规定；构件截面和连接的抗震验算时，凡本章未作规定者，应符合现行有关结构设计规范的要求，但其非抗震的构件、连接的承载力设计值应除以本规范规定的承载力抗震调整系数。

8.2.2 钢结构在多遇地震下的阻尼比，对不超过12层的钢结构可采用0.035，对超过12层的钢结构可采用0.02；在罕遇地震下的分析，阻尼比可采用0.05。

8.2.3 钢结构在地震作用下的内力和变形分析，应符合下列规定：

1. 钢结构应按本规范第3.6.3条规定计入重力二阶效应。对框架梁，可不按柱轴线处的内力而按梁端内力设计。对工字形截面柱，宜计入梁柱节点域剪切变形对结构侧移的影响；中心支撑框架和不超过 12 层的钢结构，其层间位移计算可不计入梁柱节点域剪切变形的影响。

2. 钢框架-支撑结构的斜杆可按端部铰接杆计算；框架部分按计算得到的地震剪力应乘以调整系数，达到不小于结构底部总地震剪力的 25%和框架部分地震剪力最大值 1.8 倍二者的较小者。

3. 中心支撑框架的斜杆轴线偏离梁柱轴线交点不超过支撑杆件的宽度时，仍可按中心支撑框架分析，但应计及由此产生的附加弯矩；人字形和 V 形支撑组合的内力设计值应乘以增大系数，其值可采用 1.5。

4. 偏心支撑框架构件的内力设计值，应按下列要求调整：

1）支撑斜杆的轴力设计值，应取与支撑斜杆相连接的消能梁段达到受剪承载力时支撑斜杆轴力与增大系数的乘积，其值在 8 度及以下时不应小于 1.4，9 度时不应小于 1.5；

2）位于消能梁段同一跨的框架梁内力设计值，应取消能梁段达到受剪承载力时框架梁内力与增大系数的乘积，其值在 8 度及以下时不应小于 1.5，9 度时不应小于 1.6；

3）框架柱的内力设计值，应取消能梁段达到受剪承载力时柱内力与增大系数的乘积，其值在 8 度及以下时不应小于 1.5，9 度时不应小于 1.6。

5. 内藏钢支撑钢筋混凝土墙板和带竖缝钢筋混凝土墙板应按有关规定计算，带竖缝钢筋混凝土墙板可仅承受水平荷载产生的剪力，不承受竖向荷载产生的压力。

6. 钢结构转换层下的钢框架柱，地震内力应乘以增大系数，其值可采用 1.5。

8.2.4 钢框架梁的上翼缘采用抗剪连接件与组合楼板连接时，可不验算地震作用下的整体稳定。

8.2.5 钢框架构件及节点的抗震承载力验算，应符合下列规定：

1. 节点左右梁端和上下柱端的全塑性承载力应符合式（8.2.5-1）要求。当柱所在楼层的受剪承载力比上一层的受剪承载力高出 25%，或柱轴向力设计值与柱全截面面积和钢材抗拉强度设计值乘积的比值不超过 0.4，或作为轴心受压构件在 2 倍地震力下稳定性得到保证时，可不按该式验算。

$$\Sigma W_{pc}(f_{yc} - N/A_c) \geqslant \eta \Sigma W_{pb} f_{yb} \qquad (8.2.5\text{-}1)$$

式中 W_{pc}、W_{pb}——分别为柱和梁的塑性截面模量；

N——柱轴向压力设计值；

A_c——柱截面面积；

f_{yc}、f_{yb}——分别为柱和梁的钢材屈服强度；

η——强柱系数，超过 6 层的钢框架，6 度Ⅳ类场地和 7 度时可取 1.0，8 度时可取 1.05，9 度时可取 1.15。

2. 节点域的屈服承载力应符合下式要求：

$$\psi(M_{pb1} + M_{pb2})/V_p \leqslant (4/3)f_v \qquad (8.2.5\text{-}2)$$

工字形截面柱
$$V_p = h_b h_c t_w \qquad (8.2.5\text{-}3)$$

箱形截面柱
$$V_p = 1.8 h_b h_c t_w \qquad (8.2.5\text{-}4)$$

3. 工字形截面柱和箱形截面柱的节点域应按下列公式验算：

$$t_w \geqslant (h_b + h_c)/90 \qquad (8.2.5\text{-}5)$$

$$(M_{b1} + M_{b2})/V_p \leqslant (4/3)f_v/\gamma_{RE} \tag{8.2.5-6}$$

式中　M_{pb1}、M_{pb2}——分别为节点域两侧梁的全塑性受弯承载力；

V_p——节点域的体积；

f_v——钢材的抗剪强度设计值；

ψ——折减系数，6度Ⅳ类场地和7度时可取0.6，8、9度时可取0.7；

h_b、h_c——分别为梁腹板高度和柱腹板高度；

t_w——柱在节点域的腹板厚度；

M_{b1}、M_{b2}——分别为节点域两侧梁的弯矩设计值；

γ_{RE}——节点域承载力抗震调整系数，取0.85。

注：当柱节点域腹板厚度不小于梁、柱截面高度之和的1/70时，可不验算节点域的稳定性。

8.2.6　中心支撑框架构件的抗震承载力验算，应符合下列规定：

1. 支撑斜杆的受压承载力应按下式验算：

$$N/(\varphi A_{br}) \leqslant \psi f/\gamma_{RE} \tag{8.2.6-1}$$

$$\psi = 1/(1 + 0.35\lambda_n) \tag{8.2.6-2}$$

$$\lambda_n = (\gamma/\pi)\sqrt{f_{ay}/E} \tag{8.2.6-3}$$

式中　N——支撑斜杆的轴向力设计值；

A_{br}——支撑斜杆的截面面积；

φ——轴心受压构件的稳定系数；

ψ——受循环荷载时的强度降低系数；

λ_n——支撑斜杆的正则化长细比；

E——支撑斜杆材料的弹性模量；

f_{ay}——钢材屈服强度；

γ_{RE}——支撑承载力抗震调整系数。

2. 人字支撑和V形支撑的横梁在支撑连接处应保持连续，该横梁应承受支撑斜杆传来的内力，并应按不计入支撑支点作用的简支梁验算重力荷载和受压支撑屈曲后产生不平衡力作用下的承载力。

注：顶层和塔屋的梁可不执行本款规定。

8.2.7　偏心支撑框架构件的抗震承载力验算，应符合下列规定：

1. 偏心支撑框架消能梁段的受剪承载力应按下列公式验算：

当 $N \leqslant 0.15Af$ 时

$$V \leqslant \varphi V_l/\gamma_{RE} \tag{8.2.7-1}$$

$V_l = 0.58A_w f_{ay}$　或　$V_l = 2M_{lp}/a$，取较小值

$$A_w = (h - 2t_f)t_w$$

$$M_{lp} = W_p f$$

当 $N > 0.15Af$ 时

$$V \leqslant \varphi V_{lc}/\gamma_{RE} \tag{8.2.7-2}$$

$$V_{lc} = 0.58A_w f_{ay}\sqrt{1 - [N/(Af)^2]}$$

或 $V_{lc}=2.4M_{lp}[1-N/(Af)]/a$,取较小值

式中 φ——系数，可取0.9；

V、N——分别为消能梁段的剪力设计值和轴力设计值；

V_l、V_{lc}——分别为消能梁段的受剪承载力和计入轴力影响的受剪承载力；

M_{lp}——消能梁段的全塑性受弯承载力；

a、h、t_w、t_f——分别为消能梁段的长度、截面高度、腹板厚度和翼缘厚度；

A、A_w——分别为消能梁段的截面面积和腹板截面面积；

W_p——消能梁段的塑性截面模量；

f、f_{ay}——分别为消能梁段钢材的抗拉强度设计值和屈服强度；

γ_{RE}——消能梁段承载力抗震调整系数，取0.85。

注：消能梁段指偏心支撑框架中斜杆与梁交点和柱之间的区段或同一跨内相邻两个斜杆与梁交点之间的区段，地震时消能梁段屈服而使其余区段仍处于弹性受力状态。

2. 支撑斜杆与消能梁段连接的承载力不得小于支撑的承载力。若支撑需抵抗弯矩，支撑与梁的连接应按抗压弯连接设计。

8.2.8 钢结构构件连接应按地震组合内力进行弹性设计，并应进行极限承载力验算：

1. 梁与柱连接弹性设计时，梁上下翼缘的端截面应满足连接的弹性设计要求，梁腹板应计入剪力和弯矩。梁与柱连接的极限受弯、受剪承载力，应符合下列要求：

$$M_u \geqslant 1.2M_p \quad (8.2.8\text{-}1)$$

$$V_u \geqslant 1.3(2M_p/l_n) \text{ 且 } V_u \geqslant 0.58h_w t_w f_{ay} \quad (8.2.8\text{-}2)$$

式中 M_u——梁上下翼缘全熔透坡口焊缝的极限受弯承载力；

V_u——梁腹板连接的极限受剪承载力；垂直于角焊缝受剪时，可提高1.22倍；

M_p——梁（梁贯通时为柱）的全塑性受弯承载力；

l_n——梁的净跨（梁贯通时取该楼层柱的净高）；

h_w、t_w——梁腹板的高度和厚度；

f_{ay}——钢材屈服强度。

2. 支撑与框架的连接及支撑拼接的极限承载力，应符合下式要求：

$$N_{ubr} \geqslant 1.2A_n f_{ay} \quad (8.2.8\text{-}3)$$

式中 N_{ubr}——螺栓连接和节点板连接在支撑轴线方向的极限承载力；

A_n——支撑的截面净面积；

f_{ay}——支撑钢材的屈服强度。

3. 梁、柱构件拼接的弹性设计时，腹板应计入弯矩，且受剪承载力不应小于构件截面受剪承载力的50%；拼接的极限承载力，应符合下列要求：

$$V_u \geqslant 0.58h_w t_w f_{ay} \quad (8.2.8\text{-}4)$$

无轴向力时

$$M_u \geqslant 1.2M_p \quad (8.2.8\text{-}5)$$

有轴向力时

$$M_u \geqslant 1.2M_{pc} \quad (8.2.8\text{-}6)$$

式中 M_u、V_u——分别为构件拼接的极限受弯、受剪承载力；

M_{pc}——构件有轴向力时的全截面受弯承载力；

h_w、t_w——拼接构件截面腹板的高度和厚度；

f_{ay}——被拼接构件的钢材屈服强度。

拼接采用螺栓连接时，尚应符合下列要求：

翼缘

$$nN_{cu}^{b} \geqslant 1.2A_f f_{ay}$$

$$且\ nN_{vu}^{b} \geqslant 1.2A_f f_{ay} \tag{8.2.8-7}$$

腹板

$$N_{cu}^{b} \geqslant \sqrt{(V_u/n)^2 + (N_M^b)^2}$$

$$且\ N_{vu}^{b} \geqslant \sqrt{(V_u/n)^2 + (N_M^b)^2} \tag{8.2.8-8}$$

式中 N_{vu}^{b}、N_{cu}^{b}——一个螺栓的极限受剪承载力和对应的板件极限承压力；

A_f——翼缘的有效截面面积；

N_M^b——腹板拼接中弯矩引起的一个螺栓的最大剪力；

n——翼缘拼接或腹板拼接一侧的螺栓数。

4. 梁、柱构件有轴力时的全截面受弯承载力，应按下列公式计算：

工字形截面（绕强轴）和箱形截面

当 $N/N_y \leqslant 0.13$ 时 $$M_{pc} = M_p \tag{8.2.8-9}$$

当 $N/N_y > 0.13$ 时 $$M_{pc} = 1.15\ (1 - N/N_y)\ M_p \tag{8.2.8-10}$$

工字形截面（绕弱轴）

当 $N/N_y \leqslant A_w/A$ 时 $$M_{pc} = M_p \tag{8.2.8-11}$$

当 $N/N_y > A_w/A$ 时

$$M_{pc} = \{1 - [(N - A_w f_{ay})/(N_y - A_w f_{ay})]^2\} M_p \tag{8.2.8-12}$$

式中 N_y——构件轴向屈服承载力，取 $N_y = A_n f_{ay}$。

5. 焊缝的极限承载力应按下列公式计算：

对接焊缝受拉

$$N_u = A_f^w f_u \tag{8.2.8-13}$$

角焊缝受剪

$$V_u = 0.58 A_{wf} f_u \tag{8.2.8-14}$$

式中 A_f^w——焊缝的有效受力面积；

f_u——构件母材的抗拉强度最小值。

6. 高强度螺栓连接的极限受剪承载力，应取下列二式计算的较小者：

$$N_{vu}^{b} = 0.58 n_f A_e^b f_u^b \tag{8.2.8-15}$$

$$N_{cu}^{b} = d \Sigma t f_{cu}^{b} \tag{8.2.8-16}$$

式中 N_{vu}^{b}、N_{cu}^{b}——分别为一个高强度螺栓的极限受剪承载力和对应的板件极限承压力；

n_f——螺栓连接的剪切面数量；

A_e^b——螺栓螺纹处的有效截面面积；

f_u^b——螺栓钢材的抗拉强度最小值；

d——螺栓杆直径；

Σt——同一受力方向的钢板厚度之和；

f_{cu}^{b}——螺栓连接板的极限承压强度，取 $1.5 f_u$。

8.3 钢框架结构抗震构造措施

8.3.1 框架柱的长细比，应符合下列规定：

1. 不超过12层的钢框架柱的长细比，6～8度时不应大于120 $\sqrt{235/f_{ay}}$，9度时不应大于100 $\sqrt{235/f_{ay}}$。

2. 超过12层的钢框架柱的长细比，应符合表8.3.1的规定。

超过12层框架的柱长细比限值 **表8.3.1**

烈　度	6度	7度	8度	9度
长　细　比	120	80	60	60

注：表列数值适用于Q235钢，采用其他牌号钢材时，应乘以 $\sqrt{235/f_{ay}}$。

8.3.2 框架梁、柱板件宽厚比应符合下列规定：

1. 不超过12层框架的梁、柱板件宽厚比应符合表8.3.2-1的要求：

不超过12层框架的梁柱板件宽厚比限值 **表8.3.2-1**

板　件　名　称		7度	8度	9度
柱	工字形截面翼缘外伸部分	13	12	11
	箱形截面壁板	40	36	36
	工字形截面腹板	52	48	44
梁	工字形截面和箱形截面翼缘外伸部分	11	10	9
	箱形截面翼缘在两腹板间的部分	36	32	30
	工字形截面和箱形截面腹板			
	（$N_b/Af<0.37$）	85-120N_b/Af	80-110N_b/Af	72-100N_b/Af
	（$N_b/Af\geqslant0.37$）	40	39	35

注：表列数值适用于Q235，当材料为其他牌号钢材时，应乘以 $\sqrt{235/f_{ay}}$。

2. 超过12层框架梁、柱板件宽厚比应符合表8.3.2-2的规定：

超过12层框架的梁柱板件宽厚比限值 **表8.3.2-2**

板　件　名　称		6度	7度	8度	9度
柱	工字形截面翼缘外伸部分	13	11	10	9
	工字形截面腹板	43	43	43	43
	箱形截面壁板	39	37	35	33
梁	工字形截面和箱形截面翼缘外伸部分	11	10	9	9
	箱形截面翼缘在两腹板间的部分	36	32	30	30
	工字形截面和箱形截面腹板	85-120N_b/Af	80-110N_b/Af	72-100N_b/Af	72-100N_b/Af

注：表列数值适用于Q235钢，采用其他牌号钢材时，应乘以 $\sqrt{235/f_{ay}}$。

8.3.3 梁柱构件的侧向支承应符合下列要求：

1. 梁柱构件在出现塑性铰的截面处，其上下翼缘均应设置侧向支承。

2. 相邻两支承点间的构件长细比，应符合国家标准《钢结构设计规范》GB 50017关于塑性设计的有关规定。

8.3.4 梁与柱的连接构造，应符合下列要求：

1. 梁与柱的连接宜采用柱贯通型。

2. 柱在两个互相垂直的方向都与梁刚接时，宜采用箱形截面。当仅在一个方向刚接时，宜采用工字形截面，并将柱腹板置于刚接框架平面内。

3. 工字形截面柱（翼缘）和箱形截面柱与梁刚接时，应符合下列要求（图 8.3.4-1），有充分依据时也可采用其他构造形式。

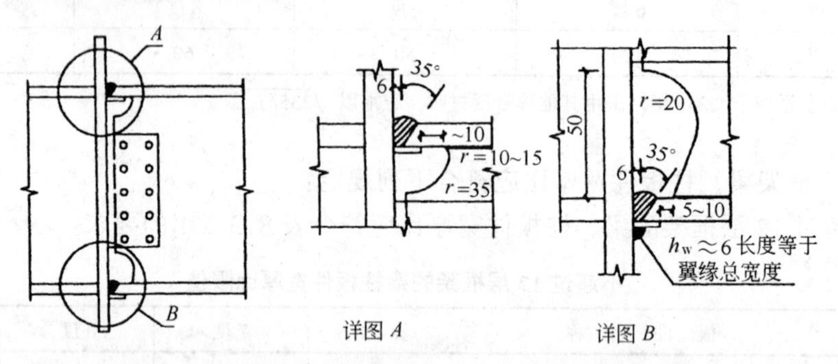

图 8.3.4-1 框架梁与柱的现场连接

1）梁翼缘与柱翼缘间应采用全熔透坡口焊缝；8 度乙类建筑和 9 度时，应检验 V 形切口的冲击韧性，其恰帕冲击韧性在 -20℃ 时不低于 27J；

2）柱在梁翼缘对应位置设置横向加劲肋，且加劲肋厚度不应小于梁翼缘厚度；

3）梁腹板宜采用摩擦型高强度螺栓通过连接板与柱连接；腹板角部宜设置扇形切角，其端部与梁翼缘的全熔透焊缝应隔开；

4）当梁翼缘的塑性截面模量小于梁全截面塑性截面模量的 70％时，梁腹板与柱的连接螺栓不得少于二列；当计算仅需一列时，仍应布置二列，且此时螺栓总数不得少于计算值的 1.5 倍；

5）8 度Ⅲ、Ⅳ场地和 9 度时，宜采用能将塑性铰自梁端外移的骨形连接。

4. 框架梁采用悬臂梁段与柱刚性连接时（图 8.3.4-2），悬臂梁段与柱应预先采用全焊接连接，梁的现场拼装可采用翼缘焊接腹板螺栓连接（*a*）或全部螺栓连接（*b*）。

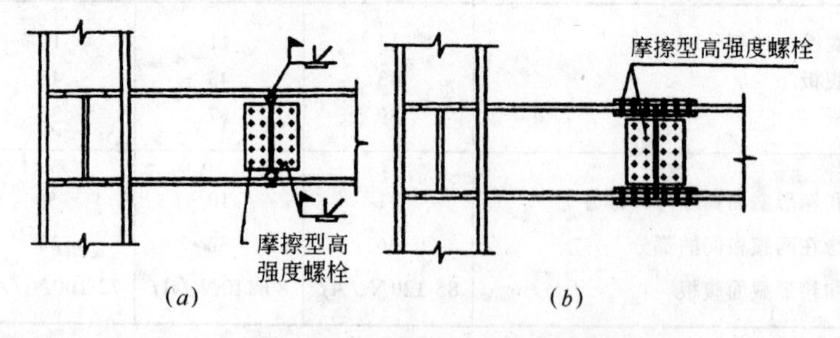

图 8.3.4-2 框架梁与柱通过梁悬臂段的连接

5. 箱形截面柱在与梁翼缘对应位置设置的隔板应采用全熔透对接焊缝与壁板相连。工字形截面柱的横向加劲肋与柱翼缘应采用全熔透对拉焊缝连接，与腹板可采用角焊缝连接。

8.3.5 当节点域的体积不满足本章第8.2.5 条 3款的规定时，应采取加厚节点域或贴焊补强板的措施。补强板的厚度及其焊缝应按传递补强板所分担剪力的要求设计。

8.3.6 梁与柱刚性连接时，柱在梁翼缘上下各500mm的节点范围内，柱翼缘与柱腹板间或箱形柱壁板间的连接焊缝，应采用坡口全熔透焊缝。

8.3.7 框架柱接头宜位于框架梁上方1.3m附近。

上下柱的对接接头应采用全熔透焊缝，柱拼接接头上下各100mm范围内，工字形截面柱翼缘与腹板间及箱形截面柱角部壁板间的焊缝，应采用全熔透焊缝。

8.3.8 超过12层钢结构的刚接柱脚宜采用埋入式，6、7度时也可采用外包式。

8.4 钢框架-中心支撑结构抗震构造措施

8.4.1 当中心支撑采用只能受拉的单斜杆体系时，应同时设置不同倾斜方向的两组斜杆，且每组中不同方向单斜杆的截面面积在水平方向的投影面积之差不得大于10%。

8.4.2 中心支撑杆件的长细比和板件宽厚比应符合下列规定：

1. 支撑杆件的长细比，不宜大于表8.4.2-1的限值。

钢结构中心支撑杆件长细比限值 **表8.4.2-1**

类型		6、7度	8度	9度
不超过12层	按压杆设计	150	120	120
	按拉杆设计	200	150	150
超过12层		120	90	60

注：表列数值适用于Q235钢，采用其他牌号钢材应乘以$\sqrt{235/f_{ay}}$。

2. 支撑杆件的板件宽厚比，不应大于表8.4.2-2规定的限值。采用节点板连接时，应注意节点板的强度和稳定。

钢结构中心支撑板件宽厚比限值 **表8.4.2-2**

板件名称	不超过12层			超过12层			
	7度	8度	9度	6度	7度	8度	9度
翼缘外伸部分	13	11	9	9	8	8	7
工字形截面腹板	33	30	27	25	23	23	21
箱形截面腹板	31	28	25	23	21	21	19
圆管外径与壁厚比				42	40	40	38

注：表列数值适用于Q235钢，采用其他牌号钢材应乘以$\sqrt{235/f_{ay}}$。

8.4.3 中心支撑节点的构造应符合下列要求：

1. 超过12层时，支撑宜采用轧制H型钢制作，两端与框架可采用刚接构造，梁柱与支撑连接处应设置加劲肋；8、9度采用焊接工字形截面的支撑时，其翼缘与腹板的连接宜采用全熔透连续焊缝；

2. 支撑与框架连接处，支撑杆端宜做成圆弧；

3. 梁在其与V形支撑或人字支撑相交处，应设置侧向支承；该支承点与梁端支承点间的侧向长细比（λ_y）以及支承力，应符合国家标准《钢结构设计规范》GB 50017关于塑性设计的规定。

4. 不超过 12 层时，若支撑与框架采用节点板连接，应符合国家标准《钢结构设计规范》GB 50017 关于节点板在连接杆件每侧有不小于 30°夹角的规定；支撑端部至节点板嵌固点在沿支撑杆件方向的距离（由节点板与框架构件焊缝的起点垂直于支撑杆轴线的直线至支撑端部的距离），不应小于节点板厚度的 2 倍。

8.4.4 框架-中心支撑结构的框架部分，当房屋高度不高于 100m 且框架部分承担的地震作用不大于结构底部总地震剪力的 25%时，8、9 度的抗震构造措施可按框架结构降低一度的相应要求采用；其他抗震构造措施，应符合本章第 8.3 节对框架结构抗震构造措施的规定。

8.5 钢框架-偏心支撑结构抗震构造措施

8.5.1 偏心支撑框架消能梁段的钢材屈服强度不应大于345MPa。消能梁段及与消能梁段同一跨内的非消能梁段，其板件的宽厚比不应大于表 8.5.1 规定的限值。

偏心支撑框架梁板件宽厚比限值 **表 8.5.1**

板件名称		宽厚比限值
翼缘外伸部分		8
腹板	当 $N/Af \leqslant 0.14$ 时	$90[1-1.65N/(Af)]$
	当 $N/Af > 0.14$ 时	$33[2.3-N/(Af)]$

注：表列数值适用于 Q235 钢，当材料为其他钢号时，应乘以 $\sqrt{235/f_{ay}}$。

8.5.2 偏心支撑框架的支撑杆件的长细比不应大于$120\sqrt{235/f_{ay}}$，支撑杆件的板件宽厚比不应超过国家标准《钢结构设计规范》GB 50017 规定的轴心受压构杆在弹性设计时的宽厚比限值。

8.5.3 消能梁段的构造应符合下列要求：

1. 当 $N>0.16Af$ 时，消能梁段的长度应符合下列规定：

当 $\rho\ (A_w/A)<0.3$ 时，$a<1.6M_{lp}/V_l$ (8.5.3-1)

当 $\rho\ (A_w/A)\geqslant 0.3$ 时，

$$a \leqslant [1.15-0.5\rho(A_w/A)]1.6M_{lp}/V_l \quad (8.5.3\text{-}2)$$

$$\rho = N/V \quad (8.5.3\text{-}3)$$

式中 a——消能梁段的长度；

ρ——消能梁段轴向力设计值与剪力设计值之比。

2. 消能梁段的腹板不得贴焊补强板，也不得开洞。

3. 消能梁段与支撑连接处，应在其腹板两侧配置加劲肋，加劲肋的高度应为梁腹板高度，一侧的加劲肋宽度不应小于（$b_t/2-t_w$），厚度不应小于 $0.75t_w$ 和 10mm 的较大值。

4. 消能梁段应按下列要求在其腹板上设置中间加劲肋：

1）当 $a\leqslant 1.6M_{lp}/V_l$ 时，加劲肋间距不大于（$30t_w-h/5$）；

2）当 $2.6M_{lp}/V_l<a\leqslant 5M_{lp}/V_l$ 时，应在距消能梁段端部 $1.5b_f$ 处配置中间加劲肋，且中间加劲肋间距不应大于（$52t_w-h/5$）；

3）当 $1.6M_{lp}/V_l < a \leqslant 2.6M_{lp}/V_l$ 时，中间加劲肋的间距宜在上述二者间线性插入；

4）当 $a > 5M_{lp}/V_l$ 时，可不配置中间加劲肋；

5）中间加劲肋应与消能梁段的腹板等高，当消能梁段截面高度不大于640mm时，可配置单侧加劲肋，消能梁段截面高度大于640mm时，应在两侧配置加劲肋，一侧加劲肋的宽度不应小于（$b_f/2 - t_w$），厚度不应小于 t_w 和10mm。

8.5.4 消能梁段与柱的连接应符合下列要求：

1. 消能梁段与柱连接时，其长度不得大于 $1.6M_{lp}/V_l$，且应满足第8.2.7条的规定。

2. 消能梁段翼缘与柱翼缘之间应采用坡口全熔透对接焊缝连接，消能梁段腹板与柱之间应采用角焊缝连接；角焊缝的承载力不得小于消能梁段腹板的轴向承载力、受剪承载力和受弯承载力。

3. 消能梁段与柱腹板连接时，消能梁段翼缘与连接板间应采用坡口全熔透焊缝，消能梁段腹板与柱间应采用角焊缝；角焊缝的承载力不得小于消能梁段腹板的轴向承载力、受剪承载力和受弯承载力。

8.5.5 消能梁段两端上下翼缘应设置侧向支撑，支撑的轴力设计值不得小于消能梁段翼缘轴向承载力设计值（翼缘宽度、厚度和钢材受压承载力设计值三者的乘积）的6%，即 $0.06b_f t_f f$。

8.5.6 偏心支撑框架梁的非消能梁段上下翼缘，应设置侧向支撑，支撑的轴力设计值不得小于梁翼缘轴向承载力的2%，即 $0.02b_f t_f f$。

8.5.7 框架-偏心支撑结构的框架部分，当房屋高度不高于100m且框架部分承担的地震作用不大于结构底部总地震剪力的25%时，8、9度的抗震构造措施可按框架结构降低一度的相应要求采用；其他抗震构造措施，应符合本章第8.3节对框架结构抗震构造措施的规定。

9 单层工业厂房

9.1 单层钢筋混凝土柱厂房

（Ⅰ）一 般 规 定

9.1.1 厂房的结构布置，应符合下列要求：

1. 多跨厂房宜等高和等长。

2. 厂房的贴建房屋和构筑物，不宜布置在厂房角部和紧邻防震缝处。

3. 厂房体型复杂或有贴建的房屋和构筑物时，宜设防震缝；在厂房纵横跨交接处、大柱网厂房或不设柱间支撑的厂房，防震缝宽度可采用100～150mm，其他情况可采用50～90mm。

4. 两个主厂房之间的过渡跨至少应有一侧采用防震缝与主厂房脱开。

5. 厂房内上吊车的铁梯不应靠近防震缝设置；多跨厂房各跨上吊车的铁梯不宜设置在同一横向轴线附近。

6. 工作平台宜与厂房主体结构脱开。

7. 厂房的同一结构单元内，不应采用不同的结构型式；厂房端部应设屋架，不应采用山墙承重；厂房单元内不应采用横墙和排架混合承重。

8. 厂房各柱列的侧移刚度宜均匀。

9.1.2 厂房天窗架的设置，应符合下列要求：

1. 天窗宜采用突出屋面较小的避风型天窗，有条件或 9 度时宜采用下沉式天窗。

2. 突出屋面的天窗宜采用钢天窗架；6～8 度时，可采用矩形截面杆件的钢筋混凝土天窗架。

3. 8 度和 9 度时，天窗架宜从厂房单元端部第三柱间开始设置。

4. 天窗屋盖、端壁板和侧板，宜采用轻型板材。

9.1.3 厂房屋架的设置，应符合下列要求：

1. 厂房宜采用钢屋架或重心较低的预应力混凝土、钢筋混凝土屋架。

2. 跨度不大于 15m 时，可采用钢筋混凝土屋面梁。

3. 跨度大于 24m，或 8 度Ⅲ、Ⅳ类场地和 9 度时，应优先采用钢屋架。

4. 柱距为 12m 时，可采用预应力混凝土托架（梁）；当采用钢屋架时，亦可采用钢托架（梁）。

5. 有突出屋面天窗架的屋盖不宜采用预应力混凝土或钢筋混凝土空腹屋架。

9.1.4 厂房柱的设置，应符合下列要求：

1. 8 度和 9 度时，宜采用矩形、工字形截面柱或斜腹杆双肢柱，不宜采用薄壁工字形柱、腹板开孔工字形柱、预制腹板的工字形柱和管柱。

2. 柱底至室内地坪以上 500mm 范围内和阶形柱的上柱宜采用矩形截面。

9.1.5 厂房围护墙、女儿墙的布置和抗震构造措施，应符合本规范第 13.3 节对非结构构件的有关规定。

（Ⅱ）计 算 要 点

9.1.6 7度Ⅰ、Ⅱ类场地，柱高不超过 10m 且结构单元两端均有山墙的单跨及等高多跨厂房（锯齿形厂房除外），当按本规范的规定采取抗震构造措施时，可不进行横向及纵向的截面抗震验算。

9.1.7 厂房的横向抗震计算，应采用下列方法：

1. 混凝土无檩和有檩屋盖厂房，一般情况下，宜计及屋盖的横向弹性变形，按多质点空间结构分析；当符合本规范附录 H 的条件时，可按平面排架计算，并按附录 H 的规定对排架柱的地震剪力和弯矩进行调整。

2. 轻型屋盖厂房，柱距相等时，可按平面排架计算。

注：本节轻型屋盖指屋面为压型钢板、瓦楞铁、石棉瓦等有檩屋盖。

9.1.8 厂房的纵向抗震计算，应采用下列方法：

1. 混凝土无檩和有檩屋盖及有较完整支撑系统的轻型屋盖厂房，可采用下列方法：

1）一般情况下，宜计及屋盖的纵向弹性变形，围护墙与隔墙的有效刚度，不对称时尚宜计及扭转的影响，按多质点进行空间结构分析；

2）柱顶标高不大于 15m 且平均跨度不大于 30m 的单跨或等高多跨的钢筋混凝土柱厂房，宜采用本规范附录 J 规定的修正刚度法计算。

2. 纵墙对称布置的单跨厂房和轻型屋盖的多跨厂房，可按柱列分片独立计算。

9.1.9 突出屋面天窗架的横向抗震计算，可采用下列方法：

1. 有斜撑杆的三铰拱式钢筋混凝土和钢天窗架的横向抗震计算可采用底部剪力法；跨度大于9m或9度时，天窗架的地震作用效应应乘以增大系数，增大系数可采用1.5。

2. 其他情况下天窗架的横向水平地震作用可采用振型分解反应谱法。

9.1.10 突出屋面天窗架的纵向抗震计算，可采用下列方法：

1. 天窗架的纵向抗震计算，可采用空间结构分析法，并计及屋盖平面弹性变形和纵墙的有效刚度。

2. 柱高不超过15m的单跨和等高多跨混凝土无檩屋盖厂房的天窗架纵向地震作用计算，可采用底部剪力法，但天窗架的地震作用效应应乘以效应增大系数，其值可按下列规定采用：

1）单跨、边跨屋盖或有纵向内隔墙的中跨屋盖：

$$\eta = 1 + 0.5n \tag{9.1.10-1}$$

2）其他中跨屋盖：

$$\eta = 0.5n \tag{9.1.10-2}$$

式中 η——效应增大系数；

n——厂房跨数，超过四跨时取四跨。

9.1.11 两个主轴方向柱距均不小于12m、无桥式吊车且无柱间支撑的大柱网厂房，柱截面抗震验算应同时计算两个主轴方向的水平地震作用，并应计入位移引起的附加弯距。

9.1.12 不等高厂房中，支承低跨屋盖的柱牛腿（柱肩）的纵向受拉钢筋截面面积，应按下式确定：

$$A_s \geqslant \left(\frac{N_G a}{0.85 h_0 f_y} + 1.2\frac{N_E}{f_y}\right)\gamma_{RE} \tag{9.1.12}$$

式中 A_s——纵向水平受拉钢筋的截面面积；

N_G——柱牛腿面上重力荷载代表值产生的压力设计值；

a——重力作用点至下柱近侧边缘的距离，当小于$0.3h_0$时采用$0.3h_0$；

h_0——牛腿最大竖向截面的有效高度；

N_E——柱牛腿面上地震组合的水平拉力设计值；

γ_{RE}——承载力抗震调整系数，可采用1.0。

9.1.13 柱间交叉支撑斜杆的地震作用效应及其与柱连接节点的抗震验算，可按本规范附录J的规定进行。

9.1.14 8度和9度时，高大山墙的抗风柱应进行平面外的截面抗震验算。

9.1.15 当抗风柱与屋架下弦相连接时，连接点应设在下弦横向支撑节点处，下弦横向支撑杆件的截面和连接节点应进行抗震承载力验算。

9.1.16 当工作平台和刚性内隔墙与厂房主体结构连接时，应采用与厂房实际受力相适应的计算简图，计入工作平台和刚性内隔墙对厂房的附加地震作用影响，变位受约束且剪跨比不大于2的排架柱，其斜截面受剪承载力应按国家标准《混凝土结构设计规范》GB 50010的规定计算，并采取相应的抗震措施。

9.1.17 8度Ⅲ、Ⅳ类场地和9度时，带有小立柱的拱形和折线型屋架或上弦节间较长且矢高较大的屋架，屋架上弦宜进行抗扭验算。

（Ⅲ）抗震构造措施

9.1.18 有檩屋盖构件的连接及支撑布置，应符合下列要求：

1. 檩条应与混凝土屋架（屋面梁）焊牢，并应有足够的支承长度。
2. 双脊檩应在跨度1/3处相互拉结。
3. 压型钢板应与檩条可靠连接，瓦楞铁、石棉瓦等应与檩条拉结。
4. 支撑布置宜符合表9.1.18的要求。

有檩屋盖的支撑布置 **表9.1.18**

<table>
<tr><th colspan="2" rowspan="2">支撑名称</th><th colspan="3">烈　度</th></tr>
<tr><th>6、7</th><th>8</th><th>9</th></tr>
<tr><td rowspan="4">屋架支撑</td><td>上弦横向支撑</td><td>厂房单元端开间各设一道</td><td>厂房单元端开间及厂房单元长度大于66m的柱间支撑开间各设一道；
天窗开洞范围的两端各增设局部的支撑一道</td><td rowspan="3">厂房单元端开间及厂房单元长度大于42m的柱间支撑开间各设一道；
天窗开洞范围的两端各增设局部的上弦横向支撑一道</td></tr>
<tr><td>下弦横向支撑</td><td colspan="2" rowspan="2">同非抗震设计</td></tr>
<tr><td>跨中竖向支撑</td></tr>
<tr><td>端部竖向支撑</td><td colspan="3">屋架端部高度大于900mm时，厂房单元端开间及柱间支撑开间各设一道</td></tr>
<tr><td rowspan="2">天窗架支撑</td><td>上弦横向支撑</td><td>厂房单元天窗端开间各设一道</td><td rowspan="2">厂房单元天窗端开间及每隔30m各设一道</td><td rowspan="2">厂房单元天窗端开间及每隔18m各设一道</td></tr>
<tr><td>两侧竖向支撑</td><td>厂房单元天窗端开间及每隔36m各设一道</td></tr>
</table>

9.1.19 无檩屋盖构件的连接及支撑布置，应符合下列要求：

1. 大型屋面板应与屋架（屋面梁）焊牢，靠柱列的屋面板与屋架（屋面梁）的连接焊缝长度不宜小于80mm。

2. 6度和7度时，有天窗厂房单元的端开间，或8度和9度时各开间，宜将垂直屋架方向两侧相邻的大型屋面板的顶面彼此焊牢。

3. 8度和9度时，大型屋面板端头底面的预埋件宜采用角钢并与主筋焊牢。

4. 非标准屋面板宜采用装配整体式接头，或将板四角切掉后与屋架（屋面梁）焊牢。

5. 屋架（屋面梁）端部顶面预埋件的锚筋，8度时不宜少于4ϕ10，9度时不宜少于4ϕ12。

6. 支撑的布置宜符合表9.1.19-1的要求，有中间井式天窗时宜符合表9.1.19-2的要求；8度和9度跨度不大于15m的屋面梁屋盖，可仅在厂房单元两端各设竖向支撑一道。

无檩屋盖的支撑布置　　表 9.1.19-1

<table>
<tr><th colspan="3" rowspan="2">支撑名称</th><th colspan="3">烈　　度</th></tr>
<tr><th>6、7</th><th>8</th><th>9</th></tr>
<tr><td rowspan="8">屋架支撑</td><td colspan="2">上弦横向支撑</td><td>屋架跨度小于 18m 时同非抗震设计，跨度不小于 18m 时在厂房单元端开间各设一道</td><td colspan="2">厂房单元端开间及柱间支撑开间各设一道，天窗开洞范围的两端各增设局部的支撑一道</td></tr>
<tr><td colspan="2">上弦通长水平系杆</td><td rowspan="4">同非抗震设计</td><td>沿屋架跨度不大于 15m 设一道，但装配整体式屋面可不设；
围护墙在屋架上弦高度有现浇圈梁时，其端部处可不另设</td><td>沿屋架跨度不大于 12m 设一道，但装配整体式屋面可不设；
围护墙在屋架上弦高度有现浇圈梁时，其端部处可不另设</td></tr>
<tr><td colspan="2">下弦横向支撑</td><td rowspan="2">同非抗震设计</td><td rowspan="2">同上弦横向支撑</td></tr>
<tr><td colspan="2">跨中竖向支撑</td></tr>
<tr><td rowspan="2">两端竖向支撑</td><td>屋架端部高度≤900mm</td><td>厂房单元端开间各设一道</td><td>厂房单元端开间及每隔 48m 各设一道</td></tr>
<tr><td>屋架端部高度>900mm</td><td>厂房单元端开间各设一道</td><td>厂房单元端开间及柱间支撑开间各设一道</td><td>厂房单元端开间、柱间支撑开间及每隔 30m 各设一道</td></tr>
<tr><td colspan="2">天窗两侧竖向支撑</td><td>厂房单元天窗端开间及每隔 30m 各设一道</td><td>厂房单元天窗端开间及每隔 24m 各设一道</td><td>厂房单元天窗端开间及每隔 18m 各设一道</td></tr>
<tr><td colspan="2">上弦横向支撑</td><td>同非抗震设计</td><td>天窗跨度≥9m 时，厂房单元天窗端开间及柱间支撑开间各设一道</td><td>厂房单元端开间及柱间支撑开间各设一道</td></tr>
</table>

中间井式天窗无檩屋盖支撑布置　　表 9.1.19-2

<table>
<tr><th colspan="2">支撑名称</th><th>6、7 度</th><th>8 度</th><th>9 度</th></tr>
<tr><td colspan="2">上弦横向支撑
下弦横向支撑</td><td>厂房单元端开间各设一道</td><td colspan="2">厂房单元端开间及柱间支撑开间各设一道</td></tr>
<tr><td colspan="2">上弦通长水平系杆</td><td colspan="3">天窗范围内屋架跨中上弦节点处设置</td></tr>
<tr><td colspan="2">下弦通长水平系杆</td><td colspan="3">天窗两侧及天窗范围内屋架下弦节点处设置</td></tr>
<tr><td colspan="2">跨中竖向支撑</td><td colspan="3">有上弦横向支撑开间设置，位置与下弦通长系杆相对应</td></tr>
<tr><td rowspan="2">两端竖向支撑</td><td>屋架端部高度≤900mm</td><td colspan="2">同非抗震设计</td><td>有上弦横向支撑开间，且间距不大于 48m</td></tr>
<tr><td>屋架端部高度>900mm</td><td>厂房单元端开间各设一道</td><td>有上弦横向支撑开间，且间距不大于 48m</td><td>有上弦横向支撑开间，且间距不大于 30m</td></tr>
</table>

9.1.20　屋盖支撑尚应符合下列要求：

1. 天窗开洞范围内，在屋架脊点处应设上弦通长水平压杆。

2. 屋架跨中竖向支撑在跨度方向的间距，6～8 度时不大于 15m，9 度时不大于 12m；当仅在跨中设一道时，应设在跨中屋架屋脊处；当设二道时，应在跨度方向均匀布置。

3. 屋架上、下弦通长水平系杆与竖向支撑宜配合设置。

4. 柱距不小于12m且屋架间距6m的厂房，托架（梁）区段及其相邻开间应设下弦纵向水平支撑。

5. 屋盖支撑杆件宜用型钢。

9.1.21 突出屋面的混凝土天窗架，其两侧墙板与天窗立柱宜采用螺栓连接。

9.1.22 混凝土屋架的截面和配筋，应符合下列要求：

1. 屋架上弦第一节间和梯形屋架端竖杆的配筋，6度和7度时不宜少于4ϕ12，8度和9度时不宜少于4ϕ14。

2. 梯形屋架的端竖杆截面宽度宜与上弦宽度相同。

3. 拱形和折线形屋架上弦端部支撑屋面板的小立柱，截面不宜小于200mm×200mm，高度不宜大于500mm，主筋宜采用⊓形，6度和7度时不宜少于4ϕ12，8度和9度时不宜少于4ϕ14，箍筋可采用ϕ6，间距宜为100mm。

9.1.23 厂房柱子的箍筋，应符合下列要求：

1. 下列范围内柱的箍筋应加密：

1）柱头，取柱顶以下500mm并不小于柱截面长边尺寸；

2）上柱，取阶形柱自牛腿面至吊车梁顶面以上300mm高度范围内；

3）牛腿（柱肩），取全高；

4）柱根，取下柱柱底至室内地坪以上500mm；

5）柱间支撑与柱连接节点和柱变位受平台等约束的部位，取节点上、下各300mm。

2. 加密区箍筋间距不应大于100mm，箍筋肢距和最小直径应符合表9.1.23的规定：

柱加密区箍筋最大肢距和最小箍筋直径 **表 9.1.23**

烈度和场地类别		6度和7度Ⅰ、Ⅱ类场地	7度Ⅲ、Ⅳ类场地和8度Ⅰ、Ⅱ类场地	8度Ⅲ、Ⅳ类场地和9度
箍筋最大肢距（mm）		300	250	200
箍筋最小直径	一般柱头和柱根	ϕ6	ϕ8	ϕ8（ϕ10）
	角柱柱头	ϕ8	ϕ10	ϕ10
	上柱牛腿和有支撑的柱根	ϕ8	ϕ8	ϕ10
	有支撑的柱头和柱变位受约束部位	ϕ8	ϕ10	ϕ10

注：括号内数值用于柱根。

9.1.24 山墙抗风柱的配筋，应符合下列要求：

1. 抗风柱柱顶以下300mm和牛腿（柱肩）面以上300mm范围内的箍筋，直径不宜小于6mm，间距不应大于100mm，肢距不宜大于250mm。

2. 抗风柱的变截面牛腿（柱肩）处，宜设置纵向受拉钢筋。

9.1.25 大柱网厂房柱的截面和配筋构造，应符合下列要求：

1. 柱截面宜采用正方形或接近正方形的矩形，边长不宜小于柱全高的1/18～1/16。

2. 重屋盖厂房地震组合的柱轴压比，6、7度时不宜大于0.8，8度时不宜小于0.7，9度时不应大于0.6。

3. 纵向钢筋宜沿柱截面周边对称配置，间距不宜大于200mm，角部宜配置直径较大的钢筋。

4. 柱头和柱根的箍筋应加密，并应符合下列要求：

1）加密范围，柱根取基础顶面至室内地坪以上1m，且不小于柱全高的1/6；柱头取柱顶以下500mm，且不小于柱截面长边尺寸；

2）箍筋直径、间距和肢距，应符合本章第9.1.23条的规定。

9.1.26 厂房柱间支撑的设置和构造，应符合下列要求：

1. 厂房柱间支撑的布置，应符合下列规定：

1）一般情况下，应在厂房单元中部设置上、下柱间支撑，且下柱支撑应与上柱支撑配套设置；

2）有吊车或8度和9度时，宜在厂房单元两端增设上柱支撑；

3）厂房单元较长或8度Ⅲ、Ⅳ类场地和9度时，可在厂房单元中部1/3区段内设置两道柱间支撑。

2. 柱间支撑应采用型钢，支撑形式宜采用交叉式，其斜杆与水平面的交角不宜大于55°。

3. 支撑杆件的长细比，不宜超过表9.1.26的规定。

4. 下柱支撑的下节点位置和构造措施，应保证将地震作用直接传给基础；当6度和7度不能直接传给基础时，应计及支撑对柱和基础的不利影响。

5. 交叉支撑在交叉点应设置节点板，其厚度不应小于10mm，斜杆与交叉节点板应焊接，与端节点板宜焊接。

交叉支撑斜杆的最大长细比　　表9.1.26

位　　置	烈　　度			
	6度和7度 Ⅰ、Ⅱ类场地	7度Ⅲ、Ⅳ类 场地和8度 Ⅰ、Ⅱ类场地	8度Ⅲ、Ⅳ类场地和 9度Ⅰ、Ⅱ类场地	9度Ⅲ、Ⅳ 类场地
上柱支撑	250	250	200	150
下柱支撑	200	200	150	150

9.1.27 8度时跨度不小于18m的多跨厂房中柱和9度时多跨厂房各柱，柱顶宜设置通长水平压杆，此压杆可与梯形屋架支座处通长水平系杆合并设置，钢筋混凝土系杆端头与屋架间的空隙应采用混凝土填实。

9.1.28 厂房结构构件的连接节点，应符合下列要求：

1. 屋架（屋面梁）与柱顶的连接，8度时宜采用螺栓，9度时宜采用钢板铰，亦可采用螺栓；屋架（屋面梁）端部支承垫板的厚度不宜小于16mm。

2. 柱顶预埋件的锚筋，8度时不宜少于4ϕ14，9度时不宜少于4ϕ16；有柱间支撑的柱子，柱顶预埋件尚应增设抗剪钢板。

3. 山墙抗风柱的柱顶，应设置预埋板，使柱顶与端屋架的上弦（屋面梁上翼缘）可靠连接。连接部位应位于上弦横向支撑与屋架的连接点处，不符合时可在支撑中增设次腹杆或设置型钢横梁，将水平地震作用传至节点部位。

4. 支承低跨屋盖的中柱牛腿（柱肩）的预埋件，应与牛腿（柱肩）中按计算承受水平拉力部分的纵向钢筋焊接，且焊接的钢筋，6度和7度时不应少于2ϕ12，8度时不应少于2ϕ14，9度时不应少于2ϕ16。

5. 柱间支撑与柱连接节点预埋件的锚件，8度Ⅲ、Ⅳ类场地和9度时，宜采用角钢加端板，其他情况可采用HRB335级或HRB400级热轧钢筋，但锚固长度不应小于30倍锚筋直径或增设端板。

6. 厂房中的吊车走道板、端屋架与山墙间的填充小屋面板、天沟板、天窗端壁板和天窗侧板下的填充砌体等构件应与支承结构有可靠的连接。

9.2 单层钢结构厂房

（Ⅰ）一 般 规 定

9.2.1 本节主要适用于钢柱、钢屋架或实腹梁承重的单跨和多跨的单层厂房。不适用于单层轻型钢结构厂房。

9.2.2 厂房平面布置和钢筋混凝土屋面板的设置构造要求等，可参照本规范第9.1节单层钢筋混凝土柱厂房的有关规定。

9.2.3 厂房的结构体系应符合下列要求：

1. 厂房的横向抗侧力体系，可采用屋盖横梁与柱顶刚接或铰接的框架、门式刚架、悬臂式或其他结构体系。厂房纵向抗侧力体系宜采用柱间支撑，条件限制时也可采用刚架结构。

2. 构件在可能产生塑性铰的最大应力区内，应避免焊接接头；对于厚度较大无法采用螺栓连接的构件，可采用对接焊缝等强度连接。

3. 屋盖横梁与柱顶铰接时，宜采用螺栓连接。刚接框架的屋架上弦与柱相连的连接板，不应出现塑性变形。当横梁为实腹梁时，梁与柱的连接以及梁与梁拼接的受弯、受剪极限承载力，应能分别承受梁全截面屈服时受弯、受剪承载力的1.2倍。

4. 柱间支撑杆件应采用整根材料，超过材料最大长度规格时可采用对接焊缝等强拼接；柱间支撑与构件的连接，不应小于支撑杆件塑料承载力的1.2倍。

（Ⅱ）计 算 要 点

9.2.4 厂房抗震计算时，应根据屋盖高差和吊车设置情况，分别采用单质点、双质点或多质点模型计算地震作用。

9.2.5 厂房地震作用计算时，围护墙的自重与刚度应符合下列规定：

1. 轻质墙板或与柱柔性连接的预制钢筋混凝土墙板，应计入墙体的全部自重，但不应计入刚度。

2. 与柱贴砌且与柱拉结的砌体围护墙，应计入全部自重，在平行于墙体方向计算时可计入等效刚度，其等效系数可采用0.4。

9.2.6 厂房横向抗震计算可采用下列方法：

1. 一般情况下，宜计入屋盖变形进行空间分析。

2. 采用轻型屋盖时，可按平面排架或框架计算。

9.2.7 厂房纵向抗震计算，可采用下列方法：

1. 采用轻质墙板或与柱柔性连接的大型墙板的厂房，可按单质点计算，各柱列的地震作用应按以下原则分配：

1）钢筋混凝土无檩屋盖可按柱列刚度比例分配；

2）轻型屋盖可按柱列承受的重力荷载代表值的比例分配；

3）钢筋混凝土有檩屋盖可取上述两种分配结果的平均值。

2. 采用与柱贴砌的烧结普通粘土砖围护墙厂房，可参照本规范第9.1.8条的规定。

9.2.8 屋盖竖向支撑桁架的腹杆应能承受和传递屋盖的水平地震作用，其连接的承载力应大于腹杆的内力，并满足构造要求。

9.2.9 柱间交叉支撑的地震作用及验算可按本规范附录H.2的规定按拉杆计算，并计及相交受压杆的影响。交叉支撑端部的连接，对单角钢支撑应计入强度折减，8、9度时不得采用单面偏心连接；交叉支撑有一杆中断时，交叉节点板应予以加强，其承载力不小于1.1倍杆件承载力。

（Ⅲ）抗震构造措施

9.2.10 屋盖的支撑布置，宜符合本规范第9.1节的有关要求。

9.2.11 柱的长细比不应大于$120\sqrt{235/f_{ay}}$。

9.2.12 单层框架柱、梁截面板件的宽厚比限值，除应符合现行《钢结构设计规范》GB 50017对钢结构弹性阶段设计的有关规定外，尚应符合表9.2.12的规定：

单层钢结构厂房板件宽厚比限值 表9.2.12

构件	板件名称	7度	8度	9度
柱	工字形截面翼缘外伸部分	13	11	10
	箱形截面两腹板间翼缘	38	36	36
	箱形截面腹板（$N_c/Af<0.25$）	70	65	60
	（$N_c/Af\geqslant 0.25$）	58	52	48
	圆管外径与壁比	60	55	50
梁	工形截面翼缘外伸部分	11	10	9
	箱形截面两腹板间翼缘	36	32	30
	箱形截面腹板（$N_b/Af<0.37$）	$85-120\rho$	$80-110\rho$	$72-100\rho$
	腹板（$N_b/Af\geqslant 0.37$）	40	39	35

注：1. 表列数值适用于Q235钢，当材料为其他钢号时，应乘以$\sqrt{235/f_{ay}}$；

2. N_c、N_b分别为柱、梁轴向力；A为相应构件截面面积；f为钢材抗拉强度设计值；

3. ρ指N_b/Af。

3. 构件腹板宽厚比，可通过设置纵向加劲肋减小。

9.2.13 柱脚应采取保证能传递柱身承载力的插入式或埋入式柱脚。6、7度时亦可采用外露式刚性柱脚，但柱脚螺栓的组合弯矩设计值应乘以增大系数1.2。

实腹式钢柱采用插入式柱脚的埋入深度，不得小于钢柱截面高度的2倍；同时应满足下式要求：

$$d \geqslant \sqrt{6M/b_f f_c} \tag{9.2.13}$$

式中　d——柱脚埋深；

M——柱脚全截面屈服时的极限弯矩；

b_f——柱在受弯方向截面的翼缘宽度；

f_c——基础混凝土轴心受压强度设计值。

9.2.14　柱间交叉支撑应符合下列要求：

1. 有吊车时，应在厂房单元中部设置上下柱间支撑，并应在厂房单元两端增设上柱支撑；7度时结构单元长度大于120m，8、9度时结构单元长度大于90m，宜在单元中部1/3区段内设置两道上下柱间支撑。

2. 柱间交叉支撑的长细比、支撑斜杆与水平面的夹角、支撑斜杆交叉点的节点板厚度，应符合本规范第9.1.26条的有关规定。

3. 有条件时，可采用消能支撑。

9.3　单层砖柱厂房

（Ⅰ）一　般　规　定

9.3.1　本节适用于下列范围内的烧结普通粘土砖柱（墙垛）承重的中小型厂房：

1. 单跨和等高多跨且无桥式吊车的车间、仓库等。

2. 6～8度，跨度不大于15m且柱顶标高不大于6.6m。

3. 9度，跨度不大于12m且柱顶标高不大于4.5m。

9.3.2　厂房的平立面布置，宜符合本章第9.1节的有关规定，但防震缝的设置，应符合下列要求：

1. 轻型屋盖厂房，可不设防震缝。

2. 钢筋混凝土屋盖厂房与贴建的建（构）筑物间宜设防震缝，其宽度可采用50～70mm。

3. 防震缝处应设置双柱或双墙。

注：本节轻型屋盖指木屋盖和轻钢屋架、压型钢板、瓦楞铁、石棉瓦屋面的屋盖。

9.3.3　厂房两端均应设置承重山墙；天窗不应通至厂房单元的端开间，天窗不应采用端砖壁承重。

9.3.4　厂房的结构体系，尚应符合下列要求：

1. 6～8度时，宜采用轻型屋盖，9度时，应采用轻型屋盖。

2. 6度和7度时，可采用十字形截面的无筋砖柱；8度和9度时应采用组合砖柱，且中柱在8度Ⅲ、Ⅳ类场地和9度时宜采用钢筋混凝土柱。

3. 厂房纵向的独立砖柱柱列，可在柱间设置与柱等高的抗震墙承受纵向地震作用，砖抗震墙应与柱同时咬槎砌筑，并应设置基础；无砖抗震墙的柱顶，应设通长水平压杆。

4. 纵、横向内隔墙宜做成抗震墙，非承重横隔墙和非整体砌筑且不到顶的纵向隔墙宜采用轻质墙，当采用非轻质墙时，应计及隔墙对柱及其与屋架（梁）连接节点的附加地震剪力。独立的纵、横内隔墙应采取措施保证其平面外的稳定性，且顶部应设置现浇钢筋混凝土压顶梁。

（Ⅱ）计 算 要 点

9.3.5 按本节规定采取抗震构造措施的单层砖柱厂房，当符合下列条件时，可不进行横向或纵向截面抗震验算：

1. 7度Ⅰ、Ⅱ类场地，柱顶标高不超过4.5m，且结构单元两端均有山墙的单跨及等高多跨砖柱厂房，可不进行横向和纵向抗震验算。

2. 7度Ⅰ、Ⅱ类场地，柱顶标高不超过6.6m，两侧设有厚度不小于240mm且开洞截面面积不超过50%的外纵墙，结构单元两端均有山墙的单跨厂房，可不进行纵向抗震验算。

9.3.6 厂房的横向抗震计算，可采用下列方法：

1. 轻型屋盖厂房可按平面排架进行计算。

2. 钢筋混凝土屋盖厂房和密铺望板的瓦木屋盖厂房可按平面排架进行计算并计及空间工作，按本规范附录H调整地震作用效应。

9.3.7 厂房的纵向抗震计算，可采用下列方法：

1. 钢筋混凝土屋盖厂房宜采用振型分解反应谱法进行计算。

2. 钢筋混凝土屋盖的等高多跨砖柱厂房可按本规范附录K规定的修正刚度法进行计算。

3. 纵墙对称布置的单跨厂房和轻型屋盖的多跨厂房，可采用柱列分片独立进行计算。

9.3.8 突出屋面天窗架的横向和纵向抗震计算应符合本章第9.1.9条和第9.1.10条的规定。

9.3.9 偏心受压砖柱的抗震验算，应符合下列要求：

1. 无筋砖柱地震组合轴向力设计值的偏心距，不宜超过0.9倍截面形心倒轴向力所在方向截面边缘的距离；承载力抗震调整系数可采用0.9。

2. 组合砖柱的配筋应按计算确定，承载力抗震调整系数可采用0.85。

（Ⅲ）抗震构造措施

9.3.10 木屋盖的支撑布置，宜符合表9.3.10的要求，钢屋架、瓦楞铁、石棉瓦等屋面的支撑，可按表中无望板屋盖的规定设置，不应在端开间设置下弦水平系杆与山墙连接；支撑与屋架或天窗架应采用螺栓连接；木天窗架的边柱，宜采用通长木夹板或铁板并通过螺栓加强边柱与屋架上弦的连接。

9.3.11 檩条与山墙卧梁应可靠连接，有条件时可采用檩条伸出山墙的屋面结构。

9.3.12 钢筋混凝土屋盖的构造措施，应符合本章第9.1节的有关规定。

9.3.13 厂房柱顶标高处应沿房屋外墙及承重内墙设置现浇闭合圈梁，8度和9度时还应沿墙高每隔3～4m增设一道圈梁，圈梁的截面高度不应小于180mm，配筋不应少于4ϕ12；当地基为软弱粘性土、液化土、新近填土或严重不均匀土层时，尚应设置基础圈梁。当圈梁兼作门窗过梁或抵抗不均匀沉降影响时，其截面和配筋除满足抗震要求外，尚应根据实际受力计算确定。

木屋盖的支撑布置　　　　表 9.3.10

<table>
<tr><th colspan="2" rowspan="4">支撑名称</th><th colspan="6">烈　度</th></tr>
<tr><th>6、7</th><th colspan="3">8</th><th colspan="2">9</th></tr>
<tr><th rowspan="2">各类屋盖</th><th colspan="2">满铺望板</th><th rowspan="2">稀铺望板或无望板</th><th rowspan="2">满铺望板</th><th rowspan="2">稀铺望板或无望板</th></tr>
<tr><th>无天窗</th><th>有天窗</th></tr>
<tr><td rowspan="3">屋架支撑</td><td>上弦横向支撑</td><td colspan="2">同非抗震设计</td><td>房屋单元两端天窗开洞范围内各设一道</td><td>屋架跨度大于6m时，房屋单元两端第二开间及每隔20m设一道</td><td>屋架跨度大于6m时，房屋单元两端第二开间各设一道</td><td>屋架跨度大于6m时，房间单元两端第二开间及每隔20m设一道</td></tr>
<tr><td>下弦横向支撑</td><td colspan="5">同非抗震设计</td><td>屋架跨度大于6m时，房屋单元两端第二开间及每隔20m设一道</td></tr>
<tr><td>跨中竖向支撑</td><td colspan="5">同非抗震设计</td><td>隔间设置并加下弦通长水平系杆</td></tr>
<tr><td rowspan="2">天窗架支撑</td><td>天窗两侧竖向支撑</td><td colspan="4">天窗两端第一开间各设一道</td><td colspan="2">天窗两端第一开间及每隔20m左右设一道</td></tr>
<tr><td>上弦横向支撑</td><td colspan="6">跨度较大的天窗，参照无天窗屋架的支撑布置</td></tr>
</table>

9.3.14　山墙应沿屋面设置现浇钢筋混凝土卧梁，并应与屋盖构件锚拉；山墙壁柱的截面与配筋，不宜小于排架柱，壁柱应通到墙顶并与卧梁或屋盖构件连接。

9.3.15　屋架（屋面梁）与墙顶圈梁或柱顶垫块，应采用螺栓或焊接连接；柱顶垫块应现浇，其厚度不应小于240mm，并应配置两层直径不小于8mm间距不大于100mm的钢筋网；墙顶圈梁应与柱顶垫块整浇，9度时，在垫块两侧各500mm范围内，圈梁的箍筋间距不应大于100mm。

9.3.16　砖柱的构造应符合下列要求：

1. 砖的强度等级不应低于MU10，砂浆的强度等级不应低于M5；组合砖柱中的混凝土强度等级应采用C20。

2. 砖柱的防潮层应采用防水砂浆。

9.3.17　钢筋混凝土层盖的砖柱厂房，山墙开洞的水平截面面积不宜超过总截面面积的50%；8度时，应在山、横墙两端设置钢筋混凝土构造柱；9度时，应在山、横墙两端及高大的门洞两侧设置钢筋混凝土构造柱。

钢筋混凝土构造柱的截面尺寸，可采用240mm×240mm；当为9度且山、横墙的厚度为370mm时，其截面宽度宜取370mm；构造柱的竖向钢筋，8度时不应少于4ϕ12，9度时不应少于4ϕ14；箍筋可采用ϕ6，间距宜为250～300mm。

9.3.18　砖砌体墙的构造应符合下列要求：

1. 8度和9度时，钢筋混凝土无檩屋盖砖柱厂房，砖围护墙顶部宜沿墙长每隔1m埋入1ϕ8竖向钢筋，并插入顶部圈梁内。

2. 7度且墙顶高度大于4.8m或8度和9度时，外墙转角及承重内横墙与外纵墙交接处，当不设置构造柱时，应沿墙高每500mm配置2ϕ6钢筋，每边伸入墙内不小于1m。

3. 出屋面女儿墙的抗震构造措施，应符合本规范第13.3节的有关规定。

10 单层空旷房屋

10.1 一 般 规 定

10.1.1 本章适用于较空旷的单层大厅和附属房屋组成的公共建筑。

10.1.2 大厅、前厅、舞台之间，不宜设防震缝分开；大厅与两侧附属房屋之间可不设防震缝。但不设缝时应加强连接。

10.1.3 单层空旷房屋大厅，支承屋盖的承重结构，在下列情况下不应采用砖柱：

1. 9度时与8度Ⅲ、Ⅳ类场地的建筑。

2. 大厅内设有挑台。

3. 8度Ⅰ、Ⅱ类场地和7度Ⅲ、Ⅳ类场地，大厅跨度大于15m或柱顶高度大于6m。

4. 7度Ⅰ、Ⅱ类场地和6度Ⅲ、Ⅳ类场地，大厅跨度大于18m或柱顶高度大于8m。

10.1.4 单层空旷房屋大厅，支承屋盖的承重结构除第10.1.3条规定者外，可在大厅纵墙屋架支点下，增设钢筋混凝土砖组合壁柱，不得采用无筋砖壁柱。

10.1.5 前厅结构布置应加强横向的侧向刚度，大门处壁柱，及前厅内独立柱应设计成钢筋混凝土柱。

10.1.6 前厅与大厅、大厅与舞台连接处的横墙，应加强侧向刚度，设置一定数量的钢筋混凝土抗震墙。

10.1.7 大厅部分其他要求可参照本规范第9章，附属房屋应符合本规范的有关规定。

10.2 计 算 要 点

10.2.1 单层空旷房屋的抗震计算，可将房屋划分为前厅、舞台、大厅和附属房屋等若干独立结构，按本规范有关规定执行，但应计及相互影响。

10.2.2 单层空旷房屋的抗震计算，可采用底部剪力法，地震影响系数可取最大值。

10.2.3 大厅的纵向水平地震作用标准值，可按下式计算：

$$F_{Ek} = \alpha_{max} G_{eq} \tag{10.2.3}$$

式中 F_{Ek}——大厅一侧纵墙或柱列的纵向水平地震作用标准值；

G_{eq}——等效重力荷载代表值。包括大厅屋盖和毗连附属房屋屋盖各一半的自重和50%雪荷载标准值，及一侧纵墙或柱列的折算自重。

10.2.4 大厅的横向抗震计算，宜符合下列原则：

1. 两侧无附属房屋的大厅，有挑台部分和无挑台部分可各取一个典型开间计算；符合本规范第9章规定时，尚可计及空间工作。

2. 两侧有附属房屋时，应根据附属房屋的结构类型，选择适当的计算方法。

10.2.5 8度和9度时，高大山墙的壁柱应进行平面外的截面抗震验算。

10.3 抗震构造措施

10.3.1 大厅的屋盖构造，应符合本规范第9章的规定。

10.3.2 大厅的钢筋混凝土柱和组合砖柱应符合下列要求：

1. 组合砖柱纵向钢筋的上端应锚入屋架底部的钢筋混凝土圈梁内。组合柱的纵向钢筋，除按计算确定外，且6度Ⅲ、Ⅳ类场地和7度Ⅰ、Ⅱ类场地每侧不应少于4ϕ14；7度Ⅲ、Ⅳ类场地和8度Ⅰ、Ⅱ类场地每侧不应少于4ϕ16。

2. 钢筋混凝土柱应按抗震等级为二级框架柱设计，其配筋量应按计算确定。

10.3.3 前厅与大厅，大厅与舞台间轴线上横墙，应符合下列要求：

1. 应在横墙两端，纵向梁支点及大洞口两侧设置钢筋混凝土框架柱或构造柱。

2. 嵌砌在框架柱间的横墙应有部分设计成抗震等级为二级的钢筋混凝土抗震墙。

3. 舞台口的柱和梁应采用钢筋混凝土结构，舞台口大梁上承重砌体墙应设置间距不大于4m的立柱和间距不大于3m的圈梁，立柱、圈梁的截面尺寸、配筋及与周围砌体的拉结应符合多层砌体房屋要求。

4. 9度时，舞台口大梁上的砖墙不应承重。

10.3.4 大厅柱（墙）顶标高处应设置现浇圈梁，并宜沿墙高每隔3m左右增设一道圈梁。梯形屋架端部高度大于900mm时还应在上弦标高处增设一道圈梁。圈梁的截面高度不宜小于180mm，宽度宜与墙厚相同，纵筋不应少于4ϕ12，箍筋间距不宜大于200mm。

10.3.5 大厅与两侧附属房屋间不设防震缝时，应在同一标高处设置封闭圈梁并在交接处拉通，墙体交接处应沿墙高每隔500mm设置2ϕ6拉结钢筋，且每边伸入墙内不宜小于1m。

10.3.6 悬挑式挑台应有可靠的锚固和防止倾覆的措施。

10.3.7 山墙应沿屋面设置钢筋混凝土卧梁，并应与屋盖构件锚拉；山墙应设置钢筋混凝土柱或组合柱，其截面和配筋分别不宜小于排架柱或纵墙组合柱，并应通到山墙的顶端与卧梁连接。

10.3.8 舞台后墙，大厅与前厅交接处的高大山墙，应利用工作平台或楼层作为水平支撑。

11 土、木、石结构房屋

11.1 村镇生土房屋

11.1.1 本节适用于6～8度未经焙烧的土坯、灰土和夯土承重墙体的房屋及土窑洞、土拱房。

注：1. 灰土墙指掺石灰（或其他粘结材料）的土筑墙和掺石灰土坯墙；

2. 土窑洞包括在未经扰动的原土中开挖而成的崖窑和由土坯砌筑拱顶的坑窑。

11.1.2 生土房屋宜建单层，6度和7度的灰土墙房屋可建二层，但总高度不应超过6m；单层生土房屋的檐口高度不宜大于2.5m，开间不宜大于3.2m；窑洞净跨不宜大于2.5m。

11.1.3 生土房屋开间均应有横墙，不宜采用土搁梁结构，同一房屋不宜采用不同材料的承重墙体。

11.1.4 应采用轻屋面材料；硬山搁檩的房屋宜采用双坡屋面或弧形屋面，檩条支撑处应设垫木；檐口标高处（墙顶）应有木圈梁（或木垫板），端檩应出檐，内墙上檩条应满搭或采用夹板对接和燕尾接。木屋盖各构件应采用圆钉、扒钉、铅丝等相互连接。

11.1.5 生土房屋内外墙体应同时分层交错夯筑或咬砌，外墙四角和内外墙交接处，宜沿墙高每隔 300mm 左右放一层竹筋、木条、荆条等拉结材料。

11.1.6 各类生土房屋的地基应夯实，应做砖或石基础；宜作外墙裙防潮处理（墙角宜设防潮层）。

11.1.7 土坯房宜采用粘性土湿法成型并宜掺入草苇等拉结材料；土坯应卧砌并宜采用粘土浆或粘土石灰浆砌筑。

11.1.8 灰土墙房屋应每层设置圈梁，并在横墙上拉通；内纵墙顶面宜在山尖墙两侧增砌踏步式墙垛。

11.1.9 土拱房应多跨连接布置，各拱角均应支承在稳固的崖体上或支承在人工土墙上；拱圈厚度宜为 300～400mm，应支模砌筑，不应后倾贴砌；外侧支承墙和拱圈上不应布置门窗。

11.1.10 土窑洞应避开易产生滑坡、山崩的地段；开挖窑洞的崖体应土质密实、土体稳定、坡度较平缓、无明显的竖向节理；崖窑前不宜接砌土坯或其他材料的前脸；不宜开挖层窑，否则应保持足够的间距，且上、下不宜对齐。

11.2 木结构房屋

11.2.1 本节适用于穿斗木构架、木柱木屋架和木柱木梁等房屋。

11.2.2 木结构房屋的平面布置应避免拐角或突出；同一房屋不应采用木柱与砖柱或砖墙等混合承重。

11.2.3 木柱木屋架和穿斗木构架房屋不宜超过二层，总高度不宜超过 6m。木柱木梁房屋宜建单层，高度不宜超过 3m。

11.2.4 礼堂、剧院、粮仓等较大跨度的空旷房屋，宜采用四柱落地的三跨木排架。

11.2.5 木屋架屋盖的支撑布置，应符合本规范第 9.3 节的有关规定的要求，但房屋两端的屋架支撑，应设置在端开间。

11.2.6 柱顶应有暗榫插入屋架下弦，并用 U 形铁件连接；8 度和 9 度时，柱脚应采用铁件或其他措施与基础锚固。

11.2.7 空旷房屋应在木柱与屋架（或梁）间设置斜撑；横隔墙较多的居住房屋应在非抗震隔墙内设斜撑，穿斗木构架房屋可不设斜撑；斜撑宜采用木夹板，并应通到屋架的上弦。

11.2.8 穿斗木构架房屋的横向和纵向均应在木柱的上、下柱端和楼层下部设置穿枋，并应在每一纵向柱列间设置 1～2 道剪刀撑或斜撑。

11.2.9 斜撑和屋盖支撑结构，均应采用螺栓与主体构件相连接；除穿斗木构件外，其他木构件宜采用螺栓连接。

11.2.10 椽与檩的搭接处应满钉，以增强屋盖的整体性。木构架中，宜在柱檐口以上沿房屋纵向设置竖向剪刀撑等措施，以增强纵向稳定性。

11.2.11 木构件应符合下列要求：

1. 木柱的梢径不宜小于150mm；应避免在柱的同一高度处纵横向同时开槽，且在柱的同一截面开槽面积不应超过截面总面积的1/2。

2. 柱子不能有接头。

3. 穿枋应贯通木构架各柱。

11.2.12 围护墙应与木结构可靠拉结；土坯、砖等砌筑的围护墙不应将木柱完全包裹，宜贴砌在木柱外侧。

11.3 石结构房屋

11.3.1 本节适用于6～8度，砂浆砌筑的料石砌体（包括有垫片或无垫片）承重的房屋。

11.3.2 多层石砌体房屋的总高度和层数不宜超过表11.3.2的规定。

多层石房总高度（m）和层数限值　　表 11.3.2

墙体类别	烈度					
	6		7		8	
	高度	层数	高度	层数	高度	层数
细、半细料石砌体（无垫片）	16	五	13	四	10	三
粗料石及毛料石砌体（有垫片）	13	四	10	三	7	二

注：房屋总高度的计算同表7.1.2注。

11.3.3 多层石砌体房屋的层高不宜超过3m。

11.3.4 多层石砌体房屋的抗震横墙间距，不应超过表11.3.4的规定。

多层石房的抗震横墙间距（m）　　表 11.3.4

楼、屋盖类型	烈度		
	6	7	8
现浇及装配整体式钢筋混凝土	10	10	7
装配整体式钢筋混凝土	7	7	4

11.3.5 多层石房，宜采用现浇或装配整体式钢筋混凝土楼、屋盖。

11.3.6 石墙的截面抗震验算，可参照本规范第7.2节；其抗剪强度应根据试验数据确定。

11.3.7 多层石房的下列部位，应设置钢筋混凝土构造柱：

1. 外墙四角和楼梯间四角。

2. 6度隔开间的内外墙交接处。

3. 7度和8度每开间的内外墙交接处。

11.3.8 抗震横墙洞口的水平截面面积，不应大于全截面面积的1/3。

11.3.9 每层的纵横墙均应设置圈梁，其截面高度不应小于120mm，宽度宜与墙厚相同，纵向钢筋不应小于4ϕ10，箍筋间距不宜大于200mm。

11.3.10 无构造柱的纵横墙交接处，应采用条石无垫片砌筑，且应沿墙高每隔

500mm 设置拉结钢筋网片，每边每侧伸入墙内不宜小于 1m。

11.3.11 其他有关抗震构造措施要求，参照本规范第 7 章的规定。

12 隔震和消能减震设计

12.1 一 般 规 定

12.1.1 本章适用于在建筑上部结构与基础之间设置隔震层以隔离地震能量的房屋隔震设计，以及在抗侧力结构中设置消能器吸收与消耗地震能量的房屋消能减震设计。

采用隔震和消能减震设计的建筑结构，应符合本规范第 3.8.1 条的规定，其抗震设防目标应符合本规范第 3.8.2 条的规定。

注：1. 本章隔震设计指在房屋底部设置的由橡胶隔震支座和阻尼器等部件组成的隔震层，以延长整个结构体系的自振周期、增大阻尼，减少输入上部结构的地震能量，达到预期防震要求。

2. 消能减震设计指在房屋结构中设置消能装置，通过其局部变形提供附加阻尼，以消耗输入上部结构的地震能量，达到预期防震要求。

12.1.2 建筑结构的隔震设计和消能减震设计，应根据建筑抗震设防类别、抗震设防烈度、场地条件、建筑结构方案和建筑使用要求，与采用抗震设计的设计方案进行技术、经济可行性的对比分析后，确定其设计方案。

12.1.3 需要减少地震作用的多层砌体和钢筋混凝土框架等结构类型的房屋，采用隔震设计时应符合下列各项要求：

1. 结构体型基本规则，不隔震时可在两个主轴方向分别采用本规范第 5.1.2 条规定的底部剪力法进行计算且结构基本周期小于 1.0s；体型复杂结构采用隔震设计，宜通过模型试验后确定。

2. 建筑场地宜为Ⅰ、Ⅱ、Ⅲ类，并应选用稳定性较好的基础类型。

3. 风荷载和其他非地震作用的水平荷载标准值产生的总水平力不宜超过结构总重力的 10%。

4. 隔震层应提供必要的竖向承载力、侧向刚度和阻尼；穿过隔震层的设备配管、配线，应采用柔性连接或其他有效措施适应隔震层的罕遇地震水平位移。

12.1.4 需要减少地震水平位移的钢和钢筋混凝土等结构类型的房屋，宜采用消能减震设计。

消能部件应对结构提供足够的附加阻尼，尚应根据其结构类型分别符合本规范相应章节的设计要求。

12.1.5 隔震和消能减震设计时，隔震部件和消能减震部件应符合下列要求：

1. 隔震部件和消能减震部件的耐久性和设计参数应由试验确定。

2. 设置隔震部件和消能减震部件的部位，除按计算确定外，应采取便于检查和替换的措施。

3. 设计文件上应注明对隔震部件和消能减震部件性能要求，安装前应对工程中所用的各种类型和规格的原型部件进行抽样检测，每种类型和每一规格的数量不应少于 3 个，抽样检测的合格率应为 100%。

12.1.6 建筑结构的隔震设计和消能减震设计，尚应符合相关专门标准的规定。

12.2 房屋隔震设计要点

12.2.1 隔震设计应根据预期的水平向减震系数和位移控制要求，选择适当的隔震支座（含阻尼器）及为抵抗地基微震动与风荷载提供初刚度的部件组成结构的隔震层。

隔震支座应进行竖向承载力的验算和罕遇地震下水平位移的验算。

隔震层以上结构的水平地震作用应根据水平向减震系数确定；其竖向地震作用标准值，8度和9度时分别不应小于隔震层以上结构总重力荷载代表值的20%和40%。

12.2.2 建筑结构隔震设计的计算分析，应符合下列规定：

1. 隔震体系的计算简图可采用剪切型结构模型（图12.2.2）；当上部结构的质心与隔震层刚度中心不重合时应计入扭转变形的影响。隔震层顶部的梁板结构，对钢筋混凝土结构应作为其上部结构的一部分进行计算和设计。

2. 一般情况下，宜采用时程分析法进行计算；输入地震波的反应谱特性和数量，应符合本规范第5.1.2条的规定；计算结果宜取其平均值；当处于发震断层10km以内时，若输入地震波未计及近场影响，对甲、乙类建筑，计算结果尚应乘以下列近场影响系数：5km以内取1.5，5km以外取1.25。

3. 砌体结构及基本周期与其相当的结构可按本规范附录L简化计算。

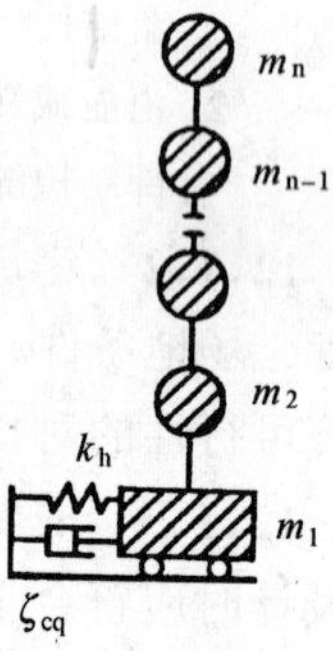

m_n
m_{n-1}
m_2
k_h
m_1
ζ_{eq}

图12.2.2 隔震结构计算简图

12.2.3 隔震层由橡胶和薄钢板相间层叠组成的橡胶隔震支座应符合下列要求：

1. 隔震支座在表12.2.3所列的压应力下的极限水平变位，应大于其有效直径的0.55倍和各橡胶层总厚度3.0倍二者的较大值。

2. 在经历相应设计基准期的耐久试验后，隔震支座刚度、阻尼特性变化不超过初期值的±20%；徐变量不超过各橡胶层总厚度的5%。

3. 各橡胶隔震支座的竖向平均压应力设计值，不应超过表12.2.3的规定。

橡胶隔震支座平均压应力限值 **表12.2.3**

建筑类别	甲类建筑	乙类建筑	丙类建筑
平均压应力限值（MPa）	10	12	15

注：1. 平均压应力设计值应按永久荷载和可变荷载组合计算，对需验算倾覆的结构应包括水平地震作用效应组合；对需进行竖向地震作用计算的结构，尚应包括竖向地震作用效应组合；

2. 当橡胶支座的第二形状系数（有效直径与各橡胶层总厚度之比）小于5.0时应降低平均压应力限值；小于5不小于4时降低20%，小于4不小于3时降低40%；

3. 外径小于300mm的橡胶支座，其平均压应力限值对丙类建筑为12MPa。

12.2.4 隔震层的布置、竖向承载力、侧向刚度和阻尼应符合下列规定：

1. 隔震层宜设置在结构第一层以下的部位，其橡胶隔震支座应设置在受力较大的位置，间距不宜过大，其规格、数量和分布应根据竖向承载力、侧向刚度和阻尼的要求通过计算确定。隔震层在罕遇地震下应保持稳定，不宜出现不可恢复的变形。隔震层橡胶支座在罕遇地震作用下，不宜出现拉应力。

2. 隔震层的水平动刚度和等效粘滞阻尼比可按下列公式计算：

$$K_{\mathrm{h}} = \Sigma K_j \tag{12.2.4-1}$$

$$\zeta_{\mathrm{eq}} = \Sigma K_j \zeta_j / K_{\mathrm{h}} \tag{12.2.4-2}$$

式中 ζ_{eq}——隔震层等效粘滞阻尼比；

K_{h}——隔震层水平动刚度；

ζ_j——j 隔震支座由试验确定的等效粘滞阻尼比，单独设置的阻尼器时，应包括该阻尼器的相应阻尼比；

K_j——j 隔震支座（含阻尼器）由试验确定的水平动刚度，当试验发现动刚度与加载频率有关时，宜取相应于隔震体系基本自振周期的动刚度值。

3. 隔震支座由试验确定设计参数时，竖向荷载应保持表 12.2.3 的平均压应力限值，对多遇地震验算，宜采用水平加载频率为 0.3Hz 且隔震支座剪切变形为 50％的水平刚度和等效粘滞阻尼比；对罕遇地震验算，直径小于 600mm 的隔震支座宜采用水平加载频率为 0.1Hz 且隔震支座剪切变形不小于 250％时的水平动刚度和等效粘滞阻尼比，直径不小于 600mm 的隔震支座可采用水平加载频率为 0.2Hz 且隔震支座剪切变形为 100％时的水平动刚度和等效粘滞阻尼比。

12.2.5 隔震层以上结构的地震作用计算，应符合下列规定：

1. 水平地震作用沿高度可采用矩形分布；水平地震影响系数的最大值可采用本规范第 5.1.4 条规定的水平地震影响系数最大值和水平向减震系数的乘积。水平向减震系数应根据结构隔震与非隔震两种情况下各层层间剪力的最大比值，按表 12.2.5 确定。

层间剪力最大比值与水平向减震系数的对应关系 **表 12.2.5**

层间剪力最大比值	0.53	0.35	0.26	0.18
水平向减震系数	0.75	0.50	0.38	0.25

2. 水平向减震系数不宜低于 0.25，且隔震后结构的总水平地震作用不得低于非隔震的结构在 6 度设防时的总水平地震作用；各楼层的水平地震剪力尚应符合本规范第 5.2.5 条最小地震剪力系数的规定。

3. 9 度时和 8 度且水平向减震系数为 0.25 时，隔震层以上的结构应进行竖向地震作用的计算；8 度且水平向减震系数不大于 0.5 时，宜进行竖向地震作用的计算。

隔震层以上结构竖向地震作用标准值计算时，各楼层可视为质点，并按本规范第 5.3 节公式（5.3.1-2）计算竖向地震作用标准值沿高度的分布。

12.2.6 隔震支座的水平剪力应根据隔震层在罕遇地震下的水平剪力按各隔震支座的水平刚度分配；当按钮转耦联计算时，尚应计及隔震支座的扭转刚度。

隔震支座对应于罕遇地震水平剪力的水平位移，应符合下列要求：

$$u_i \leqslant [u_i] \tag{12.2.6-1}$$

$$u_i = \beta_i u_{\mathrm{c}} \tag{12.2.6-2}$$

式中 u_i——罕遇地震作用下，第 i 个隔震支座考虑扭转的水平位移；

$[u_i]$——第 i 个隔震支座的水平位移限值；对橡胶隔震支座，不应超过该支座有效直径的0.55倍和支座各橡胶层总厚度3.0倍二者的较小值；

u_c——罕遇地震下隔震层质心处或不考虑扭转的水平位移；

β_i——第 i 个隔震支座的扭转影响系数，应取考虑扭转和不考虑扭转时 i 支座计算位移的比值；当隔震层以上结构的质心与隔震层刚度中心在两个主轴方向均无偏心时，边支座的扭转影响系数不应小于1.15。

12.2.7 隔震层以上结构的隔震措施，应符合下列规定：

1. 隔震层以上结构应采取不阻碍隔震层在罕遇地震下发生大变形的下列措施：

1）上部结构的周边应设置防震缝，缝宽不宜小于各隔震支座在罕遇地震下的最大水平位移值的1.2倍。

2）上部结构（包括与其相连的任何构件）与地面（包括地下室和与其相连的构件）之间，宜设置明确的水平隔离缝；当设置水平隔离缝确有困难时，应设置可靠的水平滑移垫层。

3）在走廊、楼梯、电梯等部位，应无任何障碍物。

2. 丙类建筑在隔震层以上结构的抗震措施，当水平向减震系数为0.75时不应降低非隔震时的有关要求；水平向减震系数不大于0.50时，可适当降低本规范有关章节对非隔震建筑的要求，但与抵抗竖向地震作用有关的抗震构造措施不应降低。此时，对砌体结构，可按本规范附录L采取抗震构造措施；对钢筋混凝土结构，柱和墙肢的轴压比控制应仍按非隔震的有关规定采用，其他计算和抗震构造措施要求，可按表12.2.7划分抗震等级，再按本规范第6章的有关规定采用。

隔震后现浇钢筋混凝土结构的抗震等级　　表12.2.7

结构类型		7度		8度		9度	
框架	高度（m）	<20	>20	<20	>20	<20	>20
	一般框架	四	三	三	二	二	一
抗震墙	高度（m）	<25	>25	<25	>25	<25	>25
	一般抗震墙	四	三	三	二	二	一

12.2.8 隔震层与上部结构的连接，应符合下列规定：

1. 隔震层顶部应设置梁板式楼盖，且应符合下列要求：

1）应采用现浇或装配整体式混凝土板。现浇板厚度不宜小于140mm；配筋现浇面层厚度不应小于50mm。隔震支座上方的纵、横梁应采用现浇钢筋混凝土结构。

2）隔震层顶部梁板的刚度和承载力，宜大于一般楼面梁板的刚度和承载力。

3）隔震支座附近的梁、柱应计算冲切和局部承压，加密箍筋并根据需要配置网状钢筋。

2. 隔震支座和阻尼器的连接构造，应符合下列要求：

1）隔震支座和阻尼器应安装在便于维护人员接近的部位；

2）隔震支座与上部结构、基础结构之间的连接件，应能传递罕遇地震下支座的最大水平剪力；

3）隔震墙下隔震支座的间距不宜大于2.0m；

4）外露的预埋件应有可靠的防锈措施。预埋件的锚固钢筋应与钢板牢固连接，锚固钢筋的锚固长度宜大于20倍锚固钢筋直径，且不应小于250mm。

12.2.9 隔震层以下结构（包括地下室）的地震作用和抗震验算，应采用罕遇地震下隔震支座底部的竖向力、水平力和力矩进行计算。

隔震建筑地基基础的抗震验算和地基处理仍应按本地区抗震设防烈度进行，甲、乙类建筑的抗液化措施应按提高一个液化等级确定，直至全部消除液化沉陷。

12.3 房屋消能减震设计要点

12.3.1 消能减震设计时，应根据罕遇地震下的预期结构位移控制要求，设置适当的消能部件。消能部件可由消能器及斜撑、墙体、梁或节点等支承构件组成。消能器可采用速度相关型、位移相关型或其他类型。

注：1.速度相关型消能器指粘滞消能器和粘弹性消能器等；

2.位移相关型消能器指金属屈服消能器和摩擦消能器等。

12.3.2 消能部件可根据需要沿结构的两个主轴方向分别设置。消能部件宜设置在层间变形较大的位置，其数量和分布应通过综合分析合理确定，并有利于提高整个结构的消能减震能力，形成均匀合理的受力体系。

12.3.3 消能减震设计的计算分析，应符合下列规定：

1.一般情况下，宜采用静力非线性分析方法或非线性时程分析方法。

2.当主体结构基于处于弹性工作阶段时，可采用线性分析方法作简化估算，并根据结构的变形特征和高度等，按本规范第5.1节的规定分别采用底部剪力法、振型分解反应谱法和时程分析法。其地震影响系数可根据消能减震结构的总阻尼比按本规范第5.1.5条的规定采用。

3.消能减震结构的总刚度应为结构刚度和消能部件有效刚度的总和。

4.消能减震结构的总阻尼比应为结构阻尼比和消能部件附加给结构的有效阻尼比的总和。

5.消能减震结构的层间弹塑性位移角限值，框架结构宜采用1/80。

12.3.4 消能部件附加给结构的有效阻尼比，可按下列方法确定：

1.消能部件附加的有效阻尼比可按下式估算：

$$\zeta_a = W_c/(4\pi W_s) \tag{12.3.4-1}$$

式中 ζ_a——消能减震结构的附加有效阻尼比；

W_c——所有消能部件在结构预期位移下往复一周所消耗的能量；

W_s——设置消能部件的结构在预期位移下的总应变能。

2.不计及扭转影响时，消能减震结构在其水平地震作用下的总应变能，可按下式估算：

$$W_s = (1/2)\Sigma F_i u_i \tag{12.3.4-2}$$

式中 F_i——质点 i 的水平地震作用标准值；

u_i——质点 i 对应于水平地震作用标准值的位移。

3.速度线性相关型消能器在水平地震作用下所消耗的能量，可按下式估算：

$$W_c = (2\pi^2/T_1)\Sigma C_j \cos^2\theta_j \Delta u_j^2 \tag{12.3.4-3}$$

式中　T_1——消能减震结构的基本自振周期；

C_j——第 j 个消能器由试验确定的线性阻尼系数；

θ_j——第 j 个消能器的消能方向与水平面的夹角；

Δu_j——第 j 个消能器两端的相对水平位移。

当消能器的阻尼系数和有效刚度与结构振动周期有关时，可取相应于消能减震结构基本自振周期的值。

4. 位移相关型、速度非线性相关型和其他类型消能器在水平地震作用下所消耗的能量，可按下式估算：

$$W_c = \Sigma A_j \tag{12.3.4-4}$$

式中　A_j——第 j 个消能器的恢复力滞回环在相对水平位移 Δu_j 时的面积。

消能器的有效刚度可取消能器的恢复力滞回环在相对水平位移 Δu_j 时的割线刚度。

5. 消能部件附加给结构的有效阻尼比超过20%时，宜按20%计算。

12.3.5　对非线性时程分析法，宜采用消能部件的恢复力模型计算；对静力非线性分析法，消能器附加给结构的有效阻尼比和有效刚度，可采用本章第12.3.4条的方法确定。

12.3.6　消能部件由试验确定的有效刚度、阻尼比和恢复力模型的设计参数，应符合下列规定：

1. 速度相关型消能器应由试验提供设计容许位移、极限位移，以及设计容许位移幅值和不同环境温度条件下、加载频率为0.1～4Hz的滞回模型。速度线性相关型消能器与斜撑、墙体或梁等支承构件组成消能部件时，该支承构件在消能器消能方向的刚度可按下式计算：

$$K_b = (6\pi / T_1) C_v \tag{12.3.6-1}$$

式中　K_b——支承构件在消能器方向的刚度；

C_v——消能器的由试验确定的相应于结构基本自振周期的线性阻尼系数；

T_1——消能减震结构的基本自振周期。

2. 位移相关型消能器应由往复静力加载确定设计容许位移、极限位移和恢复力模型参数。位移相关型消能器与斜撑、墙体或梁等支承构件组成消能部件时，该部件的恢复力模型参数宜符合下列要求：

$$\Delta u_{py} / \Delta u_{sy} \leqslant 2/3 \tag{12.3.6-2}$$

$$(K_p / K_s)(\Delta u_{py} / \Delta u_{sy}) \geqslant 0.8 \tag{12.3.6-3}$$

式中　K_p——消能部件在水平方向的初始刚度；

Δu_{py}——消能部件的屈服位移；

K_s——设置消能部件的结构楼层侧向刚度；

Δu_{sy}——设置消能部件的结构层间屈服位移。

3. 在最大应允许位移幅值下，按应允许的往复周期循环60圈后，消能器的主要性能衰减量不应超过10%、且不应有明显的低周疲劳现象。

12.3.7　消能器与斜撑、墙体、梁或节点等支承构件的连接，应符合钢构件连接或钢与钢筋混凝土构件连接的构造要求，并能承担消能器施加给连接节点的最大作用力。

12.3.8　与消能部件相连的结构构件，应计入消能部件传递的附加内力，并将其传递到基础。

12.3.9 消能器和连接构件应具有耐久性能和较好的易维护性。

13 非结构构件

13.1 一 般 规 定

13.1.1 本章主要适用于非结构构件与建筑结构的连接。非结构构件包括持久性的建筑非结构构件和支承于建筑结构的附属机电设备。

注：1. 建筑非结构构件指建筑中除承重骨架体系以外的固定构件和部件，主要包括非承重墙体，附着于楼面和屋面结构的构件、装饰构件和部件、固定于楼面的大型储物架等。

2. 建筑附属机电设备指为现代建筑使用功能服务的附属机械、电气构件、部件和系统，主要包括电梯，照明和应急电源、通信设备，管道系统，采暖和空气调节系统，烟火监测和消防系统，公用天线等。

13.1.2 非结构构件应根据所属建筑的抗震设防类别和非结构地震破坏的后果及其对整个建筑结构影响的范围，采取不同的抗震措施；当相关专门标准有具体要求时，尚应采用不同的功能系数、类别系数等进行抗震计算。

13.1.3 当计算和抗震措施要求不同的两个非结构构件连接在一起时，应按较高的要求进行抗震设计。

非结构构件连接损坏时，应不致引起与之相连接的有较高要求的非结构构件失效。

13.2 基本计算要求

13.2.1 建筑结构抗震计算时，应按下列规定计入非结构构件的影响：

1. 地震作用计算时，应计入支承于结构构件的建筑构件和建筑附属机电设备的重力。

2. 对柔性连接的建筑构件，可不计入刚度；对嵌入抗侧力构件平面内的刚性建筑非结构构件，可采用周期调整等简化方法计入其刚度影响；一般情况下不应计入其抗震承载力，当有专门的构造措施时，尚可按有关规定计入其抗震承载力。

3. 对需要采用楼面谱计算的建筑附属机电设备，宜采用合适的简化计算模型计入设备与结构的相互作用。

4. 支承非结构构件的结构构件，应将非结构构件地震作用效应作为附加作用对待，并满足连接件的锚固要求。

13.2.2 非结构构件的地震作用计算方法，应符合下列要求：

1. 各构件和部件的地震力应施加于其重心，水平地震力应沿任一水平方向。

2. 一般情况下，非结构构件自身重力产生的地震作用可采用等效侧力法计算；对支承于不同楼层或防震缝两侧的非结构构件，除自身重力产生的地震作用外，尚应同时计及地震时支承点之间相对位移产生的作用效应。

3. 建筑附属设备（含支架）的体系自振周期大于 0.1s 且其重力超过所在楼层重力的 1%，或建筑附属设备的重力超过所在楼层重力的 10%时，宜采用楼面反应谱方法。其中，与楼盖非弹性连接的设备，可直接将设备与楼盖作为一个质点计入整个结构的分析中得到设备所受的地震作用。

13.2.3 采用等效侧力法时，水平地震作用标准值宜按下列公式计算：

$$F = \gamma\eta\zeta_1\zeta_2\alpha_{\max}G \tag{13.2.3}$$

式中 F——沿最不利方向施加于非结构构件重心处的水平地震作用标准值；

γ——非结构构件功能系数，由相关标准根据建筑设防类别和使用要求等确定；

η——非结构构件类别系数，由相关标准根据构件材料性能等因素确定；

ζ_1——状态系数；对预制建筑构件、悬臂类构件、支承点低于质心的任何设备和柔性体系宜取2.0，其余情况何取1.0；

ζ_2——位置系数，建筑的顶点宜取2.0，底部宜取1.0，沿高度线性分布；对本规范第5章要求采用时程分析法补充计算的结构，应按其计算结果调整；

$\alpha_{\max}$——地震影响系数最大值；可按本规范第5.1.4条关于多遇地震的规定采用；

G——非结构构件的重力，应包括运行时有关的人员、容器和管道中的介质及储物柜中物品的重力。

13.2.4 非结构构件因支承点相对水平位移产生的内力，可按该构件在位移方向的刚度乘以规定的支承点相对水平位移计算。

非结构构件在位移方向的刚度，应根据其端部的实际连接状态，分别采用刚接、铰接、弹性连接或滑动连接等简化的力学模型。

相邻楼层的相对水平位移，可按本规范第5.5节规定的限值采用；防震缝两侧的相对水平位移，宜根据使用要求确定。

13.2.5 采用楼面反应谱法时，非结构构件的水平地震作用标准值宜按下列公式计算：

$$F = \gamma\eta\beta_s G \tag{13.2.5}$$

式中 β_s——非结构构件的楼面反应谱值，取决于设防烈度、场地条件、非结构构件与结构体系之间的周期比、质量比和阻尼，以及非结构构件在结构的支承位置、数量和连接性质。通常将非结构构件简化为支承于结构的单质点体系，对支座间有相对位移的非结构构件则采用多支点体系，按专门方法计算。

13.2.6 非结构构件的地震作用效应（包括自重重力产生的效应和支座相对位移产生的效应）和其他荷载效应的基本组合，应按本规范第5.4节的规定计算；幕墙需计算地震作用效应与风荷载效应的组合；容器类尚应计及设备运转时的温度、工作压力等产生的作用效应。

非结构构件抗震验算时，摩擦力不得作为抵抗地震作用的抗力；承载力抗震调整系数，连接件可采用1.0，其余可按相关标准的规定采用。

13.3 建筑非结构构件的基本抗震措施

13.3.1 建筑结构中，设置连接幕墙、围护墙、隔墙、女儿墙、雨篷、商标、广告牌、顶篷支架、大型储物架等建筑非结构构件的预埋件、锚固件的部位，应采取加强措施，以承受建筑非结构构件传给主体结构的地震作用。

13.3.2 非承重墙体的材料、选型和布置，应根据烈度、房屋高度、建筑体型、结构层间变形、墙体自身抗侧力性能的利用等因素，经综合分析后确定。

1．墙体材料的选用应符合下列要求：

1）混凝土结构和钢结构的非承重墙体应优先采用轻质墙体材料。

2）单层钢筋混凝土柱厂房的围护墙宜采用轻质墙板或钢筋混凝土大型墙板，外侧柱距为12m时应采用轻质墙板或钢筋混凝土大型墙板；不等高厂房的高跨封墙和纵横向厂房交接处的悬墙宜采用轻质墙板，8、9度时应采用轻质墙板；

3）钢结构厂房的围护墙，7、8度时宜采用轻质墙板或与柱柔性连接的钢筋混凝土墙板，不应采用嵌砌砌体墙；9度时宜采用轻质墙板。

2．刚性非承重墙体的布置，应避免使结构形成刚度和强度分布上的突变。单层钢筋混凝土柱厂房的刚性围护墙沿纵向宜均匀对称布置。

3．墙体与主体结构应有可靠的拉结，应能适应主体结构不同方向的层间位移；8、9度时应具有满足层间变位的变形能力，与悬挑构件相连接时，尚应具有满足节点转动引起的竖向变形的能力。

4．外墙板的连接件应具有足够的延性和适当的转动能力，宜满足在设防烈度下主体结构层间变形的要求。

13.3.3 砌体墙应采取措施减少对主体结构的不利影响，并应设置拉结筋、水平系梁、圈梁、构造柱等与主体结构可靠拉结：

1．多层砌体结构中，后砌的非承重隔墙应沿墙高每隔500mm配置2ϕ6拉结钢筋与承重墙或柱拉结，每边伸入墙内不应少于500mm；8度和9度时，长度大于5m的后砌隔墙，墙顶尚应与楼板或梁拉结。

2．钢筋混凝土结构中的砌体填充墙，宜与柱脱开或采用柔性连接，并应符合下列要求：

1）填充墙在平面和竖向的布置，宜均匀对称，宜避免形成薄弱层或短柱；

2）砌体的砂浆强度等级不应低于M5，墙顶应与框架梁密切结合；

3）填充墙应沿框架柱全高每隔500mm，设2ϕ6拉筋，拉筋伸入墙内的长度，6、7度时不应小于墙长的1/5且不小于700mm，8、9度时宜沿墙全长贯通；

4）墙长大于5m时，墙顶与梁宜有拉结；墙长超过层高2倍时，宜设置钢筋混凝土构造柱；墙高超过4m时，墙体半高宜设置与柱连接且沿墙全长贯通的钢筋混凝土水平系梁。

3．单层钢筋混凝土柱厂房的砌体隔墙和围护墙应符合下列要求：

1）砌体隔墙与柱宜脱开或柔性连接，并应采取措施使墙体稳定，隔墙顶部应设现浇钢筋混凝土压顶梁。

2）厂房的砌体围护墙宜采用外贴式并与柱可靠拉结；不等高厂房的高跨封墙和纵横向厂房交接处的悬墙采用砌体时，不应直接砌在低跨屋盖上。

3）砌体围护墙在下列部位应设置现浇钢筋混凝土圈梁：

——梯形屋架端部上弦和柱顶的标高处应各设一道，但屋架端部高度不大于900mm时可合并设置；

——8度和9度时，应按上密下稀的原则每隔4m左右在窗顶增设一道圈梁，不等高厂房的高低跨封墙和纵墙跨交接处的悬墙，圈梁的竖向间距不应大于3m；

——山墙沿屋面应设钢筋混凝土卧梁，并应与屋架端部上弦标高处的圈梁连接。

4）圈梁的构造应符合下列规定：

——圈梁宜闭合，圈梁截面宽度宜与墙厚相同，截面高度不应小于180mm；圈梁的纵筋，6～8度时不应少于4ϕ12，9度时不应少于4ϕ14；

——厂房转角处柱顶圈梁在端开间范围内的纵筋，6～8度时不宜少于4ϕ12，9度时不宜少于4ϕ16，转角两侧各1m范围内的箍筋直径不宜小于ϕ8，间距不宜大于100mm；圈梁转角处应增设不少于3根且直径与纵筋相同的水平斜筋；

——圈梁应与柱或屋架牢固连接，山墙卧梁应与屋面板拉结；顶部圈梁与柱或屋架连接的锚拉钢筋不宜少于4ϕ14，且锚固长度不宜少于35倍钢筋直径，防震缝处圈梁与柱或屋架的拉结宜加强。

5）8度Ⅲ、Ⅳ类场地和9度时，砖围护墙下的预制基础梁应采用现浇接头；当另设条形基础时，在柱基础顶面标高处应设置连续的现浇钢筋混凝土圈梁，其配筋不应少于4ϕ12。

6）墙梁宜采用现浇，当采用预制墙梁时，梁底应与砖墙顶面牢固拉结并应与柱锚拉；厂房转角处相邻的墙梁，应相互可靠连接。

4.单层钢结构厂房的砌体围护墙不应采用嵌砌式，8度时尚应采取措施使墙体不妨碍厂房柱列沿纵向的水平位移。

5.砌体女儿墙在人流出入口应与主体结构锚固；防震缝处应留有足够的宽度，缝两侧的自由端应予以加强。

13.3.4 各类顶棚的构件与楼板的连接件，应能承受顶棚、悬挂重物和有关机电设施的自重和地震附加作用；其锚固的承载力应大于连接件的承载力。

13.3.5 悬挑雨篷或一端由柱支承的雨篷，应与主体结构可靠连接。

13.3.6 玻璃幕墙、预制墙板、附属于楼屋面的悬臂构件和大型储物架的抗震构造，应符合相关专门标准的规定。

13.4 建筑附属机电设备支架的基本抗震措施

13.4.1 附属于建筑的电梯、照明和应急电源系统、烟火监测和消防系统、采暖和空气调节系统、通信系统、公用天线等与建筑结构的连接构件和部件的抗震措施，应根据设防烈度、建筑使用功能、房屋高度、结构类型和变形特征、附属设备所处的位置和运转要求等，按相关专门标准的要求经综合分析后确定。

下列附属机电设备的支架可无抗震设防要求：

——重力不超过1.8kN的设备；

——内径小于25mm的煤气管道和内径小于60mm的电气配管；

——矩形截面面积小于0.38m^{2}和圆形直径小于0.70m的风管；

——吊杆计算长度不超过300mm的吊杆悬挂管道。

13.4.2 建筑附属设备不应设置在可能导致其使用功能发生障碍等二次灾害的部位；对于有隔振装置的设备，应注意其强烈振动对连接件的影响，并防止设备和建筑结构发生谐振现象。

建筑附属机电设备的支架应具有足够的刚度和强度；其与建筑结构应有可靠的连接和

锚固，应使设备在遭遇设防烈度地震影响后能迅速恢复运转。

13.4.3 管道、电缆、通风管和设备的洞口设置，应减少对主要承重结构构件的削弱；洞口边缘应有补强措施。

管道和设备与建筑结构的连接，应能应允许二者间有一定的相对变位。

13.4.4 建筑附属机电设备的基座或连接件应能将设备承受的地震作用全部传递到建筑结构上。建筑结构中，用以固定建筑附属机电设备预埋件、锚固件的部位，应采取加强措施，以承受附属机电设备传给主体结构的地震作用。

13.4.5 建筑内的高位水箱应与所在的结构构件可靠连接；8、9度时按本规范第5.1.2条规定需采用时程分析的高层建筑，尚宜计及水对建筑结构产生的附加地震作用效应。

13.4.6 在设防烈度地震下需要连续工作的附属设备，宜设置在建筑结构地震反应较小的部位；相关部位的结构构件应采取相应的加强措施。

附录A 我国主要城镇抗震设防烈度、设计基本地震加速度和设计地震分组

本附录仅提供我国抗震设防区各县级及县级以上城镇的中心地区建筑工程抗震设计时所采用的抗震设防烈度、设计基本地震加速度值和所属的设计地震分组。

注：本附录一般把“设计地震第一、二、三组”简称为“第一组、第二组、第三组”。

A.0.1 首都和直辖市

1. 抗震设防烈度为8度，设计基本地震加速度值为0.20*g*：

北京（除昌平、门头沟外的11个市辖区），平谷，大兴，延庆，宁河，汉沽。

2. 抗震设防烈度为7度，设计基本地震加速度值为0.15*g*；

密云，怀柔，昌平，门头沟，天津（除汉沽、大港外的12个市辖区），蓟县，宝坻，静海。

3. 抗震设防烈度为7度，设计基本地震加速度值为0.10*g*：

大港，上海（除金山外的15个市辖区），南汇，奉贤

4. 抗震设防烈度为6度，设计基本地震加速度值为0.05*g*：

崇明，金山，重庆（14个市辖区），巫山，奉节，云阳，忠县，丰都，长寿，壁山，合川，铜梁，大足，荣昌，永川，江津，綦江，南川，黔江，石柱，巫溪*

注：1. 首都和直辖市的全部县级及县级以上设防城镇，设计地震分组均为第一组；

2. 上标*指该城镇的中心位于本设防区和较低设防区的分界线，下同。

A.0.2 河北省

1. 抗震设防烈度为8度，设计基本地震加速度值为0.20*g*：

第一组：廊坊（2个市辖区），唐山（5个市辖区），三河，大厂，香河，丰南，丰润，怀来，涿鹿

2. 抗震设防烈度为7度，设计基本地震加速度值为0.15*g*：

第一组：邯郸（4个市辖区），邯郸县，文安，任丘，河间，大城，涿州，高碑店，涞水，固定，永清，玉田，迁安，卢龙，滦县，滦南，唐海，乐亭，宣化，蔚县，阳原，

成安，磁县，临漳，大名，宁晋

3. 抗震设防烈度为7度，设计基本地震加速度值为0.10g：

第一组：石家庄（6个市辖区），保定（3个市辖区），张家口（4个市辖区），沧州（2个市辖区），衡水，邢台（2个市辖区），霸州，雄县，易县，沧县，张北，万全，怀安，兴隆，迁西，抚宁，昌黎，青县，献县，广宗，平乡，鸡泽，隆尧，新河，曲周，肥乡，馆陶，广平，高邑，内丘，邢台县，赵县，武安，涉县，赤城，涞源，定兴，容城，徐水，安新，高阳，博野，蠡县，肃宁，深泽，安平，饶阳，魏县，藁城，栾城，晋州，深州，武强，辛集，冀州，任县，柏乡，巨鹿，南和，沙河，临城，泊头，永年，崇礼，南宫*

第二组：秦皇岛（海港、北戴河），清苑，遵化，安国

4. 抗震设防烈度为6度，设计基本地震加速度值为0.05g：

第一组：正定，围场，尚义，灵寿，无极，平山，鹿泉，井陉，元氏，南皮，吴桥，景县，东光

第二组：承德（除鹰手营子外的2个市辖区），隆化，承德县，宽城，青龙，阜平，满城，顺平，唐县，望都，曲阳，定州，行唐，赞皇，黄骅，海兴，孟村，盐山，阜城，故城，清河，山海关，沽源，新乐，武邑，枣强，威县

第三组：丰宁，滦平，鹰手营子，平泉，临西，邱县

A.0.3 山西省

1. 抗震设防烈度为8度，设计基本地震加速度值为0.20g：

第一组：太原（6个市辖区），临汾，忻州，祁县，平遥，古县，代县，原平，定襄，阳曲，太谷，介休，灵石，汾西，霍州，洪洞，襄汾，晋中，浮山，永济，清徐

2. 抗震设防烈度为7度，设计基本地震加速度值为0.15g：

第一组：大同（4个市辖区），朔州（朔城区），大同县，怀仁，浑源，广灵，应县，山阴，灵丘，繁峙，五台，古交，交城，文水，汾阳，曲沃，孝义，侯马，新绛，稷山，绛县，河津，闻喜，翼城，万荣，临猗，夏县，运城，芮城，平陆，沁源*，宁武*

3. 抗震设防烈度为7度，设计基本地震加速度值为0.10g：

第一组：长治（2个市辖区），阳泉（3个市辖区），长治县，阳高，天镇，左云，右玉，神池，寿阳，昔阳，安泽，乡宁，垣曲，沁水，平定，和顺，黎城，潞城，壶关

第二组：平顺，榆社，武乡，娄烦，交口，隰县，蒲县，吉县，静乐，盂县，沁县，陵川，平鲁

4. 抗震设防烈度为6度，设计基本地震加速度值为0.05g：

第二组：偏关，河曲，保德，兴县，临县，方山，柳林

第三组：晋城，离石，左权，襄垣，屯留，长子，高平，阳城，泽州，五寨，岢岚，岚县，中阳，石楼，永和，大宁

A.0.4 内蒙自治区

1. 抗震设防烈度为8度，设计基本地震加速度值为0.30g：

第一组：土默特右旗，达拉特旗*

2. 抗震设防烈度为8度，设计基本地震加速度值为0.20g：

第一组：包头（除白云矿区外的5个市辖区），呼和浩特（4个市辖区），土默特左

旗，乌海（3个市辖区），杭锦后旗，磴口，宁城，托克托*

3．抗震设防烈度为7度，设计基本地震加速度值为0.15g：

第一组：喀喇沁旗，五原，乌拉特前旗，临河，固阳，武川，凉城，和林格尔，赤峰（红山*，元宝山区）

第二组：阿拉善左旗

4．抗震设防烈度为7度，设计基本地震加速度值为0.10g：

第一组：集宁，清水河，开鲁，傲汉旗，乌特拉后旗，卓资，察右前旗，丰镇，扎兰屯，乌特拉中旗，赤峰（松山区），通辽*

第三组：东胜，准格尔旗

5．抗震设防烈度为6度，设计基本地震加速度值为0.05g：

第一组：满州里，新巴尔虎右旗，莫力达瓦旗，阿荣旗，扎赉特旗，翁牛特旗，兴和，商都，察右后旗，科左中旗，科左后旗，奈曼旗，库伦旗，乌审旗，苏尼特右旗

第二组：达尔罕茂明安联合旗，阿拉善右旗，鄂托克旗，鄂托克前旗，白云

第三组：伊金霍洛旗，杭锦旗，四王子旗，察右中旗

A.0.5 辽宁省

1．抗震设防烈度为8度，设计基本地震加速度值为0.20g：

普兰店，东港

2．抗震设防烈度为7度，设计基本地震加速度值为0.15g：

营口（4个市辖区），丹东（3个市辖区），海城，大石桥，瓦房店，盖州，金州

3．抗震设防烈度为7度，设计基本地震加速度值为0.10g：

沈阳（9个市辖区），鞍山（4个市辖区），大连（除金州外的5个市辖区），朝阳（2个市辖区），辽阳（5个市辖区），抚顺（除顺城外的3个市辖区），铁岭（2个市辖区），盘锦（2个市辖区），盘山，朝阳县，辽阳县，岫岩，铁岭县，凌源，北票，建平，开源，抚顺县，灯塔，台安，大洼，辽中

4．抗震设防烈度为6度，设计基本地震加速度值为0.05g：

本溪（4个市辖区），阜新（5个市辖区），锦州（3个市辖区），葫芦岛（3个市辖区），昌图，西丰，法库，彰武，铁法，阜新县，康平，新民，黑山，北宁，义县，喀喇沁，凌海，兴城，绥中，建昌，宽甸，凤城，庄河，长河，顺城

注：全省县级及县级以上设防城镇的设计地震分组，除兴城、绥中、建昌、南票为第二组外，均为第一组。

A.0.6 吉林省

1．抗震设防烈度为8度，设计基本地震加速度值为0.20g：

前郭尔罗斯，松原

2．抗震设防烈度为7度，设计基本地震加速度值为0.15g；

大安*

3．抗震设防烈度为7度，设计基本地震加速度值为0.10g：

长春（6个市辖区），吉林（除丰满外的3个市辖区），白城，乾安，舒兰，九台，永吉*

4．抗震设防烈度为6度，设计基本地震加速度值为0.05g：

四平（2个市辖区），辽源（2个市辖区），镇赉，洮南，延吉，汪清，图们，珲春，龙井，和龙，安图，蛟河，桦甸，梨树，磐石，东丰，辉南，梅河口，东辽，榆树，靖宇，抚松，长岭，通榆，德惠，农安，伊通，公主岭，扶余，丰满

注：全省县级及县级以上设防城镇，设计地震分组均为第一组。

A.0.7 黑龙江省

1. 抗震设防烈度为7度，设计基本地震加速度值为0.10g：

绥化，萝北，泰来

2. 抗震设防烈度为6度，设计基本地震加速度值为0.05g：

哈尔滨（7个市辖区），齐齐哈尔（7个市辖区），大庆（5个市辖区），鹤岗（6个市辖区），牡丹江（4个市辖区），鸡西（6个市辖区），佳木斯（5个市辖区），七台河（3个市辖区），伊春（伊春区，乌马河区），鸡东，望奎，穆棱，绥芬河，东宁，宁安，五大连池，嘉荫，汤原，桦南，桦川，依兰，勃利，通河，方正，木兰，巴彦，延寿，尚志，宾县，安达，明水，绥棱，庆安，兰西，肇东，肇州，肇源，呼兰，阿城，双城，五常，讷河，北安，甘南，富裕，龙江，黑河，青冈*，海林*

注：全省县级及县级以上设防城镇，设计地震分组均为第一组。

A.0.8 江苏省

1. 抗震设防烈度为8度，设计基本地震加速度值为0.30g：

第一组：宿迁，宿豫*

2. 抗震设防烈度为8度，设计基本地震加速度值为0.20g：

第一组：新沂，邳州，睢宁

3. 抗震设防烈度为7度，设计基本地震加速度值为0.15g：

第一组：扬州（3个市辖区），镇江（2个市辖区），东海，沭阳，泗洪，江都，大丰

4. 抗震设防烈度为7度，设计基本地震加速度值为0.10g：

第一组：南京（11个市辖区），淮安（除楚州外的3个市辖区），徐州（5个市辖区），铜山，沛县，常州（4个市辖区），泰州（2个市辖区），赣榆，泗阳，盱眙，射阳，江浦，武进，盐城，盐都，东台，海安，姜堰，如皋，如东，扬中，仪征，兴化，高邮，六合，句容，丹阳，金坛，丹徒，溧阳，溧水，昆山，太仓

第三组：连云港（4个市辖区），灌云

5. 抗震设防烈度为6度，设计基本地震加速度值为0.05g：

第一组：南通（2个市辖区），无锡（6个市辖区），苏州（6个市辖区），通州，宜兴，江阴，洪泽，金湖，建湖，常熟，吴江，靖江，泰兴，张家港，海门，启东，高淳，丰县

第二组：响水，滨海，阜宁，宝应，金湖

第三组：灌南，涟水，楚州

A.0.9 浙江省

1. 抗震设防烈度为7度，设计基本地震加速度值为0.10g：

岱山，嵊泗，舟山（2个市辖区）

2. 抗震设防烈度为6度，设计基本地震加速度值为0.05g：

杭州（6个市辖区），宁波（5个市辖区），湖州，嘉兴（2个市辖区），温州（3个市

辖区)，绍兴，绍兴县，长兴，安吉，临安，奉化，鄞县，象山，德清，嘉善，平湖，海盐，桐乡，余杭，海宁，萧山，上虞，慈溪，余姚，瑞安，富阳，平阳，苍南，乐清，永嘉，泰顺，景宁，云和，庆元，洞头

注：全省县级及县级以上设防城镇，设计地震分组均为第一组。

A.0.10 安徽省

1. 抗震设防烈度为7度，设计基本地震加速度值为0.15g：

第一组：五河，泗县

2. 抗震设防烈度为7度，设计基本地震加速度值为0.10g：

第一组：合肥（4个市辖区），蚌埠（4个市辖区），阜阳（3个市辖区），淮南（5个市辖区），枞阳，怀远，长丰，六安（2个市辖区），灵璧，固镇，凤阳，明光，定远，肥东，肥西，舒城，庐江，桐城，霍山，涡阳，安庆（3个市辖区）*，铜陵县*

3. 抗震设防烈度为6度，设计基本地震加速度值为0.05g：

第一组：铜陵（3个市辖区），芜湖（4个市辖区），巢湖，马鞍山（4个市辖区），滁州（2个市辖区），芜湖县，砀山，萧县，亳州，界首，太和，临泉，阜南，利辛，蒙城，凤台，寿县，颖上，霍丘，金寨，天长，来安，全椒，含山，和县，当涂，无为，繁昌，池州，岳西，潜山，太湖，怀宁，望江，东至，宿松，南陵，宣城，郎溪，广德，泾县，青阳，石台

第二组：濉溪，淮北

第三组：宿州

A.0.11 福建省

1. 抗震设防烈度为8度，设计基本地震加速度值为0.20g：

第一组：金门*

2. 抗震设防烈度为7度，设计基本地震加速度值为0.15g：

第一组：厦门（7个市辖区），漳州（2个市辖区），晋江，石狮，龙海，长泰，漳浦，东山，诏安

第二组：泉州（4个市辖区）

3. 抗震设防烈度为7度，设计基本地震加速度值为0.10g：

第一组：福州（除马尾外的4个市辖区），安溪，南靖，华安，平和，云霄

第二组：莆田（2个市辖区），长乐，福清，莆田县，平谭，惠安，南安，马尾

4. 抗震设防烈度为6度，设计基本地震加速度值为0.05g：

第一组：三明（2个市辖区），政和，屏南，霞浦，福鼎，福安，柘荣，寿宁，周宁，松溪，宁德，古田，罗源，沙县，尤溪，闽清，闽侯，南平，大田，漳平，龙岩，永定，泰宁，宁化，长汀，武平，建宁，将乐，明溪，清流，连城，上杭，永安，建瓯

第二组：连江，永泰，德化，永春，仙游

A.0.12 江西省

1. 抗震设防烈度为7度，设计基本地震加速度值为0.10g：

寻乌，会昌

2. 抗震设防烈度为6度，设计基本地震加速度值为0.05g：

南昌（5个市辖区），九江（2个市辖区），南昌县，进贤，余干，九江县，彭泽，湖

口，星子，瑞昌，德安，都昌，武宁，修水，靖安，铜鼓，宜丰，宁都，石城，瑞金，安远，定南，龙南，全南，大余

注：全省县级及县级以上设防城镇，设计地震分组均为第一组。

A.0.13 山东省

1. 抗震设防烈度为8度，设计基本地震加速度值为0.20g：

第一组：郯城，临沭，莒南，莒县，沂水，安丘，阳谷

2. 抗震设防烈度为7度，设计基本地震加速度值为0.15g：

第一组：临沂（3个市辖区），潍坊（4个市辖区），菏泽，东明，聊城，苍山，沂南，昌邑，昌乐，青州，临驹，诸城，五莲，长岛，蓬莱，龙口，莘县，鄄城，寿光*

3. 抗震设防烈度为7度，设计基本地震加速度值为0.10g：

第一组：烟台（4个市辖区），威海，枣庄（5个市辖区），淄博（除博山外的4个市辖区），平原，高唐，茌平，东阿，平阴，梁山，郓城，定陶，巨野，成武，曹县，广饶，博兴，高青，桓台，文登，沂源，蒙阴，费县，微山，禹城，冠县，莱芜（2个市辖区）*，单县*，夏津*

第二组：东营（2个市辖区），招远，新泰，栖霞，莱州，日照，平度，高密，垦利，博山，滨州*，平邑*

4. 抗震设防烈度为6度，设计基本地震加速度值为0.05g：

第一组：德州，宁阳，陵县，曲阜，邹城，鱼台，乳山，荣城，兖州

第二组：济南（5个市辖区），青岛（7个市辖区），泰安（2个市辖区），济宁（2个市辖区），武城，乐陵，庆云，无棣，阳信，宁津，沾化，利津，惠民，商河，临邑，济阳，齐河，邹平，章丘，泗水，莱阳，海阳，金乡，滕州，莱西，即墨

第三组：胶南，胶州，东平，汶上，嘉祥，临清，长清，肥城

A.0.14 河南省

1. 抗震设防烈度为8度，设计基本地震加速度值为0.20g：

第一组：新乡（4个市辖区），新乡县，安阳（4个市辖区），安阳县，鹤壁（3个市辖区），原阳，延津，汤阴，淇县，卫辉，获嘉，范县，辉县

2. 抗震设防烈度为7度，设计基本地震加速度值为0.15g：

第一组：郑州（6个市辖区），濮阳，濮阳县，长桓，封丘，修武，武陟，内黄，浚县，滑县，台前，南乐，清丰，灵宝，三门峡，陕县，林州*

3. 抗震设防烈度为7度，设计基本地震加速度值为0.10g：

第一组：洛阳（6个市辖区），焦作（4个市辖区），开封（5个市辖区），南阳（2个市辖区），开封县，许昌县，沁阳，博爱，孟州，孟津，巩义，偃师，济源，新密，新郑，民权，兰考，长葛，温县，荥阳，中牟，杞县*，许昌*

4. 抗震设防烈度为6度，设计基本地震加速度值为0.05g：

第一组：商丘（2个市辖区），信阳（2个市辖区），漯河，平顶山（4个市辖区），登封，义马，虞城，夏邑，通许，尉氏，睢县，宁陵，柘城，新安，宜阳，嵩县，汝阳，伊川，禹州，郏县，宝丰，襄城，郾城，鄢陵，扶沟，太康，鹿邑，郸城，沈丘，项城，淮阳，周口，商水，上蔡，临颍，西华，西平，栾川，内乡，镇平，唐河，邓州，新野，社旗，平舆，新县，驻马店，泌阳，汝南，桐柏，淮滨，息县，正阳，遂平，光山，罗山，

潢川，商城，固始，南召，舞阳*

第二组：汝州，睢县，永城

第三组：卢氏，洛宁，渑池

A.0.15 湖北省

1. 抗震设防烈度为7度，设计基本地震加速度值为0.10g：

竹溪，竹山，房县

2. 抗震设防烈度为6度，设计基本地震加速度值为0.05g：

武汉（13个市辖区），荆州（2个市辖区），荆门，襄樊（2个市辖区），襄阳，十堰（2个市辖区），宜昌（4个市辖区），宜昌县，黄石（4个市辖区），恩施，咸宁，麻城，团风，罗田，英山，黄冈，鄂州，浠水，蕲春，黄梅，武穴，郧西，郧县，丹江口，谷城，老河口，宜城，南漳，保康，神农架，钟祥，沙洋，远安，兴山，巴东，秭归，当阳，建始，利川，公安，宣恩，咸丰，长阳，宜都，枝江，松滋，江陵，石首，监利，洪湖，孝感，应城，云梦，天门，仙桃，红安，安陆，潜江，嘉鱼，大冶，通山，赤壁，崇阳，通城，五峰*，京山*

注：全省县级及县级以上设防城镇，设计地震分组均为第一组。

A.0.16 湖南省

1. 抗震设防烈度为7度，设计基本地震加速度值为0.15g：

常德（2个市辖区）

2. 抗震设防烈度为7度，设计基本地震加速度值为0.10g：

岳阳（3个市辖区），岳阳县，汨罗，湘阴，临澧，澧县，津市，桃源，安乡，汉寿

3. 抗震设防烈度为6度，设计基本地震加速度值为0.05g：

长沙（5个市辖区），长沙县，益阳（2个市辖区），张家界（2个市辖区），郴州（2个市辖区），邵阳（3个市辖区），邵阳县，泸溪，沅陵，娄底，宜章，资兴，平江，宁乡，新化，冷水江，涟源，双峰，新邵，邵东，隆回，石门，慈利，华容，南县，临湘，沅江，桃江，望城，溆浦，会同，靖州，韶山，江华，宁远，道县，临武，湘乡*，安化*，中方*，洪江*

注：全省县级及县级以上设防城镇，设计地震分组均为第一组。

A.0.17 广东省

1. 抗震设防烈度为8度，设计基本地震加速度值为0.20g：

汕头（5个市辖区），澄海，潮安，南澳，徐闻，潮州*

2. 抗震设防烈度为7度，设计基本地震加速度值为0.15g：

揭阳，揭东，潮阳，饶平

3. 抗震设防烈度为7度，设计基本地震加速度值为0.10g：

广州（除花都外的9个市辖区），深圳（6个市辖区），湛江（4个市辖区），汕尾，海丰，普宁，惠来，阳江，阳东，阳西，茂名，化州，廉江，遂溪，吴川，丰顺，南海，顺德，中山，珠海，斗门，电白，雷州，佛山（2个市辖区）*，江门（2个市辖区）*，新会*，陆丰*

4. 抗震设防烈度为6度，设计基本地震加速度值为0.05g：

韶关（3个市辖区），肇庆（2个市辖区），花都，河源，揭西，东源，梅州，东莞，

清远，清新，南雄，仁化，始兴，乳源，曲江，英德，佛冈，龙门，龙川，平远，大埔，从化，梅县，兴宁，五华，紫金，陆河，增城，博罗，惠州，惠阳，惠东，三水，四会，云浮，云安，高要，高明，鹤山，封开，郁南，罗定，信宜，新兴，开平，恩平，台山，阳春，高州，翁源，连平，和平，蕉岭，新丰*

注：全省县级及县级以上设防城镇，设计地震分组均为第一组。

A.0.18 广西自治区

1. 抗震设防烈度为7度，设计基本地震加速度值为0.15*g*：

灵山，田东

2. 抗震设防烈度为7度，设计基本地震加速度值为0.10*g*：

玉林，兴业，横县，北流，百色，田阳，平果，隆安，浦北，博白，乐业*

3. 抗震设防烈度为6度，设计基本地震加速度值为0.05*g*：

南宁（6个市辖区），桂林（5个市辖区），柳州（5个市辖区），梧州（3个市辖区），钦州（2个市辖区），贵港（2个市辖区），防城港（2个市辖区），北海（2个市辖区），兴安，灵川，临桂，永福，鹿寨，天峨，东兰，巴马，都安，大化，马山，融安，象州，武宣，桂平，平南，上林，宾阳，武鸣，大新，扶绥，邕宁，东兴，合浦，钟山，贺州，藤县，苍梧，容县，岑溪，陆川，凤山，凌云，田林，隆林，西林，德保，靖西，那坡，天等，崇左，上思，龙州，宁明，融水，凭祥，全州

注：全自治区县级及县级以上设防城镇，设计地震分组均为第一组。

A.0.19 海南省

1. 抗震设防烈度为8度，设计基本地震加速度值为0.30*g*：

海口（3个市辖区），琼山

2. 抗震设防烈度为8度，设计基本地震加速度值为0.20*g*：

文昌，定安

3. 抗震设防烈度为7度，设计基本地震加速度值为0.15*g*：

澄迈

4. 抗震设防烈度为7度，设计基本地震加速度值为0.10*g*：

临高，琼海，儋州，屯昌

5. 抗震设防烈度为6度，设计基本地震加速度值为0.05*g*：

三亚，万宁，琼中，昌江，白沙，保亭，陵水，东方，乐东，通什

注：全省县级及县级以上设防城镇，设计地震分组均为第一组。

A.0.20 四川省

1. 抗震设防烈度不低于9度，设计基本地震加速度值不小于0.40*g*：

第一组：康定，西昌

2. 抗震设防烈度为8度，设计基本地震加速度值为0.30*g*：

第一组：冕宁*

3. 抗震设防烈度为8度，设计基本地震加速度值为0.20*g*：

第一组：松潘，道孚，泸定，甘孜，炉霍，石棉，喜德，普格，宁南，德昌，理塘

第二组：九寨沟

4. 抗震设防烈度为7度，设计基本地震加速度值为0.15*g*：

第一组：宝兴，茂县，巴塘，德格，马边，雷波

第二组：越西，雅江，九龙，平武，木里，盐源，会东，新龙

第三组：天全，荥经，汉源，昭觉，布拖，丹巴，庐山，甘洛

5. 抗震设防烈度为7度，设计基本地震加速度值为0.10g：

第一组：成都（除龙泉驿、清白江的5个市辖区），乐山（除金口河外的3个市辖区），自贡（4个市辖区），宜宾，宜宾县，北川，安县，绵竹，汶川，都江堰，双流，新津，青神，峨边，沐川，屏山，理县，得荣，新都*

第二组：攀枝花（3个市辖区），江油，什邡，彭州，郫县，温江，大邑，崇州，邛崃，蒲江，彭山，丹棱，眉山，洪雅，夹江，峨嵋山，若尔盖，色达，壤塘，马尔康，石渠，白玉，金川，黑水，盐边，米易，乡城，稻城，金口河，朝天区*

第三组：青川，雅安，名山，美姑，金阳，小金，会理

6. 抗震设防烈度为6度，设计基本地震加速度值为0.05g：

第一组：泸州（3个市辖区），内江（2个市辖区），德阳，宣汉，达州，达县，大竹，邻水，渠县，广安，华蓥，隆昌，富顺，泸县，南溪，江安，长宁，高县，珙县，兴文，叙永，古蔺，金堂，广汉，简阳，资阳，仁寿，资中，犍为，荣县，威远，南江，通江，万源，巴中，苍溪，阆中，仪陇，西充，南部，盐亭，三台，射洪，大英，乐至，旺苍，龙泉驿，清白江

第二组：绵阳（2个市辖区），梓潼，中江，阿坝，筠连，井研

第三组：广元（除朝天区外的2个市辖区），剑阁，罗江，红原

A.0.21 贵州省

1. 抗震设防烈度为7度，设计基本地震加速度值为0.10g：

第一组：望谟

第二组：威宁

2. 抗震设防烈度为6度，设计基本地震加速度值为0.05g：

第一组：贵阳（除白云外的5个市辖区），凯里，毕节，安顺，都匀，六盘水，黄平，福泉，贵定，麻江，清镇，龙里，平坝，纳雍，织金，水城，普定，六枝，镇宁，惠水，长顺，关岭，紫云，罗甸，兴仁，贞丰，安龙，册亨，金沙，印江，赤水，习水，思南*

第二组：赫章，普安，晴隆，兴义

第三组：盘县

A.0.22 云南省

1. 抗震设防烈度不低于9度，设计基本地震加速度值不小于0.40g：

第一组：寻甸，东川

第二组：澜沧

2. 抗震设防烈度为8度，设计基本地震加速度值为0.30g：

第一组：剑川，嵩明，宜良，丽江，鹤庆，永胜，潞西，龙陵，石屏，建水

第二组：耿马，双江，沧源，勐海，西盟，孟连

3. 抗震设防烈度为8度，设计基本地震加速度值为0.20g：

第一组：石林，玉溪，大理，永善，巧家，江川，华宁，峨山，通海，洱源，宾川，弥渡，祥云，会泽，南涧

第二组：昆明（除东川外的4个市辖区），思茅，保山，马龙，呈贡，澄江，晋宁，易门，漾濞，巍山，云县，腾冲，施甸，瑞丽，梁河，安宁，凤庆*，陇川*

第三组：景洪，永德，镇康，临沧

4. 抗震设防烈度为7度，设计基本地震加速度值为0.15g：

第一组：中甸，泸水，大关，新平*

第二组：沾益，个旧，红河，元江，禄丰，双柏，开远，盈江，永平，昌宁，宁蒗，南华，楚雄，勐腊，华坪，景东*

第三组：曲靖，弥勒，陆良，富民，禄劝，武定，兰坪，云龙，景谷，普洱

5. 抗震设防烈度为7度，设计基本地震加速度值为0.10g：

第一组：盐津，绥江，德钦，水富，贡山

第二组：昭通，彝良，鲁甸，福贡，永仁，大姚，元谋，姚安，牟定，墨江，绿春，镇沅，江城，金平

第三组：富源，师宗，泸西，蒙自，元阳，维西，宣威

6. 抗震设防烈度为6度，设计基本地震加速度值为0.05g：

第一组：威信，镇雄，广南，富宁，西畴，麻栗坡，马关

第二组：丘北，砚山，屏边，河口，文山

第三组：罗平

A.0.23 西藏自治区

1. 抗震设防烈度不低于9度，设计基本地震加速度值不小于0.40g：

第二组：当雄，墨脱

2. 抗震设防烈度为8度，设计基本地震加速度值为0.30g：

第一组：申扎

第二组：米林，波密

3. 抗震设防烈度为8度，设计基本地震加速度值为0.20g：

第一组：普兰，聂拉木，萨嘎

第二组：拉萨，堆龙德庆，尼木，仁布，尼玛，洛隆，隆子，错那，曲松

第三组：那曲，林芝（八一镇），林周

4. 抗震设防烈度为7度，设计基本地震加速度值为0.15g：

第一组：札达，吉隆，拉孜，谢通门，亚东，洛扎，昂仁

第二组：日土，江孜，康马，白朗，扎囊，措美，桑日，加查，边坝，八宿，丁青，类乌齐，乃东，琼结，贡嘎，朗县，达孜，日喀则*，噶尔*

第三组：南木林，班戈，浪卡子，墨竹工卡，曲水，安多，聂荣

5. 抗震设防烈度为7度，设计基本地震加速度值为0.10g：

第一组：改则，措勤，仲巴，定结，芒康

第二组：昌都，定日，萨迦，岗巴，巴青，工布江达，索县，比如，嘉黎，察雅，左贡，察隅，江达，贡觉

6. 抗震设防烈度为6度，设计基本地震加速度值为0.05g：

第一组：革吉

A.0.24 陕西省

1. 抗震设防烈度为8度，设计基本地震加速度值为0.20g：

第一组：西安（8个市辖区），渭南，华县，华阴，潼关，大荔

第二组：陇县

2. 抗震设防烈度为7度，设计基本地震加速度值为0.15g：

第一组：咸阳（3个市辖区），宝鸡（2个市辖区），高陵，千阳，岐山，凤翔，扶风，武功，兴平，周至，眉县，宝鸡县，三原，富平，澄城，蒲城，泾阳，礼泉，长安，户县，蓝田，韩城，合阳

第二组：凤县

3. 抗震设防烈度为7度，设计基本地震加速度值为0.10g：

第一组：安康，平利，乾县，洛南

第二组：白水，耀县，淳化，麟游，永寿，商州，铜川（2个市辖区）*，柞水*

第三组：太白，留坝，勉县，略阳

4. 抗震设防烈度为6度，设计基本地震加速度值为0.05g：

第一组：延安，清涧，神木，佳县，米脂，绥德，安塞，延川，延长，定边，吴旗，志丹，甘泉，富县，商南，旬阳，紫阳，镇巴，白河，岚皋，镇坪，子长*

第二组：府谷，吴堡，洛川，黄陵，旬邑，洋县，西乡，石泉，汉阴，宁陕，汉中，南郑，城固

第三组：宁强，宜川，黄龙，宜君，长武，彬县，佛坪，镇安，丹凤，山阳

A.0.25 甘肃省

1. 抗震设防烈度不低于9度，设计基本地震加速度值不小于0.40g：

第一组：古浪

2. 抗震设防烈度为8度，设计基本地震加速度值为0.30g：

第一组：天水（2个市辖区），礼县，西和

3. 抗震设防烈度为8度，设计基本地震加速度值为0.20g：

第一组：宕昌，文县，肃北，武都

第二组：兰州（5个市辖区），成县，舟曲，徽县，康县，武威，永登，天祝，景泰，靖远，陇西，武山，秦安，清水，甘谷，漳县，会宁，静宁，庄浪，张家川，通渭，华亭

4. 抗震设防烈度为7度，设计基本地震加速度值为0.15g：

第一组：康乐，嘉峪关，玉门，酒泉，高台，临泽，肃南广河，临谭，卓尼，迭部，临洮，渭源，皋兰，崇信，榆中，定西，金昌，两当，阿克塞，民乐，永昌

第三组：平凉

5. 抗震设防烈度为7度，设计基本地震加速度值为0.10g：

第一组：张掖，合作，玛曲，金塔，积石山

第二组：敦煌，安西，山丹，临夏，临夏县，夏河，碌曲，泾川，灵台

第三组：民勤，镇原，环县

6. 抗震设防烈度为6度，设计基本地震加速度值为0.05g：

第二组：华池，正宁，庆阳，合水，宁县

第三组：西峰

A.0.26 青海省

1. 抗震设防烈度为8度，设计基本地震加速度值为0.20：

第一组：玛沁

第二组：玛多，达日

2. 抗震设防烈度为7度，设计基本地震加速度值为0.15g：

第一组：祁连，玉树

第二组：甘德，门源

3. 抗震设防烈度为7度，设计基本地震加速度值为0.10g：

第一组：乌兰，治多，称多，杂多，囊谦

第二组：西宁（4个市辖区），同仁，共和，德令哈，海晏，湟源，湟中，平安，民和，化隆，贵德，尖扎，循化，格尔木，贵南，同德，河南，曲麻莱，久治，班玛，天峻，刚察

第三组：大通，互助，乐都，都兰，兴海

4. 抗震设防烈度为6度，设计基本地震加速度值为0.05g：

第二组：泽库

A.0.27 宁夏自治区

1. 抗震设防烈度为8度，设计基本地震加速度值为0.30g：

第一组：海原

2. 抗震设防烈度为8度，设计基本地震加速度值为0.20g：

第一组：银川（3个市辖区），石嘴山（3个市辖区），吴忠，惠农，平罗，贺兰，永宁，青铜峡，泾源，灵武，陶乐，固原

第二组：西吉，中卫，中宁，同心，隆德

3. 抗震设防烈度为7度，设计基本地震加速度值为0.15g：

第三组：彭阳

4. 抗震设防烈度为6度，设计基本地震加速度值为0.05g：

第三组：盐池

A.0.28 新疆自治区

1. 抗震设防烈度不低于9度，设计基本地震加速度值不小于0.40g：

第二组：乌恰，塔什库尔干

2. 抗震设防烈度为8度，设计基本地震加速度值为0.30g：

第二组：阿图什，喀什，疏附

3. 抗震设防烈度为8度，设计基本地震加速度值为0.20g：

第一组：乌鲁木齐（7个市辖区），乌鲁木齐县，温宿，阿克苏，柯坪，米泉，乌苏，特克斯，库车，巴里坤，青河，富蕴，乌什*

第二组：尼勒克，新源，巩留，精河，奎屯，沙湾，玛纳斯，石河子，独山子

第三组：疏勒，伽师，阿克陶，英吉沙

4. 抗震设防烈度为7度，设计基本地震加速度值为0.15g：

第一组：库尔勒，新和，轮台，和静，焉耆，博湖，巴楚，昌吉，拜城，阜康*，木垒*

第二组：伊宁，伊宁县，霍城，察布查尔，呼图壁

第三组：岳普湖

5. 抗震设防烈度为7度，设计基本地震加速度值为0.10g：

第一组：吐鲁番，和田，和田县，昌吉，吉木萨尔，洛浦，奇台，伊吾，鄯善，托克逊，和硕，壁犁，墨玉，策勒，哈密

第二组：克拉玛依（克拉玛依区），博乐，温泉，阿合奇，阿瓦提，沙雅

第三组：莎车，泽普，叶城，麦盖堤，皮山

6. 抗震设防烈度为6度，设计基本地震加速度值为0.05g：

第一组；于田，哈巴河，塔城，额敏，福海，和布克塞尔，乌尔禾

第二组：阿勒泰，托里，民丰，若羌，布尔津，吉木乃，裕民，白碱滩

第三组，且末

A.0.29 港澳特区和台湾省

1. 抗震设防烈度不低于9度，设计基本地震加速度值不小于0.40g：

第一组：台中

第二组：苗栗，云林，嘉义，花莲

2. 抗震设防烈度为8度，设计基本地震加速度值为0.30g：

第二组：台北，桃园，台南，基隆，宜兰，台东，屏东

3. 抗震设防烈度为8度，设计基本地震加速度值为0.20g：

第二组：高雄，澎湖

4. 抗震设防烈度为7度，设计基本地震加速度值为0.15g：

第一组：香港

5. 抗震设防烈度为7度，设计基本地震加速度值为0.10g：

第一组：澳门

附录B　高强混凝土结构抗震设计要求

B.0.1 高强混凝土结构所采用的混凝土强度等级应符合本规范第3.9.3条的规定；其抗震设计，除应符合普通混凝土结构抗震设计要求外，尚应符合本附录的规定。

B.0.2 结构构件截面剪力设计值的限值中含有混凝土轴心抗压强度设计值（f_c）的项应乘以混凝土强度影响系数（β_c）。其值，混凝土强度等级为C50时取1.0，C80时取0.8，介于C50和C80之间时取其内插值。

结构构件受压区高度计算和承载力验算时，公式中含有混凝土轴心抗压强度设计值（f_c）的项也应按国家标准《混凝土结构设计规范》GB 50010的有关规定乘以相应的混凝土强度影响系数。

B.0.3 高强混凝土框架的抗震构造措施，应符合下列要求：

1. 梁端纵向受拉钢筋的配筋率不宜大于3%（HRB 335级钢筋）和2.6%（HRB400级钢筋）。梁端箍筋加密区的箍筋最小直径应比普通混凝土梁箍筋的最小直径增大2mm。

2. 柱的轴压比限值宜按下列规定采用：不超过C60混凝土的柱可与普通混凝土柱相同，C65～C70混凝土的柱宜比普通混凝土柱减小0.05，C75～C80混凝土的柱宜比普通混凝土柱减小0.1。

3. 当混凝土强度等级大于 C60 时，柱纵向钢筋的最小总配筋率应比普通混凝土柱增大 0.1%。

4. 柱加密区的最小配箍特征值宜按下列规定采用：混凝土强度等级高于 C60 时，箍筋宜采用复合箍、复合螺旋箍或连续复合矩形螺旋箍。

1）轴压比不大于 0.6 时，宜比普通混凝土柱大 0.02；

2）轴压比大于 0.6 时，宜比普通混凝土柱大 0.03。

B.0.4 当混凝土强度等级大于 C60 时，抗震墙约束边缘构件的配箍特征值宜比轴压比相同的普通混凝土抗震墙增加 0.02。

附录 C 预应力混凝土结构抗震设计要求

C.1 一 般 要 求

C.1.1 本附录适用于 6、7、8 度时先张法和后张有粘结预应力混凝土结构的抗震设计，9 度时应进行专门研究。

无粘结预应力混凝土结构的抗震设计，应符合专门的规定。

C.1.2 抗震设计时，框架的后张预应力构件宜采用有粘结预应力筋。

C.1.3 后张预应力筋的锚具不宜设置在梁柱节点核芯区。

C.2 预应力框架结构

C.2.1 预应力混凝土框架梁应符合下列规定：

1. 后张预应力混凝土框架梁中应采用预应力筋和非预应力筋混合配筋方式，按下式计算的预应力强度比，一级不宜大于 0.55；二、三级不宜大于 0.75。

$$\lambda = \frac{A_p f_{py}}{A_p f_{py} + A_s f_y} \quad (C.2.1)$$

式中 λ——预应力强度比；

A_p、A_s——分别为受拉区预应力筋、非预应力筋截面面积；

f_{py}——预应力筋的抗拉强度设计值；

f_y——非预应力筋的抗拉强度设计值。

2. 预应力混凝土框架梁端纵向受拉钢筋按非预应力钢筋抗拉强度设计值换算的配筋率不应大于 2.5%，且考虑受压钢筋的梁端混凝土受压区高度和有效高度之比，一级不应大于 0.25，二、三级不应大于 0.35。

3. 梁端截面的底面和顶面非预应力钢筋配筋量的比值，除按计算确定外，一级不应小于 1.0，二、三级不应小于 0.8，同时，底面非预应力钢筋配筋量不应低于毛截面面积的 0.2%。

C.2.2 预应力混凝土悬臂梁应符合下列规定：

1. 悬臂梁的预应力强度比可按本附录第 C.2.1 条 1 款的规定采用；考虑受压钢筋的混凝土受压区高度和有效高度之比可按本附录第 C.2.1 条 2 款的规定采用。

2. 悬臂梁梁底和梁顶非预应力筋配筋量的比值，除按计算确定外，不应小于 1.0，且底面非预应力筋配筋量不应低于毛截面面积的0.2%。

C.2.3 预应力混凝土框架柱应符合下列规定：

1. 预应力混凝土大跨度框架顶层边柱宜采用非对称配筋，一侧采用混合配筋，另一侧仅配置普通钢筋。

2. 预应力框架柱应符合本规范第6.2节调整框架柱内力组合设计值的相应要求。

3. 预应力混凝土框架柱的截面受压区高度和有效高度之比，一级不应大于0.25，二、三级不应大于0.35。

4. 预应力框架柱箍筋应沿柱全高加密。

附录D 框架梁柱节点核芯区截面抗震验算

D.1 一般框架梁柱节点

D.1.1 一、二级框架梁柱节点核芯区组合的剪力设计值，应按下列公式确定：

$$V_j = \frac{\eta_{jb} \Sigma M_b}{h_{b0} - \alpha'_s}\left(1 - \frac{h_{b0} - \alpha'_s}{H_c - h_b}\right) \tag{D.1.1-1}$$

9度时和一级框架结构尚应符合

$$V_j = \frac{1.15 \Sigma M_{bua}}{h_{b0} - \alpha'_s}\left(1 - \frac{h_{b0} - \alpha'_s}{H_c - h_b}\right) \tag{D.1.1-2}$$

式中 V_j——梁柱节点核芯区组合的剪力设计值；

h_{b0}——梁截面的有效高度，节点两侧梁截面高度不等时可采用平均值；

α'_s——梁受压钢筋合力点至受压边缘的距离；

H_c——柱的计算高度，可采用节点上、下柱反弯点之间的距离；

h_b——梁的截面高度，节点两侧梁截面高度不等时可采用平均值；

η_{jb}——节点剪力增大系数，一级取1.35，二级取1.2；

ΣM_b——节点左右梁端反时针或顺时针方向组合弯矩设计值之和，一级时节点左右梁端均为负弯矩，绝对值较小的弯矩应取零；

ΣM_{bua}——节点左右梁端反时针或顺时针方向实配的正截面抗震受弯承载力所对应的弯矩值之和，根据实配钢筋面积（计入受压筋）和材料强度标准值确定。

D.1.2 核芯区截面有效验算宽度，应按下列规定采用：

1. 核芯区截面有效验算宽度，当验算方向的梁截面宽度不小于该侧柱截面宽度的1/2时，可采用该侧柱截面宽度，当小于柱截面宽度的1/2时，可采用下列二者的较小值：

$$b_j = b_b + 0.5h_c \tag{D.1.2-1}$$

$$b_j = b_c \tag{D.1.2-2}$$

式中 b_j——节点核芯区的截面有效验算宽度；

b_b——梁截面宽度；

h_c——验算方向的柱截面高度；

b_c——验算方向的柱截面宽度。

2. 当梁、柱的中线不重合且偏心距不大于柱宽的 1/4 时，核芯区的截面有效验算宽度可采用上款和下式计算结果的较小值。

$$b_j = 0.5(b_b + b_c) + 0.25h_c - e \quad (D.1.2-3)$$

式中 e——梁与柱中线偏心距。

D.1.3 节点核芯区组合的剪力设计值，应符合下列要求：

$$V_j \leqslant \frac{1}{\gamma_{RE}}(0.30\eta_j f_c b_j h_j) \quad (D.1.3)$$

式中 η_j——正交梁的约束影响系数，楼板为现浇，梁柱中线重合，四侧各梁截面宽度不小于该侧柱截面宽度的1/2，且正交方向梁高度不小于框架梁高度的3/4时，可采用1.5，9度时宜采用1.25，其他情况均采用1.0；

h_j——节点核芯区的截面高度，可采用验算方向的柱截面高度；

γ_{RE}——承载力抗震调整系数，可采用0.85。

D.1.4 节点核芯区截面抗震受剪承载力，应采用下列公式验算：

$$V_j \leqslant \frac{1}{\gamma_{RE}}\left(1.1\eta_j f_t b_j h_j + 0.05\eta_j N\frac{b_j}{b_c} + f_{yv}A_{svj}\frac{h_{b0} - a'_s}{s}\right) \quad (D.1.4-1)$$

9 度时 $$V_j \leqslant \frac{1}{\gamma_{RE}}\left(0.9\eta_j f_t b_j h_j + f_{yv}A_{svj}\frac{h_{b0} - a'_s}{s}\right) \quad (D.1.4-2)$$

式中 N——对应于组合剪力设计值的上柱组合轴向压力较小值，其取值不应大于柱的截面面积和混凝土轴心抗压强度设计值的乘积的50%，当 N 为拉力时，取 $N=0$；

f_{yv}——箍筋的抗拉强度设计值；

f_t——混凝土轴心抗拉强度设计值；

A_{svj}——核芯区有效验算宽度范围内同一截面验算方向箍筋的总截面面积；

s——箍筋间距。

D.2 扁梁框架的梁柱节点

D.2.1 扁梁框架的梁宽大于柱宽时，梁柱节点应符合本段的规定。

D.2.2 扁梁框架的梁柱节点核芯区应根据梁纵筋在柱宽范围内、外的截面面积比例，对柱宽以内和柱宽以外的范围分别验算受剪承载力。

D.2.3 核芯区验算方法除应符合一般框架梁柱节点的要求外，尚应符合下列要求：

1. 按本附录式（D.1.3）验算核芯区剪力限值时，核芯区有效宽度可取梁宽与柱宽之和的平均值；

2. 四边有梁的约束影响系数，验算柱宽范围内核芯区的受剪承载力时可取1.5，验算柱宽范围外核芯区的受剪承载力时宜取1.0；

3. 验算核芯区受剪承载力时，在柱宽范围内的核芯区，轴向力的取值可与一般梁柱节点相同；柱宽以外的核芯区，可不考虑轴力对受剪承载力的有利作用；

4. 锚入柱内的梁上部钢筋宜大于其全部截面面积的60%。

D.3 圆柱框架的梁柱节点

D.3.1 梁中线与柱中线重合时，圆柱框架梁柱节点核芯区组合的剪力设计值应符合下列要求：

$$V_j \leqslant \frac{1}{\gamma_{RE}}(0.30\eta_j f_c A_j) \qquad (D.3.1)$$

式中 η_j——正交梁的约束影响系数，按本附录D.1.3确定，其中柱截面宽度按柱直径采用；

A_j——节点核芯区有效截面面积，梁宽（b_b）不小于柱直径（D）之半时，取 $A_j = 0.8D^2$；梁宽（b_b）小于柱直径（D）之半且不小于 $0.4D$ 时，取 $A_j = 0.8D(b_b + D/2)$。

D.3.2 梁中线与柱中线重合时，圆柱框架梁柱节点核芯区截面抗震受剪承载力应采用下列公式验算：

$$V_j \leqslant \frac{1}{\gamma_{RE}}\Big(1.5\eta_j f_t A_j + 0.05\eta_j \frac{N}{D^2}A_j + 1.57 f_{yv} A_{sh} \frac{h_{b0} - a'_s}{s} + f_{yv} A_{svj} \frac{h_{b0} - a'_s}{s}\Big) \qquad (D.3.2\text{-}1)$$

9度时 $$V_j \leqslant \frac{1}{\gamma_{RE}}\Big(1.2\eta_j f_t A_j + 1.57 f_{yv} A_{sh} \frac{b_{b0} - a'_s}{s} + f_{yv} A_{svj} \frac{h_{b0} - a'_s}{s}\Big) \qquad (D.3.2\text{-}2)$$

式中 A_{sh}——单根圆形箍筋的截面面积；

A_{svj}——同一截面验算方向的拉筋和非圆形箍筋的总截面面积；

D——圆柱截面直径；

N——轴向力设计值，按一般梁柱节点的规定取值。

附录E 转换层结构抗震设计要求

E.1 矩形平面抗震墙结构框支层楼板设计要求

E.1.1 框支层应采用现浇楼板，厚度不宜小于180mm，混凝土强度等级不宜低于C30，应采用双层双向配筋，且每层每个方向的配筋率不应小于0.25%。

E.1.2 部分框支抗震墙结构的框支层楼板剪力设计值，应符合下列要求：

$$V_f \leqslant \frac{1}{\gamma_{RE}}(0.1 f_c b_f t_f) \qquad (E.1.2)$$

式中 V_f——由不落地抗震墙传到落地抗震墙处按刚性楼板计算的框支层楼板组合的剪力设计值，8度时应乘以增大系数2，7度时应乘以增大系数1.5；验算落地抗震墙时不考虑此项增大系数；

$b_f t_f$——分别为框支层楼板的宽度和厚度；

γ_{RE}——承载力抗震调整系数，可采用0.85。

E.1.3 部分框支抗震墙结构的框支层楼板与落地抗震墙交接截面的受剪承载力，应按下列公式验算：

$$V_f \leqslant \frac{1}{\gamma_{RE}}(f_y A_s) \tag{E.1.3}$$

式中 A_s——穿过落地抗震墙的框支层楼盖（包括梁和板）的全部钢筋的截面面积。

E.1.4 框支层楼板的边缘和较大洞口周边应设置边梁，其宽度不宜小于板厚的2倍，纵向钢筋配筋率不应小于1%，钢筋接头宜采用机械连接或焊接，楼板的钢筋应锚固在边梁内。

E.1.5 对建筑平面较长或不规则及各抗震墙内力相差较大的框支层，必要时可采用简化方法验算楼板平面内的受弯、受剪承载力。

E.2 筒体结构转换层抗震设计要求

E.2.1 转换层上下的结构质量中心宜接近重合（不包括裙房），转换层上下层的侧向刚度比不宜大于2。

E.2.2 转换层上部的竖向抗侧力构件（墙、柱）宜直接落在转换层的主结构上。

E.2.3 厚板转换层结构不宜用于7度及7度以上的高层建筑。

E.2.4 转换层楼盖不应有大洞口，在平面内宜接近刚性。

E.2.5 转换层楼盖与筒体、抗震墙应有可靠的连接，转换层楼板的抗震验算和构造宜符合本附录E.1对框支层楼板的有关规定。

E.2.6 8度时转换层结构应考虑竖向地震作用。

E.2.7 9度时不应采用转换层结构。

附录F 配筋混凝土小型空心砌块抗震墙房屋抗震设计要求

F.1 一 般 要 求

F.1.1 本附录适用的配筋混凝土小型空心砌块抗震墙房屋的最大高度应符合表F.1.1-1规定，且房屋总高度与总宽度的比值不宜超过表F.1.1-2的规定；对横墙较少或建造于Ⅳ类场地的房屋，适用的最大高度应适当降低。

配筋混凝土小型空心砌块抗震墙房屋适用的最大高度（m）　表F.1.1-1

最小墙厚（mm）	6度	7度	8度
190	54	45	30

注：房屋高度超过表内高度时，应根据专门研究，采取有效的加强措施。

配筋混凝土小型空心砌块抗震墙房屋的最大高宽比　表F.1.1-2

烈　度	6度	7度	8度
最大高宽比	5	4	3

F.1.2 配筋小型空心砌块抗震墙房屋应根据抗震设防分类、抗震设防烈度和房屋高度采用不同的抗震等级，并应符合相应的计算和构造措施要求。丙类建筑的抗震等级宜按表F.1.2确定：

配筋小型空心砌块抗震墙房屋的抗震等级　　表 F.1.2

烈　度	6度		7度		8度	
高度（m）	≤24	>24	≤24	>24	≤24	>24
抗震等级	四	三	三	二	二	一

注：接近或等于高度分界时，可结合房屋不规则程度及和场地、地基条件确定抗震等级。

F.1.3　房屋应避免采用本规范第3.4节规定的不规则建筑结构方案，并应符合下列要求：

1. 平面形状宜简单、规则，凹凸不宜过大；竖向布置宜规则、均匀，避免过大的外挑和内收。

2. 纵横向抗震墙宜拉通对直；每个墙段不宜太长，每个独立墙段的总高度与墙段长度之比不宜小于2；门洞口宜上下对齐，成列布置。

3. 房屋抗震横墙的最大间距，应符合表F.1.3的要求：

抗震横墙的最大间距　　表 F.1.3

烈　度	6度	7度	8度
最大间距（m）	15	15	11

F.1.4　房屋宜选用规则、合理的建筑结构方案不设防震缝，当需要防震缝时，其最小宽度应符合下列要求：

当房屋高度不超过20m时，可采用70mm；当超过20m时，6度、7度、8度相应每增加6m、5m和4m，宜加宽20mm。

F.2　计算要点

F.2.1　配筋小型空心砌块抗震墙房屋抗震计算时，应按本节规定调整地震作用效应；6度时可不做抗震验算。

F.2.2　配筋小型空心砌块抗震墙承载力计算时，底部加强部位截面的组合剪力设计值应按下列规定调整：

$$V = \eta_{vw} V_w \tag{F.2.2}$$

式中　V——抗震墙底部加强部位截面组合的剪力设计值；

V_w——抗震墙底部加强部位截面组合的剪力计算值；

η_{vw}——剪力增大系数，一级取1.6，二级取1.4，三级取1.2，四级取1.0。

F.2.3　配筋小型空心砌块抗震墙截面组合的剪力设计值，应符合下列要求：

剪跨比大于2

$$V \leqslant \frac{1}{\gamma_{RE}}(0.2 f_{gc} b_w h_w) \tag{F.2.3-1}$$

剪跨比不大于2

$$V \leqslant \frac{1}{\gamma_{RE}}(0.15 f_{gc} b_w h_w) \tag{F.2.3-2}$$

式中　f_{gc}——灌芯小砌块砌体抗压强度设计值；灌满时可取2倍砌块砌体抗压强度设计

值；

b_w——抗震墙截面宽度；

h_w——抗震墙截面高度；

γ_{RE}——承载力抗震调整系数，取 0.85。

注：剪跨比应按本规范式（6.2.9-3）计算。

F.2.4 偏心受压配筋小型空心砌块抗震墙截面受剪承载力，应按下列公式验算：

$$V \leqslant \frac{1}{\gamma_{RE}}\left[\frac{1}{\lambda - 0.5}(0.48 f_{gv} b_w h_w + 0.1N) + 0.72 f_{yh} \frac{A_{sb}}{s} h_{w0}\right] \quad (F.2.4-1)$$

$$0.5V \leqslant \frac{1}{\gamma_{RE}}\left(0.72 f_{yh} \frac{A_{sh}}{s} h_{w0}\right) \quad (F.2.4-2)$$

式中 N——抗震墙轴向压力设计值；取值不大于 $0.2 f_{gc} b_w h_w$；

λ——计算截面处的剪跨比，取 $\lambda = M/Vh_w$；当小于 1.5 时取 1.5，当大于 2.2 时取 2.2；

f_{gv}——灌芯小砌块砌体抗剪强度设计值；可取 $f_{gv} = 0.2 f_{gc}^{0.55}$；

A_{sh}——同一截面的水平钢筋截面面积；

s——水平分布筋间距；

f_{yh}——水平分布筋抗拉强度设计值；

h_{w0}——抗震墙截面有效高度；

γ_{RE}——承载力抗震调整系数，取 0.85。

F.2.5 配筋小型空心砌块抗震墙跨高比大于 2.5 的连梁宜采用钢筋混凝土连梁，其截面组合的剪力设计值和斜截面受剪承载力，应符合现行国家标准《混凝土结构设计规范》GB 50010 对连梁的有关规定。

F.3 抗震构造措施

F.3.1 配筋小型空心砌块抗震墙房屋的灌芯混凝土，应采用坍落度大、流动性和和易性好，并与砌块结合良好的混凝土，灌芯混凝土的强度等级不应低于 C20。

F.3.2 配筋小型空心砌块房屋的墙段底部（高度不小于房屋高度的 1/6 且不小于二层的高度），应按加强部位配置水平和竖向钢筋。

F.3.3 配筋小型空心砌块抗震墙横向和竖向分布钢筋的配置，应符合下列要求：

1. 竖向钢筋可采用单排布置，最小直径 12mm；其最大间距 600mm，顶层和底层应适当减小。

2. 水平钢筋宜双排布置，最小直径 8mm；其最大间距 600mm，顶层和底层不应大于 400mm。

3. 竖向、横向的分布钢筋的最小配筋率，一级均不应小于 0.13%；二级的一般部位不应小于 0.10%，加强部位不宜小于 0.13%；三、四级均不应小于 0.10%。

F.3.4 配筋小型空心砌块抗震墙内竖向和水平分布钢筋的搭接长度不应小于 48 倍钢筋直径，锚固长度不应小于 42 倍钢筋直径。

F.3.5 配筋小型空心砌块抗震墙在重力荷载代表值下的轴压比，一级不宜大于 0.5，

二、三级不宜大于0.6。

F.3.6 配筋小型空心砌块抗震墙的压应力大于0.5倍灌芯小砌块砌体抗压强度设计值（f_{gc}）时，在墙端应设置长度不小于3倍墙厚的边缘构件，其最小配筋应符合表F.3.6的要求：

配筋小型空心砌块抗震墙边缘构件的配筋要求 表F.3.6

抗震等级	加强部位纵向钢筋最小量	一般部位纵向钢筋最小量	箍筋最小直径	箍筋最大间距
一	3ϕ20	3ϕ18	ϕ8	200mm
二	3ϕ18	3ϕ16	ϕ8	200mm
三	3ϕ16	3ϕ14	ϕ8	200mm
四	3ϕ14	3ϕ12	ϕ8	200mm

F.3.7 配筋小型空心砌块抗震墙连梁的抗震构造，应符合下列要求：

1. 连梁的纵向钢筋锚入墙内的长度，一、二级不应小于1.15倍锚固长度，三级不应小于1.05倍锚固长度，四级不应小于锚固长度且不应小于600mm。

2. 连梁的箍筋设置，沿梁全长均应符合框架梁端箍筋加密区的构造要求。

3. 顶层连梁的纵向钢筋锚固长度范围内，应设置间距不大于200mm的箍筋，直径与该连梁的箍筋直径相同。

4. 跨高比不大于2.5的连梁，自梁顶面下200mm至梁底面上200mm的范围内应增设水平分布钢筋；其间距不大于200mm；每层分布筋的数量，一级不少于2ϕ12，二～四级不少于2ϕ10；水平分布筋伸入墙内的长度，不应小于30倍钢筋直径和300mm。

5. 配筋小型空心砌块抗震墙的连梁内不宜开洞，需要开洞时应符合下列要求：

1）在跨中梁高1/3处预埋外径不大于200mm的钢套管；

2）洞口上下的有效高度不应小于1/3梁高，且不小于200mm；

3）洞口处应配置补强钢筋，被洞口削弱的截面应进行受剪承载力验算。

F.3.8 楼盖的构造应符合下列要求：

1. 配筋小型空心砌块房屋的楼、屋盖宜采用现浇钢筋混凝土板；抗震等级为四级时，也可采用装配整体式钢筋混凝土楼盖。

2. 各楼层均应设置现浇钢筋混凝土圈梁。其混凝土强度等级应为砌块强度等级的二倍；现浇楼板的圈梁截面高度不宜小于200mm，装配整体式楼板的板底圈梁截面高度不宜小于120mm；其纵向钢筋直径不应小于砌体的水平分布钢筋直径，箍筋直径不应小于8mm，间距不应大于200mm。

附录G 多层钢结构厂房抗震设计要求

G.0.1 多层钢结构厂房的布置应符合本规范第8.1.4～8.1.7条的有关要求，尚应符合下列规定：

1. 平面形状复杂、各部分构架高度差异大或楼层荷载相差悬殊时，应设防震缝或采取其他措施。

2. 料斗等设备穿过楼层且支承在该楼层时，其运行装料后的设备总重心宜接近楼层的支点处。同一设备穿过两个以上楼层时，应选择其中的一层作为支座；必要时可另选一层加设水平支承点。

3. 设备自承重时，厂房楼层应与设备分开。

楼层水平支撑设置要求 **表 G.0.1**

项次	楼面结构类型		楼面荷载标准值 $\leqslant 10\text{kN/m}^2$	楼面荷载标准值 $>10\text{kN/m}^2$ 或较大集中荷载
1	钢与混凝土组合楼面，现浇、装配整体式楼板与钢梁有可靠连接	仅有小孔楼板	不需设水平支撑	不需设水平支撑
		有大孔楼板	应在开孔周围柱网区格内设水平支撑	应在开孔周围柱网区格内设水平支撑
2	铺金属板（与主梁有可靠连接）		宜设水平支撑	应设水平支撑
3	铺活动格栅板		应设水平支撑	应设水平支撑

注：1. 楼面荷载系指除结构自重外的活荷载、管道及电缆等；

2. 各行业楼层面板开孔不尽相同，大小孔的划分宜结合工程具体情况确定；

3. 6、7 度设防时，铺金属板与主梁有可靠连接，可不设置水平支撑。

4. 厂房的支撑布置应符合下列要求：

1）柱间支撑宜布置在荷载较大的柱间，且在同一柱间上下贯通，不贯通时应错开开间后连续布置并宜适当增加相近楼层、屋面的水平支撑，确保支撑承担的水平地震作用能传递至基础。

2）有抽柱的结构，宜适当增加相近楼层、屋面的水平支撑并在相邻柱间设置竖向支撑。

3）柱间支撑杆件应采用整根材料，超过材料最大长度规格时可采用对接焊缝等强拼接；柱间支撑与构件的连接，不应小于支撑杆件塑性承载力的 1.2 倍。

5. 厂房楼盖宜采用压型钢板与现浇钢筋混凝土的组合楼板，亦可采用钢铺板。

6. 当各榀框架侧向刚度相差较大、柱间支撑布置又不规则时，应设楼层水平支撑；其他情况，楼层水平支撑的设置应按表 G.0.1 确定。

G.0.2 厂房的抗震计算，除应符合本规范第 8.2 节有关要求外，尚应符合下列规定：

1. 地震作用计算时，重力荷载代表值和可变荷载组合值系数，除应符合本规范第 5 章规定外，尚应根据行业的特点，对楼面检修荷载、成品或原料堆积楼面荷载、设备和料斗及管道内的物料等，采用相应的组合值系数。

2. 直接支承设备和料斗的构件及其连接，应计入设备等产生的地震作用：

1）设备与料斗对支承构件及其连接产生的水平地震作用，可按下式确定：

$$F_{\mathrm{s}} = \alpha_{\max} \lambda G_{\mathrm{eq}} \tag{G.0.2-1}$$

$$\lambda = 1.0 + H_{\mathrm{x}} / H_{\mathrm{n}} \tag{G.0.2-2}$$

式中 F_{s}——设备或料斗重心处的水平地震作用标准值；

α_{max}——水平地震影响系数最大值；

G_{eq}——设备或料斗的重力荷载代表值；

λ——放大系数；

H_x——建筑基础至设备或料斗重心的距离；

H_n——建筑基础底至建筑物顶部的距离。

2）此水平地震作用对支承构件产生的弯矩、扭矩，取设备或料斗重心至支承构件形心距离计算。

3. 有压型钢板的现浇钢筋混凝土楼板，板面开孔较小且用栓钉等抗剪连接件与钢梁连接时，可将楼盖视为刚性楼盖。

G.0.3 多层钢结构厂房的抗震构造措施，除应符合本规范第8.3、8.4节有关要求外，尚应符合下列要求：

1. 多层厂房钢框架与支撑的连接可采用焊接或高强度螺栓连接，纵向柱间支撑和屋面水平支撑布置，应符合下列要求：

1）纵向柱间支撑宜设置于柱列中部附近；

2）屋面的横向水平支撑和顶层的柱间支撑，宜设置在厂房单元端部的同一柱间内；当厂房单元较长时，应每隔3～5个柱间设置一道。

2. 厂房设置楼层水平支撑时，其构造宜符合下列要求：

1）水平支撑可设在次梁底部，但支撑杆端部应与楼层轴线上主梁的腹板和下翼缘同时相连；

2）楼层水平支撑的布置应与柱间支撑位置相协调；

3）楼层轴线上的主梁可作为水平支撑系统的弦杆，斜杆与弦杆夹角宜在30°～60°之间；

3. 在柱网区格内次梁承受较大的设备荷载时，应增设刚性系杆，将设备重力的地震作用传到水平支撑弦杆（轴线上的主梁）或节点上。

附录H 单层厂房横向平面排架地震作用效应调整

H.1 基本自振周期的调整

H.1.1 按平面排架计算厂房的横向地震作用时，排架的基本自振周期应考虑纵墙及屋架与柱连接的固结作用，可按下列规定进行调整：

1. 由钢筋混凝土屋架或钢屋架与钢筋混凝土柱组成的排架，有纵墙时取周期计算值的80%，无纵墙时取90%；

2. 由钢筋混凝土屋架或钢屋架与砖柱组成的排架，取周期计算值的90%；

3. 由木屋架、钢木屋架或轻钢屋架与砖柱组成排架，取周期计算值。

H.2 排架柱地震剪力和弯矩的调整系数

H.2.1 钢筋混凝土屋盖的单层钢筋混凝柱厂房，按 H.1.1 确定基本自振周期且按平面排架计算的排架柱地震剪力和弯矩，当符合下列要求时，可考虑空间工作和扭转影响，并按 H.2.3 的规定调整：

1. 7 度和 8 度；

2. 厂房单元屋盖长度与总跨度之比小于 8 或厂房总跨度大于 12m；

3. 山墙的厚度不小于 240mm，开洞所占的水平截面积不超过总面积 50%，并与屋盖系统有良好的连接；

4. 柱顶高度不大于 15m。

注：1. 屋盖长度指山墙到山墙的间距，仅一端有山墙时，应取所考虑排架至山墙的距离；
　　2. 高低跨相差较大的不等高厂房，总跨度可不包括低跨。

H.2.2 钢筋混凝土屋盖和密铺望板瓦木屋盖的单层砖柱厂房，按 H.1.1 确定基本自振周期且按平面排架计算的排架柱地震剪力和弯矩，当符合下列要求时，可考虑空间工作，并按第 H.2.3 条的规定调整：

1.7 度和 8 度；

2. 两端均有承重山墙；

3. 山墙或承重（抗震）横墙的厚度不小于 240mm，开洞所占的水平截面积不超过总面积 50%，并与屋盖系统有良好的连接；

4. 山墙或承重（抗震）横墙的长度不宜小于其高度；

5. 单元屋盖长度与总跨度之比小于 8 或厂房总跨度大于 12m。

注：屋盖长度指山墙到山墙或承重（抗震）横墙的间距。

H.2.3 排架柱的剪力和弯矩应分别乘以相应的调整系数，除高低跨度交接处上柱以外的钢筋混凝土柱，其值可按表 H.2.3-1 采用，两端均有山墙的砖柱，其值可按表 H.2.3-2 采用。

钢筋混凝土柱（除高低跨交接处上柱外）
考虑空间工作和扭转影响的效应调整系数　　　　**表 H.2.3-1**

屋盖	山墙		屋盖长度 (m)											
			≤30	36	42	48	54	60	66	72	78	84	90	96
钢筋混凝土无檩屋盖	两端山墙	等高厂房			0.75	0.75	0.75	0.8	0.8	0.8	0.85	0.85	0.85	0.9
		不等高厂房			0.85	0.85	0.85	0.9	0.9	0.9	0.95	0.95	0.95	1.0
	一端山墙		1.05	1.15	1.2	1.25	1.3	1.3	1.3	1.3	1.35	1.35	1.35	1.35
钢筋混凝土有檩屋盖	两端山墙	等高厂房			0.8	0.85	0.9	0.95	0.95	1.0	1.0	1.05	1.05	1.1
		不等高厂房			0.85	0.9	0.95	1.0	1.0	1.05	1.05	1.1	1.1	1.15
	一端山墙		1.0	1.05	1.1	1.1	1.15	1.15	1.15	1.2	1.2	1.2	1.25	1.25

砖柱考虑空间作用的效应调整系数　　表 H.2.3-2

屋盖类型	山墙或承重（抗震）横墙间距（m）										
	≤12	18	24	30	36	42	48	54	60	66	72
钢筋混凝土无檩屋盖	0.60	0.65	0.70	0.75	0.80	0.85	0.85	0.90	0.95	0.95	1.00
钢筋混凝土有檩屋盖或密铺望板瓦木屋盖	0.65	0.70	0.75	0.80	0.90	0.95	0.95	1.00	1.05	1.05	1.0

H.2.4 高低跨交接处的钢筋混凝土柱的支承低跨屋盖牛腿以上各截面，按底部剪力法求得的地震剪力和弯矩应乘以增大系数，其值可按下式采用：

$$\eta = \zeta\left(1 + 1.7\frac{n_h}{n_0}\cdot\frac{G_{EL}}{G_{Eh}}\right) \tag{H.2.4}$$

式中　η——地震剪力和弯矩的增大系数；

ζ——不等高厂房低跨交接处的空间工作影响系数，可按表 H.2.4 采用；

n_h——高跨的跨数；

n_0——计算跨数，仅一侧有低跨时应取总跨数，两侧均有低跨时应取总跨数与高跨跨数之和；

G_{EL}——集中于交接处一侧各低跨屋盖标高处的总重力荷载代表值；

G_{Eh}——集中于高跨柱顶标高处的总重力荷载代表值。

高低跨交接处钢筋混凝土上柱空间工作影响系数　　表 H.2.4

屋盖	山墙	屋盖长度（m）										
		≤36	42	48	54	60	66	72	78	84	90	96
钢筋混凝土无檩屋盖	两端山墙		0.7	0.76	0.82	0.88	0.94	1.0	1.06	1.06	1.06	1.06
	一端山墙	1.25										
钢筋混凝土有檩屋盖	两端山墙		0.9	1.0	1.05	1.1	1.1	1.15	1.15	1.15	1.2	1.2
	一端山墙	1.05										

H.3 吊车桥架引起的地震作用效应的增大系数

H.3.1 钢筋混凝土柱单层厂房的吊车梁顶标高处的上柱截面，由吊车桥架引起的地震剪力和弯矩应乘以增大系数，当按底部剪力法等简化计算方法计算时，其值可按表 H.3.1 采用。

桥架引起的地震剪力和弯矩增大系数　　表 H.3.1

屋盖类型	山墙	边柱	高低跨柱	其他中柱
钢筋混凝土无檩屋盖	两端山墙	2.0	2.5	3.0
	一端山墙	1.5	2.0	2.5
钢筋混凝土无檩屋盖	两端山墙	1.5	2.0	2.5
	一端山墙	1.5	2.0	2.0

附录 J　单层钢筋混凝土柱厂房纵向抗震验算

J.1　厂房纵向抗震计算的修正刚度法

J.1.1　纵向基本自振周期的计算

按本附录计算单跨或等高多跨的钢筋混凝土柱厂房纵向地震作用时，在柱顶标高不大于 15m 且平均跨度不大于 30m 时，纵向基本周期可按下列公式确定：

1. 砖围护墙厂房，可按下式计算：

$$T_1 = 0.23 + 0.00025\psi_1 l \sqrt{H^3} \qquad (J.1.1-1)$$

式中　ψ_1——屋盖类型系数，大型屋面板钢筋混凝土屋架可采用 1.0，钢屋架采用 0.85；

l——厂房跨度（m），多跨厂房可取各跨的平均值；

H——基础顶面至柱顶的高度（m）。

2. 敞开、半敞开或墙板与柱子柔性连接的厂房，可按第 1 款式（J.1.1-1）进行计算并乘以下列围护墙影响系数：

$$\psi_2 = 2.6 - 0.002l \sqrt{H^3} \qquad (J.1.1-2)$$

式中　ψ_2——围护墙影响系数，小于 1.0 时应采用 1.0。

J.1.2　柱列地震作用的计算

1. 等高多跨钢筋混凝土屋盖的厂房，各纵向柱列的柱顶标高处的地震作用标准值，可按下列公式确定：

$$F_i = \alpha_1 G_{eq} \frac{K_{ai}}{\Sigma K_{ai}} \qquad (J.1.2-1)$$

$$K_{ai} = \psi_3 \psi_4 K_i \qquad (J.1.2-2)$$

式中　F_i——i 柱列柱顶标高处的纵向地震作用标准值；

α_1——相应于厂房纵向基本自振周期的水平地震影响系数，应按本规范第 5.1.5 条确定；

G_{eq}——厂房单元柱列总等效重力荷载代表值，应包括按本规范第 5.1.3 条确定的屋盖重力荷载代表值、70％纵墙自重、50％横墙与山墙自重及折算的柱自重（有吊车时采用 10％柱自重，无吊车时采用 50％柱自重）；

K_i——i 柱列柱顶的总侧移刚度，应包括 i 柱列内柱子和上、下柱间支撑的侧移刚度及纵墙的折减侧移刚度的总和，贴砌的砖围护墙侧移刚度的折减系数，可根据柱列侧移值的大小，采用 0.2～0.6；

K_{ai}——i 柱列柱顶的调整侧移刚度；

ψ_3——柱列侧移刚度的围护墙影响系数，可按表 J.1.2-1 采用；有纵向砖围护墙的四跨或五跨厂房，由边柱列数起的第三柱列，可按表内相应数值的 1.15 倍采用；

ψ_4——柱列侧移刚度的柱间支撑影响系数，纵向为砖围护墙时，边柱列可采用 1.0，中柱列可按表 J.1.2-2 采用。

围护墙影响系数　　表 J.1.2-1

围护墙类别和烈度		柱列和屋盖类别				
		边柱列	中柱列			
			无檩屋盖		有檩屋盖	
240 砖墙	370 砖墙		边跨无天窗	边跨有天窗	边跨无天窗	边跨有天窗
	7 度	0.85	1.7	1.8	1.8	1.9
7 度	8 度	0.85	1.5	1.6	1.6	1.7
8 度	9 度	0.85	1.3	1.4	1.4	1.5
9 度		0.85	1.2	1.3	1.3	1.4
无墙、石棉瓦或挂板		0.90	1.1	1.1	1.2	1.2

纵向采用砖围护墙的中柱列柱间支撑影响系数　　表 J.1.2-2

厂房单元内设置下柱支撑的柱间数	中柱列下柱支撑斜杆的长细比					中柱列无支撑
	≤40	41～80	81～120	121～150	>150	
一柱间	0.9	0.95	1.0	1.1	1.25	1.4
二柱间			0.9	0.95	1.0	

2. 等高多跨钢筋混凝土屋盖厂房，柱列各吊车梁顶标高处的纵向地震作用标准值，可按下式确定：

$$F_{ci} = \alpha_1 G_{ci} \frac{H_{ci}}{H_i} \qquad (J.1.2-3)$$

式中　F_{ci}——i 柱列在吊车梁顶标高处的纵向地震作用标准值；

G_{ci}——集中于 i 柱列吊车梁顶标高处的等效重力荷载代表值，应包括按本规范第 5.1.3 条确定的吊车梁与悬吊物的重力荷载代表值和 40%柱子自重；

H_{ci}——i 柱列吊车梁顶高度；

H_i——i 柱列柱顶高度。

J.2　柱间支撑地震作用效应及验算

J.2.1　斜杆长细比不大于 200 的柱间支撑在单位侧力作用下的水平位移，可按下式确定：

$$u = \Sigma \frac{1}{1+\varphi_i} u_{ti} \qquad (J.2.1)$$

式中　u——单位侧力作用点的位移；

φ_i——i 节间斜杆轴心受压稳定系数，应按现行国家标准《钢结构设计规范》采用；

u_{ti}——单位侧力作用下 i 节间仅考虑拉杆受力的相对位移。

J.2.2　长细比不大于200的斜杆截面可仅按抗拉验算，但应考虑压杆的卸载影响，其拉力可按下式确定：

$$N_t = \frac{l_i}{(1+\psi_c\varphi_i)s_c}V_{bi} \tag{J.2.2}$$

式中　N_t——i 节间支撑斜杆抗拉验算时的轴向拉力设计值；

l_i——i 节间斜杆的全长；

ψ_c——压杆卸载系数，压杆长细比为60、100和200时，可分别采用0.7、0.6和0.5；

V_{bi}——i 节间支撑承受的地震剪力设计值；

s_c——支撑所在柱间的净距。

J.2.3　无贴砌墙的纵向柱列，上柱支撑与同列下柱支撑宜等强设计。

J.3　柱间支撑端节点预埋件的截面抗震验算

J.3.1　柱间支撑与柱连接节点预埋件的锚件采用锚筋时，其截面抗震承载力宜按下列公式验算：

$$N \leqslant \frac{0.8f_yA_s}{\gamma_{RE}\left(\dfrac{\cos\theta}{0.8\zeta_m\psi}+\dfrac{\sin\theta}{\zeta_r\zeta_v}\right)} \tag{J.3-1}$$

$$\psi = \frac{1}{1+\dfrac{0.6e_0}{\zeta_r s}} \tag{J.3-2}$$

$$\zeta_m = 0.6 + 0.25t/d \tag{J.3-3}$$

$$\zeta_v = (4-0.08d)\sqrt{f_c/f_y} \tag{J.3-4}$$

式中　A_s——锚筋总截面面积；

γ_{RE}——承载力抗震调整系数，可采用1.0；

N——预埋板的斜向拉力，可采用全截面屈服点强度计算的支撑斜杆轴向力的1.05倍；

e_0——斜向拉力对锚筋合力作用线的偏心距，应小于外排锚筋之间距离的20%（mm）；

θ——斜向拉力与其水平投影的夹角；

ψ——偏心影响系数；

s——外排锚筋之间的距离（mm）；

ζ_m——预埋板弯曲变形影响系数；

t——预埋板厚度（mm）；

d——锚筋直径（mm）；

ζ_r——验算方向锚筋排数的影响系数，二、三和四排可分别采用 1.0、0.9 和 0.85；

ζ_v——锚筋的受剪影响系数，大于 0.7 时应采用 0.7。

J.3.2 柱间支撑与柱连接节点预埋件的锚件采用角钢加端板时，其截面抗震承载力宜按下列公式验算：

$$N \leqslant \frac{0.7}{\gamma_{RE}\left(\frac{\sin\theta}{V_{u0}} + \frac{\cos\theta}{\psi N_{u0}}\right)} \tag{J.3-5}$$

$$V_{u0} = 3n\zeta_r \sqrt{W_{min} b f_a f_c} \tag{J.3-6}$$

$$N_{u0} = 0.8 n f_a A_s \tag{J.3-7}$$

式中 n——角钢根数；

b——角钢肢宽；

W_{min}——与剪力方向垂直的角钢最小截面模量；

A_s——一根角钢的截面面积；

f_a——角钢抗拉强度设计值。

附录 K　单层砖柱厂房纵向抗震计算的修正刚度法

K.0.1 本附录适用于钢筋混凝土无檩或有檩屋盖等高多跨单层砖柱厂房的纵向抗震验算。

K.0.2 单层砖柱厂房的纵向基本自振周期可按下式计算：

$$T_1 = 2\psi_T \sqrt{\frac{\Sigma G_s}{\Sigma K_s}} \tag{K.0.2}$$

式中 ψ_T——周期修正系数，按表 K.0.2 采用；

G_s——第 s 柱列的集中重力荷载，包括柱列左右各半跨的屋盖和山墙重力荷载，及按动能等效原则换算集中到柱顶或墙顶处的墙、柱重力荷载；

K_s——第 s 柱列的侧移刚度。

厂房纵向基本自振周期修正系数　　表 K.0.2

屋盖类型	钢筋混凝土无檩屋盖		钢筋混凝土有檩屋盖	
	边跨无天窗	边跨有天窗	边跨无天窗	边跨有天窗
周期修正系数	1.3	1.35	1.4	1.45

K.0.3 单层砖柱厂房纵向总水平地震作用标准值可按下式计算：

$$F_{Ek} = \alpha_1 \Sigma G_s \tag{K.0.3}$$

式中 α_1——相应于单层砖柱厂房纵向基本自振周期 T_1 的地震影响系数；

G_s——按照柱列底部剪力相等原则，第 s 柱列换算集中到墙顶处的重力荷载代表值。

K.0.4 沿厂房纵向第 s 柱列上端的水平地震作用可按下式计算：

$$F_s = \frac{\psi_s K_s}{\Sigma \psi_s K_s} F_{Ek} \qquad (K.0.4)$$

式中 ψ_s——反映屋盖水平变形影响的柱列刚度调整系数，根据屋盖类型和各柱列的纵墙设置情况，按表 K.0.4 采用。

柱列刚度调整系数 **表 K.0.4**

纵墙设置情况		屋盖类型			
		钢筋混凝土无檩屋盖		钢筋混凝土有檩屋盖	
		边柱列	中柱列	边柱列	中柱列
砖柱敞棚		0.95	1.1	0.9	1.6
各柱列均为带壁柱砖墙		0.95	1.1	0.9	1.2
边柱列为带壁柱砖墙	中柱列的纵墙不少于 4 开间	0.7	1.4	0.75	1.5
	中柱列的纵墙少于 4 开间	0.6	1.8	0.65	1.9

附录 L 隔震设计简化计算和砌体结构隔震措施

L.1 隔震设计的简化计算

L.1.1 多层砌体结构及与砌体结构周期相当的结构采用隔震设计时，上部结构的总水平地震作用可按本规范第 5.2.1 条公式（5.2.1-1）简化计算，但应符合下列规定：

1. 水平向减震系数，宜根据隔震后整个体系的基本周期，按下式确定：

$$\psi = \sqrt{2}\,\eta_2 (T_{gm}/T_1)^{\gamma} \qquad (L.1.1\text{-}1)$$

式中 ψ——水平向减震系数；

η_2——地震影响系数的阻尼调整系数，根据隔震层等效阻尼按本规范第 5.1.5 条确定；

γ——地震影响系数的曲线下降段衰减指数，根据隔震层等效阻尼按本规范第 5.1.5 条确定；

T_{gm}——砌体结构采用隔震方案时的设计特征周期，根据本地区所属的设计地震分组按本规范第 5.1.4 条确定，但小于 0.4s 时应按 0.4s 采用；

T_1——隔震后体系的基本周期，不应大于 2.0s 和 5 倍特征周期的较大值。

2. 与砌体结构周期相当的结构，其水平向减震系数宜根据隔震后整个体系的基本周期，按下式确定：

$$\psi = \sqrt{2}\,\eta_2 (T_g/T_1)^{\gamma} (T_0/T_g)^{0.9} \qquad (L.1.1\text{-}2)$$

式中 T_0——非隔震结构的计算周期，当小于特征周期时应采用特征周期的数值；

T_1——隔震后体系的基本周期，不应大于5倍特征周期值；

T_g——特征周期；其余符号同上。

3. 砌体结构及与其基本周期相当的结构，隔震后体系的基本周期可按下式计算：

$$T_1 = 2\pi \sqrt{G/K_h g} \quad \text{(L.1.1-3)}$$

式中 T_1——隔震体系的基本周期；

G——隔震层以上结构的重力荷载代表值；

K_h——隔震层的水平动刚度，可按本规范第12.2.4条的规定计算；

g——重力加速度。

L.1.2 砌体结构及与其基本周期相当的结构，隔震层在罕遇地震下的水平剪力可按下式计算：

$$V_c = \lambda_s \alpha_1(\zeta_{eq}) G \quad \text{(L.1.2)}$$

式中 V_c——隔震层在罕遇地震下的水平剪力。

L.1.3 砌体结构及与其基本周期相当的结构，隔震层质心处在罕遇地震下的水平位移可按下式计算：

$$u_e = \lambda_s \alpha_1(\zeta_{eq}) G / K_h \quad \text{(L.1.3)}$$

式中 λ_s——近场系数；甲、乙类建筑距发震断层5km以内取1.5；5～10km取1.25；10km以远取1.0；丙类建筑可取1.0；

α_1 (ζ_{eq})——罕遇地震下的地震影响系数值，可根据隔震层参数，按本规范第5.1.5条的规定进行计算；

K_h——罕遇地震下隔震层的水平动刚度，应按本规范第12.2.4条的有关规定采用。

L.1.4 当隔震支座的平面布置为矩形或接近于矩形，但上部结构的质心与隔震层刚度中心不重合时，隔震支座扭转影响系数可按下列方法确定：

1. 仅考虑单向地震作用的扭转时，扭转影响系数可按下列公式估计：

$$\beta_i = 1 + 12 e s_i / (a^2 + b^2) \quad \text{(L.1.4-1)}$$

式中 e——上部结构质心与隔震层刚度中心在垂直于地震作用方向的偏心距；

s_i——第 i 个隔震支座与隔震层刚度中心在垂直于地震作用方向的距离；

a、b——隔震层平面的两个边长。

对边支座，其扭转影响系数不宜小于1.15；当隔震层和上部结构采取有效的抗扭措施后或扭转周期小于平动周期的70%，扭转影响系数可取1.15。

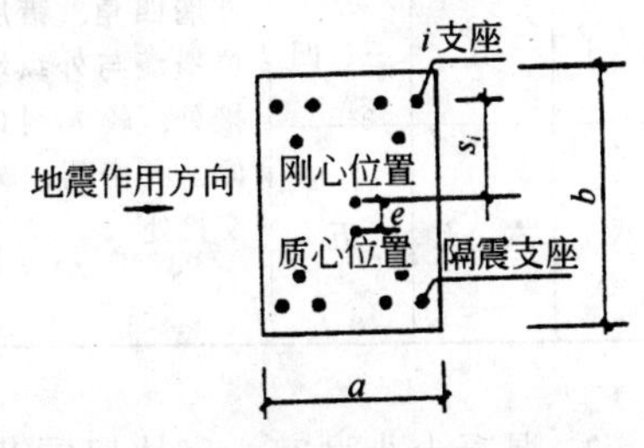

图L.1.4 扭转计算示意图

2. 同时考虑双向地震作用的扭转时，扭转影响系数可仍按式（L.1.4-1）计算，但其中的偏心距值（e）应采用下列公式中的较大值替代：

$$e = \sqrt{e_x^2 + (0.85 e_y)^2} \quad \text{(L1.4-2)}$$

$$e = \sqrt{e_y^2 + (0.85 e_x)^2} \quad \text{(L1.4-3)}$$

式中 e_x——y 方向地震作用时的偏心距；

e_y——x 方向地震作用时的偏心距。

对边支座，其扭转影响系数不宜小于1.2。

L.1.5 砌体结构按本规范第12.2.5条规定进行竖向地震作用下的抗震验算时，砌体抗算抗剪强度的正应力影响系数，宜按减去竖向地震作用效应后的平均压应力取值。

L.1.6 砌体结构的隔震层顶部各纵、横梁均可按承受均布荷载的单跨简支梁或多跨连续梁计算。均布荷载可按本规范第7.2.5条关于底部框架砖房的钢筋混凝土托墙梁的规定取值；当按连续梁算出的正弯矩小于单跨简支梁跨中弯矩的0.8倍时，应按0.8倍单跨简支梁跨中弯矩配筋。

L.2 砌体结构的隔震措施

L.2.1 当水平向减震系数不大于0.50时，丙类建筑的多层砌体结构，房屋的层数、总高度和高宽比限值，可按本规范第7.1节中降低一度的有关规定采用。

L.2.2 砌体结构隔震层的构造应符合下列规定：

1. 多层砌体房屋的隔震层位于地下室顶部时，隔震支座不宜直接放置在砌体墙上，并应验算砌体的局部承压。

2. 隔震层顶部纵、横梁的结构均应符合本规范第7.5.4条关于底部框架砖房的钢筋混凝土托墙梁的要求。

L.2.3 丙类建筑隔震后上部砌体结构的抗震构造措施应符合下列要求：

1. 承重外墙尽端至门窗洞边的最小距离及圈梁的截面和配筋构造，仍应符合本规范第7.1节和第7.3节的有关规定。

2. 多层浇结普通粘土砖和浇结多孔粘土砖房屋的钢筋混凝土构造柱设置，水平向减震系数为0.75时，仍应符合本规范表7.3.1的规定；7～9度，水平向减震系数为0.5和0.38时，应符合表L.2.3-1的规定，水平向减震系数为0.25时，宜符合本规范表7.3.1降低1度的有关规定。

隔震后砖房构造柱设置要求 表L.2.3-1

房屋层数			设置部位	
7度	8度	9度		
三、四	二、三		楼、电梯间四角外墙四角，错层部位横墙与外纵墙交接外，较大洞口两侧，大房间内外墙交接处	每隔15m或单元横墙与外墙交接处
五	四	二		每隔三开间的横墙与外墙交接处
六、七	五	三、四		隔开间横墙（轴线）与外墙交接处，山墙与内纵墙交接处；9度四层，外纵墙与内墙（轴线）交接处
八	六、七	五		内墙（轴线）与外墙交接处，内墙局部较小墙垛外；8度七层，内纵墙与隔开间横墙交接处；9度时内纵墙与横墙（轴线）交接处

3. 混凝土小型空心砌块房屋芯柱的设置，水平向减震系数为0.75时，仍应符合本规范表7.4.1的规定；7~9度，当水平向减震系数为0.5和0.38时，应符合表L.2.3-2的规定，当水平向减震系数为0.25时，宜符合本规范表7.4.1降低一度的有关规定。

隔震后混凝土小型空心砌块房屋芯柱设置要求　　表 L.2.3-2

房屋层数			设置部位	设置数量
7度	8度	9度		
三、四	二、三		外墙转角，楼梯间四角，大房间内外墙交接处；每隔 16m 或单元横墙与外墙交接处	外墙转角，灌实 3 个孔 内外墙交接处，灌实 4 个孔
五	四	二	外墙转角，楼梯间四角，大房间内外墙交接处，山墙与内纵墙交接处，隔三开间横墙（轴线）与外纵墙交接处	
六	五	三	外墙转角、楼梯间四角，大房间内外墙交接处；隔开间横墙（轴线）与外纵墙交接处，山墙与内纵墙交接处；8、9 度时，外纵墙与横墙（轴线）交接处，大洞口两侧	外墙转角，灌实 5 个孔 内外墙交接处，灌实 4 个孔 洞口两侧各灌实 1 个孔
七	六	四	外墙转角，楼梯间四角，各内墙（轴线）与外纵墙交接处；内纵墙与横墙（轴线）交接处；8、9 度时洞口两侧	外墙转角，灌实 7 个孔 内外墙交接处，灌实 4 个孔 内墙交接处，灌实 4～5 个孔 洞口两侧各灌实 1 个孔

4. 上部结构的其他抗震构造措施，水平向减系数为 0.75 时仍按本规范第 7 章的相应规定采用；7～9 度，水平向减震系数为 0.50 和 0.38 时，可按本规范第 7 章降低一度的相应规定采用；水平向减系数为 0.25 时可按本规范第 7 章降低二度且不低于 6 度的相应规定采用。